Life histories of
Korean Butterflies

한국 나비 생태 도감

머리말

지구 위의 수많은 생명체 가운데 나비처럼 자연을 예쁘게 꾸며 주는 생명체가 또 있을까 싶다. 나비는 한마디로 아름다운 존재이다.

처음 나비를 보았던 어릴 적 기억이 난다. 훨훨 날아다니는 어른벌레가 아니라 탱자나무에 붙어 있던 호랑나비 애벌레에 대한 기억이다. 지금 와서 생각해 보면 날마다 탱자나무로 뛰어가 하루하루 자라는 애벌레의 모습을 지켜보면서 차츰 자연의 이치를 깨달아 갔던 것 같다. 어느 이른 아침, 드디어 호랑나비가 번데기에서 날개돋이 하여 하늘로 높이 날아가는 모습을 보았던 감동은 지금도 늘 뇌리에 남아 있다.

한참 나비 연구에 몰두할 무렵인 1987년, 강원도 영월에서 한겨울에 희귀한 광경을 보았던 기억도 잊혀지지 않는다. 바로 환경부 보호종인 상제나비의 애벌레가 겨울을 이겨 내는 모습이었다. 털야광나무의 가는 줄기에 붙어 매서운 찬바람이 부는데도 힘들게 삶을 이어 가던 애벌레들의 생생한 모습은 혼자 보고 느끼기에 안타까울 정도였다. 봄어리표범나비를 보았을 때에도 마찬가지였다. 1978년 5월에 광릉 숲 언저리에서 풀밭을 가득 메운 봄어리표범나비의 암컷 뒤를 쫓아다니면서 언제 짝짓기하는지, 어디다 알을 낳는지 관찰하며 기다린 적이 있었다. 그 때 몸은 힘들었어도 머리가 맑았던 기억이 새롭다. 이 두 종은 현재 남한에서 거의 볼 수 없게 되어 이런 경험을 더 할 수 없을 테니 참으로 안타까운 심정이 앞선다.

환경의 빠른 변화에 따라 느껴지는 안타까움은 요즈음 청소년을 보면서도 생긴다. 이들은 자연을 감성의 대상으로 삼기에 너무 바쁜 생활을 하고 있기 때문이다. 아무리 여유가 없다 하여도 자연을 찾아 순수함을 되살려 봄이 당연하지 않을까? 본디 인간의 삶은 자연에서 비롯되었다는 것을 모르는 사람은 없을 것이다.

언제부터인가 이런 자연에 대한 안타까운 마음을 녹여 내 고스란히 책에 담아 많은 사람과 함께 나누고 싶어졌다. 특별히 누구나 아름답다고 느끼는 '나비'를 주제 삼아서 말이다. 그러기 위해서 우리 땅에서 나서 우리와 함께 살아가는 우리 나비의 모든 것을 일일이 찾아다니는 일을 해 왔는데, 참으로 고된 일의 연속이었다. 한편으로 너무 빨리 매듭짓는 것은 아닌지 염려되지만 환경 오염, 지구 온난화 등 우리 나비의 삶터가 더 황폐해지기 전에 이쯤에서 우리 나비를 정리하기로 마음먹었다.

　이 책에서는 지금까지 밝혀진 우리 나비의 생태를 총 정리하였다. 과거 문헌 기록을 모두 들추어 내고 일일이 대조해 보는 일도 힘들었지만 직접 야외에 나가 나비의 알, 애벌레, 번데기, 사는 장소, 그들을 노리는 천적들까지 하나하나 담는 일은 만만치 않았다. 한편으로 희귀종이거나 북한에 분포해서 볼 수 없는 종, 또 외국에서 어쩌다 날아오는 미접들의 생태를 전부 담지 못한 아쉬움도 남아 있다.

　이 책을 구성하는 데는 무엇보다도 서영호 작가의 생태 사진이 큰 몫을 차지하였다. 세월의 때가 묻은 자연 다큐멘터리 제작을 통해 몸에 밴 자연 탐색가로서 그 실력이 물씬 묻어나고, 피사체에 생명을 불어넣는 노련함이 엿보인다. 무엇보다도 금방 날아갈 듯한 나비의 생생함을 돋보이게 하는 능력이 뛰어나다.

　끝으로 늘 나비를 연구하도록 독려해 주셨던, 지금 고인이신 윤인호, 이승모 선생님께 감사드리고, 늘 아껴 주셨던 신유항 교수님, 주흥재 박사님, 김용식 선생님, 야외에서 함께해 주시고 나비를 중심으로 삶을 이끌어 주셨던 손정달, 김현채, 이윤기, 박경태, 이영준 씨께 감사를 드린다. 사진 자료를 도와 주신 손상규, 이영준, 주재성, 이상현, 정헌천, 김남송, 권민철, 김순한, 최원교, 성기수, 오정은 씨께도 감사를 드린다. 끝으로 이 책이 나오도록 힘을 써 주신 사계절출판사의 사장님과 최일주 팀장님, 이혜정 씨, 디자인에 힘써 주신 임진성 실장님께도 깊은 감사를 드린다.

2011년 12월

김 성 수

일러두기 및 이 책을 보는 방법

- 우리나라 나비 생태에 대한 기록이 많지 않은 가운데, 주동률·임홍안(1987)처럼 출처가 불확실한 내용이 많은 책들 중에서 상식적으로 이해되지 않는 부분은 여기에 인용하지 않았다.
- 우리 나비의 서식 환경, 먹이식물, 흡밀 식물, 행동 습성, 산란 습성, 흡즙성, 흡수성, 텃세 행동, 겨울을 나는 모습 등을 문헌 자료와 야외에서 직접 조사한 자료를 근거로 설명하였다. 또한 자료가 충분하지 못한 부분은 일부 북한과 외국 자료를 인용했으며, 그때마다 그 근거를 제시하였다.
- 국내에서 관찰되거나 충분한 자료가 있지 않은 나비임에도, 주년 경과가 표시된 경우는 다른 나라의 문헌을 참고했음을 밝혀둔다.
- 문헌 자료를 인용할 경우, 김(2002), Leech (1898) 등으로 했는데, 여기에는 개략적인 내용만 있고, 자세한 정보는 책 뒤 참고 문헌을 찾아보기 바란다.
- 알, 애벌레, 번데기의 생김새와 특징, 습성뿐 아니라 먹이식물에 대해 알려진 사실을 중심으로 설명했으며, 필자들이 관찰한 내용도 포함하였다.
- 어른벌레의 출현 시기와 연 발생 횟수를 나타내었다.
- 우리나라 부속 섬을 포함한 국내외 분포 범위를 다루었으며, 분포 범위를 종마다 지도에 나타내 이해하기 쉽게 꾸몄다.
- 과와 아과 분류군에 따른 특징을 간단히 설명하였으며, 속에 대한 세계와 국내 분포도 설명하였다. 최신 학명과 우리 나비의 의미 있는 아종에 대해 언급하였다. 또한 분류학적인 문제가 있는 종은 간단한 해설을 달았다.
- 외국 문헌에 있으나 우리나라 목록에 없는 종으로 '북방산지옥나비(*Erebia ajanensis*)'와 '고운은점선표범나비(*Boloria iphigenia*)'는 여기에 처음 소개하며, 한국 이름을 처음 달았다.
- 식물 이름은 대체로 이영노(1996)에 따랐다.
- 각 종마다 증거 자료로 사진을 실었으나 매우 희귀하거나 멸종 위기에 속한 종 몇몇은 싣지 못했다.
- 나비 천적의 관찰 자료 중에서 증거 자료가 확실한 것만 언급하였다.
- 제공받은 사진의 제공자는 책 뒤에 실었다.

서식지
- 🌲 침엽수, 🌳 활엽수, 🌾 풀밭
- 💧 늪지, 🏠 주거지

종명

개략 설명 나비의 분포와 아종, 암수 구별, 과거 생태, 관찰 기록을 설명한다.

과에 따라 색을 달리 하여 쉽게 구분할 수 있다.

과 아과 학명 명명자 발표 연도

표본 사진

사진 알, 애벌레, 번데기, 어른벌레의 다양한 모습을 실었다.

별박이세줄나비
네발나비과 줄나비아과 *Neptis pryeri* Butler, 1871

주년 경과 알, 애벌레, 번데기, 어른벌레의 출연 시기를 월별로 표기하여 알아보기 쉽다.

본문 각 종의 주년 경과, 먹이식물, 어른벌레, 알, 애벌레, 번데기에 대해 설명한다.

분포도
'(' 표시는 울릉도를 배제, ')' 표시는 울릉도를 포함한다는 의미이다.

분포·지역 면적이 협소한 곳은 색을 진하게 넣고 화살표로 표시하여 눈에 잘 띄게 했다.

확대나 추가 사진 및 강조 필요한 부분은 원 안에 넣어 다시 한 번 보여 주었으며, 강조할 부분에 화살표를 넣어 이해를 돕는다.

도해 설명

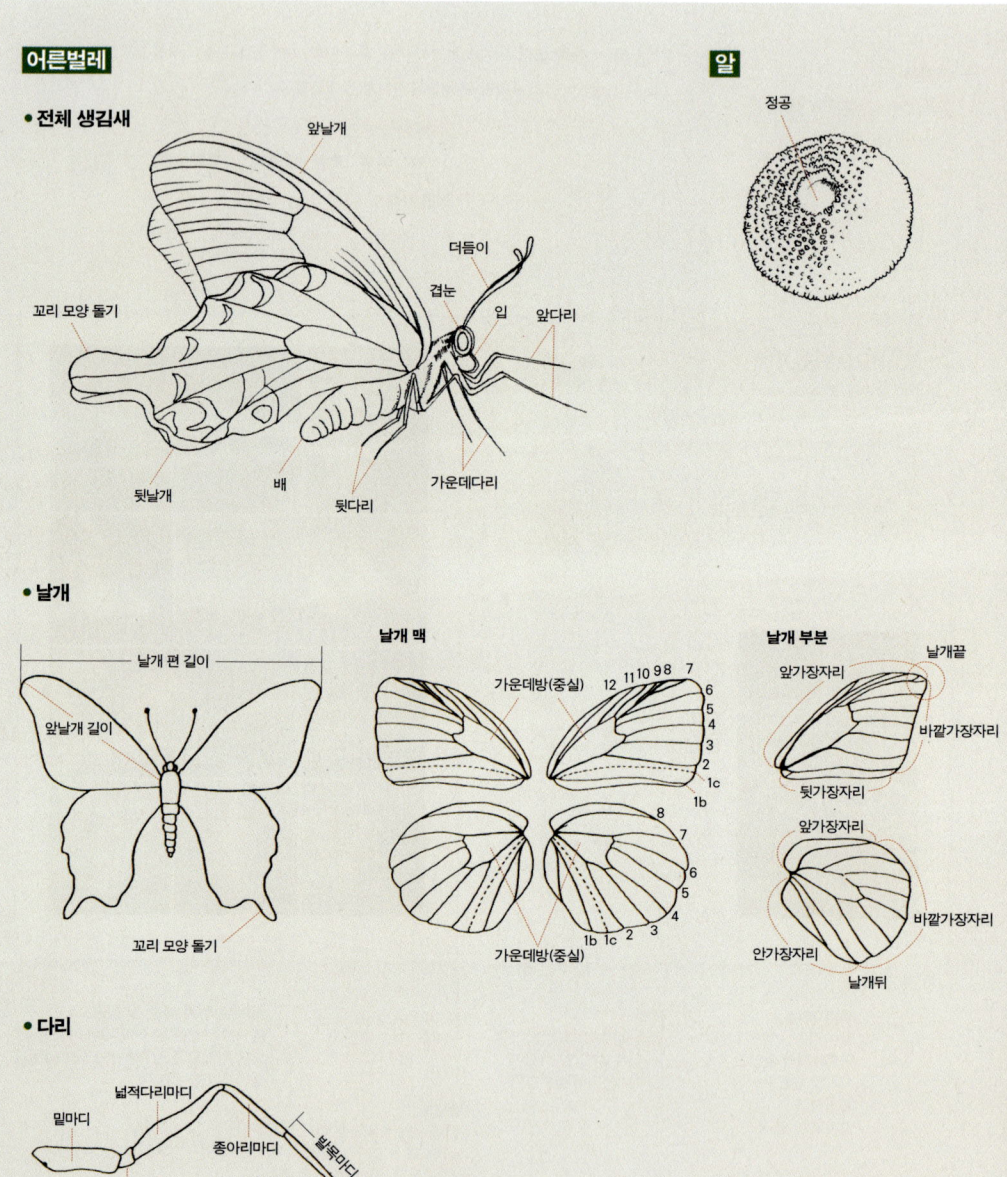

애벌레

● 전체 생김새

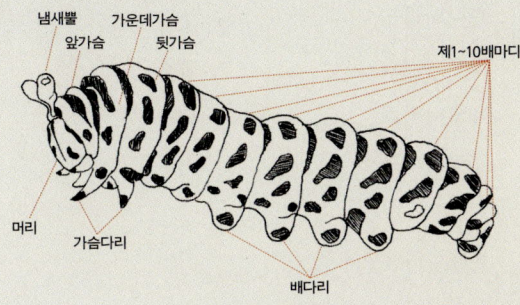

● 머리

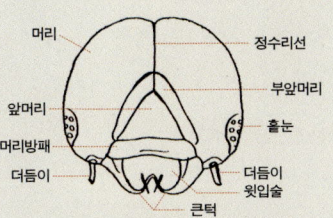

● 몸 횡단면 모식도

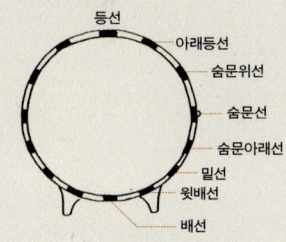

번데기

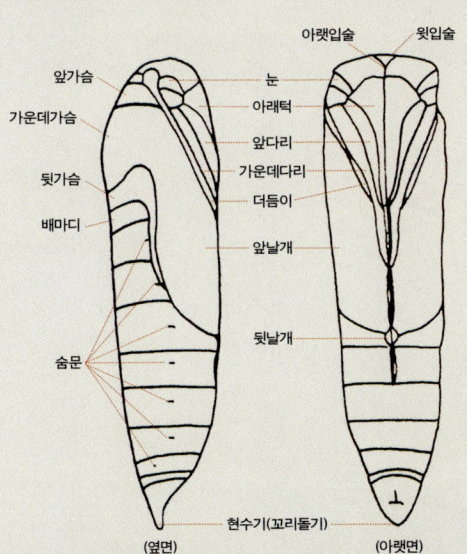

차례

머리말	2
일러두기 및 이 책을 보는 방법	4
도해 설명	6
표본 사진으로 찾아보기	9

호랑나비과	26
흰나비과	60
부전나비과	98
네발나비과	224
팔랑나비과	430
한국 나비 연구사	490
한국 나비의 생태적 특성	494
한국 나비 목록	514
용어 해설	522
참고 문헌	526
국명 찾아보기	533
학명 찾아보기	536

표본 사진으로 찾아보기

호랑나비과

황모시나비 28

모시나비 30

붉은점모시나비 32

애호랑나비 34

꼬리명주나비 36

사향제비나비 38

청띠제비나비 42

호랑나비 44

산호랑나비 48

무늬박이제비나비 50

남방제비나비 52

긴꼬리제비나비 54

제비나비 56

산제비나비 58

흰 나 비 과

흰나비과

기생나비 62

북방기생나비 64

상제나비 66

눈나비 68

줄흰나비 70

큰줄흰나비 72

대만흰나비 74

배추흰나비 76

풀흰나비 80

갈구리나비 82

멧노랑나비 84

각시멧노랑나비 86

연노랑흰나비 88

남방노랑나비 90

10

부 전 나 비 과

극남노랑나비 92

검은테노랑나비 94

새연주노랑나비 95

부전나비과

노랑나비 96

뾰족부전나비 100

바둑돌부전나비 102

쌍꼬리부전나비 104

남방남색부전나비 106

남방남색꼬리부전나비 108

선녀부전나비 110

붉은띠귤빛부전나비 112

금강산귤빛부전나비 114

민무늬귤빛부전나비 116

암고운부전나비 118

부전나비과

깊은산부전나비 120
시가도귤빛부전나비 122
귤빛부전나비 124
긴꼬리부전나비 126
물빛긴꼬리부전나비 128
담색긴꼬리부전나비 130
참나무부전나비 132
작은녹색부전나비 134
암붉은점녹색부전나비 136
북방녹색부전나비 138
남방녹색부전나비 140
큰녹색부전나비 142
깊은산녹색부전나비 144
우리녹색부전나비 146
금강산녹색부전나비 148

부 전 나 비 과

넓은띠녹색부전나비 150   산녹색부전나비 152   검정녹색부전나비 154

은날개녹색부전나비 156   민꼬리까마귀부전나비 158   벚나무까마귀부전나비 160

꼬마까마귀부전나비 162   참까마귀부전나비 164   북방까마귀부전나비 166

까마귀부전나비 168   쇳빛부전나비 170   북방쇳빛부전나비 172

범부전나비 174   울릉범부전나비 176   큰주홍부전나비 178

13

부 전 나 비 과

작은주홍부전나비 180

담흑부전나비 182

소철꼬리부전나비 184

물결부전나비 186

남색물결부전나비 189

암먹부전나비 190

먹부전나비 192

남방부전나비 194

극남부전나비 196

한라푸른부전나비 198

귀신부전나비 199

푸른부전나비 200

산푸른부전나비 202

회령푸른부전나비 204

작은홍띠점박이푸른부전나비 206

네발나비과

큰홍띠점박이푸른부전나비 208

큰점박이푸른부전나비 210

고운점박이푸른부전나비 212

북방점박이푸른부전나비 214

산꼬마부전나비 216

부전나비 218

산부전나비 220

연푸른부전나비 221

네발나비과

뿔나비 226

왕나비 228

끝검은왕나비 230

대만왕나비 231

별선두리왕나비 231

네발나비과

네 발 나 비 과

흰뱀눈나비 260 　　조흰뱀눈나비 262 　　함경산뱀눈나비 264
참산뱀눈나비 266 　　굴뚝나비 268 　　산굴뚝나비 270
애물결나비 272 　　물결나비 274 　　석물결나비 276
외눈이지옥나비 280 　　외눈이지옥사촌나비 280 　　은줄표범나비 282
산은줄표범나비 284 　　암검은표범나비 286 　　흰줄표범나비 288

네 발 나 비 과

네 발 나 비 과

제일줄나비 324

제삼줄나비 327

굵은줄나비 328

참줄나비사촌 332

참줄나비 334

왕줄나비 336

홍줄나비 338

애기세줄나비 340

세줄나비 343

참세줄나비 346

높은산세줄나비 348

두줄나비 350

별박이세줄나비 352

개마별박이세줄나비 354

왕세줄나비 356

네발나비과

황세줄나비 360
중국황세줄나비 362
산황세줄나비 363
어리세줄나비 364
먹그림나비 366
오색나비 368
황오색나비 370
번개오색나비 372
은판나비 374
밤오색나비 376
수노랑나비 378
유리창나비 382
흑백알락나비 384
홍점알락나비 386
왕오색나비 388

네 발 나 비 과

대왕나비 390
돌담무늬나비 392
북방거꾸로여덟팔나비 394
거꾸로여덟팔나비 396
작은멋쟁이나비 398
큰멋쟁이나비 400
네발나비 402
산네발나비 404
갈구리신선나비 406
신선나비 407
들신선나비 408
쐐기풀나비 410
청띠신선나비 412
공작나비 414
남방공작나비 416

팔랑나비과

 남방남색공작나비 417
 암붉은오색나비 418
 남방오색나비 419

 금빛어리표범나비 420
 여름어리표범나비 422
 봄어리표범나비 423

 은점어리표범나비 424
 담색어리표범나비 426
 함경어리표범나비 427

팔랑나비과

 푸른큰수리팔랑나비 432
 독수리팔랑나비 434

 큰수리팔랑나비 436
 왕팔랑나비 438
 대왕팔랑나비 440

팔 랑 나 비 과

왕자팔랑나비 442

멧팔랑나비 446

꼬마멧팔랑나비 449

왕흰점팔랑나비 449

흰점팔랑나비 450

꼬마흰점팔랑나비 452

참알락팔랑나비 454

수풀알락팔랑나비 456

돈무늬팔랑나비 458

은줄팔랑나비 460

지리산팔랑나비 462

파리팔랑나비 464

줄꼬마팔랑나비 466

수풀꼬마팔랑나비 468

산수풀떠들썩팔랑나비 470

팔랑나비과

수풀떠들썩팔랑나비 471

검은테떠들썩팔랑나비 472

유리창떠들썩팔랑나비 474

꽃팔랑나비 476

황알락팔랑나비 478

산팔랑나비 480

산줄점팔랑나비 482

제주꼬마팔랑나비 484

흰줄점팔랑나비 486

줄점팔랑나비 488

Life histories of
Korean Butterflies

한국
나비
생태
도감

글 김성수 · 사진 서영호

사계절

Papilionidae
호랑나비과

대형의 크기로, 전 세계에 550여 종이 알려져 있으며, 암수 모두 앞다리가 발달하여 앉거나 걸어 다니는 데 사용한다. 겹눈은 검은색이고, 가짜 동공은 없다. 현재 이 과를 다음의 3아과로 나눈다. 그런데 현존하지 않고, 신생대 제3기 지층의 화석으로만 발견되는 '화석호랑나비류*Praepapilio colorado, Praepapilio gracilis*' 가 속한 화석호랑나비아과*Praepapilioninae*가 더 있다.

원시호랑나비아과 Subfamily Baroniinae
멕시코에 1종*Baronia brevicornis* Salvin, 1893이 있으며, 먹이식물은 콩과로 알려져 있다.

모시나비아과 Subfamily Parnassiinae
모시나비족 Tribe Parnassiini
유라시아 대륙 북부와 중부의 높은 지대에 3속 40여 종이 분포하고 있다. 우리나라에는 모시나비, 황모시나비, 붉은점모시나비, 왕붉은점모시나비가 있다. 애벌레는 대부분 기린초 등을 먹는다. 어른벌레는 날개가 반투명하며 뒷날개에 꼬리 모양 돌기가 없다.

애호랑나비족 Tribe Zerynthiini
구북구에 분포하지만 동북아시아를 중심으로 특산종이 많다. 세계에 6속 13종이 알려져 있다. 우리나라의 꼬리명주나비와 애호랑나비가 이에 속한다.

호랑나비아과 Subfamily Papilioninae
장수제비나비족 Tribe Troidini
*Ornithoptera*속과 *Troides*속, *Parides*속, *Byasa*속 등이 이에 포함되며, 세계에 7속 140여 종이 알려져 있다. 이들 애벌레는 먹이식물의 독성을 몸속에 농축하는데, 이 때문에 천적인 새가 잡아먹을 때마다 독성 때문에 혼나므로 이들 애벌레를 기피하는 것으로 유명하다.

청띠제비나비족 Tribe Leptocircini
열대 지역을 중심으로 분포하며, 세계에 7속 150여 종이 알려져 있다. 다른 족과 달리 뒷날개에 꼬리 모양 돌기가 없어서 공기 저항을 줄일 수 있어 재빨리 날아다닌다.

호랑나비족 Tribe Papilionini
호랑나비과 중 가장 많으며, 세계에 225종이 넘게 있다. 전 대륙에 분포하고, 이들 중 여러 종이 꼬리 모양 돌기를 가졌다고 해서 영어 이름은 'Swallow tail'이다. 애벌레는 대부분 운향과 잎을 먹는다.

호랑나비과의 어른벌레는 기온이 높고 밝을 때 날아다니며, 여러 꽃에 잘 날아온다. 수컷은 나비길을 자주 만들고, 습지에 앉아 물을 먹는다. 애벌레는 자극을 받으면 머리와 앞가슴 사이에서 냄새뿔이 나와 악취를 풍기는데, 이 냄새로 천적을 물리친다. 애벌레는 5령까지이다. 번데기는 대용으로 똑바로 서는데, 가슴 둘레에 가는 실을 두르고, 배끝의 현수기(cremaster)로 몸을 고정시킨다. 대부분 번데기로 겨울을 난다.

황모시나비

호랑나비과 모시나비아과 *Parnassius eversmanni* Ménétriès, 1850

이 속 *Parnassius* Latreille, 1804은 중앙아시아의 높은 지대를 중심으로 유라시아의 한랭한 지역과 북미 대륙의 북부까지 분포한다. 세계에 40여 종이 있으며, 우리나라에는 4종이 있다. 이 나비는 이 속 중에서 유일하게 날개가 노란색을 띤다. 러시아 시베리아 동부와 남부의 산악 지역에서 우리나라 함경남도 부전고원, 평안도 낭림산까지와 일본 홋카이도의 일부 고지대에 사는데, 세계 분포 면으로 보면 우리나라가 가장 남쪽에 위치한다. 북한의 부전고원에 사는 개체는 날개의 노란색이 옅어지고 검은색 비늘가루가 많아지는데, 이를 아종 *sasai* O. Bang-Haas, 1931로 다루고 있으나 일부 학자는 아예 별개의 종으로 독립시키기도 한다.

주년경과	1월	2월	3월	4월	5월	6월	7월	8월	9월	10월	11월	12월
알												
애벌레												
번데기												
어른벌레												

수컷 윗면(백두산)

수컷 아랫면(백두산)

주년 경과 한 해에 한 번 나타나는데, 6월 중순부터 보이며, 7월 중순경에 가장 많고, 8월까지 볼 수 있다. 알에서 나비가 될 때까지 2년이 걸린다. 알은 첫해 겨울을 그대로 보내고, 다음 해에 부화하여 자라다가 늦여름에 번데기가 되어 또다시 겨울을 난다. 그리고 3년째 초여름에 어른벌레의 모습을 볼 수 있다(주·임, 1987).

먹이식물 양귀비과(Papaveraceae) 양꽃주머니 (주·임, 1987)

어른벌레 서식지는 북부 지방의 개마고원이나 백두산 등 높은 산지의 나무가 자라지 않거나 바위가 많은 장소이다. 이곳에서 천천히 낮게 날아다니며, 고산 식물인 암매나 애기수레, 만병초에 날아와 꽃꿀을 빤다. 바위에 앉으면 날개가 보호색을 띠어 찾기가 쉽지 않다. 따뜻한 오후에는 관목인 눈잣나무 위를 비교적 활발하게 날아다닌다. 암컷은 먹이식물인 양꽃주머니의 뿌리 근처나 주변 돌 등에 알을 하나씩 낳는다(주·임, 1987).

알 너비 1.17mm, 높이 0.86mm 정도의 찐빵 모양이다. 겉면에 조각을 한 것 같은 무늬가 있다. 처음에는 약간 붉은 기가 있다가 시간이 흐르면서 잿빛을 머금은 흰색이 된다.

애벌레 다 자라면 몸길이는 25mm 정도, 머리의 너비는 3.1mm 정도 된다. 몸은 검고, 등선은 잿빛이 도는 흰색이다. 먹이식물 근처의 돌 밑에 숨어 있다가 먹을 때에만 먹이식물로 올라가 주로 꽃을 먹는다.

번데기 길이는 16mm 정도이다. 처음에는 붉은 밤색이다가 점차 검은 밤색으로 변한다.

암컷(랑림)

왕붉은점모시나비

호랑나비과 모시나비아과 *Parnassius nomion* Fischer de Waldheim, 1823

     어른벌레의 몸은 검은색이고, 옅은 노란색의 털로 덮여 있다. 더듬이는 검으나 밑이 황백색을 띠어 다른 모시나비류와 다르다. 날개는 노란 기가 있는 흰색이며, 붉은 점무늬가 뚜렷하다. 암수 구별은 붉은점모시나비와 거의 같다. 우리나라 동북부 산지에 분포하며, 나라 밖으로는 중국 중부와 북동부, 몽골, 러시아 시베리아 남부 산지, 아무르에 분포한다. 한국산은 아종 *mandschuriae* Oberthür, 1891로 다룬다. 한 해에 한 번 나타나는데, 낭림산맥과 백두산 일대에서는 7월 말에서 8월 중순까지 보인다. 고산의 암석 지대에서 살며, 백두산 일대에서는 1300~1400m의 풀밭 위를 천천히 날아다닌다. 알로 겨울을 난다. 먹이식물은 꿩의비름과(Crassulaceae) 기린초이다(주·임, 1987).

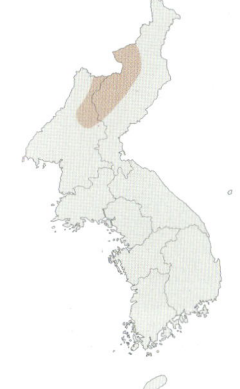

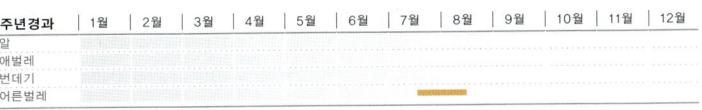

모시나비

호랑나비과 모시나비아과 *Parnassius stubbendorfii* Ménétriès, 1849

날개는 비늘가루가 적고 흰색이어서 검은색 날개맥과 뚜렷하게 대비된다. 앞날개와 뒷날개의 가운데방이 짧고, 세로 맥은 긴 편이다. 암컷의 배 양쪽에 노란 무늬가 있다. 강원도의 높은 산지에 사는 개체는 날개에 검은색 비늘가루가 많아지고, 크기가 작아지는 경향이 있다. 제주도와 울릉도 등 부속 섬을 뺀 전국 각지에 분포하고, 나라 밖으로는 중국 중부와 동북부, 몽골, 러시아 시베리아 산지, 아무르에 분포한다. 한국산은 원명 아종으로 다룬다. 암컷은 배에 털이 거의 없다.

주년경과	1월	2월	3월	4월	5월	6월	7월	8월	9월	10월	11월	12월
알												
애벌레												
번데기												
어른벌레												

수컷

주년 경과 한 해에 한 번 나타나는데, 남부 지방에서는 5월, 중북부 지방에서는 5월에서 6월 초까지 볼 수 있다. 알 속 1령애벌레로 겨울을 난다.

먹이식물 양귀비과(Papaveraceae) 왜현호색, 산괴불주머니, 자주괴불주머니(주·임, 1987), 현호색, 들현호색

어른벌레 산지의 낙엽 활엽수림 가장자리에 있는 풀밭이나 양지바른 계곡에서 산다. 오전 중 날씨가 맑으면 낮게 날아다니며, 엉겅퀴, 기린초, 서양민들레 등의 꽃에서 꿀을 빤다. 암컷은 먹이식물 부근의 마른 잎

알 | 중령애벌레 | 고치 속의 번데기

암컷의 짝짓기 주머니

엉겅퀴 꽃에 날아온 암컷 | 짝짓기

이나 줄기, 돌 등에 알을 하나씩 낳는다. 짝짓기를 할 때 수컷은 암컷에게 '짝짓기 주머니'라는 독특한 구조물을 만들어 주는데, 이는 짝짓기가 끝난 암컷이 다른 수컷과 짝짓기를 하지 못하게 방해하여 자신의 유전자를 지키기 위함이다.

알 너비 1.39mm, 높이 0.95mm 정도의 찐빵 모양이다. 겉면에 조각 같은 구조물이 빽빽하다. 처음에 누런빛을 띠다가 차츰 잿빛이 도는 오염된 흰색이 된다. 여름을 나는 동안에 이미 알 속에서 애벌레가 되고, 겨울을 포함하여 8~9개월을 그 상태로 지낸 뒤 이듬해 깨난다.

애벌레 4월 초쯤 애벌레는 알의 정공 부분을 물어뜯고 부화한다. 다 자라면 몸길이가 40mm 정도 된다. 몸은 원통형으로 가운데가 검고, 등선은 잿빛이 도는 붉은색이다. 보통 먹이식물 근처의 돌 밑이나 가랑잎 속에 있다가 추워지거나 습해지면 체온을 올리기 위해 낙엽이나 돌 위에 올라가 햇볕을 쬔다. 한 번에 20~30분 동안 먹이식물을 먹는데, 어릴 때에는 잎 가장자리를 둥그렇게 먹다가 중령애벌레 이후 새싹과 꽃, 줄기 등을 모조리 먹는다. 애벌레는 일조량에 따라 자라는 속도가 다른 것으로 알려져 있다(福田 외, 1984). 애벌레를 자극하면 누런 흰색의 냄새뿔이 머리와 앞가슴 사이에 돋는다.

번데기 앞번데기 상태로 2~3일 있다가 번데기가 된다. 길이는 19mm 정도이다. 몸은 밤색이고, 옆면에 노란색 줄무늬가 보인다. 번데기가 되는 장소를 야외에서 직접 찾지는 못했지만 북한 자료에 따르면 애벌레가 입에서 토한 실로 마른 잎이나 돌 사이에 엉성한 노란 고치를 만들어 그 속에 들어 있다(주·임, 1987).

붉은점모시나비

호랑나비과 모시나비아과 *Parnassius bremeri* Bremer, 1864

모시나비보다 훨씬 크고, 날개에 붉은 점이 선명한데, 이 붉은 점무늬는 날개 아랫면에서 더 뚜렷하다. 1990년대까지만 해도 경기도와 강원도, 충청남도에 국지적으로 분포했으나 최근에는 강원도 삼척 일부 지역과 경상남·북도 일부 지역에서만 보인다(김·박, 2001). 환경부 지정 보호종이다. 나라 밖으로는 러시아 트랜스바이칼 남부에서 아무르와 중국 동북부에 분포한다. 한국산은 원명 아종으로 다루는 것이 옳으나 남부 지방의 개체군은 작고 날개 색이 검어지는 경향이 있어 별개의 아종 *pakianus* Murayama, 1964로 다룰 수 있겠다. 암컷은 수컷과 달리 날개에 노란 기가 나타나며, 배의 털이 적어 검게 보인다. 신·홍(1973)은 이 나비의 생활사 과정을 밝혔다. 천적에 관한 연구는 별로 없으나 조류인 '바위종다리'가 애벌레를 잡아먹는 것을 관찰한 적이 있다.

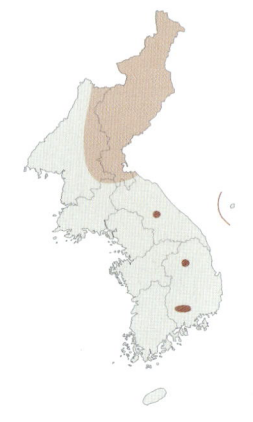

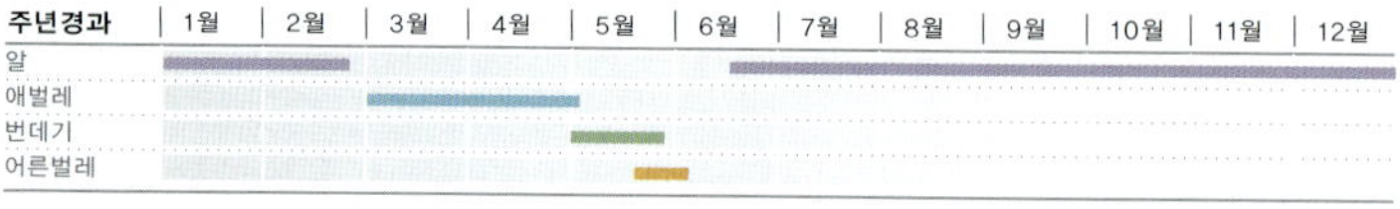

주년경과	1월	2월	3월	4월	5월	6월	7월	8월	9월	10월	11월	12월
알												
애벌레												
번데기												
어른벌레												

쥐오줌풀 꽃에 날아온 수컷

주년 경과 한 해에 한 번 나타난다. 남부 지방에서는 5월에서 6월 중순까지, 중부 지방에서는 5월에서 6월 초까지 볼 수 있다. 알 속 1령애벌레로 겨울을 난다.

먹이식물 돌나물과(Crassulaceae) 기린초

어른벌레 산지나 평지의 나무가 별로 없는 장소에서 산다. 암석으로 이루어진 양지바른 곳에서 오전에 낮은 높이에서 활발하게 날아다닌다. 수컷은 이따금 산꼭대기까지 날아오르지만 특별히 나비길을 만들지는 않는다. 암수 모두 엉겅퀴와 기린초 등에서 꽃꿀을 잘 빤다. 모시나비처럼 짝짓기를 할 때, 수컷은 암컷의 배 끝에 짝짓기 주머니를 만들어 붙인다. 암컷은 먹이식물 부근을 잘 떠나지 않으며, 그 주위의 마른 잎이나 줄기, 돌 등에 알을 하나씩 낳아 붙인다.

알 찐빵처럼 생겼으며, 너비 1.5~1.7mm, 높이 0.8~1.1mm이다. 알 속에서 1령애벌레가 되어 겨울을 나야 하기 때문에 알껍데기가 두껍다. 겉에 요철 같은 조각이 있다. 처음에 황백색을 띠다가 차츰 잿빛이 도는 오염된 흰색이 된다. 여름을 나는 동안에 이미 알 속에서 애벌레가 되어 겨울을 보낸다. 알 기간은 325일 정도이다.

애벌레 3월 중순에서 말에 알껍데기를 뚫고 나온 애벌레는 기린초의 싹 사이로 들어가 먹기 시작한다. 주로 새싹의 가장자리를 먹는다. 충분히 먹은 뒤에는 주위의 돌 틈이나 돌 위에서 쉰다. 부화 당시 1령애벌레는 몸길이가 4mm 정도이다가 5령애벌레가 되면 38mm 정도까지 자란다. 종령(5령)애벌레는 앞에서 보면 머리 너비가 2.8mm 정도로 원형에 가깝다. 냄새뿔은 매우 짧으며, 옅은 노란색을 띤다. 검은색 몸통에는 0.3~1.1mm의 검은 털이 듬성듬성 나 있다. 각 마디에는 뚜렷한 주황색 원 무늬가 있다.

번데기 종령애벌레는 번데기가 되기 위해 돌아다니면서 몸속의 수분을 써 버려 크기가 25mm 정도로 줄어든다. 번데기가 되기 적당한 장소를 찾으면 마른 잎이나 돌 사이에 실을 토해 엉성한 고치를 만들고 그 속에서 번데기가 된다. 이 고치는 누에나방에 비해 매우 엉성하다. 몸은 밤색으로 검은 무늬가 얼룩진다. 길이는 19.5mm, 너비는 8.7mm 정도이다. 숨문은 밤색으로 긴 타원형이다. 앞번데기 기간은 6일 정도, 번데기 기간은 10일 정도이다.

애호랑나비

호랑나비과 모시나비아과 *Luehdorfia puziloi* (Erschoff, 1872)

이 속 *Luehdorfia* Cruger, 1878은 동북아시아 지역에 만 분포하는 특산 속으로, 모두 4종이 있으며, 이들이 모두 자매종 sibling species일 것으로 보고 있다. 이 나비의 날개는 짙은 노란색과 검은 색이 어울려 호랑이 줄무늬처럼 보인다. 뒷날개의 꼬리 모양 돌기는 짧지만 뚜렷하다. 제주도를 뺀 전국에 분포하고, 나라 밖으로는 일본, 중국 동부와 북동부, 러시아 연해주, 쿠나시르 섬(Kunashir)에 분포한다. 한반도산은 원명 아종으로 다루는 것이 올바르다. 다만 거제도와 남해도를 포함한 남부 지방의 개체군은 중북부 지방에 비해 커서 아종 *coreana* Matsumura, 1927로 따로 다루기도 하나 큰 의미는 없다. 배에 털이 많으면 수컷이고, 없으면 암컷이다. 이 나비의 생활사는 신(1974a)이 밝힌 자세한 자료가 있다.

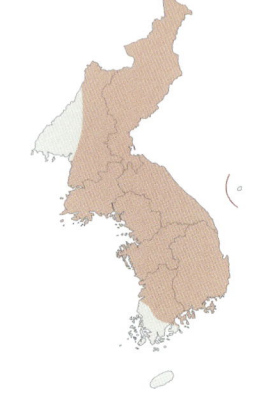

주년경과	1월	2월	3월	4월	5월	6월	7월	8월	9월	10월	11월	12월
알												
애벌레												
번데기												
어른벌레												

주년 경과 한 해에 한 번 나타나는데, 남부 지방에서는 3월 말부터 보이고, 중부 지방에서는 4월 초, 지리산이나 강원도 높은 산지에서는 4월 말에 나타나 6월 초까지 볼 수 있다. 7월에 번데기가 된 뒤 그대로 겨울을 난다.

먹이식물 쥐방울덩굴과(Aristolochiaceae) 족도리, 개족도리

어른벌레 진달래가 필 무렵 나타난다. 낙엽 활엽수

조팝나무 꽃꿀을 빠는 수컷

알 낳기

1령애벌레와 먹은 흔적 　　무리 짓는 2령애벌레

종령애벌레 　　앞번데기 　　번데기

림에서 잎이 채 다 자라지 않아 아래쪽까지 햇볕이 드는 따뜻한 날에 잘 날아다닌다. 수컷은 능선이나 산꼭대기를 배회하며, 기온이 떨어지면 숲 바닥에 앉아 날개를 편 채 일광욕을 한다. 진달래와 얼레지, 제비꽃 등 봄에 피는 꽃에 날아오는데, 일본의 마니아들은 얼레지에 오는 장면을 좋아하지만 우리나라에서는 진달래에 오는 장면을 더 좋아하는 경향이 있다. 오후에 흡밀 식물 주변에서 짝짓기를 하는데, 암컷이 꽃꿀을 빨러 오는 것을 보고 수컷이 달려든다. 이때 생긴 암컷의 짝짓기 주머니는 밤색이고 돌기가 두드러진다. 암컷은 중부 지방에서 5월 초순경에 먹이식물 잎 뒤에 5~21개의 알을 낳아 붙인다.

알 밑면이 평평한 공 모양으로, 너비는 0.98mm 정도이다. 겉면이 매끈하며, 처음에 황백색이다가 차츰 파란빛을 띠는 진주색으로 변하고 나중에 회갈색이 된다. 알 기간은 12~15일이다.

애벌레 5월 초에 알에서 깨난 2.5mm 정도의 1령애벌레는 알껍데기를 남김없이 먹는다. 어릴 때 잎 뒤에 10여 마리가 무리 지어 있으며, 2~3령애벌레까지 이 성질이 강하게 나타난다. 먹이식물을 일제히 먹는 습성이 있는데, 처음에는 잎을 훑듯이 먹다가 나중에는 잎자루까지 모두 먹는다. 종령(5령)애벌레가 되면 먹이식물의 양이 모자라게 되어 주변으로 흩어진다. 2령애벌레 이후에는 몸 옆에 노란 점무늬가 나타나고 이후 점점 커진다. 애벌레 기간은 40~60일이다. 사육할 때에는 낙엽 아래나 돌 밑에서 앞번데기 상태가 되어 대용으로 붙는 것을 볼 수 있다.

번데기 앞번데기 상태로 3~5일을 보내다가 번데기가 된다. 길이는 17mm 정도이다. 생김새는 굵고 짧으며, 검은 밤색을 띤다. 머리에는 2개의 작은 돌기가 있고, 겉면에 가느다란 작은 돌기가 돋아 있다.

애호랑나비 알

꼬리명주나비

호랑나비과 모시나비아과 *Sericinus montela* Gray, 1852

이 속 *Sericinus* Westwood, 1851에는 이 종 1종만 포함되어 있다. 뒷날개의 꼬리 모양 돌기가 유난히 길고, 애벌레는 무리를 짓는 특징이 있다. '꼬리명주나비'라는 이름은 꼬리 모양 돌기가 길고 날개 색이 명주 옷감과 닮은 데에서 유래했다. 진도와 완도 등 몇몇 부속 섬과 내륙 지역에 국지적으로 분포하며, 나라 밖으로는 중국 중부와 북동부, 러시아 연해주에 분포하는데, 일본에는 1980년대에 우리나라에서 유래된 것으로 보이는 개체군이 도쿄 부근에 서식하고 있다. 한국산은 아종 *koreanus* Fixsen, 1887로 다룬다. 날개 색으로 암수를 쉽게 구별할 수 있는데, 수컷이 황갈색, 암컷이 밤색이다. 계절에 따른 변이가 있다. 이 나비의 생활사는 신(1974b)이 조사한 자세한 자료가 있다.

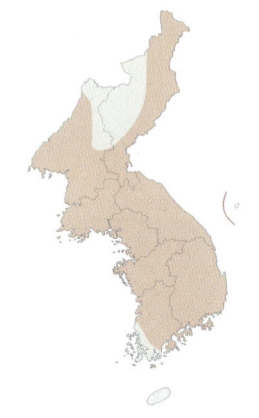

주년 경과	1월	2월	3월	4월	5월	6월	7월	8월	9월	10월	11월	12월
알												
애벌레												
번데기												
어른벌레												

여름형 수컷

주년 경과 한 해에 두세 번 나타나는데, 중남부 지방에서는 4~5월과 6~7월, 8월 중순~9월에, 북부 지방에서는 5~6월과 7~8월에 볼 수 있다. 번데기로 겨울을 난다.

먹이식물 쥐방울덩굴과(Aristolochiaceae) 쥐방울덩굴

어른벌레 야산과 가까운 경작지 주변이나 개천 주위의 습기가 많은 풀밭에서 산다. 맑은 날 오전부터 오후 늦게까지 느릿느릿 날며, 낮은 곳에서 높은 곳으로 날 때에는 해치듯이 날개를 움직이고 높은 곳에서 낮은 곳으로 날 때에는 미끄러지듯 활주한다(신, 1974b). 오전에 일광욕을 하기 위해서 날개를 펴고 앉는 일이 있으나 온도가 올라가면 날개를 접는다. 풀의 줄기와 잎 또는 낮은 위치의 나뭇잎 위에서 짝짓기를 하는데, 암컷이 위에 있고, 수컷이 아래에 매달리는 자세로 이루어진다. 이때 암컷 배끝에는 짝짓기 주머니가 만들어지는데, 그다지 두드러지지 않는다. 암컷은 먹이식물 줄기나 새싹에 5~95개의 알을 한꺼번에 낳는다.

특히 기온이 오르는 시간에 땅에서 15cm 정도 높이의 줄기와 새순 아래에 알을 낳는 것을 관찰했다.

알 너비 0.8mm, 높이 0.7mm 정도로, 밑면이 평평한 공 모양이다. 처음에는 광택이 나고 겉면이 매끈한 등황색이다가 1~2일이 지나면 불규칙적인 옅은 밤색 무늬가 생긴다. 알 기간은 7~10일이다.

애벌레 정공 부위를 뚫고 나온 1령애벌레는 몸길이가 2.5mm 정도이다. 어릴 때에는 잎 뒤에서 무리 짓는데, 2~3령애벌레까지 이 성질이 강하게 나타난다. 먹이식물을 일제히 먹는 습성이 있으며, 잎 가장자리에서 잎자루까지 모두 먹는다. 대개 4령애벌레 이후 흩어지는 경향이 있다. 특히 종령(5령)애벌레의 몸에는 가시와 같은 돌기가 많은데, 앞가슴 앞으로 뻗은 돌기가 6mm 정도로 유난히 길고, 기어갈 때 마치 더듬이처럼 움직인다. 냄새뿔은 3mm 정도로, 등색이다. 다 자란 애벌레의 길이는 30mm에 이른다. 애벌레 기간은 봄보다 여름에서 가을까지의 시기에 더 짧다.

번데기 길이는 28~29mm이다. 겨울을 나는 번데기는 그렇지 않은 번데기보다 배에 있는 돌기가 훨씬 길다. 겨울을 나는 번데기는 돌 밑에서 찾을 수 있으나 겨울을 나지 않는 번데기는 먹이식물 주위에서 찾을 수 있다. 번데기가 될 때에는 잎 뒤나 가지에 대용 상태로 붙는다.

사향제비나비

호랑나비과 호랑나비아과 *Byasa alcinous* (Klug, 1836)

이 속 *Byasa* Moore, 1882은 인도에서 극동 지역과 동양 열대 지역을 중심으로 분포한다. 우리나라에는 사향제비나비 1종만 있다. 이들의 애벌레는 어른벌레가 되어서도 먹이식물의 독성을 몸에 품고 있다. 이는 다른 종들이 천적을 피할 수 있는 의태의 모델이 된다. 이 나비는 제주도와 울릉도를 뺀 전국 각지에 분포하고, 나라 밖으로는 중국 북부와 서부, 일본, 타이완, 러시아 극동 지역에 분포한다. 한국산은 원명 아종으로 다룬다. 수컷은 날개가 검고, 암컷은 옅은 흑갈색을 띤다. 계절에 따른 변이가 있다.

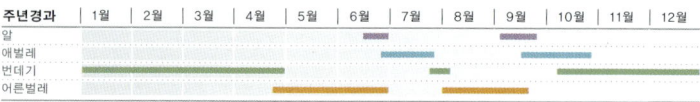

주년 경과 한 해에 두 번 나타나는데, 봄형은 4월 말~6월, 여름형은 7월~9월 초에 볼 수 있다. 번데기로 겨울을 난다.

먹이식물 쥐방울덩굴과(Aristolochiaceae) 쥐방울덩굴, 등칡

어른벌레 농경지 주변과 낮은 산의 축축한 풀밭, 하천 주변, 해안가, 산지의 계곡 등지에서 볼 수 있다. 날개를 크게 파닥거리지 않고 천천히 날다가 진달래, 매

잎 위에서 일광욕을 하는 암컷

잎 뒤에 붙은 알 | 알 | 1령애벌레
2령애벌레 | 종령애벌레 | 종령애벌레와 먹은 흔적
겨울을 난 번데기 | 꽃꿀을 빠는 수컷

화말발도리, 엉겅퀴, 큰까치수염, 곰취, 능소화, 산초나무 등 여러 꽃에서 꽃꿀을 빤다. 수컷은 축축한 물가에 내려와 앉으나 이런 모습은 그리 흔하지 않다. 나비길을 만들거나 텃세 행동을 하지 않는다. 암컷은 먹이식물의 잎에 앉아 배를 앞으로 둥그렇게 꼬부려 잎 뒤에 1개 또는 2~16개의 알을 낳아 붙인다.

알 양파 모양으로, 겉면에 과립 모양의 세로줄이 20개 있다. 너비 1.4mm, 높이 1.6mm 정도로, 너비보다 높이가 조금 길다. 붉은 감색이고, 시간이 흘러도 색이 유지된다. 알 기간은 5~7일이다.

애벌레 알에서 깨난 1령애벌레는 알껍데기를 다 먹어 치운 뒤 잎 뒤에 그대로 붙어 있다. 애벌레가 무리 짓는 성질은 애호랑나비에 비해 약하나 어릴 때는 이 습성이 유지되는 경우가 많다. 머리는 검은 밤색, 몸은 보랏빛을 머금은 검은색과 흰색이 크게 대비된다. 가슴과 배에 여러 쌍의 살덩어리 같은 돌기가 있다. 냄새뿔은 감색이고 짧다. 다 자라면 몸길이는 40mm 정도 된다.

번데기 길이는 29mm 정도이다. 굵고 짧은 모양으로, 겉면이 매끈매끈하다. 색은 옅은 노란색이고, 가슴의 등 쪽에 적갈색 돌기가 있다. 여름보다 가을에 번데기를 발견하기 쉬운데, 담장이나 도로 옆 시설물에서도 발견된다. 겨울을 나지 않을 때에는 번데기 상태로 11~15일, 겨울을 날 경우에는 7~9개월이 지나야 어른벌레가 된다.

사향제비나비 애벌레가 번데기가 되는 과정

사향제비나비의 다 자란 애벌레는 번데기가 되기에 적당한 장소를 찾아 이동한다. 드디어 자리를 잡으면 입에서 실을 내어 그 실로 배끝을 나무줄기에 붙이는데, 그 부분이 두텁다. 애벌레는 하루가 지나면 원피스를 벗듯 머리부터 껍데기를 벗어 내고 황금색 번데기로 탄생하게 된다.

Byasa alcinous

청띠제비나비

호랑나비과　호랑나비아과　*Graphium sarpedon* (Linnaeus, 1758)

이 속*Graphium* Scopoli, 1777은 인도에서 동남아시아 일대와 오스트레일리아까지의 열대와 아열대 지역에 넓게 분포하며, 26종이 알려져 있다. 이 나비는 우리나라 중부의 서해안 몇몇 섬(백·김, 1996), 남해안 지역과 그 인근 섬, 제주도, 울릉도에 분포한다. 나라 밖으로는 동아시아 온대 지역까지 진출하여 우리나라와 일본 남부, 중국 중부에서 인도와 말레이시아까지 분포한다. 한국산은 일본 혼슈 지방과 같은 아종 *nipponum*(Fruhstorfer, 1903)으로 다룬다. 수컷은 뒷날개 안쪽 가장자리가 말려 있고 그 속에 옅은 갈색의 긴 털이 밀생하나 암컷은 이 털이 없다. 계절에 따른 변이가 있다. 신(1970)은 이 나비의 먹이식물을 우리나라에서 처음 밝혔고, 김(1991)은 알에 대해 보고했으며, 조(2001)는 전 생활사 과정을 밝혔다.

주년경과	1월	2월	3월	4월	5월	6월	7월	8월	9월	10월	11월	12월
알												
애벌레												
번데기												
어른벌레												

주년 경과　한 해에 두세 번 나타나는데, 5~6월과 7~8월, 가끔 9월경에 볼 수 있다. 가을에 번데기가 되어 겨울을 난다. 각 지역에서 나타나는 때가 먹이식물의 잎이 새로 돋는 때와 일치하는 경향이 있다.

먹이식물　녹나무과(Lauraceae) 녹나무, 후박나무
어른벌레　녹나무와 후박나무가 많은 해안의 상록 활엽수림 지역에 있는 숲과 계곡에서 산다. 아까시나무, 엉겅퀴, 파, 토끼풀, 초피나무, 거지덩굴에 날아와 꽃

꽃꿀을 빠는 암컷

꿀을 빤다. 수컷은 능선에서 텃세 행동을 하기 위해 상공 5~6m 위를 배회하는 일이 많다. 축축한 곳에 내려앉아 물을 먹는데, 이따금 무리를 짓는 경우가 있으며, 시멘트 바닥에 물을 뿌려 놓아도 날아온다. 새똥에 날아와 즙을 빠는 모습은 드물다. 암컷이 날개돋이 할 무렵 녹나무 주변을 날아다니면서 갓 날개돋이한 암컷과 짝짓기를 하려고 한다. 암컷은 먹이식물의 새싹이나 줄기, 잎 뒤에 앉은 채로 날개를 떨면서 알을 하나씩 낳는다. 이따금 여러 암컷이 한 장소에 낳는 경우도 있다.

알 밑면이 평평한 공 모양으로, 너비 1.3mm, 높이 1.33mm 정도이다. 겉면은 광택이 있어서 매끈하고, 처음에는 파란빛이 도는 흰색이다가 알에서 깨날 무렵 겉면에 어두운 얼룩무늬가 나타난다. 알 기간은 7일 정도이다.

애벌레 1령애벌레는 진한 밤색이다가 중령애벌레가 되면 옅은 풀색, 종령애벌레가 되면 짙은 풀색이 된다. 뒷가슴 부분이 가장 굵고 넓으며, 이전과 이후는 급격히 가늘어진다. 냄새뿔은 주황색을 띠고 긴 편이다. 알에서 깬 애벌레는 잎 뒤에서 새싹을 먹는데, 3령애벌레가 되면 잎 위로 옮겨 가운데맥에 자리를 잡는다. 머리와 가슴을 들어 올리는 습성이 있다. 처음에는 2mm 정도로 작으나 다 자라면 55mm 정도까지 커진다. 애벌레 기간은 40~60일이다.

번데기 앞번데기 상태로 3~5일을 지내다가 번데기가 된다. 다 자란 애벌레는 먹이식물에서 멀리 이동하므로 야외에서 번데기를 찾기가 매우 어렵다. 번데기의 길이는 28~32mm이다. 머리 앞쪽이 뿔 모양으로 도드라지고, 배끝으로 갈수록 급격히 가늘어진다. 몸은 옅은 풀색인데, 노란 기가 강한 것도 있다. 위에서 아래로 긴 노란 줄무늬가 있어 먹이식물의 잎맥과 닮았다. 겨울을 나지 않는 번데기는 겨울을 나는 번데기에 비해 더 크고 껍데기가 얇다. 여름에서 가을까지 15일 정도, 겨울을 날 경우 3~4개월이 지나면 어른벌레가 된다.

호랑나비

호랑나비과 호랑나비아과 *Papilio xuthus* Linnaeus, 1767

     이 속*Papilio* Linnaeus, 1758은 세계 어디에나 분포하며, 200여 종이 넘는 큰 무리이다. 우리나라에는 무늬박이제비나비와 멤논제비나비를 포함하여 8종이 분포한다. 학자에 따라서 이 속의 일부 종을 *Chilasa*와 *Achillides* 속으로 세분하기도 한다. 우리나라에서는 예전부터 나비의 대명사로 불려 왔을 만큼 친숙한 이 나비는 전국 각지에 흔하게 분포한다. 나라 밖으로는 타이완 이북의 중국, 일본, 러시아 극동 지역, 몽골 동부, 트랜스바이칼에 분포하고, 필리핀 루손 섬 북부에 다른 아종이 분포한다. 한국산은 원명 아종으로 다룬다. 암수는 무늬를 보고 구별하기 어려우나 암컷 쪽이 더 크고 색이 옅은 감이 있다. 다만 여름형 수컷은 뒷날개 윗면 제7실에 검은 점이 뚜렷해 암컷과 다르다. 계절에 따른 변이가 있다.

주년 경과 한 해에 두세 번 나타나는데, 봄형은 4~5월, 여름형은 6~10월에 볼 수 있다. 번데기로 겨울을 난다.

먹이식물 운향과(Rutaceae) 산초나무, 초피나무, 탱자나무, 귤나무, 왕초피나무, 백선, 황벽나무, 머귀나무 등

어른벌레 평지나 낮은 산지에 사는데, 특히 마을 근처를 배회하는 일이 많다. 진달래, 나무딸기, 복숭아

나무, 민들레, 참나리, 산초나무, 무궁화, 엉겅퀴, 백일홍, 코스모스 등 여러 꽃에서 꿀을 빤다. 수컷은 자주 물가에 떼 지어 모인다. 암컷은 먹이식물을 탐색하다가 새싹이나 잎 뒤에 알을 하나씩 낳아 붙인다. 암컷 한 마리가 낳는 알의 수는 30~402개로 알려져 있다(福田 외, 1982).

알 공 모양으로, 겉면이 매끈하다. 너비 1.20mm, 높이 1.0mm 정도이다. 처음에 노란색이다가 부화가 가까워지면서 짙은 갈색으로 변하고, 알에서 깨기 직전 겉면에 재색 기를 띠게 된다. 알 기간은 약 7일이다. 알과 애벌레에 좀벌과 고치벌 등의 천적이 기생한다.

애벌레 알에서 깨난 뒤 1령애벌레는 잎 위에 자리를 잡는다. 4령애벌레까지는 새똥처럼 보이다가 종령(5령)애벌레가 되면 짙은 풀색으로 변한다. 대부분 움직이지 않으나 먹을 때에는 활발하게 움직인다. 종령애벌레는 36~45mm이다. 냄새뿔은 감색을 띤다.

번데기 길이는 25mm 정도이다. 머리 양쪽이 도드라진다. 번데기는 녹색형과 밤색형이 있다. 25°C에서 하루 12시간 이상 빛이 있으면 모두 휴면 번데기가 되고, 14시간 이상 빛이 있으면 바로 날개돋이를 하게 된다. 임계 일장에 대한 실험, 즉 50%가 휴면과 비휴면이 되는 빛 조건이 12시간 45분이라고 한다. 물론 저온 기간도 관계 있으며, 가장 예민한 시기가 2, 3령 벌레 때라고 한다(福田 외, 1984).

호랑나비 허물벗기 과정

호랑나비의 4령애벌레는 새똥처럼 생겼지만 머리부터 벗어지는 허물벗기 과정을 거치면 풀색으로 변한다.

호랑나비 애벌레가 번데기가 되는 과정

호랑나비는 흔한 나비여서 관심을 조금 기울여 운향과 식물을 살피면 애벌레와 번데기를 종종 찾을 수 있다. 애벌레는 입에서 실을 내어 몸을 고정한 뒤 24시간 후에 완전한 번데기가 된다.

Papilio xuthus

산호랑나비

호랑나비과 호랑나비아과 *Papilio machaon* Linnaeus, 1758

호랑나비와 닮았지만 색이 더 노랗고 앞날개 가운데 방의 모습이 뚜렷하게 다르다. 이 나비는 전국 각지에서 흔하게 볼 수 있으며, 해안부터 1000m 이상의 산꼭대기까지 서식지의 폭이 꽤 넓다. 나라 밖으로는 일본, 중국, 러시아 등 유라시아 대륙과 아프리카 북부, 북미 대륙에 넓게 분포한다. 한국산은 아종 *hippocrates* C. et R. Felder, 1864로 다룬다. 제주도의 개체 중에는 날개의 검은 무늬가 넓어진 개체가 많다. 암수 구별이 까다롭지만 배끝이 좌우로 갈라지면 수컷이고, 전체가 통통하면 암컷이다. 계절에 따른 변이가 있다.

주년경과	1월	2월	3월	4월	5월	6월	7월	8월	9월	10월	11월	12월
알						■				■		
애벌레							■			■		
번데기	■	■	■	■	■			■			■	■
어른벌레					■	■	■	■	■	■		

주년 경과 한 해에 두세 번 나타나는데, 봄형은 5~6월, 여름형은 7월~11월 초에 나타난다. 번데기로 겨울을 난다.

먹이식물 산형과(Umbeliferae) 미나리, 기름나물, 참당귀, 당근, 방풍, 갯방풍, 벌사상자, 운향과(Rutaceae) 탱자나무, 유자나무

어른벌레 풀밭과 같이 밝은 환경을 좋아한다. 맑은 날 수수꽃다리, 진달래, 철쭉, 복숭아나무, 나무딸기,

산꼭대기에서 텃세 행동을 하는 수컷 / 날개돋이

개망초, 동자꽃, 이질풀, 미나리, 쉬땅나무 등에서 꽃 꿀을 빤다. 수컷은 200m 이상의 산꼭대기에서 텃세 행동을 하는데, 서로 심하게 텃세를 부린다. 주로 낮은 지대에서 보이나 때때로 1000m 이상 고산의 산꼭대기에서도 보인다. 암컷은 물가나 산지의 습지에서 자라는 먹이식물 새싹이나 잎 뒤에 알을 하나씩 낳아 붙인다.

알 공 모양으로, 겉면이 매끈하다. 너비 1.20mm, 높이 1.0mm 정도이다. 처음에 노란색이다가 차츰 누런 흰색이 되고, 알에서 깨날 무렵 겉면에 짙은 밤색 무늬가 나타난다. 알 기간은 5일~2주 정도로 온도에 따라 다르다.

애벌레 알에서 깨난 1령애벌레는 알껍데기를 거의 다 먹고서 잎 위나 꽃으로 이동한다. 1령애벌레는 몸 빛깔이 어두운 흑갈색으로, 제3~4배마디의 등 중앙에 회백색 무늬가 있다. 이 무늬는 2령애벌레에서 더 뚜렷하게 보인다. 4령애벌레 때는 검은색, 풀색, 오렌지색 등이 섞여 있고, 종령(5령)애벌레가 되면 이 색이 짙어진다. 아마 경계색의 일종으로, 몸속에 산형과 식물의 독성을 품고 있다는 것을 천적에게 보여 주는 것으로 해석된다. 다 자란 애벌레의 크기는 50mm 정도이다.

번데기 길이는 34mm 정도이다. 먹이식물에서 떨어진 곳의 나뭇가지나 돌, 마을의 담장에서 드물게 볼 수 있다. 색은 녹색형과 갈색형이 있다.

멤논제비나비

호랑나비과 호랑나비아과 *Papilio memnon* Linnaeus, 1758

박(2006)이 우리나라에 미접으로 소개한 종이다. 암컷이 사향제비나비를 의태하는 것으로 유명한 이 나비는 동양구의 열대와 아열대 지역에 넓게 분포하며, 일본 혼슈 남부까지 진출한다. 귤나무 재배지에 살며, 우리나라에서는 6월 말에 완도에서 수컷 한 마리가 채집된 적이 있다. 해안 도로에 날아와 꽃꿀을 빨아 먹는데, 흡밀 식물은 정확히 확인되지 않고 있다. 아종을 언급하기는 때가 이르지만 일본과 같은 *thunbergii* von Siebold, 1824로 다루는 것이 올바르겠다.

주년경과	1월	2월	3월	4월	5월	6월	7월	8월	9월	10월	11월	12월
알												
애벌레												
번데기												
어른벌레												

무늬박이제비나비

호랑나비과 호랑나비아과 *Papilio helenus* Linnaeus, 1758

제주도와 전라남도 여수, 경상남도 거제도, 욕지도, 지심도, 부산광역시 가덕도 등 남해안 일부 섬들에서 이따금 채집되고 있다. 나라 밖으로는 인도와 스리랑카에서 말레이시아, 인도네시아 등 동남아시아 일대에 분포하며, 중국과 일본 남부까지 진출하고 있다. 한국산은 일본 남부에 분포하는 아종 *nicconicolens* Butler, 1881과 같을 것으로 본다. 계절에 따른 크기 변이가 있다.

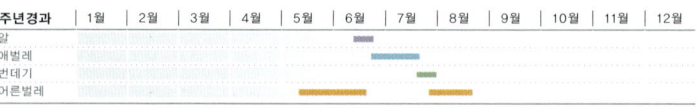

주년 경과 한 해에 두 번 나타나는데, 5~6월과 7~8월에 보이며, 연속적이지 않다. 우리나라에 토착하는지 여부는 아직 확실하지 않으나 여수나 거제도 인근 섬에서는 해마다 관찰되고 있어 우리나라에 토착하는 것으로 볼 수 있다.

먹이식물 운향과(Rutaceae) 산초나무, 탱자나무, 유자나무, 머귀나무

어른벌레 상록수가 많은 숲의 누리장나무, 자귀나무

등에 날아와 꽃꿀을 빠는 모습이 많다고 한다. 수컷은 텃세 행동을 하기 위해 산꼭대기로 올라온다. 개체 수가 적어 채집하기 어려우나 요즈음 많이 발견되고 있다. 암컷이 유자나무에 알을 낳는 장면을 발견하는 등의 정보가 일부 있다.

알 남방제비나비와 거의 닮았다. 처음에는 노란색이지만 깨나기 전 갈색 무늬가 조금 나타난다. 너비 1.4mm, 높이 1.4mm 정도이다.

애벌레 다 자란 애벌레는 풀색으로, 남방제비나비보다 가는 검은색 띠가 나타난다. 냄새뿔은 붉은색이다. 길이는 60mm 정도이다.

번데기 녹색형과 갈색형이 있다. 남방제비나비와 닮았으나 옆에서 보면 중앙에서 굽은 정도가 이 속 중에서 가장 심하다. 배의 폭도 넓은 편이다.

남방제비나비

호랑나비과 호랑나비아과 *Papilio protenor* Cramer, 1775

날개 색이 검고, 폭이 넓은 이 나비는 제주도와 남부 지방(전라남도)에서 많이 보이며, 서해안을 따라 경기만 섬까지 분포한다. 현재까지는 인천광역시 영종도가 북쪽 한계에 해당하는 것으로 보인다. 나라 밖으로는 히말라야 서부에서 카슈미르, 미얀마, 라오스, 중국 남부, 타이완, 일본 남부에 띠 모양으로 넓게 분포한다. 한국산은 아종 *demetrius* Stoll, 1782로 다룬다. 여름에는 경기도와 강원도 내륙에서도 이따금 채집되는 일이 있으나 일시적으로 날아온 경우이거나 혹 세대를 거치더라도 겨울을 나지 못한다. 뒷날개에 꼬리 모양 돌기가 없는 개체(무미형)를 드물게 관찰할 수 있다. 수컷만 뒷날개 앞가장자리 쪽으로 긴 황백색 띠가 있어 암수가 쉽게 구별된다. 계절에 따른 변이가 있다.

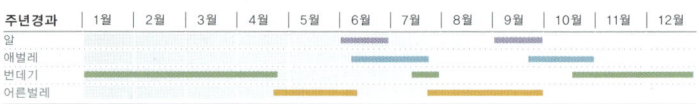

날개돋이 후 암컷

꼬리 모양 돌기

알 | 2령애벌레 | 4령애벌레
종령(5령)애벌레
번데기 | 꽃꿀을 빠는 수컷

주년 경과 한 해에 두세 번 나타나는데, 봄형은 4~6월, 여름형은 6~10월에 볼 수 있다. 번데기로 겨울을 난다.

먹이식물 운향과(Rutaceae) 산초나무, 초피나무, 황벽나무, 탱자나무, 귤나무, 머귀나무 등

어른벌레 남부 지방의 해안가와 인근 섬, 제주도의 따뜻한 지역에 산다. 맑은 날 오후에 누리장나무, 자귀나무, 아까시나무, 철쭉 등에서 꽃꿀을 빤다. 수컷은 계곡이나 숲에서 나비길을 만들어 다니며, 습지에 날아와 물을 빨아 먹는 일이 많다. 암컷은 기온이 높은 오후에 시원한 그늘에 있는 먹이식물을 탐색하러 다니며, 주로 새싹 또는 잎 뒤에 알을 하나씩 낳는다.

알 밑면이 평평한 공 모양으로, 너비 1.68mm, 높이 1.56mm 정도이다. 갓 낳은 알은 옅은 노란색을 띠다가 애벌레가 깨날 무렵 짙은 갈색으로 변한다. 알 기간은 5~7일이다.

애벌레 알의 윗면 가까이 옆 부분을 먹으며 부화한 뒤 약 10분간 정지한다. 4령애벌레까지는 새똥처럼 검고 희게 생겼으나 종령(5령)애벌레가 되면 짙은 풀색으로 변한다. 보통 먹이식물의 잎 가운데맥에 자리를 만들고 머리를 잎자루 쪽으로 향하는 자세를 한다. 긴꼬리제비나비의 애벌레와 닮았으나 몸에 난 무늬가 조금 다르다. 냄새뿔은 주황색을 띠고 긴 편이다. 알에서 깨난 1령애벌레는 잎 뒤에서 새싹을 먹다가 2령 이후 잎 위에서 발견된다. 다 자란 애벌레는 대부분 먹이식물에서 내려와 멀리 이동한 뒤, 다른 식물의 잎 뒤에 대용 상태로 붙는다.

번데기 앞번데기 상태로 3~5일을 보내다가 번데기가 된다. 길이는 37mm 정도이다. 제3, 4배마디가 양쪽으로 튀어나와 도드라져 보이며, 옆에서 보면 등 쪽이 심하게 구부러져 보인다. 번데기는 녹색형과 갈색형이 있다. 색을 결정하는 요인은 뚜렷하지 않지만 번데기가 붙는 면의 너비, 상태, 냄새, 습기 등에 따른 것으로 보인다. 여름에서 가을까지는 10일 정도 번데기로 지내나 겨울을 날 경우 5~6개월이 걸린다.

긴꼬리제비나비

호랑나비과 호랑나비아과 *Papilio macilentus* Janson, 1877

      평양 이남의 전국 각지에 분포하고, 나라 밖으로는 히말라야에서 중국 중서부를 거쳐 우리나라와 일본까지 띠 모양으로 분포하는 온대성 나비이다. 한국산은 원명 아종으로 다룬다. 암수 구별은 남방제비나비의 경우와 같고, 계절에 따른 변이가 있다. 남방제비나비와 닮았으나 날개의 폭이 더 좁다.

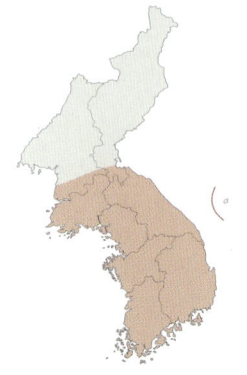

주년경과	1월	2월	3월	4월	5월	6월	7월	8월	9월	10월	11월	12월
알												
애벌레												
번데기												
어른벌레												

주년 경과 한 해에 2~3회 나타나는데, 봄형은 5~6월, 여름형은 7~9월에 볼 수 있다. 번데기로 겨울을 난다.

먹이식물 운향과(Rutaceae) 산초나무, 초피나무, 탱자나무, 머귀나무 등

어른벌레 낮은 산지나 평지의 숲 가장자리에서 살며, 매우 흔한 종이다. 맑은 날 오후에 수수꽃다리, 고추나무, 나리, 엉겅퀴, 큰까치수염, 누리장나무 등에서 꽃꿀을 빤다. 수컷은 계곡이나 숲길에서 나비길을 만들어 다니며, 습지에 날아와 물을 빨아 먹는 일이 많

물을 빠는 수컷(배끝으로 물을 배출하고 있다)

다. 나무 그늘과 같이 어두운 장소에서 짝짓기를 마친 암컷은 기온이 높은 오후를 택해 먹이식물을 탐색해 먹이식물의 새싹 또는 잎 뒤에 알을 하나씩 낳는다.

알 밑면이 평평한 공 모양으로, 너비 1.30mm, 높이 1.27mm 정도이다. 처음에 옅은 노란색을 띠다가 부화가 가까워지면서 짙은 갈색으로 변한다. 알 기간은 5~7일이다.

애벌레 4령애벌레까지는 새똥처럼 검은색과 흰색이 섞여 있으나 종령애벌레가 되면 짙은 풀색으로 변한다. 특히 1령애벌레는 몸에 가시 돌기가 많다. 종령애벌레의 크기는 45mm 정도이다. 냄새뿔은 옅은 황갈색이어서 남방제비나비의 감색과 차이가 난다. 부화한 애벌레는 잎 뒤에서 새싹을 먹다가 2령애벌레 이후 잎 위로 올라온다. 다 자란 애벌레는 잎 뒤나 가지로 이동하여 앞번데기가 되어 대용 상태로 붙는다.

번데기 길이는 37mm 정도이다. 머리 양쪽이 도드라지며, 옆에서 보면 등 쪽이 심하게 구부러져 있는 등 남방제비나비 번데기와 꽤 닮았으나 훨씬 가늘다. 남방제비나비처럼 색 차이가 있어 녹색형과 갈색형으로 나뉜다. 번데기 기간은 여름에서 가을까지는 15일 정도이나 겨울을 날 경우 8개월이 걸린다. 먹이식물 가지의 30cm 높이에 붙어서 겨울을 나는 번데기를 발견한 적이 있다.

냄새뿔이 나온 애벌레

제비나비

호랑나비과 호랑나비아과 *Papilio bianor* Cramer, 1778

날개에 청록색이 강하고, 제비처럼 빨리 날아다니는 이 나비는 한반도 전 지역에 분포한다. 제주도와 울릉도 등 섬 지방의 개체들은 바탕색이 밝은 경향이 있다. 울릉도에서는 발견하기 매우 어렵다. 한편 제주산은 암컷 뒷날개 윗면 가운데방과 제7실의 청자색이 더 뚜렷한 특징이 있다. 나라 밖으로는 중국, 일본, 러시아 동쪽 사할린, 쿠릴 열도에 분포한다. 중국 황허 강 일대의 34~35° 지역에 원명 아종이 분포하며, 한국산은 아종 *dehaanii* C. et R. Felder, 1864로 다루기도 하나 이를 독립 종으로 여기는 학자도 있다. 수컷은 앞날개 제1b실과 제2실에 어두운 색의 벨벳 모양 성표가 있다. 계절에 따른 변이가 있다.

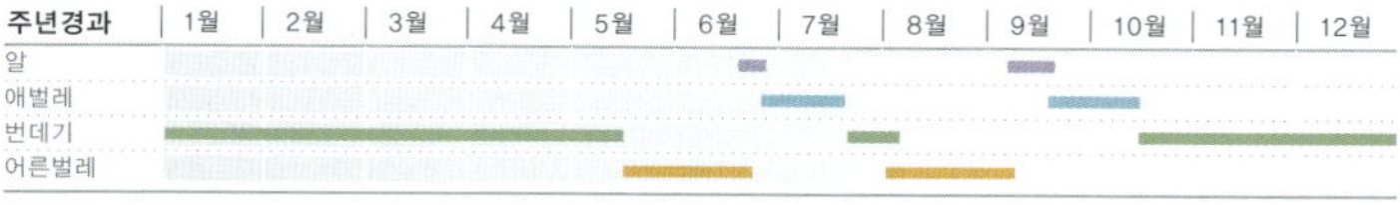

주년경과	1월	2월	3월	4월	5월	6월	7월	8월	9월	10월	11월	12월
알												
애벌레												
번데기												
어른벌레												

지느러미엉겅퀴 꽃에서 꿀을 빠는 수컷

주년 경과 한 해에 2~3회 나타나는데, 봄형은 4~6월, 여름형은 7월~9월 초에 볼 수 있다. 번데기로 겨울을 난다.

먹이식물 운향과(Rutaceae) 머귀나무, 산초나무, 초피나무, 왕산초나무, 황벽나무, 상산

어른벌레 산지에서 마을 근처나 섬까지 널리 사는 흔한 나비로, 곰취, 철쭉, 엉겅퀴, 누리장나무, 계요등, 자귀나무 등 여러 꽃에서 꿀을 빤다. 수컷은 숲 가장자리 계곡, 산길과 산꼭대기에서 나비길을 만들며, 습지에 무리 지어 모이는 일이 많다. 암컷은 주변이 트인 음지 쪽에 자라는 먹이식물의 잎 뒤에 알을 하나씩 낳는다. 산제비나비보다 낮은 산지 쪽에 더 많다.

알 공 모양으로 겉면이 매끈하다. 너비 1.28mm, 높이 1.17mm 정도이다. 처음에는 노란색이다가 차츰 재색이 도는 흰색으로 변하고, 깨날 무렵 겉면에 짙은 갈색 무늬가 나타난다. 알 기간은 5일~2주 정도이다.

애벌레 알에서 깨나면 잎 위로 올라가 그다지 밝지 않은 잎의 가운데맥에 실을 토해 자리를 만든 뒤 쉰다. 저녁에 잎을 먹으며, 이 밖의 시간은 자리에 앉아 쉰다. 산제비나비와 비슷한 습성을 가지고 있으나 산제비나비가 황벽나무와 머귀나무만 먹는 것에 비해 이 나비의 먹이식물 종류는 더 다양하다. 또한 산제비나비의 애벌레는 제9배마디 등 쪽 뒷가장자리에 있는 돌기가 뚜렷하지 않고, 종령애벌레는 앞가슴 숨문위선의 노란색 띠가 뒷가슴 뒷가장자리까지 이어지지 않는데, 그 점이 이 나비와 다르다. 다 자라면 몸길이는 50mm 정도이다.

번데기 길이는 32~34mm이고, 색은 녹색과 갈색의 두 가지 형태가 있다. 가슴보다 배가 부풀어 있고, 머리에는 위로 뻗은 돌기가 2개 있다. 야외에서 번데기를 발견하기 매우 어렵다. 겨울을 나지 않을 때는 13일 정도, 겨울을 날 때는 6~8개월이 걸린다.

산제비나비

호랑나비과 호랑나비아과 *Papilio maackii* Ménétriès, 1858

제비나비와 닮았으나 날개 아외연에 청록색 띠가 나타난다. 제주도를 포함한 한반도 전 지역에 분포한다. 제주도에서는 500~800m의 산지에 사나 때때로 서귀포시 비자림과 같이 낮은 지대에서 발견되기도 한다. 나라 밖으로는 티베트 동부를 포함한 중국과 일본, 러시아 아무르, 우수리, 사할린, 쿠릴 열도, 트랜스바이칼 동부에 분포한다. 한국산은 원명 아종으로 다룬다. 제주산 봄형 수컷은 뒷날개 윗면 아외연에 있는 청록색 띠가 거의 발달하지 않고 내륙산 암컷처럼 붉은 점무늬들이 커지는 개체가 많다. 또 수컷의 성표가 줄어든 개체도 있다. 울릉도의 개체들은 날개의 청록색 부분이 더 밝고, 넓다. 암수의 구별은 제비나비와 같으며, 계절에 따른 변이가 있다.

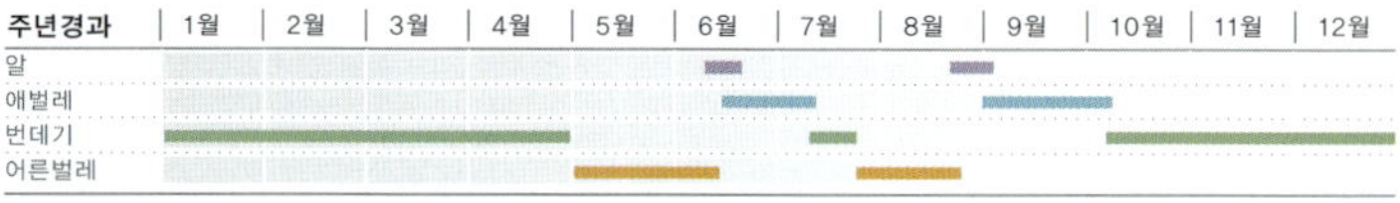

주년경과	1월	2월	3월	4월	5월	6월	7월	8월	9월	10월	11월	12월
알												
애벌레												
번데기												
어른벌레												

꽃꿀을 빠는 암컷

주년 경과 한 해에 두 번 나타나는데, 봄형은 4~6월, 여름형은 7~8월에 볼 수 있다. 번데기로 겨울을 난다.

먹이식물 운향과(Rutaceae) 머귀나무, 황벽나무

어른벌레 산지의 계곡 주변과 능선, 산꼭대기에서 볼 수 있으나 낮은 지대의 상록수 숲에서도 가끔 관찰된다. 철쭉, 무궁화, 누리장나무, 자귀나무, 나무딸기, 민들레, 큰까치수염 등에서 꽃꿀을 빤다. 수컷은 물가에서 물을 먹을 때가 많으며, 때로 수십 마리가 떼를 지어 모인다. 나는 힘이 강하여 산꼭대기에서 능선으로 가로지르며 전형적인 나비길을 만드는데, 다른 수컷을 만나면 심하게 다툰다. 암컷은 숲 가장자리를 유유히 날며, 꽃에 날아오거나 알을 낳는다.

알 겉면이 매끈한 공 모양이고, 붉은 얼룩무늬가 나타난다. 너비 1.37mm, 높이 1.2mm 정도이다. 색은 노란색이고, 시간이 흘러도 색이 그대로 유지된다. 알 기간은 약 7일이다.

애벌레 알에서 깨나고 활동하는 모습이 제비나비와 비슷하다. 어릴 때에는 이 속의 다른 애벌레들처럼 새똥 모양이나, 특별히 이 나비와 제비나비는 여느 제비나비류와 달리 검은색 부위가 옅고 풀색 기가 짙다. 한편 이 나비는 제9배마디의 배 쪽 돌기가 제비나비보다 더 뚜렷하여 제비나비와 구별된다. 다 자라면 몸길이는 50mm 정도 된다. 애벌레 기간은 한 달 정도이나 봄과 여름보다 가을에 더 길다.

번데기 길이는 35mm 정도이고, 녹색형과 갈색형, 두 가지가 있다. 번데기가 되는 장소는 발견하기 어려우나 여름에는 먹이식물에서 발견할 수도 있다. 겨울을 나지 않을 때는 번데기로 2주일 정도, 겨울을 날 경우는 6~8개월이 걸린다.

Pieridae
흰나비과

중형의 크기로, 전 세계에 4아과, 1100여 종이 알려져 있다. 열대에서 한대 지역까지 넓게 분포한다. 날개는 흰색과 노란색에 검은 점이 발달한 종류가 많고, 특별히 날개가 종에 따라 자외선을 다르게 반사하거나 흡수하여 사람이 보는 색과 흰나비들이 보는 색이 다르게 보인다. 날개의 비늘가루에는 프테린계 단백질이 많이 들어 있다. 앞다리가 잘 발달하고, 발톱은 갈라져 있다. 우리나라에는 3아과가 있다.

둥근날개흰나비아과 Subfamily Pseudopontiinae
아프리카 서부에 1속 1종 *Pseudopontia paradoxa* (C. et R. Felder, 1869)만 있다.

기생나비아과 Subfamily Dismorphiinae
신열대구에 6속이 분포하는 데 비해 구북구에는 *Leptidea* 속이 유일하다. 다른 아과들과 달리 계통적으로 차이가 많을 뿐 아니라 원시적 형질을 지녔다. 전 세계에 100여 종이 알려져 있다.

흰나비아과 Subfamily Pierinae
흰나비과 중에서 가장 많은 종이 속해 있으며, 전 세계에 700여 종이 알려져 있다.

노랑나비아과 Subfamily Coliadinae
전 세계에 분포하며, 400여 종이 알려져 있다. 온대에서 한대에는 *Colias* 속의 종이, 아열대에서 열대에는 *Eurema* 속의 종이 많다.

흰나비과는 호랑나비과처럼 꽃에 잘 날아오며, 특히 수컷은 습지에 잘 앉는다. 알은 세로로 긴 포탄 모양으로, 겉면에 세로줄이 두드러진다. 애벌레는 가늘고 긴 원통 모양으로 큰 돌기는 없지만 겉면에 미세한 털이 나 있다. 몸은 대부분 풀색이나 상제나비는 노란색 바탕이다. 애벌레는 5령까지이다. 번데기는 머리가 뾰족한 대용으로, 녹색과 갈색의 두 가지 형이 있다. 애벌레는 배추과와 콩과를 주로 먹는데, 배추흰나비처럼 경작하는 농작물에 해를 입히는 종류가 많다. 각시멧노랑나비와 남방노랑나비 등은 어른벌레로 겨울을 나며, 상제나비는 애벌레로, 이 밖에 대부분은 번데기로 겨울을 난다.

기생나비

흰나비과 기생나비아과 *Leptidea amurensis* (Ménétriès, 1859)

이 속 *Leptidea* Billberg, 1820의 먹이식물은 콩과이고, 풀밭에 사는 성향이 강하다. 유럽 동부에서 극동 지역까지 넓게 분포하고, 우리나라에 2종이 분포한다. 이 나비는 부속 섬을 뺀 한반도 내륙에 넓게 분포하는데, 최근 개체 수가 격감하고 분포지가 줄어들고 있다. 나라 밖으로는 러시아의 시베리아 남부에서 아무르까지와 몽골, 중국 동북부, 일본에 분포한다. 한국산은 원명 아종으로 다룬다. 암컷은 날개의 너비가 넓고 바깥가장자리가 조금 둥근 편이다.

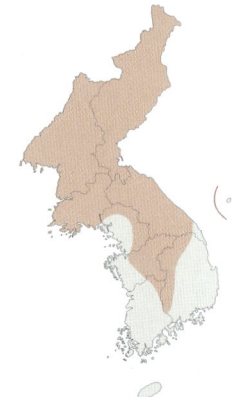

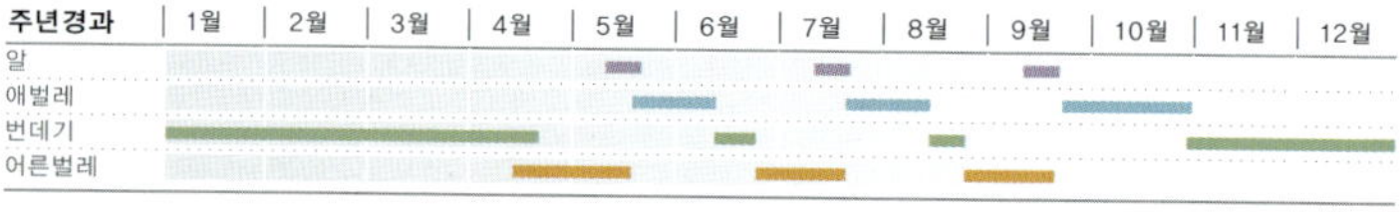

주년경과	1월	2월	3월	4월	5월	6월	7월	8월	9월	10월	11월	12월
알												
애벌레												
번데기												
어른벌레												

봄형 수컷

잎에 앉아 쉬고 있는 수컷

새싹에 붙은 알 긴 포탄 모양의 알 2령애벌레
종령애벌레 종령애벌레 번데기
서식지

주년 경과 남한에서는 한 해에 세 번 나타나는데, 봄형은 4월 초~5월, 여름형은 6~7월, 8월 말~9월에 볼 수 있다. 번데기로 겨울을 난다.

먹이식물 콩과(Leguminosae) 갈퀴나물, 등갈퀴나물

어른벌레 낮은 산지의 풀밭이나 농경지 주변에 사는데, 석회암 지대의 밝은 풀밭에서도 볼 수 있다. 북방기생나비와 거의 같은 모습으로 날며, 빠르지 않아 관찰하기 매우 쉽다. 최근에는 농경지와 택지가 많이 개발되면서 보기 어려워지고 있다. 꿀풀, 타래난초, 개망초 등 여러 꽃에서 꿀을 빠는데, 보라색 계열의 꽃을 좋아한다. 수컷은 물가에 오거나 꽃꿀을 빨 때 외에는 거의 쉬지 않고 천천히 날아다닌다. 암컷은 오후에 먹이식물 주위를 천천히 날다가 잎에 앉아 배를 'ㄴ' 자 모양으로 구부려 새싹에 알을 하나씩 낳아 붙인다.

알 가늘고 긴 포탄 모양으로, 비대칭이다. 너비가 0.6mm, 높이가 1.5mm 정도이다. 처음에 젖빛이 도는 흰색이다가 부화가 가까워지면 옅은 황갈색이 된다. 알 기간은 14일 정도이다.

애벌레 이에 대한 국내의 관찰 기록은 많지 않다. 1, 2령애벌레일 때에는 먹이식물 새싹의 끝 잎맥에 붙어 있는 일이 있다. 이때 잎을 핥듯이 먹어 그물 모양의 잎맥을 남긴다. 시간이 흐르면서 몸이 갈색으로 변하는 경우도 있다. 다 자란 애벌레(4령)는 몸길이가 23mm 정도로, 머리는 앞에서 보면 둥글고, 너비가 2mm 정도이다. 몸은 옅은 풀색이고 등선이 청록색, 숨문선은 노란색이다. 대체로 먹이식물의 잎 색, 줄기 모양과 닮아 찾아내기 어렵다. 등선 주위가 북방기생나비보다 어둡다.

번데기 길이는 21mm 정도이고, 바탕색은 옅은 풀색이다. 가슴과 날개 부분이 특히 부풀어 있으며 머리 위에 뾰족한 돌기가 있다. 주로 먹이식물이나 그 주위에서 발견되지만 쉽게 찾을 수 없다.

북방기생나비

흰나비과 기생나비아과 *Leptidea morsei* (Fenton, 1882)

    기생나비보다 한지성으로, 경기도 북부 일부와 강원도 지역에 분포한다. 2종 모두 강원도 영월 등지에서 함께 서식하는데, 자연적인 교잡종은 없는 것 같다. 나라 밖으로는 유럽 동부에서 일본까지 분포한다. 한국산은 아종 *micromorsei* Verity, 1947로 다룬다. 계절에 따라 날개끝에 있는 검은색 무늬가 짙거나 옅어지고, 크기 변화가 많으며, 암수의 차이는 기생나비의 경우와 같다. 기생나비보다 날개 바깥가장자리가 더 둥글다.

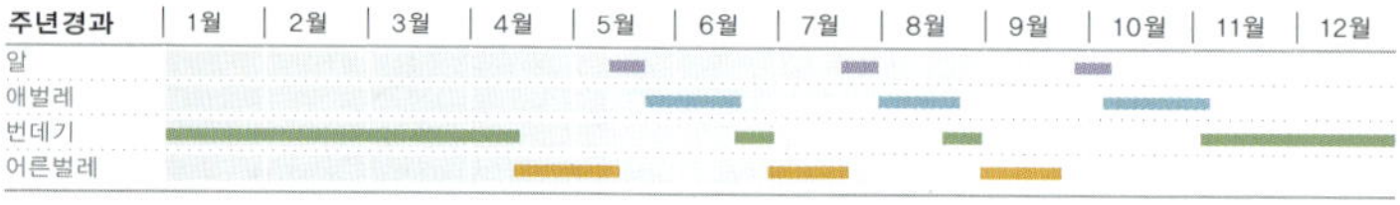

주년경과	1월	2월	3월	4월	5월	6월	7월	8월	9월	10월	11월	12월
알												
애벌레												
번데기												
어른벌레												

꽃꿀을 빠는 암컷

알 | 종령애벌레
번데기 | 알 낳기

주년 경과 남한에서는 한 해에 세 번 나타나는데, 봄형은 4월 중순~5월, 여름형은 6월 말~7월과 8월 말~9월에 볼 수 있다. 번데기로 겨울을 난다.

먹이식물 콩과(Leguminosae) 등갈퀴나물, 갈퀴나물

어른벌레 추운 지역의 축축한 풀밭, 하천과 농경지 주변에서 산다. 나는 모양새가 매우 힘이 없어 보이며, 그다지 멀리 날아가지 못해 서식지를 크게 벗어나는 일이 드물다. 개망초와 등갈퀴나물, 엉겅퀴 등 여러 꽃에서 꿀을 빤다. 수컷은 이따금 물가에 오기도 하지만, 대부분은 암컷을 탐색하러 풀 사이를 바쁘게 다닌다. 암컷은 기온이 높은 오후에 먹이식물 주위를 낮게 날면서 알을 낳으나 관찰된 자료가 많지 않다.

알 가늘고 긴 포탄 모양으로 비대칭이다. 너비가 0.53mm, 높이가 1.4mm 정도이다. 처음에 젖빛이다가 깨날 무렵 노란빛을 띤다. 알 기간은 14일 정도이다.

애벌레 어린 애벌레일 때에는 먹이식물의 새싹 끝 잎맥에 붙어서 잎을 핥듯이 먹어 잎맥을 남긴다. 다 자란 애벌레는 24mm 정도로 커지고, 풀색 바탕에 등선은 청록색, 숨문선은 뚜렷한 노란색을 띤다. 이 밖의 특징은 기생나비와 비슷하다. 애벌레 상태에서 이 두 종의 구별이 쉽지 않다.

번데기 길이는 17mm 정도이다. 옅은 풀색 또는 옅은 갈색으로, 머리 위가 뾰족하고, 옆에서 보면 삼각 모양이다. 겨울을 나지 않는 경우에는 먹이식물의 줄기에서 발견되나 겨울을 날 때에는 주변의 다른 식물로 이동한다.

상제나비

흰나비과 흰나비아과 *Aporia crataegi* (Linnaeus, 1758)

이 속 *Aporia* Hübner, 1819은 중국에서 중앙아시아를 거쳐 구북구 전체에 27여 종이 분포하나, 종 대부분이 중국 남부에서 발견된다. 날개 전체가 희고 검은 맥이 발달했다. 애벌레는 입에서 실을 토해 집을 만들어 무리 지어 생활하는데, 장미과 과수에 피해를 입힌다. 이 나비는 우리나라 북부 산지에 많다. 최근까지 강원도 영월군과 삼척군, 인제군에서 소수의 개체군이 남아 있었지만 이미 사라졌거나 앞으로 사라질 가능성이 높다. 나라 밖으로는 유럽에서 극동 지역까지의 유라시아 대륙 한대 지역에 넓게 분포한다. 강원도 남부의 개체는 북부 지역보다 날개에 흰색 비늘이 많고 더 크나 그 변이가 북부 지역과 연속되므로 한국산은 원명 아종으로 다루는 것이 올바를 듯싶다. 암컷은 수컷에 비해 날개의 비늘가루가 적다. 환경부 지정 멸종 위기 야생 동·식물 I급에 속한다.

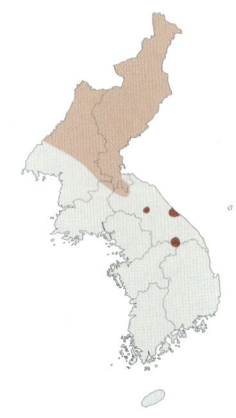

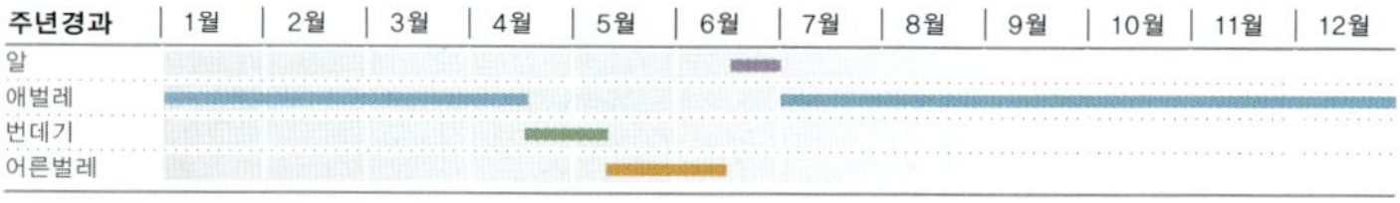

주년경과	1월	2월	3월	4월	5월	6월	7월	8월	9월	10월	11월	12월
알												
애벌레												
번데기												
어른벌레												

물가에 날아온 수컷들(몽골)

꽃꿀을 빠는 암컷(몽골)

겨울을 나는 애벌레

4령애벌레

종령애벌레

번데기

주년 경과 한 해에 한 번 나타나는데, 5~6월에 볼 수 있다. 3령애벌레로 겨울을 난다.

먹이식물 장미과(Rosaceae) 개살구나무, 털야광나무

어른벌레 농경지와 가까운 산지에서 보이는데, 강원도 영월의 석회암 지역과 삼척 일대의 밝은 관목림에서 산다. 수컷은 물가에 오는 것으로 알려져 있으나 남한에서 이런 행동을 관찰한 예는 아직 없다. 암수 모두 엉겅퀴, 조뱅이, 토끼풀 등에서 꽃꿀을 빤다. 남한에서는 개체군의 크기가 작아 어른벌레가 무리 지어 활동하는 모습을 관찰하기 어려우나 북부의 추운 지역에서는 가능하다. 1990년 6월 초에 느릅나무 잎 위에서 짝짓기하는 것을 관찰한 적이 있다. 암컷은 먹이식물의 새싹에 5~60개의 알을 촘촘하게 낳아 붙여 한 덩어리처럼 보인다.

알 포탄 모양으로, 너비가 0.6mm, 높이가 1.5mm 정도이다. 처음에 노란색이다가 알에서 깨날 무렵 갈색이 된다. 알 기간은 10~20일이다.

애벌레 애벌레는 토해 낸 실로 두세 장의 잎과 가지를 엮어 보금자리를 만들어 그 속에서 무리 지어 살아간다. 이 경향은 종령애벌레가 되면 약해진다. 3령애벌레일 때에 겨울을 나기 위한 집을 만드는데, 그 모습이 거미집과 닮았다. 겨울에도 따뜻한 날이면 이 집에서 드나드는 애벌레를 볼 수 있다. 이듬해 3월 말과 4월에 종령(5령)애벌레가 되면 먹는 양이 많아져 주변의 잎이 모자라게 되므로 흩어진다. 이때 잎뿐만 아니라 꽃도 먹는다. 종령애벌레의 몸은 노란색과 흰색이 어우러진 바탕에 긴 흰 털이 온몸에 빽빽하게 나 있다. 대부분 먹이식물에서 내려와 주변의 낮은 소나무나 조팝나무의 가지에 붙어 번데기가 된다. 종령애벌레의 몸길이는 40mm 정도이다. 앞번데기의 길이는 35mm 정도이고, 기간은 3일 정도이다.

번데기 강원도 영월 지역에서 관찰했던 번데기는 노란색 바탕에 검은 점이 있었는데, 일본에서는 흰색 바탕인 것도 보고되어 있다(福田 외, 1984). 길이는 29mm 정도이다. 14일 정도 지나면 어른벌레가 된다.

눈나비

흰나비과 흰나비아과 *Aporia hippia* (Bremer, 1861)

북부 높은 산지의 1000~1500m에 분포하며, 나라 밖으로는 일본, 중국 동북부, 몽골 동부, 러시아 아무르에 분포하고 한랭한 지역에 산다. 한국산은 원명 아종으로 다룬다. 한 해에 한 번 나타나 낮은 곳에서는 5~6월에, 높은 곳에서는 7~8월에 볼 수 있다. 먹이식물은 장미과(Rosaceae)의 배나무, 사과나무, 벚나무 등이며, 애벌레 상태로 겨울을 난다. 알은 뚜렷한 누런색이고, 너비 0.6mm, 높이 1.1mm 정도로 가늘고 긴 방추형이다. 겉면에 세로로 두드러진 융기가 16~18개 있다. 애벌레는 다 크면 35mm 정도이며, 나방 애벌레처럼 보인다. 몸의 바탕색은 적갈색인데, 흰 털이 빽빽하게 나 있어 어두운 잿빛으로 보인다. 번데기는 22~24mm, 바탕색은 연미색을 띠고 머리 위 생김새는 상제나비와 거의 비슷하나 둘로 갈라진 모양이 조금 다르다(주·임, 1987).

주년경과	1월	2월	3월	4월	5월	6월	7월	8월	9월	10월	11월	12월
알												
애벌레												
번데기												
어른벌레												

수컷 윗면(백두산)

수컷 아랫면(백두산)

북방풀흰나비

흰나비과 흰나비아과 *Pontia chloridice* (Hübner, 1813)

한반도 북부 지방을 중심으로 분포하는데, 나라 밖으로는 중국 동북부와 중부, 북서부, 그리고 러시아 시베리아 남부, 카자흐스탄, 인도 북부와 아시아 남서부를 거쳐 유럽 남동부까지 넓게 분포한다. 이 나비는 스텝(steppe)의 풀밭에서 사는 것 외에는 별다른 정보가 없다. Gorbonov (2001)에 따르면 애벌레가 십자화과(Cruciferae)의 여러 식물을 먹는 것으로 알려져 있다. 한국산은 원명 아종으로 다룬다.

흰나비과의 종령애벌레, 줄흰나비와 큰줄흰나비의 번데기

애벌레

흰나비과 애벌레는 우리가 먹는 채소 중 배추와 무를 망친다. 이들은 생김새가 닮아 같은 종류 같지만 실제로 줄흰나비는 높은 산에 살고, 대만흰나비와 큰줄흰나비는 야생의 십자화과를 주로 먹으므로 실제 우리와 관계하는 종은 배추흰나비 애벌레이다.

큰줄흰나비 종령애벌레

줄흰나비 종령애벌레

대만흰나비 종령애벌레

배추흰나비 중령애벌레

번데기

줄흰나비와 큰줄흰나비의 번데기는 매우 닮았다. 다만 큰줄흰나비의 번데기가 조금 크고, 몸에서 솟아난 돌기가 더 두드러진다는 점이 줄흰나비와 다르다.

줄흰나비 번데기

큰줄흰나비 번데기

줄흰나비

흰나비과 흰나비아과 *Pieris napi* (Linnaeus, 1758)

이 속 *Pieris* Schrank, 1801은 유럽의 지중해에서 히말라야, 중국을 거쳐 극동 지역까지와 북미 대륙에 이르는 넓은 지역에 20여 종이 넘게 분포한다. 수컷의 생식기, 발향인의 모습, 비늘가루의 배열 등을 기준으로 *Pieris* 아속과 *Artogeia* 아속으로 나눈다. 애벌레가 재배종 십자화과 식물을 먹어 농가에 피해를 준다. 이 나비는 태백산맥과 북부 지방의 산지, 제주도 한라산의 고지대에 분포한다. 나라 밖으로는 유라시아 북부와 북미에 넓게 분포한다. 한반도 내륙의 개체군은 아종 *dulcinea* Butler, 1882로 다룬다. 제주도 한라산 개체군은 아종 *hanlaensis* Okano et Pak, 1968로 다루는데, 학자에 따라서는 각각을 다른 종으로 다루기도 하는 등 분류학적으로 다른 의견이 있으나 아직 결론에 이른 것은 아니다. 제주산은 한반도 내륙산에 비해 크기가 작고, 날개의 검은색 무늬가 더 짙은 편이다. 암컷은 수컷보다 일반적으로 크고 앞날개 윗면에 검은색 무늬가 많으며, 뒷날개 아랫면은 노란 기가 더 감돈다. 손·김·박(1992)은 간단한 알과 애벌레의 형태를 기록했다.

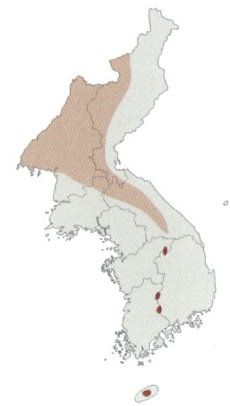

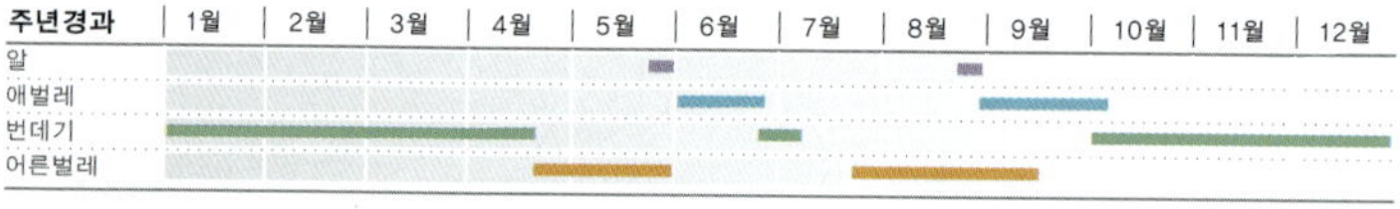

주년경과	1월	2월	3월	4월	5월	6월	7월	8월	9월	10월	11월	12월
알												
애벌레												
번데기												
어른벌레												

꽃꿀을 빠는 수컷

주년 경과 한 해에 두세 번 나타나는데, 봄형은 4월 중순~5월 말, 여름형은 6~9월경에 볼 수 있다. 번데기로 겨울을 난다.

먹이식물 십자화과(Cruciferae) 바위장대, 섬바위장대, 나도냉이, 꽃황새냉이

어른벌레 강원도 높은 산지의 풀밭이나 숲 가장자리에 산다. 암수 모두 천천히 날면서 얼레지, 금방망이, 곰취, 바늘엉겅퀴, 엉겅퀴, 토끼풀, 쥐똥나무, 개회나무, 꿀풀, 백리향, 층층이꽃, 쥐손이풀, 탐라수국 등 여러 꽃을 찾아 꿀을 빤다. 여름형 수컷은 습지에 모이는 성질이 강하다. 수컷을 잡으면 향기가 나는데, 이는 발향인(發香鱗) 때문으로 큰줄흰나비에서도 같은 특징이 나타난다. 암컷은 먹이식물의 잎 뒤에 알을 하나씩 낳는다.

알 너비가 0.5mm, 높이가 1.2mm 정도의 포탄 모양이다. 처음에 젖빛이다가 차츰 누런색, 후에는 갈색 기가 짙어진다.

애벌레 1령애벌레는 노란색 바탕에 몸통의 등 쪽이 풀색이고, 몸길이는 2.7mm 정도이다. 다 자란 애벌레는 바탕색이 짙은 풀빛이며 숨문선은 흰색을 띤다. 줄흰나비의 머리 위에 난 털 중에 아주 긴 털 2쌍이 검은색 또는 흑갈색인데 이에 비해 큰줄흰나비는 흰색을 띠어 차이가 난다. 애벌레는 잎 뒤에서 생활하며, 눈에 잘 띄지 않으나 먹은 흔적과 흩어진 배설물로 찾을 수 있다. 강원도 계방산에서는 계곡 주변의 먹이식물에서 쉽게 애벌레를 찾을 수 있다. 종령애벌레의 몸길이는 24mm 정도이다.

번데기 흰나비아과의 다른 종에 비해 조금 가늘고 긴 느낌을 준다. 몸은 전체적으로 옅은 풀색이나 갈색 등 여러 색을 띠며, 갈색 무늬가 몸에 퍼져 있다. 길이는 24mm 정도이다.

짝짓기를 거부하는 암컷

큰줄흰나비

흰나비과 흰나비아과 *Pieris melete* Ménétriès, 1857

제주도의 낮은 지대를 포함한 한반도 전 지역에 분포한다. 제주도와 강원도에서는 줄흰나비와 수직적인 격리를 보이나 구체적인 정보는 없다. 나라 밖으로는 러시아 아무르, 쿠릴 열도 남부, 사할린 남부, 중국 동북부, 일본에 분포한다. 일본에 원명 아종이 분포하며, 한국산도 원명 아종으로 다룬다. 일반적으로 암컷은 수컷보다 크고 앞날개 윗면 검은색 무늬가 발달한다. 특히 제주산 암컷의 경우 이 경향이 강하다. 암컷 뒷날개 아랫면은 노란 기를 띤다. 수컷의 발향인은 같은 속의 다른 종들 중에서 가장 크다. 이 나비의 생활사에 대해 윤 등(2000)이 다루고 있다.

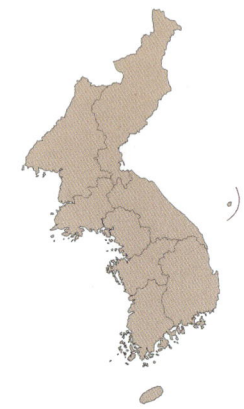

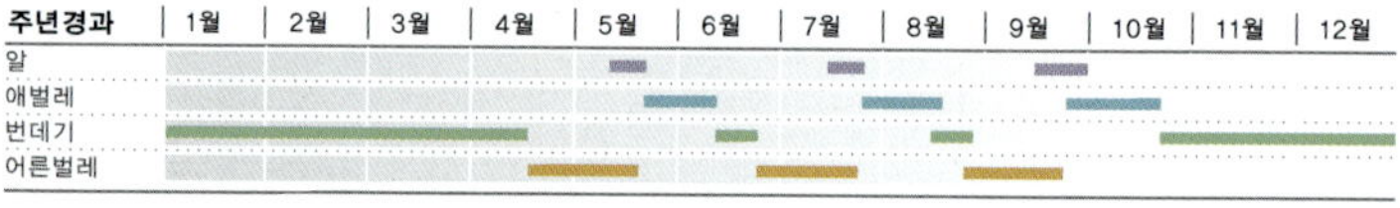

주년경과	1월	2월	3월	4월	5월	6월	7월	8월	9월	10월	11월	12월
알												
애벌레												
번데기												
어른벌레												

꽃꿀을 빠는 수컷

알 | 기생하러 온 알좀벌 | 중령애벌레
종령애벌레 | 번데기

주년 경과 한 해에 서너 번 나타나며, 봄형은 4월 말 ~5월 중순, 여름형은 6~10월 무렵에 볼 수 있다. 번데기로 겨울을 난다.

먹이식물 십자화과(Cruciferae) 배추, 무, 냉이, 양배추, 황새냉이, 갓, 큰산장대, 속속이풀

어른벌레 줄흰나비보다 낮은 지대에 살아서 분포 범위가 넓고, 때로는 도시의 숲이나 섬 지방에서 흔하게 볼 수 있다. 쥐똥나무, 엉겅퀴, 꿀풀, 큰까치수염, 민들레, 냉이, 유채, 토끼풀, 나무딸기 등 여러 꽃을 찾아 꿀을 빤다. 수컷들이 계곡의 습지에서 무리 지어 물을 빨아 먹는 모습을 흔히 볼 수 있다. 암컷은 숲 가장자리를 천천히 날아다니며 먹이식물의 잎 위, 아래, 줄기 등을 가리지 않고 여러 곳에 알을 하나씩 낳는다. 줄흰나비와 습성이 가깝고 특히 어른벌레의 행동이 많이 닮았다.

알 포탄 모양이지만 위에서 1/5부터는 급격히 가늘어진다. 너비가 0.5mm, 높이가 1.2mm 정도이다. 처음에 누런 젖빛이다가 차츰 노란색으로 변하고 깨나기 전에 갈색을 띤다.

애벌레 줄흰나비와 비슷하나 약간 크며, 바탕색에 청색이 감도는 특징이 있다. 종령애벌레의 몸길이는 24mm 정도이다.

번데기 줄흰나비와 비슷하나 머리 위와 가슴, 배의 등판에 있는 돌기가 더 뚜렷하다. 제3배마디 등판의 어두운 색 무늬가 크고 제6, 7배마디의 마디 끝 부위에 약간의 어두운 색 무늬가 보인다. 겨울을 나지 않은 번데기는 풀색 바탕인 것에 비해, 겨울을 난 번데기는 갈색을 띤다. 길이는 25mm 정도이다.

대만흰나비

흰나비과 흰나비아과 *Pieris canidia* (Sparrman, 1768)

제주도를 뺀 한반도 각지에 분포한다. 울릉도에서 보이는 개체들은 작고, 날개 아랫면의 노란색 바탕이 더 뚜렷한 특징이 있다. 나라 밖으로는 중앙아시아에서 동북아시아까지 넓게 분포한다. 우리나라에는 제주에 분포하지 않는 반면 가까운 일본의 쓰시마 섬에만 분포하여 이 나비의 분포에 대한 지사적 의미가 관심을 끌게 한다. 한국산은 아종 *kaolicola* Bryk, 1946으로 다룬다. 암컷은 수컷에 비해 뒷날개 바깥가장자리의 검은 점무늬가 더 뚜렷하다.

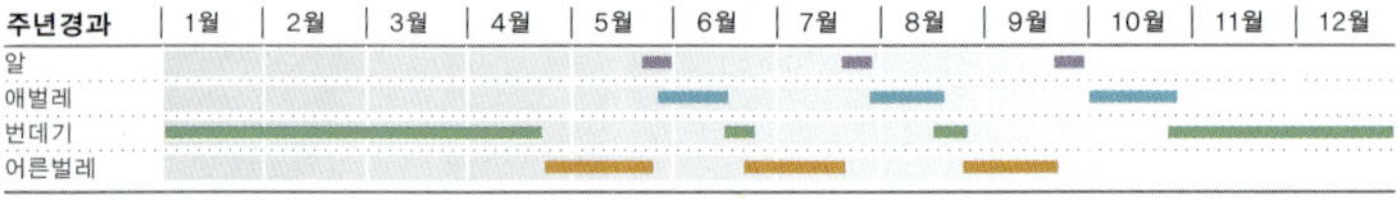

주년경과	1월	2월	3월	4월	5월	6월	7월	8월	9월	10월	11월	12월
알												
애벌레												
번데기												
어른벌레												

꽃꿀을 빠는 수컷

알 | 종령애벌레와 먹이식물
종령애벌레 | 번데기

주년 경과 한 해에 서너 번 나타나는데, 봄형은 4월 말~5월, 여름형은 5월 말~10월 무렵에 볼 수 있다. 번데기로 겨울을 난다.

먹이식물 십자화과(Cruciferae) 나도냉이, 속속이풀

어른벌레 경작지와 산림의 경계부에 살며, 도시림이 발달한 곳에도 많으나 높은 산지에서는 보기 어렵다. 배추흰나비보다 훨씬 힘없이 날며, 주변의 냉이, 개망초, 엉겅퀴, 조이풀 등의 꽃에서 꿀을 빤다. 수컷이 축축한 곳에 모이기는 하지만 그 성질이 큰줄흰나비보다 약하다. 암컷은 주로 맑은 날 오후에 먹이식물의 잎 위, 꽃봉오리에 알을 하나씩 낳는다.

알 포탄 모양으로, 너비가 0.5mm, 높이가 1.3mm 정도이다. 낳은 직후에 젖빛이다가 차츰 짙은 노란색으로 변한다.

애벌레 다 자란 애벌레의 머리는 풀색이거나 검은색이며, 몸의 바탕은 청색을 머금은 풀색이다. 숨문은 옅은 황갈색이다. 처음에는 먹이식물 아래쪽 새싹을 주로 먹지만 차츰 자라면서 꽃봉오리나 열매도 먹어 치운다. 종령애벌레의 몸길이는 25mm 정도이다.

번데기 다른 흰나비류와 비슷하나 제3배마디 옆면에 침 모양의 돌기가 아래로 뻗어 있다. 옅은 풀색에 갈색 무늬가 불규칙하게 나 있으나 겨울을 날 때에는 갈색을 띠는 일이 많다. 번데기는 먹이식물의 줄기나 마을의 담장, 축대, 비석 등에서 발견되는데, 겨울을 날 때에는 돌 아래 같은 데에서 보인다. 길이는 20mm 정도이다.

배추흰나비

흰나비과 흰나비아과 *Pieris rapae* (Linnaeus, 1758)

   대표적인 농작물 해충으로 알려져 있다. 제주도를 포함한 한반도 전 지역에 분포하고, 제주도에서는 낮은 지대의 경작지와 해안의 유채 밭에서 많이 볼 수 있다. 나라 밖으로는 에티오피아구와 신열대구를 뺀 전 세계에 분포한다. 스웨덴에 원명 아종이 분포하고, 한국산은 아종 *crucivora* Boisduval, 1836으로 다루는데, 국내에서 지역적인 차이는 거의 없다. 암컷은 수컷보다 날개 가장자리가 둥글고, 앞날개 윗면의 색이 어둡다.

주년경과	1월	2월	3월	4월	5월	6월	7월	8월	9월	10월	11월	12월
알												
애벌레												
번데기												
어른벌레												

주년 경과 한 해에 네다섯 번 나타나는데, 봄형은 2월 말~5월, 여름형은 6~11월 무렵에 볼 수 있다. 번데기로 겨울을 난다. 서해안 섬과 제주도와 같이 따뜻한 곳에서는 애벌레 상태로 겨울을 나는 것을 확인한 일도 있다(홍, 2003).

먹이식물 십자화과(Cruciferae) 배추, 무, 양배추, 냉이, 말냉이, 갓, 콩다닥냉이

어른벌레 마을 주변의 배추밭이나 무밭, 해안 지대의 확 트인 장소에서 사는 아주 흔한 나비이나 오히려 산지에서는 개체 수가 적다. 배추와 양배추 등과 같은

알 낳기

갓 낳은 알 / 며칠 지난 알 / 2령애벌레
중령애벌레 / 녹색형 번데기 / 겨울을 나는 번데기
배추살이금좀벌의 알 낳기 / 배추흰나비 애벌레에서 나오는 배추살이금좀벌 애벌레 / 배추살이금좀벌의 고치

채소를 먹어 치워 농가에서는 해충으로 여기고 있다. 개망초, 무, 유채, 배추, 민들레, 엉겅퀴, 토끼풀, 익모초, 해국 등 여러 꽃에서 꿀을 빠는데, 붉은색보다 보라색, 노란색, 흰색에 더 끌린다. 수컷은 빈터를 돌아다니면서 암컷을 찾다가 축축한 곳에 모이며, 크게 무리 짓지는 않는다. 수컷끼리 서로 쫓고 쫓기는 광경을 관찰할 수 있는데, 수컷끼리의 경쟁이 매우 심하다. 암컷은 먹이식물의 잎 위에 앉아 배를 아래로 구부려 알을 하나씩 낳는다.

알 너비가 0.4mm, 높이가 0.8mm 정도 되는 포탄 모양이고, 세로로 10여 개의 도드라진 줄이 보인다. 처음에는 젖빛을 띠다가 차츰 짙은 누런색으로 변한다.

애벌레 머리와 몸은 풀색이고, 몸에 짧은 털과 긴 털이 섞여 있다. 배의 숨문선 위로 2개의 누런색 무늬가 있어서 다른 흰나비과의 종과 차이가 난다. 다 자라면 몸길이는 28mm 정도에 이른다. 보통 배추잎 위에서 보이며, 잎맥과 닮아 구별이 어렵긴 하지만 주변의 배설물로 쉽게 찾아낼 수 있다.

번데기 양배추와 배추 등 십자화과 식물의 잎 주변에서 보이며, 겨울을 날 때 인가의 담장에서 많이 볼 수 있으나 기생당한 경우가 많다. 바탕색은 주변 환경에 따라 풀색, 재색, 갈색 등 다양하며, 겨울을 날 때는 갈색을 띠는 일이 많다. 대만흰나비의 번데기와 매우 닮았으나 제3배마디의 돌기 끝이 덜 뾰족하다. 길이는 21mm 정도이다.

천적 배추밭이나 주변의 돌, 담장 등에서 배추살이금좀벌의 고치가 종종 발견된다. 이 기생벌은 자기 몸집과 크기가 비슷한 배추흰나비의 2령애벌레에 주로 산란한다. 배추흰나비 애벌레가 종령이 되어 몸집이 커지면, 애벌레의 저항이 거세져 산란이 쉽지 않기 때문이다. 10여 마리의 배추살이금좀벌 애벌레가 기생당한 애벌레의 몸속에서 이를 먹으며 자라고, 번데기가 되기 전에 애벌레의 몸을 뚫고 나와 곧바로 고치가 된다.

배추흰나비 알 부화 과정

Pieris rapae

나비의 알은 새 생명이 자라는 요람이어서 알껍데기는 애벌레가 안전하게 발생하도록 해 준다. 배추흰나비 1령애벌레는 부화 후 머리를 돌려 알 껍질을 먹기 시작하는데, 대략 두 시간 동안 알 껍질의 75%를 먹는다.

14시 42분 31초

15시 27분 02초

15시 32분 36초

15시 33분 21초

16시 02분 17초

16시 29분 42초

18시 03분

호랑나비 알 부화 과정

Papilio xuthus

호랑나비는 배추흰나비처럼 알에서 깨어나면 곧바로 껍데기를 먹어 치운다. 쉽게 알껍데기에서 영양분을 얻는 동시에 자신의 흔적을 감추기 위해서이다. 그런데 배추흰나비 애벌레가 알을 75% 정도 먹는 반면 호랑나비 애벌레는 100%를 먹어 그 흔적을 찾을 수 없다.

12시 02분 30초

13시 43분 52초

13시 45분 26초

13시 45분 38초

14시 10분 05초

14시 32분 54초

14시 47분 27초

15시 21분 13초

풀흰나비

흰나비과 흰나비아과 *Pontia daplidice* (Linnaeus, 1758)

이 속 *Pontia* Fabricius, 1807은 전 세계에 10여 종이 있으며, 유라시아 대륙에 넓게 분포하나 개중에는 아프리카와 북미 대륙까지 진출한 종도 있다. 우리나라에는 이 나비와 북방풀흰나비 2종이 있다. 이들은 형태적으로 *Pieris* 속과 많이 닮았다. 이 나비는 아프리카 북부와 유럽 남부에서 아프가니스탄, 인도, 네팔을 거쳐 중국과 우리나라까지 분포하는데, 우리나라에서는 지리산 이북의 하천 생태계에 국지적으로 분포한다. 자주 이동해 다니기 때문에 많이 발생한 지역이라고 해서 계속해서 볼 수 있는 것은 아니다. 한국산은 아종 *orientalis* Kardakoff, 1928로 다루고 있다. 이 나비에 대하여 윤·주(1993)가 조사한 자료가 있다.

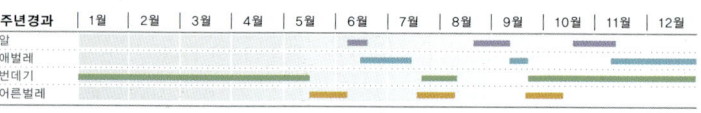

주년 경과 한 해에 서너 번 나타나는데, 5월에서 10월까지 볼 수 있다. 번데기로 겨울을 난다.

먹이식물 십자화과(Cruciferae) 꽃장대, 콩다닥냉이, 개갓냉이, 갓

어른벌레 확 트인 풀밭을 좋아하고, 하천 주위의 습한 곳에서 산다. 개망초와 구절초, 냉이 등 여러 꽃에서 꿀을 빤다. 1m 정도의 높이에서 직선으로 빠르게 나는데, 그 모습이 노랑나비와 닮았다. 인기척에 민

개망초 꽃에서 꿀을 빠는 수컷

감하여 꽃꿀을 빨 때에도 접근하기가 곤란하다. 수컷은 자기들끼리는 물론 주변의 다른 나비의 뒤를 쫓을 때가 많다. 암컷은 오후에 낮게 날아다니다가 먹이식물의 꽃이나 열매에 알을 하나씩 낳아 붙인다.

알 너비 0.6mm, 높이 1.7mm 정도의 길쭉한 포탄 모양으로, 도드라진 세로줄 12개가 보인다. 알은 처음에는 광택 있는 누런 풀색을 띠다가 하루 만에 노란색이 되고, 2~3일 뒤 적갈색이 짙어진다. 알에서 깨나기 전 애벌레의 머리 부위는 검게 보인다. 알 기간은 3~7일이다.

애벌레 몸통이 1령애벌레 때 옅은 갈색이다가 2령애벌레 이후 청색이 감도는 회황색이 된다. 또 3령애벌레 이후에는 각 마디마다 흑갈색의 도드라진 돌기가 일렬로 배열되어 점처럼 보이며 전체적으로 노란색을 띤다. 맑은 날 오전에 먹이식물에서 내려와 땅 가까이 있는 경우가 많으나 종령애벌레가 되면 다른 곳으로 이동한다. 종령애벌레의 머리 너비는 1.9mm 정도이다. 애벌레 기간은 20일 정도이다.

번데기 먹이식물 주위의 다른 풀 줄기 등 낮은 위치에서 발견된다. 바탕색은 옅은 갈색이나 풀색을 띨 수도 있을 것으로 추측된다. 머리 위 돌기는 0.9mm 정도로 뾰족하다. 가운데가슴 등 쪽으로 판 모양의 돌기가 있다. 길이는 16.5mm 정도이다. 기간은 8~12일이며, 겨울을 날 때는 수 개월이 걸린다.

갈구리나비

흰나비과 흰나비아과 *Anthocharis scolymus* Butler, 1866

이 속*Anthocharis* Boisduval, Rambur, Dumeril et Graslin, 1833은 북아프리카 일부와 유라시아 대륙 북부에 걸쳐 16종 정도가 알려져 있다. 이 나비는 우리나라 전국 각지에 분포하며, 제주도에서는 낮은 지대에서 900m의 산지까지 점점이 분포한다. 나라 밖으로는 러시아 아무르 남부, 중국 동북부와 중부, 남부, 일본에 분포한다. 한국산은 아종 *mandschurica* (O. Bang-Haas, 1930)로 다룬다. 수컷만 앞날개 윗면의 날개끝이 등황색을 띤다.

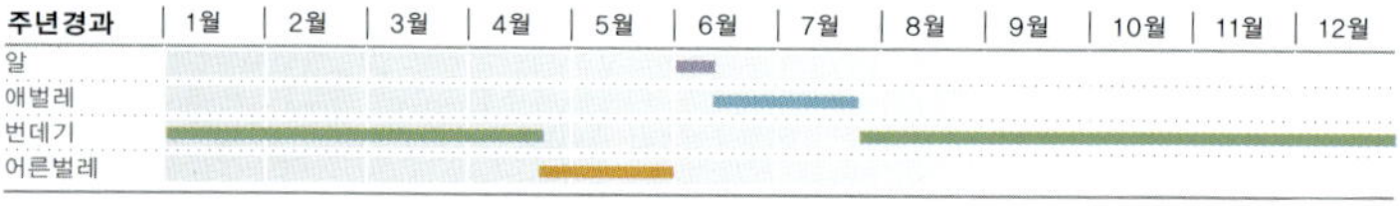

주년경과	1월	2월	3월	4월	5월	6월	7월	8월	9월	10월	11월	12월
알												
애벌레												
번데기												
어른벌레												

주년 경과 한 해에 한 번 나타나는데, 4월 말에서 5월 중순까지 볼 수 있으나 강원도 산지에서는 6월 초까지 보인다. 번데기로 겨울을 난다.

먹이식물 십자화과(Cruciferae) 냉이, 나도냉이, 장대나물, 는쟁이냉이, 꽃다지

어른벌레 이른 봄 계곡 빈터나 밭, 사찰 주변에서 천

꽃꿀을 빠는 모습

갓 낳은 알 | 2시간 뒤의 알 | 1령애벌레 | 중령애벌레
종령애벌레 | 번데기 | 겨울을 나는 번데기

천히 낮게 날아다닌다. 수컷이 1m 정도 높이로 숲 빈 터를 날아다니는 것을 볼 수 있다. 해발 고도에 따라 나타나는 시기가 약간씩 달라, 강원도 산지에서는 남부의 낮은 지대보다 2달 정도 늦게 나타날 때도 있다. 암수 모두 냉이, 민들레, 장대나물, 유채, 씀바귀의 꽃에서 꿀을 빤다. 물가에는 오지 않는다. 암컷은 먹이식물의 꽃에 알을 낳는다.

알 너비 0.4mm, 높이 1mm 정도의 길쭉한 포탄 모양이고, 도드라진 세로줄 10여 개가 보인다. 처음에 흰색을 띠다가 차츰 노란색, 황갈색으로 변한다. 부화될 무렵에는 흑갈색을 띤다. 알 기간은 약 4~7일이다.

애벌레 머리는 검고, 몸통은 어릴 때에는 황갈색, 크면 옅은 풀색으로 변한다. 숨문아래선은 흰 줄로 넓게 보인다. 먹이식물의 꽃, 열매, 새 잎을 먹으며, 대부분 먹이식물 위에서 볼 수 있다. 다 자라면 몸길이가 26mm 정도 된다.

번데기 먹이식물 주위의 마른 풀이나 키 작은 나무 등에 붙어 있으며, 위아래가 가늘어 뾰족할 뿐 아니라 전체가 삼각 모양이다. 주위 배색과 닮아 발견하기가 쉽지 않다. 특히 생김새가 마른나무의 줄기나 가시 같다. 옅은 갈색 바탕에 겉면에는 짙은 갈색 얼룩무늬가 있다. 길이는 22~24mm이다.

멧노랑나비

흰나비과 노랑나비아과 *Gonepteryx maxima* Butler, 1885

이 속*Gonepteryx* Leach, 1815은 북아프리카에서 유럽과 히말라야, 러시아 남부를 거쳐 극동 지역까지 13종이 분포한다. 이 나비를 과거 유럽멧노랑나비*G. rhamni* Linnaeus, 1758의 아종으로 보았던 적이 있었으나 지금은 종을 분리하여 위의 학명을 적용한다. 지리산 이북의 백두 대간 산지에 국한하여 분포하고, 나라 밖으로는 러시아 아무르 남부, 중국 동북부와 중부, 우리나라와 일본까지 극동 지역에 국한하여 분포한다. 한국산 아종은 *amurensis* Graeser, 1888로 다룬다. 수컷은 바탕색이 노란색, 암컷은 옅은 풀색을 띤다.

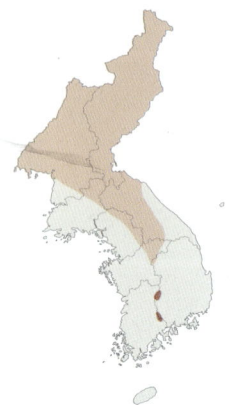

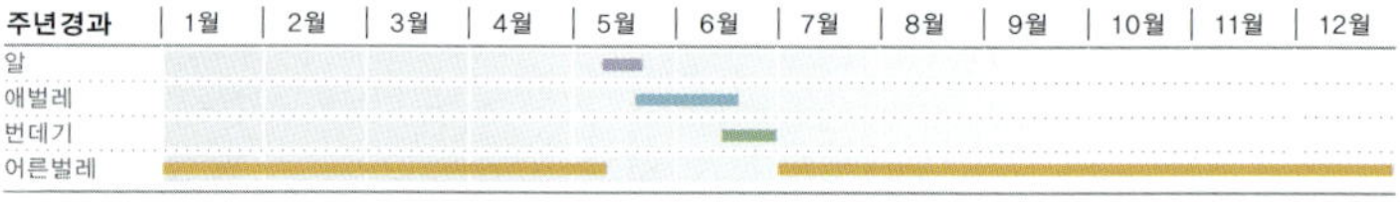

주년경과	1월	2월	3월	4월	5월	6월	7월	8월	9월	10월	11월	12월
알												
애벌레												
번데기												
어른벌레												

꽃꿀을 빠는 모습

알

종령애벌레

번데기

주년 경과 한 해에 한 번 나타나는데, 6월 말~10월, 이듬해 4월~6월 초에 볼 수 있다. 어른벌레로 겨울을 난다.

먹이식물 갈매나무과(Rhamnaceae) 갈매나무

어른벌레 산지의 풀밭에 살며, 7월 말 이후 개망초, 엉겅퀴, 쥐손이풀 등 여러 꽃에서 발견된다. 한여름에 잠을 잔 뒤 9월 무렵 잠시 활동하면서 에너지를 축적하고 그대로 겨울을 난다. 나는 모습이 각시멧노랑나비와 차이가 없어서 잡아서 확인하는 것이 확실하다. 이 나비와 각시멧노랑나비는 생김새나 습성이 닮았지만, 각시멧노랑나비가 더 이른 봄에 활동하고 겨울나기하는 개체의 날개에 갈색 무늬가 두드러지는 점에서 차이가 있다. 수컷은 축축한 물가에 잘 내려앉는다. 암컷은 5월 중순 이후 먹이식물의 잎 위나 줄기에 알을 하나씩 낳는다.

알 너비 0.59mm, 높이 1.65mm 정도의 길쭉한 포탄 모양이고, 도드라진 세로줄이 10여 개 보인다. 처음에 옅은 누런 풀색을 띠다가 차츰 옅은 노란색으로 변하는데, 각시멧노랑나비처럼 붉어지지 않는다. 알 기간은 10일 정도이다.

애벌레 알에서 깨난 직후에는 노란색을 띠는데, 몸에서 노란색 액체가 묻어나는 샘털을 확인할 수 있다 (福田 외, 1984). 습성이나 생김새가 각시멧노랑나비와 거의 비슷하지만 이 나비가 몸 옆의 흰 줄무늬가 훨씬 뚜렷하고 숨문선과 숨문아래선까지 넓다. 몸은 어릴 때에는 황갈색, 커지면 옅은 풀색으로 변한다. 애벌레는 먹이식물의 잎 가운데맥에 자리하며, 주변의 다른 잎을 먹으며 자란다. 다 자라면 몸길이가 40~46mm에 이른다.

번데기 먹이식물의 잎 아래나 줄기에서 볼 수 있다. 각시멧노랑나비와 거의 닮았으나 이 나비는 머리 위 돌기가 짧다는 특징이 있다. 바탕색은 옅은 풀색이고, 돌기의 끝은 옅은 밤색을 띤다. 길이는 27~28mm이다.

각시멧노랑나비

흰나비과 노랑나비아과 *Gonepteryx aspasia* (Ménétriès, 1858)

제주도와 부속 섬을 뺀 전국 각지에서 볼 수 있다. 나라 밖으로는 중국, 러시아 아무르 남부, 일본에 분포한다. 한국산은 원명 아종으로 다룬다. 암수 차이는 멧노랑나비의 경우와 같다. 이 나비의 생활사는 신(1972)이 처음 조사하여 밝혔다.

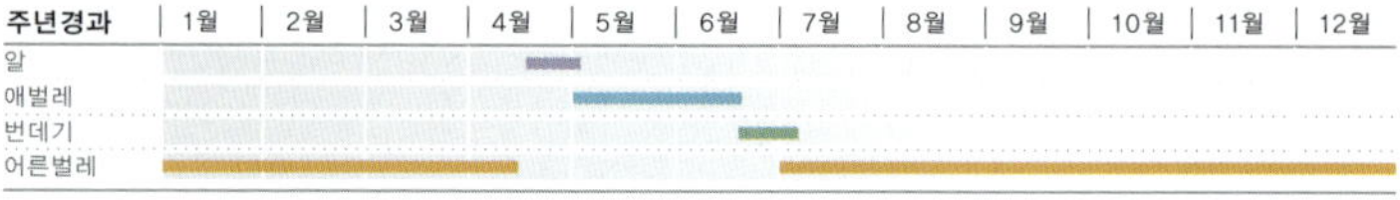

주년경과	1월	2월	3월	4월	5월	6월	7월	8월	9월	10월	11월	12월
알												
애벌레												
번데기												
어른벌레												

주년 경과 한 해에 한 번 나타나는데, 6월 말에서 이듬해 4월까지 볼 수 있다. 어른벌레로 겨울을 난다.

먹이식물 갈매나무과(Rhamnaceae) 갈매나무, 털갈매나무

어른벌레 관목림이나 나무가 듬성듬성한 큰키나무 지대의 밝은 환경을 좋아한다. 맑은 날 수수꽃다리, 진

꽃꿀을 빠는 모습

달래, 복숭아나무, 나무딸기, 개망초, 동자꽃, 이질풀, 쉬땅나무 등에서 꽃꿀을 빤다. 이른 봄에 일시적으로 쌀쌀하면 낙엽 위에 앉아 일광욕을 하는데, 남아 있는 낙엽 색에 맞추어 보호색을 띠려고 날개에 갈색 점이 생기는 것으로 보인다. 겨울을 난 암컷은 4월부터 5월 사이에 먹이식물의 새싹이나 그 주변 가지에 똑바로 세워서 알을 하나씩 낳는다.

알 가늘고 긴 방추형으로, 겉면에 도드라진 줄이 세로로 나 있다. 너비 0.6mm, 높이 1.6mm 정도이다. 알은 처음에 젖빛이다가 차츰 등황색에서 등적색으로 변하며, 깨날 무렵에 적갈색이 된다. 알 기간은 11일 정도이다.

애벌레 알에서 깨난 애벌레는 새싹 사이로 들어가 잎을 먹기 시작한다. 차츰 커지면서 잎 위로 이동하여 가운데맥에서 머리를 잎 끝으로 향한 채로 지낸다. 건드리면 상체를 들어 올리고 떠는 자세를 한다. 알에서 깨난 직후 몸길이는 1.7mm 정도이지만 다 자라면 36~40mm에 이른다. 몸은 풀색인데, 숨문과 숨문아래선에 흰 선이 뚜렷하게 나타난다. 애벌레에 기생벌류가 기생하나 어떤 종류인지 아직 확인하지 못했다.

번데기 3일간 앞번데기 상태로 보내고 번데기가 되는데, 번데기의 길이는 22~26mm이다. 생김새는 몸의 중앙에서 배 쪽이 튀어나와 볼록한 느낌을 준다. 앞날개 밑면 돌기 부분은 모가 나 있고, 등 쪽에서 보면 머리에 뾰족한 돌기가 나 있다. 몸은 풀색이고 숨문은 옅은 갈색이다. 먹이식물의 가지 등에 매달린 모습으로 눈에 띈다. 번데기 기간은 10~12일이다.

연노랑흰나비

흰나비과 노랑나비아과 *Catopsilia pomona* (Fabricius, 1775)

     이 속*Catopsilia* Hübner, 1823은 아시아 열대 지역에 6종 정도가 분포하고 있는데, 먹이식물인 석결명, 긴 강남차 같은 콩과가 자라는 확 트인 장소에서 산다. 이 나비는 일본의 남서 제도와 동양 열대구, 오스트레일리아구, 마다가스카르 등지에 넓게 분포하는 열대 나비이다. 우리나라에서는 가끔 경상남도 거제도와 제주도 등지에서 여름에 발견된다. 아주 빠르게 날며, 여러 꽃이나 물가에 날아온다. 우리나라에 정착하는지 여부는 아직 밝혀지지 않았는데, 아마 태풍 등에 밀려 여름 한철 날아오는 미접으로 보인다. 한국에서 채집된 개체들은 원명 아종이다. 윤·김(1992)은 경상남도 거제도에서 채집된 개체로 우리나라에 처음 기록했다.

주년경과	1월	2월	3월	4월	5월	6월	7월	8월	9월	10월	11월	12월
알												
애벌레												
번데기												
어른벌레												

수컷 윗면

수컷 아랫면

잘 관찰되는 지역의 풍경

흰나비과의 알

흰나비과의 알은 긴 방추형으로, 끝이 오므라든 모양, 콜라병 모양, 포탄 모양, 노랑나비처럼 위아래가 가늘어지는 모양 등 다양하다. 색도 옅은 노란색, 우윳빛 등인데, 갓 낳았을 때와 시간이 흐른 뒤의 색깔이 다르다.

기생나비 알

북방기생나비 알

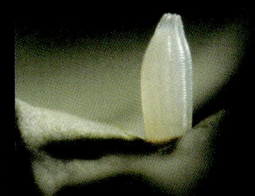
줄흰나비 알

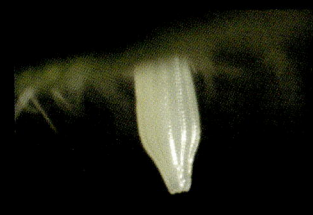
큰줄흰나비 알

대만흰나비 알

배추흰나비 알

풀흰나비 알

갈구리나비 알

멧노랑나비 알

각시멧노랑나비 알

남방노랑나비 알

극남노랑나비 알

노랑나비 알

남방노랑나비

흰나비과   노랑나비아과   *Eurema madarina* (de l'Orza, 1869)

이 속*Eurema* Hübner, 1819은 아프리카 북부에서 인도와 동양 열대구, 오스트레일리아구, 중국, 일본 등 열대에서 온대의 따뜻한 지역까지 분포한다. 우리나라는 북쪽 한계에 해당한다. 이들은 기본적으로 콩과를 먹이로 삼는데, 이 식물의 번성이 이 나비의 번영과 관계가 깊다. 이 나비는 그동안 *hecabe* (Linnaeus, 1758)로 다루어 왔으나 최근의 연구에 따라 위의 종으로 분리되었다. 제주도와 남부 해안 지역, 그 인접 섬을 포함한 위도 36° 이남 지역과 울릉도에 분포한다. 제주도에서는 낮은 지대를 중심으로 산다. 나라 밖으로는 일본과 중국 중남부에 분포한다. 한국산은 원명 아종으로 다룬다. 암컷은 수컷보다 크고, 날개 가장자리가 둥글다. 여름과 가을에 다른 모습으로 나타나는 계절형을 보이는데, 가을에 발생한 개체들은 날개 가장자리의 검은색 띠가 줄어들고, 날개 아랫면에 갈색 점무늬가 발달한다. 김(1991)은 이 나비의 번데기를 관찰하여 기록했다.

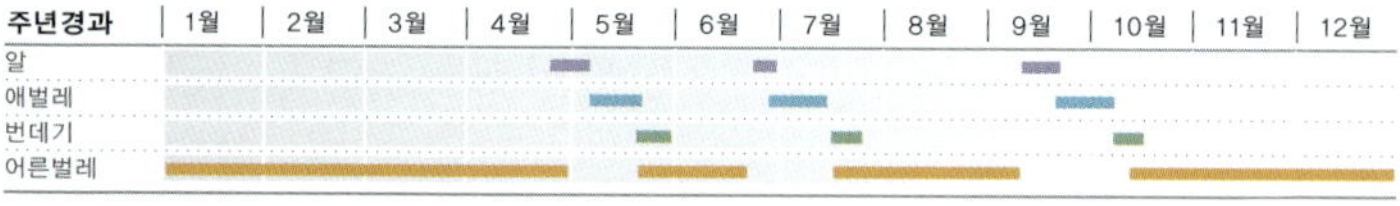

주년경과	1월	2월	3월	4월	5월	6월	7월	8월	9월	10월	11월	12월
알												
애벌레												
번데기												
어른벌레												

잎 위에 앉아 쉬는 모습

주년 경과 한 해에 서너 번 나타나는데, 여름형은 5월 중순~9월, 가을형은 10~11월, 겨울나기 후 이듬해 3월~5월 초에 볼 수 있다. 어른벌레로 겨울을 난다. 겨울을 날 때 더듬이를 날개 사이에 감추는 버릇이 있다.

먹이식물 콩과(Leguminosae) 비수리, 자귀나무, 차풀, 괭이싸리, 긴강남차

어른벌레 콩과가 많은 숲 가장자리나 들판에서 산다. 낮게 날아다니다가 수컷은 습지에서 무리 지어 물을 빠는 경우가 많다. 이때 암컷은 모이지 않는다. 암수 모두 개망초, 털도깨비바늘, 국화 등 여러 꽃에서 꿀을 빤다. 암컷은 먹이식물의 잎 위에 알을 하나씩 낳는데, 여름에는 한 먹이식물에서 알, 애벌레, 번데기를 모두 관찰하는 경우가 있다.

알 가늘고 긴 포탄 모양으로, 겉면에 도드라진 줄무늬가 세로로 나 있다. 너비는 0.53mm 정도, 높이는 1.2~1.33mm이다. 알은 처음에 잿빛이 나는 흰색이다가 깨날 무렵 황백색으로 변한다. 알 기간은 여름에 약 7일, 가을에 3~4일이다.

애벌레 다 자란 애벌레는 27~30mm가 된다. 애벌레의 몸은 풀색인데, 숨문선에 흰 선이 나타난다. 숨문은 희다. 중령 이후의 애벌레는 잎 위의 가운데맥에서 머리를 잎 끝쪽으로 두고 붙어 있다.

번데기 길이는 19~21mm이다. 생김새는 긴 원통 모양으로, 머리 위에 뾰족한 돌기가 돋아 있고 날개 부위는 볼록하다. 색은 옅은 풀색이지만 날개돋이할 무렵 날개의 노란색이 겉으로 비쳐 보인다. 기간은 6~10일이다.

극남노랑나비

흰나비과 노랑나비아과 *Eurema laeta* (Boisduval, 1836)

    남방노랑나비보다 남쪽에 치우쳐 분포한다. 나라 밖으로는 인도에서 중국 남부, 타이완, 필리핀, 일본까지와 인도네시아, 말레이시아, 티모르 섬, 뉴기니, 오스트레일리아까지 넓게 분포한다. 한국산은 아종 *betheseba* (Janson, 1878)로 다룬다. 여름형은 앞날개 바깥가장자리가 둥글며 뒷날개 아랫면에 노란색 무늬로만 되어 있으나 가을형은 앞날개 바깥가장자리가 각이 지고 뒷날개 아랫면에 평행한 갈색 줄무늬가 2개 나타난다. 암수 차이는 남방노랑나비의 경우와 같다.

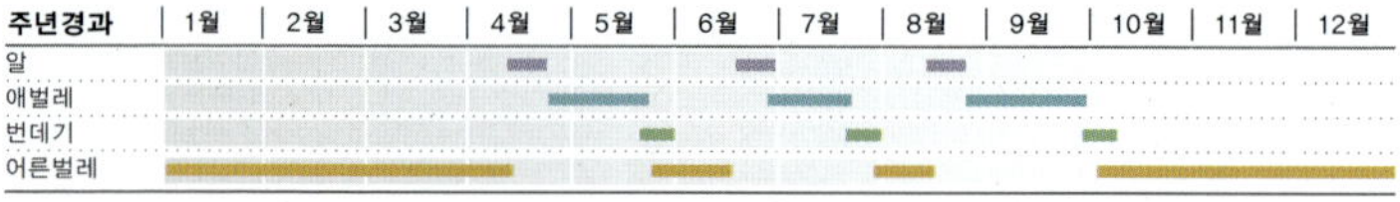

주년경과	1월	2월	3월	4월	5월	6월	7월	8월	9월	10월	11월	12월
알												
애벌레												
번데기												
어른벌레												

가을형 수컷

알 | 종령애벌레 | 종령애벌레
번데기 | 여름형 수컷 | 가을형 짝짓기

주년 경과 한 해에 서너 번 나타나는데, 여름형은 5월 중순~9월, 가을형은 9월 말~11월, 겨울나기 후 이듬해 3~4월에 볼 수 있다. 어른벌레로 겨울을 난다.

먹이식물 콩과(Leguminosae) 차풀, 비수리

어른벌레 낮은 지대의 풀밭, 논밭, 하천의 둑과 같이 넓게 트인 곳에서 살며, 남방노랑나비와 달리 풀밭에 사는 경향이 더 강하다. 풀밭 위를 빠르게 날아다니면서 같은 종끼리 만나면 잘 어우러진다. 수컷은 여러 꽃이나 습지, 오물에 잘 모이고 암컷은 개망초, 엉겅퀴, 타래난초 등의 꽃에 모인다. 암컷은 새싹에 알을 하나씩 낳는데, 겨울을 난 뒤에는 땅바닥에 있는 새싹을 찾아 알을 낳는 경향이 있다.

알 가늘고 긴 포탄 모양으로, 생김새와 빛깔이 남방노랑나비와 거의 닮았다. 너비 0.53mm 정도, 높이 1.2~1.33mm이다. 알 기간은 5~7일이다.

애벌레 다 자란 애벌레의 몸길이는 25~27mm이다. 남방노랑나비의 바탕색이 파란빛이 도는 짙은 풀빛인 데 비하여 이 나비는 노란빛이 도는 풀빛을 띤다. 또 남방노랑나비는 숨문선 주위로 보이는 줄무늬가 흰색인데, 이 나비는 누런빛을 띠는 등 차이가 조금 있다.

번데기 길이는 17~18mm이고, 생김새는 남방노랑나비와 거의 같다. 번데기 기간은 10일 정도이다.

검은테노랑나비

흰나비과 노랑나비아과 *Eurema brigitta* (Stoll, 1780)

전라남도 진도의 첨찰산에서 주(2002)가 채집하여 우리나라에 처음 소개한 나비로, 전라남도 진도와 인천광역시 굴업도 등의 서남해안 섬에서 발견된다. 아마 태풍 등의 영향으로 유입되는 것으로 추측된다. 나라 밖으로는 미얀마, 라오스, 베트남, 중국 남부와 동양 열대구, 오스트레일리아구, 에티오피아구에 넓게 분포하는 열대성 종이다. 처음 발견했던 장소의 환경은 주위에 억새와 싸리 등이 우거진 사이로 시야가 넓게 트인 산길이었다. 8월에 이따금 보인다. 우리나라에서는 미접으로 여긴다. 애벌레는 콩과에 붙으며, 아종은 *hainana* Moore, 1878로 다룬다.

주년경과	1월	2월	3월	4월	5월	6월	7월	8월	9월	10월	11월	12월
알												
애벌레												
번데기												
어른벌레									------			

수컷 윗면

수컷 아랫면

수컷이 발견된 굴업도

새연주노랑나비

흰나비과 노랑나비아과 *Colias fieldi* Ménétriès, 1855

이 속*Colias* Fabricius, 1807은 유라시아 대륙과 북미 대륙의 온대와 한대 지역을 중심으로 70여 종이 분포하고 있으며, 일부 종은 남미의 안데스 산맥과 아프리카 남부에서도 볼 수 있다. 생태적인 분포 범위는 따뜻한 평지의 스텝 기후 지역과 고산 지역이다. 대부분 콩과를 먹이식물로 삼는다. 연주노랑나비는 시베리아 남부, 몽골, 아무르, 중국 동북부와 우리나라 북부에 분포하는데, 한국산은 원명 아종으로 다룬다. 이 속에는 이 밖에 북한 지역의 연주노랑나비|*Colias heos* (Herbst et Jablonsky, 1792) 북방노랑나비|*Colias tyche* (Böber, 1812), 높은산노랑나비|*Colias palaeno* (Linnaeus, 1761)가 있다.

이 나비는 강원도 해산 (김 2002)과 경기도 주금산, 전라북도 고창, 전라남도 함평 일대에서 한 번씩 채집된 적이 있는 미접으로, 나라 밖으로는 이란 남부, 인도에서 중국 중부에 분포한다. 이 종의 분포 범위가 이따금 넓어져 중국 동북부와 러시아 극동 지역에서 보이는 경우가 있으므로 북한 지역에도 분포할 것으로 본다. 한반도 남부 지역에서 채집된 개체들은 인위적 수단에 따른 것으로 보인다. 한반도에서 채집된 개체들은 중국과 같은 아종 *chinensis* Verity, 1909로 다룬다. 애벌레는 콩과에 붙는다.

주년경과	1월	2월	3월	4월	5월	6월	7월	8월	9월	10월	11월	12월
알												
애벌레												
번데기												
어른벌레							-----					

수컷 윗면 | 수컷 아랫면
암컷 윗면 | 암컷 아랫면

노랑나비

흰나비과 노랑나비아과 *Colias erate* (Esper, 1805)

제주도를 포함한 한반도 전 지역에 분포하고, 나라 밖으로는 유럽에서 일본까지 넓게 분포하며, 러시아 남부에 원명 아종이 있다. 우리나라와 일본, 러시아 극동 지역, 중국 중부에서 북부에는 아종 *poliographus* Motschulsky, 1860이 분포한다. 일부 학자에 따라서 이 아종을 독립된 종으로 다루기도 하지만 올바른 해석이 아닌 것 같다. 암컷은 날개의 바탕색이 노란색을 띠는 수컷과 달리 흰색형과 노란색형으로 나뉘는데, 흰색형이 더 많은 편이다. 간단한 유생기 과정은 김(1991)이 밝혔고, 생활사 과정은 임 등(2000)이 밝힌 바 있다.

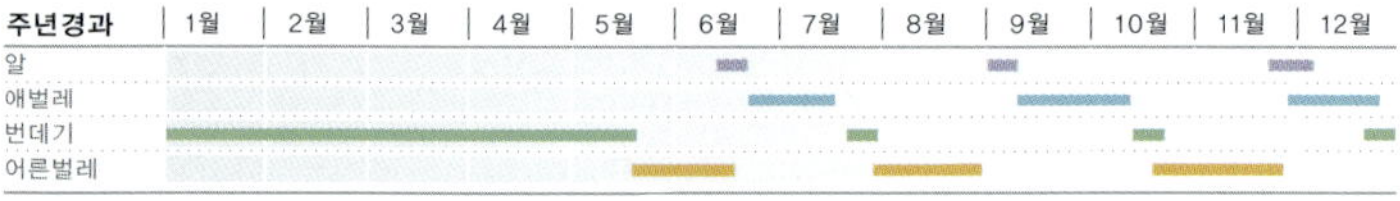

주년경과	1월	2월	3월	4월	5월	6월	7월	8월	9월	10월	11월	12월
알												
애벌레												
번데기												
어른벌레												

알을 낳는 암컷

갓 낳은 알 / 며칠 지난 알 / 부화하고 알껍데기를 먹는 애벌레 / 종령애벌레 / 번데기 / 암컷을 쫓는 수컷들

주년 경과 한 해에 3~5회 나타나는데, 2월 중순~10월 초에 볼 수 있다. 번데기로 겨울을 난다.

먹이식물 콩과(Leguminosae) 들완두, 벌노랑이, 자운영, 고삼, 아까시나무, 비수리, 토끼풀, 결명자, 싸리, 붉은토끼풀

어른벌레 경작지 주변이나 해안, 도로변, 산지의 밝은 풀밭에서 산다. 다른 흰나비과 나비들에 비하여 직선으로 빠르게 난다. 양지바른 풀밭이나 산 가장자리의 개망초, 토끼풀, 무, 유채, 바늘엉겅퀴, 민들레, 산국, 백일홍 등의 꽃에 잘 모여 꿀을 빤다. 수컷은 쉼 없이 풀밭 위를 날아다니며 암컷을 탐색한다. 암컷은 활발하지 않고 먹이식물의 잎에 앉아 배를 앞으로 구부려 새싹 위에 알을 하나씩 낳는다. 부화한 애벌레도 잎 위에서 볼 수 있다.

알 가늘고 긴 포탄 모양인데, 위 아래가 가늘어진다. 너비 0.59mm, 높이 1.33mm 정도이다. 갓 낳은 알은 윤기가 도는 흰색이고 시간이 흐르면서 차차 누런색, 붉은색으로 변하다가 깨나기 전에 검어진다.

애벌레 1령애벌레의 몸길이는 3.4mm 정도로, 어두운 노란색을 띤다. 다 자란 애벌레의 몸길이는 30~33mm에 이르며, 풀색 머리에 검은색 털이 나 있다. 머리의 너비는 2.5mm 정도이다. 몸은 짙은 풀빛을 띠는데, 가늘고 짧은 검은색 털이 몸에 돋아 있다. 숨문선은 옅은 젖빛이고, 그 위 가장자리가 흰색이다. 숨문은 흰색이고, 숨문 주변에는 고리 모양의 밤색 부분이 있다.

번데기 길이는 20~23mm이고, 옅은 풀색이다. 옆에서 보면 머리 위가 뾰족하여 돌기처럼 보이고, 배가 불룩 튀어나왔다. 깨나기 직전에는 날개의 노란색 무늬가 겉으로 비쳐 보인다.

Lycaenidae
부전나비과

소형의 크기로, 전 세계에 6000여 종이 알려져 있다. 날개 윗면, 아랫면뿐 아니라 암수의 날개 색과 무늬가 다른 종이 많으며, 금속성 광택이 나거나 화려한 색을 가진 종류가 많다. 더듬이의 밑 부위는 겹눈 가장자리 가까이 있으며, 뒷날개에는 대부분 꼬리 모양 돌기가 나 있다. 이것은 머리와 더듬이처럼 보여서 천적을 혼동시킨다. 수컷의 앞다리는 축소되고, 발톱이 없다. 이 과는 학자에 따라서 5아과와 7아과, 8아과 등으로 분류하고 있다. 여기에서는 Kristensen (1999)의 다음 5아과를 채택했다.

네발부전나비아과 Subfamily Riodininae
신열대구를 중심으로 1250종이 분포하는데, 특히 중앙아메리카와 남아메리카 대륙에 많다. 수컷의 앞다리는 가운데다리와 뒷다리의 1/2 이하 크기이다.

뾰족부전나비아과 Subfamily Curetinae
1속으로 이루어진 작은 무리로, 동양구를 중심으로 18종이 알려져 있다. 이 중 뾰족부전나비는 우리나라에 채집된 기록이 있으나 미접으로 다루고 있다. 알에서 어른벌레까지 생김새는 다른 아과와 차이점이 많으나 생태적인 측면은 공통점이 많다.

털부전나비아과 Subfamily Poritiinae
에티오피아구와 동양구에 580종이 분포한다. 애벌레는 독특하게 이끼류나 지의류를 먹는다.

바둑돌부전나비아과 Subfamily Miletinae
동양 열대구에서 구북구를 중심으로 150종이 알려진 작은 무리로, 우리나라에는 바둑돌부전나비 1종만 있다.

부전나비아과 Subfamily Lycaeninae
전 세계에 걸쳐 4000여 종이 포함된 큰 무리이다. 우리나라의 부전나비과는 대부분 이 아과에 포함되며, 쌍꼬리부전나비족(Aphnaeini), 주홍부전나비족(Lycaenini), 녹색부전나비족(Theclini), 까마귀부전나비족(Eumaeini), 부전나비족(Polyommatini)의 5족(Tribe)이 있다.

부전나비과의 어른벌레는 종에 따라서 오전 또는 오후에만 날아다니거나 아니면 밝을 때만 날아다니는 등 고유한 생태적 특성을 갖는다. 암수 모두 꽃에 잘 날아오고 수컷만 습지에 날아온다. 일부 수컷은 텃세 행동을 강하게 한다. 짚신 모양 애벌레는 어릴 때 새싹에 파고들어 사는데, 많은 종류가 개미와 관련이 깊다. 몇몇 종의 애벌레는 소리를 내거나 진동을 일으킬 수 있어 개미를 끌어들인다. 애벌레는 4령까지이다. 번데기는 오뚝이 모양이며, 대용이다.

뾰족부전나비

부전나비과 뾰족부전나비아과 *Curetis acuta* Moore, 1877

이 속*Curetis* Hübner, 1819은 동양구 일대에만 분포하며, 모두 14종이 알려져 있다. 이 나비는 알에서 어른벌레까지의 과정이 독특한데, 애벌레의 제8배마디 위에 끝이 잘린 바늘 모양의 긴 돌기가 한 쌍 있다. 이 때문에 과거에는 이 무리를 아과가 아닌 독립된 과로 다룬 적도 있다. 어른벌레의 날개 모양도 앞날개 끝과 뒷날개의 제3맥 끝, 그리고 날개뒤 부근이 뾰족하게 튀어나왔다. 우리나라에서 채집되는 표본을 많이 보지 못했지만 분포 면에서 볼 때, 일본과 같은 아종 *paracuta* de Nicéville, 1901로 다루어야 할 것 같다. 최근 경상남도의 울산과 거제도에서 발견되었는데, 어른벌레로 겨울을 나는 습성 때문에 추운 겨울을 넘기지 못해 해마다 보이지 않는다는 점에서 미접으로 다룬다. 하지만 최근 월동한 개체들이 나와 점차 우리나라에 정착하는 추세에 있다. 나라 밖으로는 히말라야와 네팔에서 인도 남부, 인도네시아, 중국 남부, 타이완, 일본 남부까지 분포한다. 어른벌레는 더운 여름에 수가 많아지는 특징이 있다. 일본에서는 먹이식물이 콩과(Leguminosae)의 칡과 회화나무로 알려져 있다. 과거 Doi(1919)는 이 나비를 전라남도 광주에서 발견했다고 했으나 이후, 이(1982)는 이 기록이 잘못된 것임을 밝히고 있다. 따라서 최근의 기록이 우리나라 첫 기록이다. 이 나비가 남부 일부 지역에서 보이는 것은 기후 변화에 따라 남방계 나비가 유입되는 현상으로 추측한다. 수컷은 날개 중앙이 붉은색을 띠나 암컷은 은회색을 띤다. 가을형의 경우 날개끝이 뾰족해진다. 아래 사진은 일본에서 찍은 것이다.

주년경과	1월	2월	3월	4월	5월	6월	7월	8월	9월	10월	11월	12월
알												
애벌레												
번데기												
어른벌레												

수컷

수컷 아랫면

녹색부전나비류의 알

한국에는 녹색부전나비류(Zephyrus)가 모두 25종 알려져 있다. 알로 겨울을 나는 특징이 있어 나비를 볼 수 없는 겨울에 이들의 알을 찾는 것은 큰 즐거움 중 하나이다. 하지만 알이 서로 닮아서 종류를 알아내기는 매우 까다롭다. 자세히 살펴보면 색, 크기, 겉에 돋은 돌기가 조금씩 다르고 가지의 굵기, 높이 등 낳는 위치에 따라 종이 구분되어 흥미롭다.

작은녹색부전나비 알 암붉은점녹색부전나비 알 북방녹색부전나비 알

남방녹색부전나비 알 큰녹색부전나비 알 깊은산녹색부전나비 알

우리녹색부전나비 알 금강산녹색부전나비 알 넓은띠녹색부전나비 알

산녹색부전나비 알 검정녹색부전나비 알 은날개녹색부전나비 알

바둑돌부전나비

부전나비과 바둑돌부전나비아과 *Taraka hamada* (H. Druce, 1875)

이 속 *Taraka* Doherty, 1889은 2종으로 이루어진 작은 무리로, 완전 육식을 하는 식성이 특징이다. 날개 아랫면은 흰 바탕에 검은 점이 있는데, 마치 바둑판에 바둑알이 놓인 모습이다. 이 나비는 한반도 중부 이남 해안 지방과 서해안, 동해안 일부 지역, 제주도, 울릉도 등 섬 지방에 국지적으로 분포한다. 나라 밖으로는 히말라야 산맥 동부와 말레이 반도, 수마트라 섬, 자바 섬, 그리고 인도차이나에서 중국 서부와 중부, 타이완, 일본에 넓게 분포한다. 한국산은 원명 아종으로 다룬다. 암컷은 수컷에 비해 날개 바깥가장자리가 둥글고 날개 중앙 부위의 색이 옅다. 이 나비의 생활사에 대하여 정 등(1995)이 밝히고 있다.

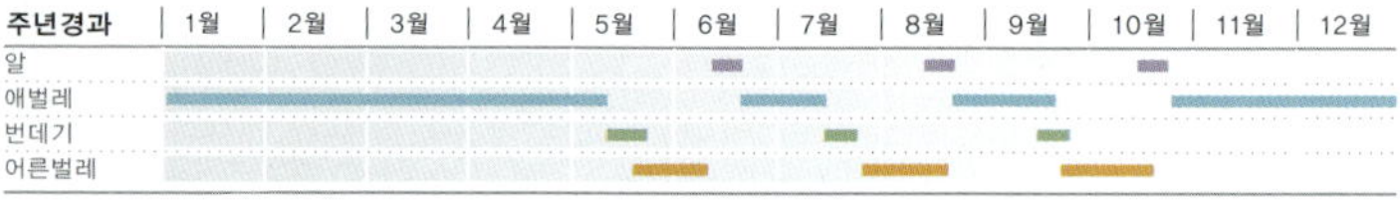

주년경과	1월	2월	3월	4월	5월	6월	7월	8월	9월	10월	11월	12월
알												
애벌레												
번데기												
어른벌레												

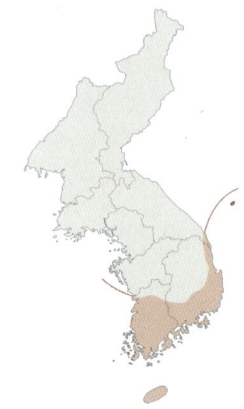

진딧물의 분비물을 먹는 암컷(왼쪽)과 수컷(오른쪽)

윗면이 납작한 알 | 진딧물 사이의 알 | 종령애벌레
번데기 | 알을 낳는 암컷

주년 경과 한 해에 3~4회 나타나는데, 5월 중순에서 10월 초까지 볼 수 있다. 애벌레로 겨울을 난다.

먹이 벼과(Gramineae) 이대, 조릿대, 제주조릿대에 기생하는 일본납작진딧물(*Ceratovacuna japonica*)

어른벌레 절 주변과 마을 어귀, 등산로 입구 등에서 자라는 조릿대와 이대 군락지에서 산다. 보통 잘 날지 않으므로 먹이식물을 건드려 날아오를 때 이 나비의 위치를 알 수 있다. 어른벌레는 일본납작진딧물의 분비물을 빨아 먹는다. 수컷은 오후에 햇볕이 드는 낮은 잎 위에서 텃세 행동을 한다. 암컷은 서식지 주변을 멀리 떠나는 일이 드물며, 조릿대나 이대의 잎 뒤에 무리 지어 있는 진딧물 사이에 알을 하나씩 낳는다. 해마다 개체 수 증감의 변화가 많다.

알 동전 모양으로, 윗면에 그물 무늬가 있고, 정공 부위는 우툴두툴하다. 너비는 0.62mm, 높이는 0.24mm 정도이다. 바탕은 옅은 노란색으로 조금 반투명하다. 위에서 보면 테두리 부분이 밝게 빛난다. 알 기간은 5일 정도이다.

애벌레 알에서 깬 애벌레는 일본납작진딧물을 잡아 먹거나 이 진딧물의 가슴 등판에서 분비되는 밀랍 형태의 흰 분비물을 먹고 자라는데, 진딧물이 특별히 저항하지 않는다. 몸은 노란색을 머금고 있으며 반투명해 보이나 2령애벌레 이후 등선 아래에 검은 점무늬가 2열로 늘어서며 몸 빛깔이 밝아진다. 다 자란 애벌레는 배의 중앙이 눈에 띄게 굵어지고 높아지는 특징이 있다. 중령애벌레로 겨울을 나는데(김, 1993), 잎 뒤의 진딧물과 함께 파묻힌 상태에서 실로 텐트 모양의 막을 싼 뒤 그 속에서 지내는 습성이 있다. 겨울을 나는 애벌레의 몸길이는 3.8mm 정도이고, 종령애벌레는 12mm 정도이다.

번데기 조릿대의 잎 뒤 진딧물과 떨어진 장소에서 번데기가 발견된다. 길이는 6.5mm 정도이고, 옅은 황갈색과 검은 갈색이 섞여 있다. 등 위에서 보면 배 뒷부분이 넓고 끝으로 갈수록 급하게 가늘어지는데 옆모습을 보면 얼핏 사람의 얼굴을 닮았다. 배가 가슴보다 훨씬 높다. 번데기 기간은 7일 정도이다.

쌍꼬리부전나비

부전나비과 부전나비아과 *Spindasis takanonis* (Matsumura, 1906)

    이 속*Spindasis* Wallengren, 1857은 동남아시아와 아프리카에 많은 종이 분포한다. 이 나비는 경기도와 강원도, 충청도(박·김, 1997)의 일부 지역과 광주(김, 2002), 북한의 평안도에 국지적으로 분포하며, 나라 밖으로는 일본과 중국 서부에 분포한다. 한국산은 아종 *koreanus* Fujioka, 1992로 다룬다. 수컷만 날개 윗면이 보라색으로 빛난다. 환경부 지정 보호 종이다.

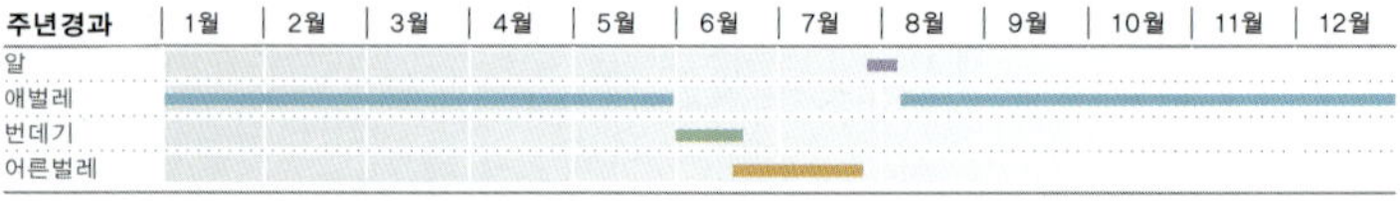

주년경과	1월	2월	3월	4월	5월	6월	7월	8월	9월	10월	11월	12월
알												
애벌레												
번데기												
어른벌레												

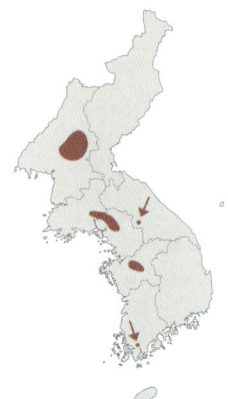

텃세를 부리는 수컷

알

장님거미에게 잡힌 모습

개망초 꽃의 꿀을 빠는 모습

주년 경과 한 해에 한 번 나타나는데, 6월부터 나타나 7월에 볼 수 있다. 애벌레로 겨울을 난다.

먹이 마쓰무라밑드리개미(*Crematogaster matsumurai*)가 주는 먹이

어른벌레 낮은 산지의 소나무 숲을 중심으로 산다. 한낮에는 서식지 주변 나뭇잎 위에 앉아 햇볕을 쬐거나 개망초와 큰까치수염, 밤나무의 꽃에서 꿀을 빤다. 수컷은 해 질 무렵 숲 속의 탁 트인 공간에서 풀이나 나무 끝에 앉아 텃세 행동을 심하게 한다. 암컷이 알 낳는 시기는 6월 중순부터 7월 초까지이며, 오후 5~6시 무렵에 알을 낳는 것을 관찰했다. 암컷은 숙주 개미인 마쓰무라밑드리개미의 집이 있는 소나무와 신갈나무, 노간주나무나 바위틈에 알을 낳는데, 나무가 죽어 있거나 살아 있거나 상관없다. 한 번에 1~3개씩 같은 장소에 낳기도 한다(장, 2006).

알 옆에서 보면 납작하고, 너비는 0.7mm, 높이는 0.4mm 정도이다. 겉면에 분화구같이 움푹 파인 부분이 많고, 배열은 조금 불규칙하다. 색은 잿빛을 띤 흰색이다.

애벌레 알을 낳은 지 8일 뒤 깨나는데, 개미집과 떨어져 있는 경우에는 그곳을 지나가는 숙주 일개미에 의해 옮겨지고, 집 입구인 경우에는 애벌레가 직접 안으로 들어간다. 숙주 개미집 속에서 애벌레는 직접 먹이를 훔쳐 먹거나 구걸 행동 후 개미와 서로 입을 맞대고 구토 물질을 받아먹기도 한다(장, 2006). 제8배마디 등에 좌우로 당을 뿜어내는 신축 돌기가 있는데, 개미가 다가오면 이 돌기가 나와 당을 내뿜는다.

번데기 번데기에 대한 기록이나 관찰된 자료가 아직 없다.

남방남색부전나비

부전나비과 부전나비아과 *Arhopala japonica* (Murray, 1875)

이 속 *Arhopala* Boisduval, 1832은 스리랑카에서 동남아 아열대 지역까지와 오스트레일리아 북부, 솔로몬 제도에 여러 종이 분포한다. 이 나비는 Leech (1897)가 우리나라에서 북한의 함경남도 원산, Doi (1919)가 남한의 전라북도 전주에서 채집한 개체로 기록했던 적이 있으나 이는 먹이식물의 분포와 이 나비의 세계 분포 면에서 볼 때 매우 의심스러운 내용이다. 또 정(1999)이 경상남도 통영에서 이 나비를 채집했다고 했으나 이 지역에 분포하는지의 여부를 더 확인할 필요가 있다. 제주도에서는 제주시 조천면 선흘리에 많으며, 가끔 서귀포시 안덕 계곡에서 볼 수 있다. 나라 밖으로는 일본과 타이완, 홍콩에 분포한다. 일본에 원명 아종이 분포하며, 제주도의 개체들도 같을 것으로 보고 있으나 일본산에 비해 날개 아랫면의 바탕색이 조금 옅은 감이 있다.

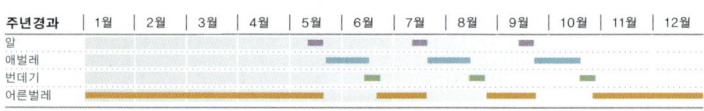

암컷

날개를 접고 앉은 수컷

106

알 | 종령애벌레 | 개미가 붙어 있는 종령애벌레
앞번데기 | 번데기

주년 경과 한 해에 세 번 나타나는데, 4월 초에서 11월 초까지 볼 수 있다. 이른 봄에서 5월 초에는 지난해에 발생하여 어른벌레로 겨울을 난 소수의 개체들이 보이다가 6월 중순부터 7월 중순 사이에 한살이가 이루어져 새 개체들이 보인다. 이후 8월 중순에서 9월 중순 사이에 다시 발생하고, 10월 중순 이후 마지막으로 발생한 많은 개체들이 겨울을 난다. 어른벌레로 무리 지어 겨울을 난다.

먹이식물 참나무과(Fagaceae) 종가시나무

어른벌레 종가시나무가 군락을 이룬 상록수 숲에서 산다. 활동 영역이 좁아서인지 서식지를 벗어나는 일이 드물다. 햇빛이 잘 비치는 5~6m의 나뭇잎 위에 잘 앉으며 그곳에서 일광욕을 하거나 수컷끼리는 강하게 텃세 행동을 하기도 한다. 암컷은 맑은 날 정오에서 오후 2시쯤까지 낮은 위치의 그늘로 내려와서 알을 여린 잎에 하나씩 낳는 경우가 많다. 11월 초에 20마리 정도가 햇볕이 드는 따뜻한 장소에 한꺼번에 모여 있는 것을 관찰했는데, 겨울을 나기 위한 것으로 보인다.

알 납작한 찐빵 모양으로, 너비가 0.8mm, 높이가 0.43mm 정도이다. 흰색으로, 곁에 사각 모양의 조각 무늬가 있으며, 그 끝에는 예리한 돌기가 있다. 기간은 7일 정도이다.

애벌레 갓 깨난 애벌레는 새싹 뒤의 털 안에 들어가 가장자리를 먹고 산다. 몸통 부위가 뚜렷하게 납작하고 긴 타원형이다. 다 자라 4령애벌레가 되면 머리 너비가 1.5mm 정도까지 커진다. 머리는 누런 갈색, 몸은 노란 기가 나타나고 투명해 보인다. 배 아래로 풀색이 짙어진다. 애벌레 주위에 개미가 모이는데, 무슨 개미인지 아직 확인하지 못했다.

번데기 길이는 12.4mm 정도이고 최대 너비는 5.8mm 정도이다. 오뚝이 모양이며, 배끝이 뾰족하고 황갈색 바탕에 검은 갈색 무늬가 섞여 있다. 번데기가 되는 장소는 대부분 먹이식물 주위로 보고 있다.

남방남색꼬리부전나비

부전나비과 부전나비아과 *Arhopala bazalus* (Hewitson, 1862)

Leech (1894)는 남방남색부전나비처럼 북한의 원산에서 채집한 개체를 가지고 이 나비가 우리나라에 분포한다고 처음 발표했다. 하지만 분포의 범위나 먹이식물의 서식 여부를 살펴볼 때, 정(1999)이 지적했듯이 이 기록은 잘못된 것으로 결론이 나 있다. 이 나비가 사는 장소는 상록의 가시나무류가 많은 남해안 일대와 제주도로 생각되나 발견된 일이 매우 적다. 주(2002)는 이 나비가 제주시 조천면 선흘리에 서식하고 있으며, 생태적 특성이 남방남색부전나비와 거의 같을 것이라고 보고 있다. 나라 밖으로는 히말라야 산맥, 자바 섬, 수마트라 섬, 카리만단 섬, 필리핀, 타이완, 일본 남부에 분포한다. 한국산은 일본과 같은 아종 *turbata* (Butler, 1882)로 다룰 수 있겠다.

주년경과	1월	2월	3월	4월	5월	6월	7월	8월	9월	10월	11월	12월
알												
애벌레												
번데기												
어른벌레								■	■			

종가시나무에 앉은 수컷

녹색부전나비류의 애벌레

녹색부전나비류는 알 생김새로 구별하기 어려운 것처럼 애벌레로도 서로 구별하기 쉽지 않다. 이른 봄에 깨난 애벌레는 새싹 속으로 파고들어 여린 잎살을 파먹고 자라는데, 먹이식물의 색과 지내는 위치 등에 따라 애벌레의 색과 습성이 조금씩 달라진다.

선녀부전나비

부전나비과 부전나비아과 *Artopoetes pryeri* (Murray, 1873)

이 속*Artopoetes* Chapman, 1909에는 이 한 종만 포함되어 있다. 이 나비는 지리산 이북의 산지에 분포하며, 나라 밖으로는 일본, 중국 동북부, 러시아 아무르 남부에 분포한다. 한국산은 원명 아종으로 다룬다. 생김새는 푸른부전나비 암컷과 닮았으나 계통상으로는 멀다. 암컷은 수컷보다 크고 날개 중앙에 청백색 무늬가 넓다.

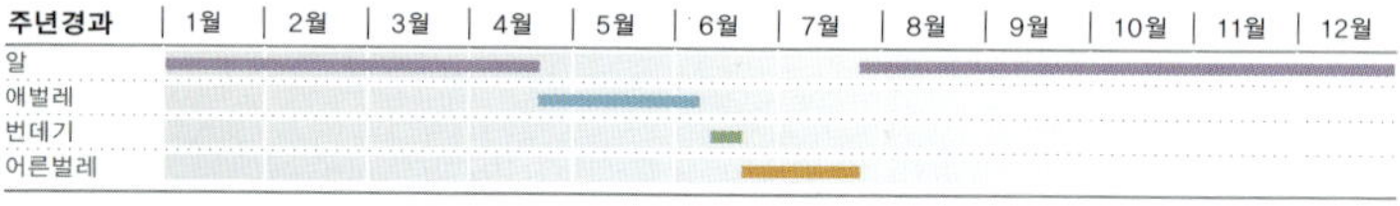

주년경과	1월	2월	3월	4월	5월	6월	7월	8월	9월	10월	11월	12월
알												
애벌레												
번데기												
어른벌레												

주년 경과 한 해에 한 번 나타나는데, 6월 중순에서 8월 초까지 볼 수 있다. 활동 시기는 강원도 지역의 개체가 경기도 지역 개체보다 한 달가량 늦은 편이다. 알로 겨울을 난다.

먹이식물 물푸레나무과(Oleaceae) 쥐똥나무, 개회나무

잎에 앉아 쉬는 수컷

어른벌레 관목인 쥐똥나무가 자라는 산지에 사는데, 숲 사이의 빈터나 확 트인 능선 길을 좋아한다. 기온이 높아지면 쥐똥나무와 밤나무 등 흰 꽃에서 꿀을 빤다. 오후 4시 무렵 이후부터 재빠르게 나는데, 아마 수컷이 암컷을 찾아 돌아다니는 것으로 추측된다. 늦은 오후, 암컷은 먹이식물의 가지 사이와 줄기의 홈 등에 알을 하나씩 낳는데, 같은 자리에 여러 번 낳는 경우도 있다.

알 너비 1mm 정도, 높이 0.5mm 정도이다. 옆에서 보면 중앙부가 튀어나와 우주선 같다. 겉면은 아래쪽으로 울퉁불퉁한 모습이다. 처음에 적갈색이 강하게 보이나 겨울을 나면 조금 색이 바랜다.

애벌레 등이 높은 짚신 모양으로, 앞쪽에서 급하게 높아지고 배끝으로 갈수록 완만하다. 2령 정도 되면 등 쪽이 풀색 바탕이 되는데, 적갈색 줄무늬가 등선을 포함하여 3개로 보이다가 3령애벌레 이후 이 줄무늬가 가슴 쪽으로만 보여서 등 전체의 풀색이 짙어 보인다. 숨문아래선은 황백색이다. 1령애벌레는 새싹에 구멍을 내고 파고들어 먹기 시작하다가 3령애벌레 이후 먹이식물의 잎 뒤로 옮긴다. 종령애벌레의 길이는 18mm 정도이다.

번데기 땅으로 내려오지 않고 먹이식물 잎 뒤에서 번데기가 된다. 위에서 등 쪽을 보면 배가 부푼 오뚝이 모양이며, 제1, 2배마디가 가장 굵다. 색은 옅은 갈색 바탕에 배의 등쪽에 붉은 기가, 그 양옆으로 풀색 기가 감돈다. 길이는 13mm 정도이다.

붉은띠귤빛부전나비

부전나비과 부전나비아과 *Coreana raphaelis* (Oberthür, 1880)

    이 속*Coreana* Tutt, 1907은 이 나비만 포함하며, 일본, 중국 북동부, 러시아 연해주 남부의 동북아시아에 국한되어 분포한다. 우리나라에서는 지리산과 태백산 이북의 산지에 국지적으로 분포한다. 한국산은 원명 아종으로 다룬다. 닮은 종인 금강산귤빛부전나비와 달리 뒷날개에 꼬리 모양 돌기가 없다. 암컷은 수컷보다 날개 너비가 넓고, 검은색 무늬가 줄어든다.

주년경과	1월	2월	3월	4월	5월	6월	7월	8월	9월	10월	11월	12월
알												
애벌레												
번데기												
어른벌레												

주년 경과 한 해에 한 번 나타나는데, 6월 중순에서 8월 초까지 볼 수 있다. 알로 겨울을 난다.

먹이식물 물푸레나무과(Oleaceae) 물푸레나무, 쇠물푸레나무

어른벌레 참나무와 물푸레나무가 많은 산간 계곡이나 마을 주변에서 산다. 수컷은 맑은 날 오후 해 질 무렵에 활발하게 날아다닌다. 가끔 개망초에 날아와 꽃꿀을 빤다. 암컷은 키 큰 먹이식물보다 1m 정도의 어린 나무줄기에 알을 적게는 2~3개에서 많게는 10개 정도 낳는다. 이 밖의 습성은 금강산귤빛부전나비와

잎에 앉아 쉬는 수컷

날개를 살짝 편 암컷

나무줄기에 낳은 여러 개의 알	2령애벌레
잎을 먹고 쉬는 3령애벌레	머리와 배끝이 붉은 애벌레
종령애벌레	번데기

거의 같으나 금강산귤빛부전나비는 알을 나무 틈에 밀어 넣듯이 낳고, 이 종은 나무줄기 표면에 붙여 낳는다는 점이 다르다.

알 중절모 모양으로 너비 0.8~0.9mm, 높이 0.4mm 정도이다. 아래쪽 겉면에는 움푹 파인 분화구 모양의 구조물들이 두드러져 보인다. 정공부는 들어가 있다. 처음에 옅은 적갈색이다가 차차 젖빛으로 변한다. 알 기간은 약 9개월로 길다.

애벌레 알에서 깨난 1령애벌레는 새싹 사이로 들어가 간단한 집을 만들어 살아간다. 생김새는 선녀부전나비와 닮았다. 색은 풀색 바탕에 가슴과 배끝 쪽이 붉은색을 띤다. 1령에서 종령애벌레가 될수록 몸 빛깔이 더 짙어지고, 붉은색 무늬는 줄어든다. 숨문과 가슴다리는 희다. 17mm 정도까지 자란다. 애벌레 기간은 한 달 정도이다.

번데기 길이는 10mm 정도이다. 너비가 가장 넓은 가운데가슴은 6.6mm 정도에 이른다. 생김새는 금강산귤빛부전나비와 닮았다. 흑갈색 바탕에 검은 점무늬가 흩어져 있고, 숨문은 희다. 우리나라에서는 아직 자연 상태의 번데기가 발견되지 않았다.

금강산귤빛부전나비

부전나비과 부전나비아과 *Ussuriana michaelis* (Oberthür, 1880)

이 속*Ussuriana* Tutt, 1907은 우리나라와 중국, 타이완, 일본, 러시아 우수리 강에 4종이 있다. 이 나비는 지리산 이북의 산지에 분포하며, 나라 밖으로는 중국, 러시아 연해주 남부, 타이완에 분포한다. 한국산은 원명 아종으로 다룬다. 암컷은 수컷에 비해 날개 윗면에 있는 등황색 무늬의 너비가 넓다. 이 나비의 생활사 과정은 신(1970)이 처음 밝혔다.

주년경과	1월	2월	3월	4월	5월	6월	7월	8월	9월	10월	11월	12월
알												
애벌레												
번데기												
어른벌레												

주년 경과 한 해에 한 번 나타나는데, 6월 중순에서 8월 초까지 볼 수 있다. 알로 겨울을 난다.

먹이식물 물푸레나무과(Oleaceae) 물푸레나무, 쇠물푸레나무

어른벌레 붉은띠귤빛부전나비와 비슷한 환경에서 사는데, 개체 수가 훨씬 많다. 맑은 날 오후 늦게 10m가 넘는 참나무 위를 빠르게 넘나드는 일이 많다. 암컷은 오후 늦게 5~6년생 물푸레나무 주위를 배회하다가 땅에서 2m 사이로 내려와 한 군데에 서너 개에서 십여 개의 알을 낳는다. 알 낳는 장소로 껍질이 거친 곳이나 움푹 파인 곳을 좋아한다. 붉은띠귤빛부전나비와 달리 나무 틈에 알을 낳는다. 흡밀 행동은 거

알을 낳으려는 암컷

날개돋이 후 쉬는 모습

나무 틈 사이에 낳은 여러 개의 알
잎을 먹고 쉬는 종령애벌레
이동하는 종령애벌레
잎을 잘라 떨어진 애벌레
앞번데기
번데기

의 보이지 않으며, 아침 일찍 나뭇잎의 이슬을 통해서 영양분을 섭취하는 것으로 보인다.

알 위가 살짝 솟아오른 찐빵 모양으로 처음에는 연한 풀색이다가 회백색으로 변한다. 겉면에 그물 모양이 있어 맨눈으로 보아도 우툴두툴해 보인다. 너비는 0.62mm, 높이는 0.4mm 정도이다. 알 기간은 약 9개월로 길다.

애벌레 알에서 깨난 1령애벌레는 새싹 사이로 파고들어 잎을 먹기 시작한다. 머리는 검은색, 앞가슴 경피판은 밤색, 가슴다리는 검은색이다. 몸길이는 1.2mm 정도로 매우 작다. 2령애벌레는 젖빛이 도는 노란색이고, 몸에 불규칙한 사선 무늬가 나타난다. 다 자라면 24.5mm 정도에 이르며, 머리 너비가 1.3mm 정도이다. 머리는 검고, 몸은 옅은 갈색 바탕에 배는 유백색인데, 짙은 갈색 무늬가 섞여 나타난다. 옆에서 보면 이 무늬가 사선처럼 보인다. 전체적으로는 짚신 모양이며, 옆에서 보면 가슴과 배 앞쪽이 통통해 보인다. 맨눈으로는 보이지 않지만 겉면에 2mm 이하의 잔털이 나 있다. 기간은 대체로 한 달 정도이다.

번데기 종령애벌레는 번데기가 될 때에 잎이 세 장 또는 여섯 장 붙은 소엽병을 잘라 잎과 함께 떨어져 그 아래에서 번데기가 된다(손·박, 1994; 손, 2008). 1.5일간 앞번데기 상태로 보내고 번데기가 된다. 길이는 11.5~12.5mm이다. 너비가 가장 넓은 가운데가슴은 6.6mm에 이른다. 배 쪽이 조금 튀어나와 볼록한 느낌을 준다. 갈색 바탕에 짙은 밤색 점무늬가 퍼져 있고, 숨문은 검은색이다. 번데기 기간은 13일 정도이다.

민무늬귤빛부전나비

부전나비과 부전나비아과 *Shirozua jonasi* (Janson, 1877)

이 속 *Shirozua* Sibatani et Ito, 1942에는 1종만 포함되어 있다. 이 나비는 경기도 일부와 강원도 태백산맥, 경상북도에 속하는 소백산 등지에 점점이 분포하고, 나라 밖으로는 일본, 중국 북부, 러시아 아무르 남부에 분포한다. 한국산은 원명 아종으로 다룬다. 암컷은 앞날개 바깥가장자리를 따라 검은색 띠가 짙게 나타나나, 예외인 경우가 있다. 손(2010)이 이 종의 생태 관찰 내용을 발표했다.

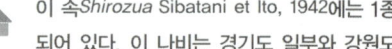

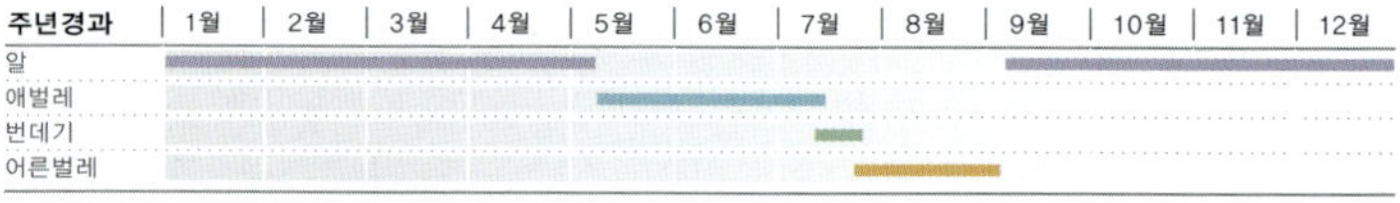

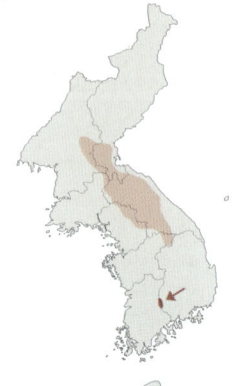

암컷

주년 경과 한 해에 한 번 나타나는데, 7월 말에서 9월 초까지 볼 수 있다. 알로 겨울을 난다.

어른벌레 극상의 참나무 숲 가장자리에서 사는데, 사는 장소는 대부분 먹이가 되는 진딧물과 개미가 있는 좁은 범위에 국한된다. 오전 11시 이후 높은 나무 위를 힘없이 날아다니면서 능선을 가로지르거나 산꼭대기를 지나치기도 한다. 오후 2~3시 무렵에는 먹이식물 주위를 배회하는 암컷의 모습을 볼 수 있다. 산지

알과 개미

알 낳기

서식지

의 능선이나 작은 봉우리에서 짝짓기를 한다. 한 번 보았던 자리에서 계속 보기 힘들어서 희귀한 종에 속하는데, 앞으로 생태적 특성을 더 규명할 필요가 있다.

알, 애벌레 암컷의 산란 습성은 손(2010)이 밝혔는데, 암컷은 오후 3시 즈음 산 능선에 있는 신갈나무 굵은 가지와 줄기 사이 갈라진 틈에 알을 하나씩 낳는다고 한다. 또 일본 자료에 따르면 암컷은 참나무 숲에서 동떨어지고 햇볕이 좋은 곳의 풀개미(*Lasius fulginosus*)와 민냄새개미(*L. spathepus*)가 지나다니는 길목에서 2m 이내에 있는 나무줄기 틈에 하나씩 낳는다(Hirukawa와 Kobayashi, 1995). 알은 적갈색을 띠며, 너비가 1.9mm, 높이가 0.6mm 정도로 조금 크다. 정공은 깊게 들어가며, 겉면에 복잡한 구조가 빽빽하다. 이 밖에 우리나라에서 관찰된 자료가 없지만 일본 자료에 따르면 애벌레가 참나무 잎을 먹거나 참나무과 식물의 잎에 기생하는 진딧물이나 진딧물의 분비물을 먹고 사는 반육식성인 독특한 습성을 가지고 있다고 한다.

번데기 자료가 아직 없다.

개마암고운부전나비

부전나비과 부전나비아과 *Thecla betulina* Staudinger, 1887

   우리나라 북부와 중국 동북부, 러시아 아무르 남부의 동아시아에만 분포하는 나비로, 우리나라 북부의 산지에 분포하여 생태적 특성이 알려져 있지 않다. 한국산은 원명 아종으로 다룬다. 한 해에 한 번 나타나는데, 7월 초에서 8월 초까지 볼 수 있다. 애벌레는 장미과(Rosaceae) 털야광나무의 잎을 먹는다고 한다(주·임, 1987). 표본이 이(1982)의 도감에 소개되어 있다.

암고운부전나비

부전나비과 부전나비아과 *Thecla betulae* (Linnaeus, 1758)

   이 속*Thecla* Fabricius, 1907은 유라시아 대륙에 분포하고, 우리나라에 2종이 있다. 이 나비는 유럽, 캅카스에서 터키를 거쳐 일본을 뺀 극동 지역까지 넓게 분포한다. 한국산은 원명 아종으로 다룬다. 암컷은 수컷과 달리 앞날개 윗면에 붉은색 무늬가 있고, 아랫면의 바탕색이 더 붉어서 구별된다. 이 나비에 대한 생활사 과정은 최·남(1976)이 처음 밝혔다.

주년경과	1월	2월	3월	4월	5월	6월	7월	8월	9월	10월	11월	12월
알												
애벌레												
번데기												
어른벌레												

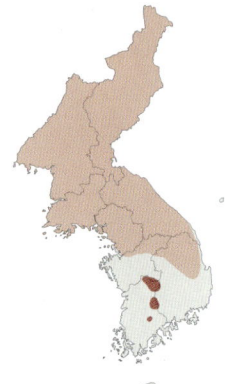

주년 경과 한 해에 한 번 나타나는데, 6월에 나타나 여름잠을 자고 암컷은 가을에 볼 수 있다. 알로 겨울을 난다.

먹이식물 장미과(Rosaceae) 옥매, 복숭아나무, 자두나무, 앵두나무, 벚나무, 살구나무, 매실나무 등

어른벌레 낙엽 활엽수림 가장자리에 확 트인 밝은 환경을 좋아한다. 개망초에 날아와 꽃꿀을 빠는 경우가 있으나 쉽게 발견할 수 없다. 흔치 않지만 수컷이 7월 초에 500m 정도의 산꼭대기에서 텃세 행동을 하기도 한다. 암컷은 9월 무렵부터 늦가을까지 먹이식물의 가지 사이나 홈 등에 알을 하나씩 낳는데, 1년생 가지에서 알을 가장 많이 볼 수 있다.

알 위에서 보면 동그랗지만 옆에서 보면 정공 부위가 뚜렷이 솟아 있고, 주변부가 더 부풀어 보인다. 현

날개를 접고 쉬는 수컷

날개를 편 암컷

미경으로 살피면 겉의 솟아오른 부분이 이어지고 그 사이가 벌집 모양으로 파여 있다. 너비 0.90~0.95mm, 높이 0.47~0.48mm로 높이가 너비의 절반 정도인데, 부전나비과 중에서는 큰 편에 속한다. 색은 처음에 젖빛이다가 겨울을 날 때 재색으로 바랜다. 알 색이 희어서 가지 사이를 살피면 쉽게 발견할 수 있다. 알 겉면이 꺼칠한 경우는 기생당했을 확률이 높다. 알 기간은 5~6개월이다.

애벌레 알에서 깨난 뒤 1령애벌레는 꽃이나 새 잎으로 이동하여 파고드는데, 입구에 배설물을 내놓아 쉽게 애벌레를 찾을 수 있다. 3령애벌레부터는 밖으로 나와 잎 아래에 붙어 지낸다. 종령애벌레는 부전나비과 중에서 큰 편에 속하며, 거의 25mm에 이른다. 머리가 작아 앞가슴 아래에 숨겨져 있으므로 잘 보이지 않는다. 전체적으로 짚신 모양이며, 등선과 밑선은 뾰족하게 튀어나와 있다. 몸은 옅은 풀색 바탕에 양옆으로 황백색의 사선이 있다. 숨문은 황백색이다. 다 자란 애벌레는 먹이식물에서 내려와 주위의 돌이나 낙엽, 죽은 나무 아래에 들어가 앞번데기가 된다. 앞번데기는 자남색이다.

번데기 길이는 13mm 정도이고, 최대 너비는 6mm 정도이다. 전체 모습은 오뚝이처럼 보이는데, 옅은 갈색 바탕에 짙은 갈색 무늬가 퍼져 있다. 겉면에는 옅은 풀색의 잔털이 드문드문 나 있다. 기간은 20일 정도이다.

천적 쌀좀알벌은 알 기생벌로, 더듬이로 알의 크기를 파악한 후 그에 적당한 수의 알을 낳는다. 예를 들어 작은 매미나방 알에는 한 개를, 암고운부전나비 알에는 두 개를 낳는다. 쌀좀알벌은 한번 낳은 알에 페르몬을 묻혀 같은 곳에 다시 산란하지 않도록 표시한다. 나방이나 나비의 알이 봄에 깨어나지 않으면 기생 당했을 가능성이 크다. 쌀좀알벌은 5월 무렵에 수컷이 먼저 날개돋이한 후 암컷이 나오면 곧바로 짝짓기를 한다. 일부는 처녀생식을 한다고도 알려져 있다.

깊은산부전나비

부전나비과　부전나비아과　*Protantigius superans* (Oberthür, 1914)

이 속 *Protantigius* Shirôzu et Yamamoto, 1956에는 1종만 포함된다. 이 나비는 남한에서는 충청북도에 속하는 소백산, 강원도 가리왕산, 계방산, 방태산, 설악산, 오대산, 점봉산, 태백산, 해산 등 고도가 높은 산지에 국지적으로 분포하고, 나라 밖으로는 중국 동북부, 중부, 남부, 러시아 연해주 남부에 분포한다. 한국산은 아종 *ginzii* (Seok, 1936)으로 다룬다. 암컷은 수컷보다 날개 윗면에 흰 점무늬가 뚜렷하다. 이 나비에 대한 생활사는 손(1999)이 처음 밝혔다.

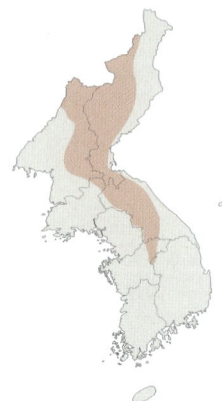

주년경과	1월	2월	3월	4월	5월	6월	7월	8월	9월	10월	11월	12월
알												
애벌레												
번데기												
어른벌레												

주년 경과　한 해에 한 번 나타나는데, 6월 중순에서 8월까지 볼 수 있다. 알로 겨울을 난다.

먹이식물　버드나무과(Salicaceae) 사시나무

어른벌레　해발 850m 이상의 낙엽 활엽수림 산지에 산다. 수컷은 해 뜨기 직전 잠깐과 해 지기 전 어두워져 갈 때 활발하게 활동하는데, 10m 이상의 먹이식물과 그 주변 참나무 꼭대기 부근에서 강하게 텃세 행동을 한다. 독특하게, 폭우가 내리거나 바람이 세게 분

날개를 편 수컷

날개를 접은 수컷

다음 날 아침 낮은 위치에서 발견된다. 암수 모두 완두와 큰까치수염에서 꽃꿀을 빠는 것이 관찰되었던 적이 있으나 흔하지 않다. 암컷은 7월 중순 무렵부터 먹이식물의 겨울눈이 될 자리 아래에 알을 하나씩 낳는다. 낳는 위치는 1.3m~10m이다. 암컷은 수컷에 비해 날개 윗면의 흰 점무늬가 뚜렷하다.

알 투구 모양으로, 정공 부위가 이중으로 된 독특한 구조이다. 알 아래 테두리에 차바퀴 모양의 돌기가 나 있다. 너비 1.1mm, 높이 0.6mm 정도이다. 색은 처음에는 흰데 겨울을 나면서 잿빛이 짙어지고 오염되거나 손상되는 경우가 생긴다. 알 기간은 250일 정도이다.

애벌레 알을 깨고 나온 0.4mm 정도의 1령애벌레는 털이 많이 돋은 새싹으로 들어가 실을 토해 집을 짓는데, 이 습성은 종령애벌레까지 이어진다. 애벌레 기간 동안 4~6개의 잎을 위와 아래를 붙여 포갠 모양의 집을 짓는다. 그물코 모양으로 잎맥을 남기고 주변의 잎을 먹는다. 다 자란 종령애벌레의 몸길이는 20mm에 이른다. 몸 옆의 바탕색은 붉은 갈색이지만 번데기가 되기 직전 옅은 재색이 된다. 다 자란 애벌레는 먹이식물에서 내려와 낙엽 밑에 들어가 애벌레 때와 닮은 집을 만든 뒤 앞번데기가 된다.

번데기 길이는 12.2~13.2mm이고, 최대 너비는 6mm 정도이다. 전체 모습은 오뚝이처럼 보이는데, 흑갈색 날개 부위의 색이 조금 짙다. 겉면에는 잔털이 거의 없다. 번데기 기간은 20일 정도이다.

시가도귤빛부전나비

부전나비과 부전나비아과 *Japonica saepestriata* (Hewitson, 1865)

이 속 *Japonica* Tutt, 1907은 아시아 온대 지역을 중심으로 낙엽 활엽수림에 4종이 분포한다. 이 중 2종이 우리나라에 분포하는데, 최근 일본과 극동 지역 러시아에서 발견된 *Japonica onoi* Murayama, 1953 또는 *J. adusta* (Rilley, 1930)가 우리나라에 분포하는지의 여부가 흥미롭다. 이 나비는 경기도와 강원도, 충청도 일부 지역에만 분포하며, 나라 밖으로는 일본, 중국 동북부, 동부, 중부, 러시아 아무르 남부에 분포한다. 한국산은 원명 아종으로 다룬다. 암컷은 날개끝의 검은색 무늬가 짙다.

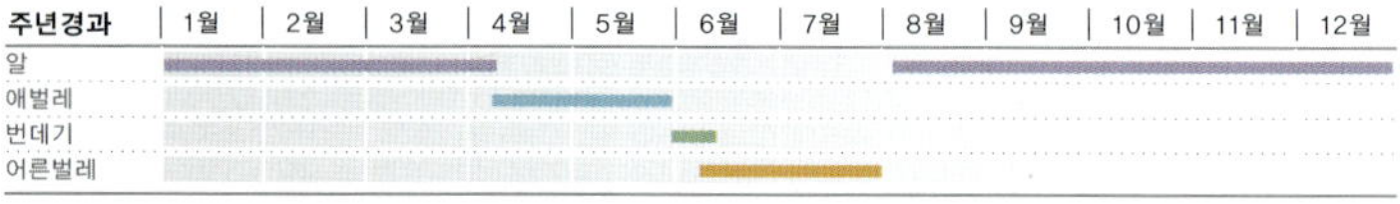

주년경과	1월	2월	3월	4월	5월	6월	7월	8월	9월	10월	11월	12월
알												
애벌레												
번데기												
어른벌레												

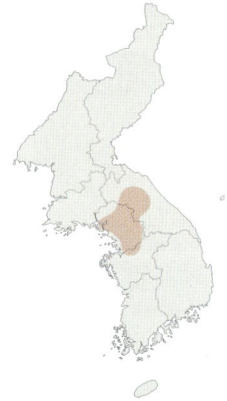

잎에서 쉬고 있는 어른벌레

멀리서 본 알 | 가까이에서 본 알
2령애벌레 | 잎을 엮어 그 속에서 지내는 애벌레
종령애벌레 | 앞번데기 | 번데기

주년 경과 한 해에 한 번 나타나는데, 6월에서 8월 초까지 볼 수 있다. 알로 겨울을 난다.

먹이식물 참나무과(Fagaceae) 떡갈나무, 갈참나무

어른벌레 귤빛부전나비와 생태적 특징이 닮았다. 낙엽 활엽수림 산지에 산다. 수컷은 가끔 밤나무 꽃에 날아와 꿀을 빨기도 하며, 해 지기 전에 활발하게 날아다닌다. 암컷은 먹이식물의 잔가지에 알을 낳고, 배끝을 움직여 털로 덮는 습성이 있다.

알 반구형으로, 정공부가 움푹 들어가 있다. 너비 0.81mm, 높이 0.5mm 정도이다. 색은 처음에 풀이 감도는 흰색이다가 겨울을 나면서 잿빛이 된다. 다른 녹색부전나비 알에 비해 더 매끈한 편이다.

애벌레 종령애벌레를 옆에서 보면 제1~5배마디 중앙이 톱날처럼 돌출되어 있고, 그 가장자리가 붉은색을 띤다. 숨문은 적갈색이다. 애벌레는 잎을 엮어 그 속에서 지내는데, 종종 참나무부전나비 애벌레와 함께 발견된다. 종령애벌레의 몸길이는 19mm 정도이다.

번데기 길이는 13mm 정도이다. 옅은 풀색으로, 겉면에 특별한 무늬가 없다. 등 쪽에서 보면 제3, 4배마디가 가장 두껍고, 배끝으로 갈수록 급하게 가늘어진다.

귤빛부전나비

부전나비과 부전나비아과 *Japonica lutea* (Hewitson, 1865)

제주도와 한반도 내륙에 분포하며, 나라 밖으로는 일본, 중국 동북부와 중부, 러시아 아무르에 분포한다. 한국산은 아종 *dubatolovi* Fujioka, 1993으로 다룬다. 암컷은 수컷보다 날개 너비가 넓고, 바깥가장자리가 둥글다.

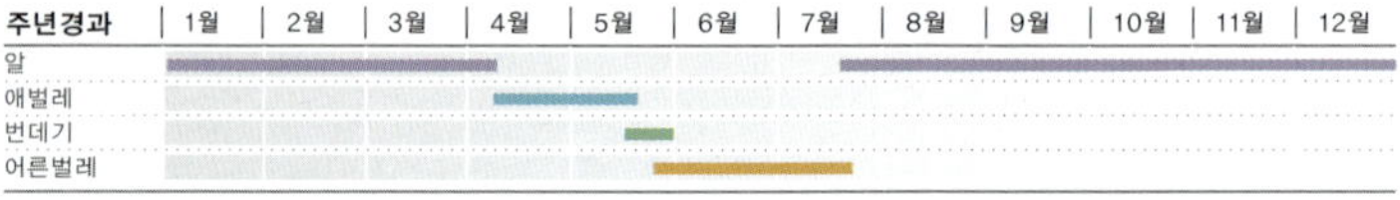

주년경과	1월	2월	3월	4월	5월	6월	7월	8월	9월	10월	11월	12월
알												
애벌레												
번데기												
어른벌레												

수컷

주년 경과 한 해에 한 번 나타나는데, 5월 말에서 7월까지 볼 수 있다. 알로 겨울을 난다.

먹이식물 참나무과(Fagaceae) 상수리나무, 떡갈나무, 갈참나무

어른벌레 낮은 산지는 물론 강원도 높은 산지의 낙엽활엽수림에서도 산다. 수컷은 해 지기 전에 활발하게 날아다닌다. 이따금 암수 모두 밤나무와 쥐똥나무 꽃에 날아와 꿀을 빤다. 암컷은 한낮에 먹이식물의 잔가지에 알을 낳고, 배끝을 움직여 털로 덮는 습성이 있다. 이 밖에 대부분의 시간은 나뭇잎 위에 앉아 쉬며, 발견되더라도 급하게 날아가지 않는다.

알 반구형으로, 정공부가 조금 들어가 있다. 너비는 0.94mm, 높이는 0.5mm 정도이고, 잿빛을 띤 흰색이다. 시가도귤빛부전나비처럼 겉면에 움푹 파인 정공이 있고 전체적으로 분화구 모양의 구조물이 빼곡하게 들어차 있다.

애벌레 시가도귤빛부전나비와 다르게 종령애벌레의 제1~5배마디 중앙이 튀어나오지 않아 서로 구별할 수 있다. 알에서 깬 애벌레는 새싹을 파고들지만 특별히 집을 만들지는 않는다. 종령애벌레의 몸길이는 17mm 정도이다. 다 자란 애벌레는 제2~6배마디 숨문 둘레에 갈색 무늬가 나타나거나 제1배마디 등선이 보이나 개체에 따라 짙고 옅음의 농도 차가 있다.

번데기 길이는 11mm 정도이다. 노란색을 머금은 옅은 풀색으로, 겉면에 특별한 무늬가 없다. 높이 130cm 정도 되는 떡갈나무의 잎 뒤 가운데맥에서 번데기를 발견한 적이 있다(손 등, 1995).

긴꼬리부전나비

부전나비과 부전나비아과 *Araragi enthea* (Janson, 1877)

이 속 *Araragi* Sibatani et Ito, 1942은 몇 종만 속한 작은 무리로, *Antigius*속과 *Wagimo*속에 가깝다. 이 나비는 강원도 지역 태백산맥을 거쳐 북부 지방에 분포하며, 경기도 일부 산지에도 분포한다. 나라 밖으로는 일본, 중국 동북부, 동부, 중부, 러시아 아무르 남부, 타이완에 분포하는 동아시아계이다. 한국산은 원명 아종으로 다룬다. 암컷은 앞날개 중앙에 잿빛 무늬가 조금 넓다.

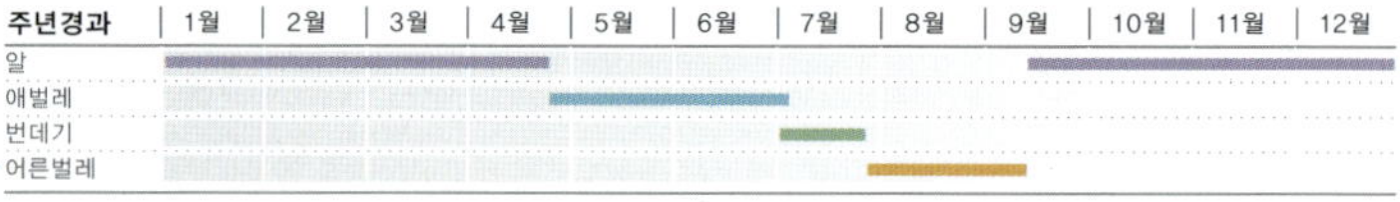

주년경과	1월	2월	3월	4월	5월	6월	7월	8월	9월	10월	11월	12월
알	▬	▬	▬	▬						▬	▬	▬
애벌레					▬	▬	▬					
번데기							▬					
어른벌레							▬	▬				

잎 위에서 쉬는 수컷

주년 경과 한 해에 한 번 나타나는데, 7월 말에서 9월까지 볼 수 있다. 알로 겨울을 난다.

먹이식물 가래나무과(Juglandaceae) 가래나무

어른벌레 가래나무가 많은 높은 산지의 차가운 계곡 주변이나 높은 산의 습한 능선에서 산다. 오전에 햇볕이 좋은 자리에 날개를 펴고 앉아 체온을 높인다. 한낮에는 그늘에서 쉬다가 해 지기 전에 활발하게 날아다니나 먹이식물 주위를 크게 벗어나지 않는다. 수컷은 약하게 텃세 행동을 한다. 암컷은 먹이식물의 가지 사이나 움푹 파인 홈 등에 알을 하나씩 낳는데, 이 위치는 겨울눈이 생기는 자리와 가깝다. 9월 무렵 알을 거의 다 낳은 암컷이 서식지 주변 물가에 앉아 물을 빠는 모습을 관찰한 적이 있다.

알 반구형으로, 정공부가 움푹 들어가 있다. 겉면은 원형 또는 각이 진 모양으로 빽빽하게 파여 있다. 이 부분들이 서로 만나는 곳을 현미경으로 보면 돌기가 나 있다. 너비는 0.78mm, 높이는 0.4mm 정도이고 색은 흰색이다.

애벌레 가래나무의 잎 뒤에서 거꾸로 붙어 있는 애벌레를 볼 때가 있는데, 이 경우 잎에 구멍을 내고 먹은 흔적이 반드시 있다. 종령애벌레는 풀색 바탕에 연두색 비스듬한 줄무늬가 약하게 나타나며, 숨문아래선은 희다. 숨문은 옅은 황갈색이다. 종령애벌레의 몸길이는 18mm 정도이다.

번데기 길이는 9.5mm 정도이다. 짙은 갈색으로 겉면에 특별한 무늬가 없다. 우리나라에서는 야외에서 번데기를 직접 발견한 예가 아직 없다.

물빛긴꼬리부전나비

부전나비과 부전나비아과 *Antigius attilia* (Bremer, 1861)

이 속 *Antigius* Sibatani et Ito, 1942은 수 종만 포함되어 있으며, 동북아시아에 국한되어 있다. 이 나비는 제주도를 포함한 한반도 내륙에 분포하며, 나라 밖으로는 일본, 중국 동북부, 동부, 중부, 남부, 러시아 아무르 남부, 타이완, 미얀마에 분포한다. 한국산은 원명 아종으로 다룬다. 제주도 개체는 한반도 내륙의 개체보다 날개 아랫면에 있는 흑갈색 띠가 가늘고 바탕색이 옅은 등의 변이가 있으나 아직 다른 아종으로 이름이 붙지는 않았다.

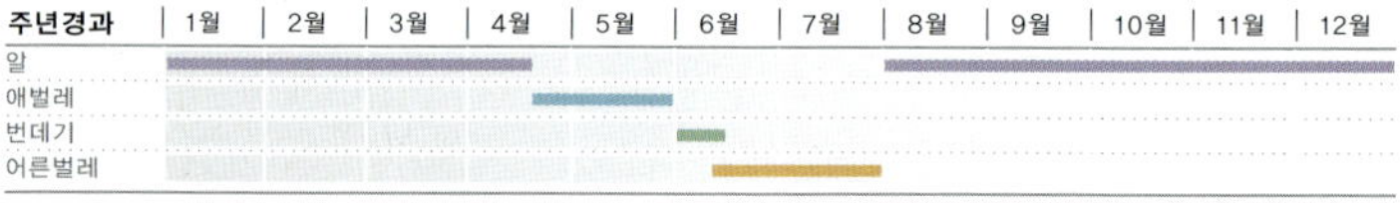

주년경과	1월	2월	3월	4월	5월	6월	7월	8월	9월	10월	11월	12월
알												
애벌레												
번데기												
어른벌레												

잎에 앉아 쉬는 수컷

제주도의 물빛긴꼬리부전나비

주년 경과 한 해에 한 번 나타나는데, 6~7월에 볼 수 있다. 알로 겨울을 난다.

먹이식물 참나무과(Fagaceae) 상수리나무, 졸참나무, 굴참나무

어른벌레 졸참나무 숲 가장자리에 살며, 아침부터 무더운 낮 동안에는 거의 활동하지 않고 나뭇잎 위에서 쉬는 경우가 많다. 오후 4시쯤 활동하기 시작하여 어두워질 무렵까지 활발하다. 수컷은 나무 위를 천천히 날아다니는 일이 많으나 한 장소를 고집하여 텃세 행동을 하지는 않는다. 사철나무와 큰쥐똥나무, 밤나무 등 흰 꽃에서 꿀을 빤다. 암컷은 먹이식물 가지의 갈라진 틈을 찾아 알을 낳는다.

알 너비는 1.01mm, 높이는 0.35mm 정도이다. 옆에서 보면 매우 납작하다. 겉면의 작은 돌기가 다른 녹색부전나비류보다 훨씬 뚜렷하며 끼워진 틈에 맞게 조금 일그러져 있다.

애벌레 바탕색은 풀색이며, 몸 옆에 연두색 사선이 나타난다. 등 쪽에 Y자 모양으로 예리하게 각져 있으며, 옆에서 보면 등선이 톱날처럼 보인다. 그 부분에 붉은색이 나타날 때도 있으며, 긴 털이 함께 나 있다. 애벌레는 잎 위나 겹쳐진 잎 사이에서 쉬는 일이 많다. 다 자라면 몸길이가 16mm 정도 된다.

번데기 배 부분이 넓고, 바탕은 흑갈색이다. 몸에 얼룩무늬와 잔털이 많은데, 특히 배의 잔털은 희다. 길이는 10mm 정도이다.

담색긴꼬리부전나비

부전나비과 부전나비아과 *Antigius butleri* (Fenton, 1882)

    섬 지방을 뺀 전라남도 광주 이북 내륙에 분포하며, 나라 밖으로는 일본, 중국 동북부, 러시아 아무르 남부에 분포한다. 한국산은 아종 *oberthueri* (Staudinger, 1887)로 다룬다. 중부 지방에는 이 나비가, 남부 지방에는 물빛긴꼬리부전나비가 더 많다. 암수 구별은 배를 보고 확인해야 할 정도로 무늬의 차이가 거의 없다.

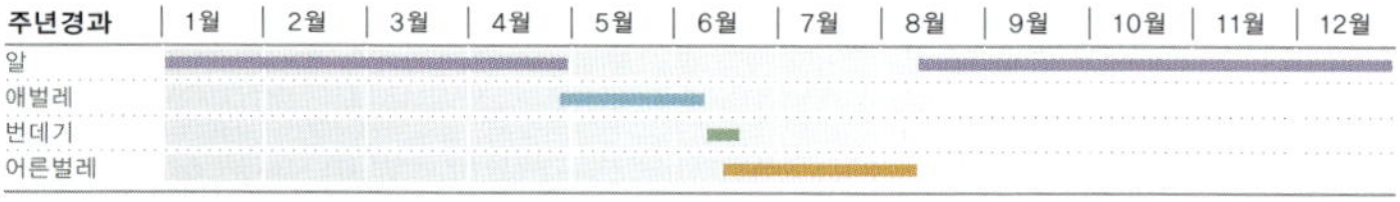

주년경과	1월	2월	3월	4월	5월	6월	7월	8월	9월	10월	11월	12월
알												
애벌레												
번데기												
어른벌레												

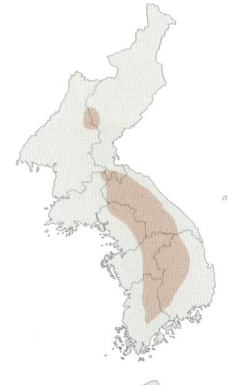

날개를 편 수컷

날개를 접은 수컷

주년 경과 한 해에 한 번 나타나는데, 6월~8월 초에 볼 수 있다. 알로 겨울을 난다.

먹이식물 참나무과(Fagaceae) 갈참나무, 떡갈나무, 신갈나무

어른벌레 참나무로 이루어진 낮은 산지에 산다. 오전에 풀이나 나뭇잎, 가지 위에서 날개를 펴고 앉아 햇볕을 쬐는 모습이 잠깐씩 눈에 띠지만 한낮에는 거의 날지 않아 잘 보이지 않는다. 이따금 밤나무 꽃에서 꿀을 빤다. 오후 3시 이후부터 해 질 무렵까지 활발하게 날아다닌다. 수컷은 약하게 텃세 행동을 하나 특별히 한 장소를 고집하지는 않는다. 암컷은 먹이식물의 가는 줄기 사이나 갈라진 틈에 한 개, 혹은 여러 개의 알을 끼워 넣듯이 낳는다.

알 너비 0.9mm, 높이 0.5mm 정도의 반구형으로, 높이가 너비의 절반 정도이다. 색은 잿빛을 띤 흰색이며, 겉면에 육각형에 가까운 모습으로 파인 부분이 빽빽하게 들어차 있다.

애벌레 바탕색은 풀색이고, 등선이 적갈색을 띤다. 옆에서 보면 등선이 삼각 모양으로 심하게 꺾이고, 그 위로 흰 털이 나 있다. 숨문은 흰색이다. 높이 1~2m 되는 갈참나무 잎 뒤에 붙어 있는 애벌레를 관찰한 예가 있다(손 등, 1995).

번데기 전체 모습은 물빛긴꼬리부전나비와 닮았으나 바탕에 붉은 기가 더 강하고, 가슴 위의 타원형 밝은 부위가 더 길게 보인다. 길이는 10mm 정도이다.

참나무부전나비

부전나비과 부전나비아과 *Wagimo signatus* (Butler, 1881)

이 속*Wagimo* Sibatani et Ito, 1942은 수 종으로 이루어져 있으며, 중국과 타이완에 분포한다. 경기도와 강원도 일부 지역, 북한의 일부 지역에 분포하며, 나라 밖으로는 일본, 중국 동북부, 동부, 중부, 러시아 아무르 남부에 분포한다. 한국산은 아종 *quercivora* (Staudinger, 1887)로 다룬다. 수컷은 날개 윗면의 보라색이 암컷보다 더 어둡다.

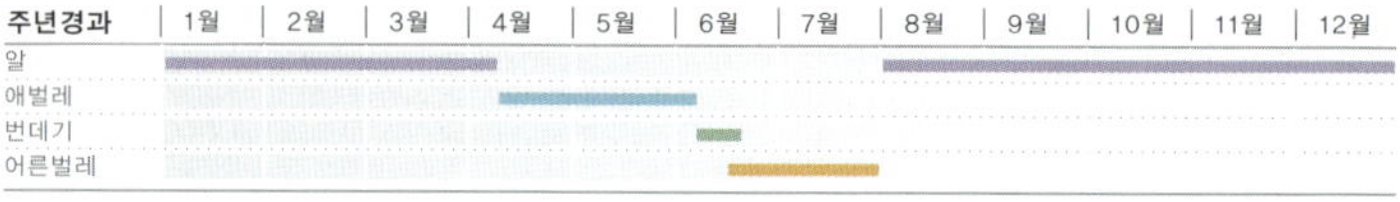

주년경과	1월	2월	3월	4월	5월	6월	7월	8월	9월	10월	11월	12월
알												
애벌레												
번데기												
어른벌레												

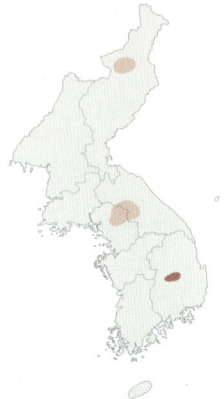

날개를 접고 쉬는 어른벌레

한번에 붙여 낳은 알
여러 번에 걸쳐 낳은 알
중령애벌레
번데기
종령애벌레

주년 경과 한 해에 한 번 나타나는데, 6~7월에 볼 수 있다. 알로 겨울을 난다.

먹이식물 참나무과(Fagaceae) 갈참나무, 신갈나무

어른벌레 참나무가 많은 산지의 계곡에 산다. 한낮에는 먹이식물의 잎 위에 앉아 있는 일이 많아 눈에 잘 띄지 않는다. 수컷은 맑은 날 해 질 무렵에 약하게 텃세 행동을 하며, 암수 모두 밤나무 꽃에서 꿀을 빤다. 암컷은 겨울눈이 될 자리 밑에 알을 하나씩 낳는데, 같은 장소에 낳기 때문에 한자리에서 여러 개를 볼 수 있다.

알 반구형으로, 너비는 0.86mm, 높이는 0.4mm 정도이다. 정공은 움푹 파여 있으며, 현미경으로 보면 그 주변에 나선 모양의 돌기가 있다. 이 돌기는 예리하고 길어서 생김새가 비슷한 *Favonius* 속 나비들과 구별할 수 있다. 바탕색은 흰색이다.

애벌레 알에서 나온 애벌레는 새싹에 구멍을 뚫고 들어가 먹기 시작하며, 새싹 사이에서 지내다가 다 자라면 잎 위에 올라와 자리한다. 종령애벌레는 풀색과 흰색, 갈색이 어우러진 색이고 숨문선은 희고 숨문선 아래는 적갈색을 띤다. 위에서 보면 제8~9배마디가 넓적하게 튀어나와 긴 사다리꼴이다.

번데기 오뚝이 모양으로, 잿빛 나는 갈색 바탕에 짙은 갈색 무늬가 나타난다. 낙엽 아래에서 가끔 발견된다. 길이는 9mm 정도이다.

작은녹색부전나비

부전나비과 부전나비아과 *Neozephyrus japonicus* (Murray, 1875)

    이 속*Neozephyrus* Sibatani et Ito, 1942에는 7종이 있으며, 분류학적으로 *Chrysozephyrus* 속에 가까우나 식성과 애벌레 기간의 특징이 다르게 분화되어 있다. 이 나비는 지리산과 경기도, 강원도 이북에 분포하고, 나라 밖으로는 일본, 중국 동북부, 러시아 아무르, 사할린, 쿠릴 열도 남부에 분포한다. 한국산은 아종 *regina* (Butler, 1881)로 다룬다. 수컷은 날개 윗면이 광택 있는 황록색을 띠나 암컷은 전체가 흑갈색이다.

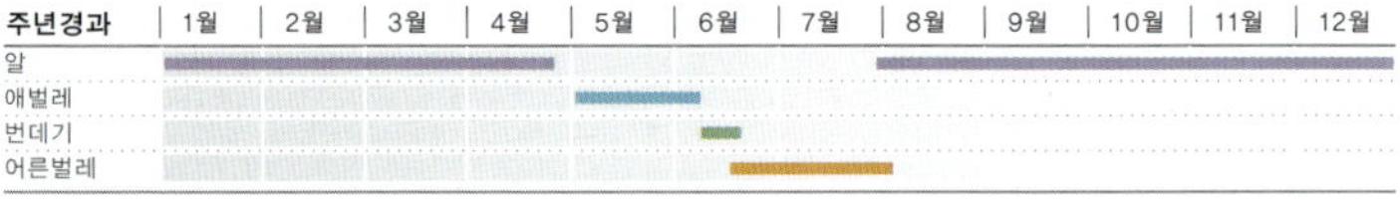

주년경과	1월	2월	3월	4월	5월	6월	7월	8월	9월	10월	11월	12월
알												
애벌레												
번데기												
어른벌레												

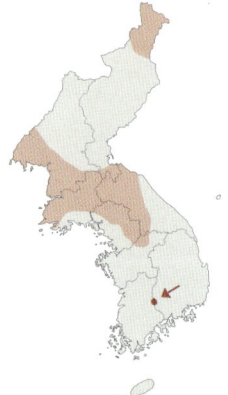

잎 위에 앉아 있는 암컷

주년 경과 한 해에 한 번 나타나는데, 6월~8월 초에 볼 수 있다. 알로 겨울을 난다.

먹이식물 자작나무과(Betulaceae) 오리나무, 물오리나무

어른벌레 산지와 가까운 마을이나 갯가의 오리나무 숲에서 사는데, 요사이 개체 수가 눈에 띄게 줄어들어 발견하기 어렵다. 수컷은 맑은 날 해 질 무렵 텃세 행동을 강하게 한다. 한자리를 점유하려는 성질도 강한데, 여러 수컷끼리 다투면 나무 위에서부터 뱅글뱅글 돌면서 땅으로 내려오는 장면을 볼 수 있다. 암컷은 먹이식물의 잔가지는 물론 줄기의 굵은 부분에 알을 1개에서 여러 개씩 낳는다. 우리나라에서는 희귀한 종에 속해 관찰 자료가 매우 적다.

알 반구형으로, 너비는 0.7mm, 높이는 0.4mm 정도이다. 촘촘하게 움푹 파인 부분과 돌기가 있으며, 흰색이다. 겨울을 나면서 잿빛으로 오염된다.

애벌레 알에서 깨난 애벌레는 새싹 속으로 들어가 입에서 토한 실로 잎들을 엉성하게 엮고서 그 속에서 지낸다. 풀색 몸에 검은색 잔털이 나 있고, 숨문아래선이 희다. 종령애벌레일 때에 숨문은 붉은 기가 있는 밤색이다. 다 자란 애벌레는 19mm 정도로 큰 편이다.

번데기 애벌레는 다 자라면 나무에서 내려와 주변의 마른 잎 아래로 들어가 번데기가 된다. 전체적으로 붉은 밤색에 검은 밤색 무늬가 있다. 길이는 12.5mm 정도이다(주·임, 1987).

암붉은점녹색부전나비

부전나비과 부전나비아과 *Chrysozephyrus smaragdinus* (Bremer, 1861)

     이 속*Chrysozephyrus* Shirôzu et Yamamoto, 1956은 50여 종이 중국을 중심으로 분포하고, 우리나라에 3종이 있다. 이 속의 수컷은 날개 윗면이 광택이 나는 누런 풀색이고, 암컷은 검은 밤색 바탕이다. 이 나비는 섬 지방을 뺀 지리산 이북의 산지에 분포하며, 나라 밖으로는 일본, 중국 동북부, 동부, 중부, 러시아 아무르 남부, 사할린 남부에 분포한다. 한국산은 원명아종으로 다룬다. 수컷은 날개 윗면이 광택이 있는 황록색을 띤다. 한편 암컷은 전체적으로 흑갈색이고 앞날개 중앙에 커다란 붉은색 점무늬가 있다.

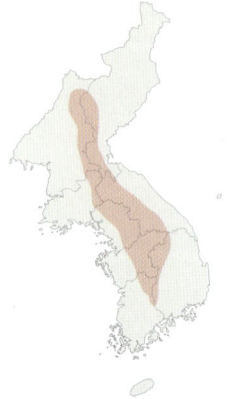

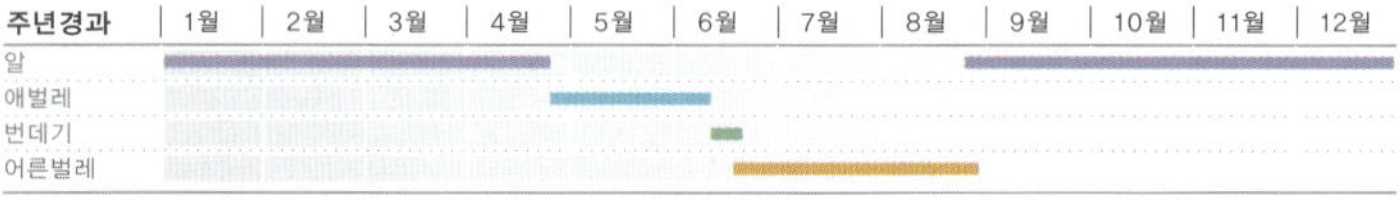

주년경과	1월	2월	3월	4월	5월	6월	7월	8월	9월	10월	11월	12월
알												
애벌레												
번데기												
어른벌레												

날개를 편 수컷

날개를 접은 수컷

주년 경과 한 해에 한 번 나타나는데, 6월 말에서 8월까지 볼 수 있다. 북방녹색부전나비보다 나타나는 시기가 1주일 정도 빠르다. 알로 겨울을 난다.

먹이식물 장미과(Rosaceae) 산벚나무, 귀룽나무

어른벌레 낙엽 활엽수림 산지의 계곡에 산다. 수컷은 계곡이나 나무로 둘러싸인 산꼭대기 빈터에 전망 좋은 나뭇잎 위에서 텃세 행동을 할 때가 많으며, 등산할 때 많이 발견된다. 텃세 행동을 할 때에는 매우 활발하며, 이따금 계곡 습지에 날아와 물을 먹는다. 암컷은 먹이식물의 그늘진 곳에, 거의 수평으로 뻗은 연필 굵기의 가지 사이나 겨울눈 주변에 알을 하나씩 낳는다.

알 찐빵 모양이며, 잿빛을 띠는 흰색이다. 겉면에는 0.8mm 정도 되는, 맨눈으로도 볼 수 있는 뚜렷한 돌기가 있다. 이 돌기의 수는 북방녹색부전나비보다 많다. 너비는 1.1mm, 높이는 0.7mm 정도이다.

애벌레 알에서 깨나면 새싹으로 파고들어 먹기 시작한다. 이후 잎 뒤에서 자란다. 종령애벌레는 몸길이가 16mm 정도, 머리 너비는 7.5mm 정도이고, 몸통은 짙은 노란색이다. 숨문은 검어서 몸통 색과 크게 대비된다. 색이 바래 누런 밤색을 띠는 잎에 자리하는 일이 많다.

번데기 먹이식물 주변의 낙엽 밑에서 번데기를 발견한 적이 있으나 먹이식물 줄기의 푹 파인 부분에서도 보인다. 바탕색은 크림색이고, 길이는 12mm 정도이다.

북방녹색부전나비

부전나비과 부전나비아과 *Chrysozephyrus brillantinus* (Staudinger, 1887)

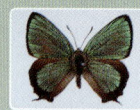

지리산과 경기도, 강원도 산지에 분포하며, 섬 지방을 뺀 남한 각지에 분포한다. 나라 밖으로는 일본, 중국 동북부, 동부, 러시아 연해주 남부에 분포한다. 한국산은 원명 아종으로 다룬다. 암수 구별은 암붉은점녹색부전나비의 경우와 같다. 이 나비의 생활사 과정은 손(2000)이 처음 밝혔다.

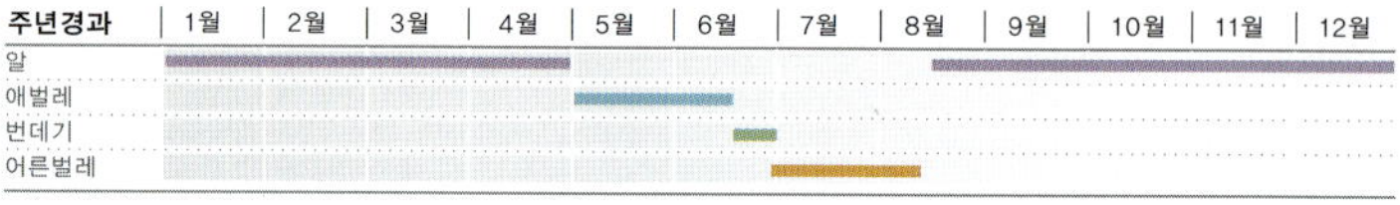

주년경과
1월
2월
3월
4월
5월
6월
7월
8월
9월
10월
11월
12월
알
애벌레
번데기
어른벌레

날개를 편 암컷

암컷

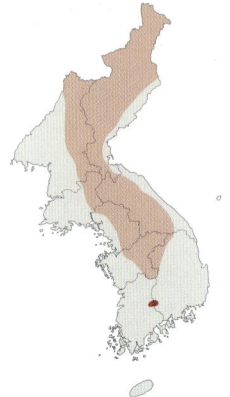

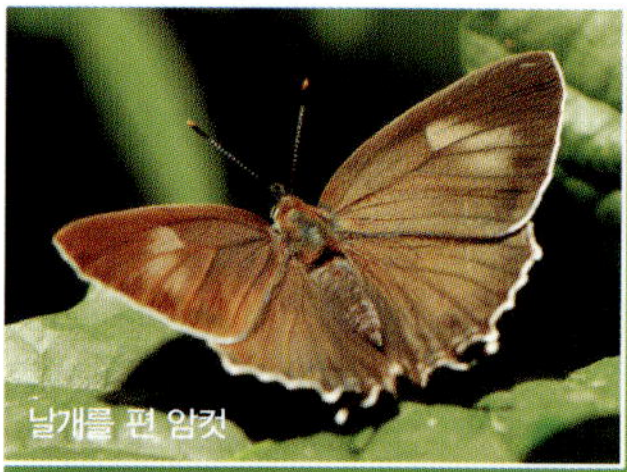

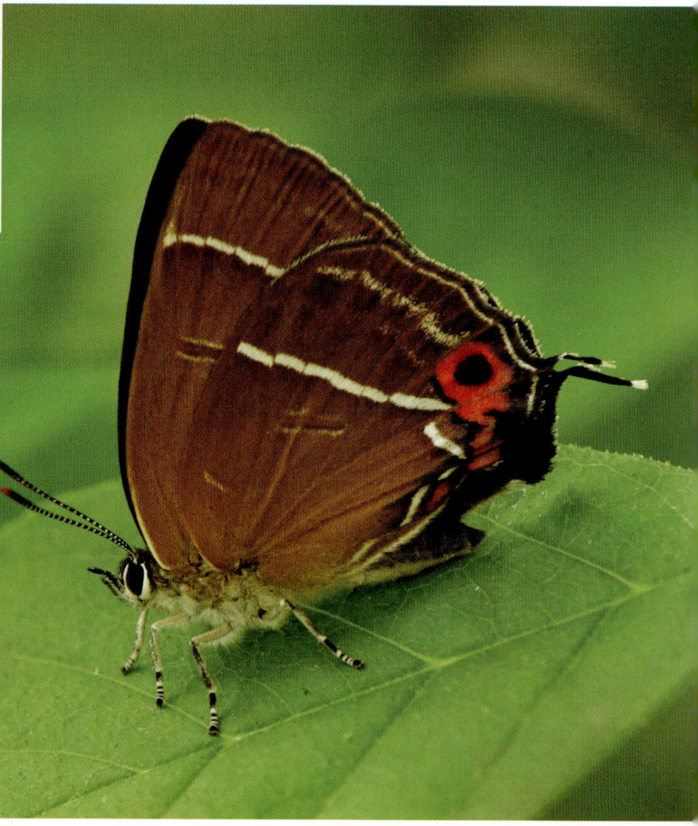

알 | 2령애벌레 | 종령애벌레 | 종령애벌레 | 번데기

주년 경과 한 해에 한 번 나타나는데, 경기도 중남부와 서남부 지방에서는 6월 말경에, 강원도 춘천과 화천 지역에서는 7월 초에, 가리왕산, 계방산, 오대산 등 강원도의 높은 산에서는 7월 초에서 7월 중순에 나타나 각각 15일 정도 최성기를 이룬다. 암컷은 9월까지 활동하며, 늦을 때에는 10월 초까지 볼 수 있다(손, 2000). 알로 겨울을 난다.

먹이식물 참나무과(Fagaceae) 신갈나무, 갈참나무, 굴참나무

어른벌레 300m 정도의 야산에서 1200m 이상의 높은 산지까지, 신갈나무가 많은 곳에서 산다. 수컷은 녹색부전나비류 중에서 가장 이른 시간에 나타나는데, 맑은 날 해 뜨기 전부터 활동하기 시작해 오전 7~8시쯤 가장 활발하게 텃세 행동을 하다가 오전 9시 무렵에 멈춘다. 암붉은점녹색부전나비와 같은 장소에서 텃세 행동을 하나 활동 시간대가 달라 경쟁적 관계에 있지 않다. 텃세 행동을 마치면 큰 나무 꼭대기로 올라가 쉬기 때문에 보기 어렵다. 더운 날 많이 보이고 길가나 계곡 습지에서 발견되는 일이 있다. 암컷은 꽤 보기 어렵지만 주로 알 낳을 시기인 8월에서 9월 사이에 발견된다. 암컷은 300m 이상의 빛이 잘 드는 능선에 있는 15년 이상 된 신갈나무의 겨울눈 밑, 잔가지, 홈, 가지 사이에 알을 하나씩 낳는다.

알 옆에서 보면 반구형이며, 겉면에 돌기가 뚜렷해서 맨눈으로도 잘 보인다. 처음에 옅은 흰색이다가 차츰 회갈색으로 변한다. 정공 부위가 살짝 들어가며 그 주변은 희다. 너비는 1.1mm, 높이는 0.8mm 정도로, 녹색부전나비류 중에서 큰 편이다. 알 기간은 250일 정도이다.

애벌레 정공 부분을 갉아먹고 나오는데, 이때 하루 정도 시간이 걸린다. 알에서 깨날 무렵이면 새싹이 자라 있어 그 틈으로 파고든다. 처음에는 흑갈색 바탕이다가 적갈색으로 변하면 허물벗기를 한다. 1령애벌레의 머리 너비는 0.4mm 정도이다. 다 자란 애벌레는 바탕이 짙은 적갈색이고, 머리 쪽은 더 짙다. 등선은 가늘게 구분되고, 등선 아래에 황토색 사선이 발달한다. 숨문이 뚜렷하고, 숨문아래선이 희미하게 나타난다. 몸의 최대 너비는 8mm, 길이는 24mm, 높이는 5mm 정도이다. 애벌레 기간은 모두 2개월 정도이다. *Chrysozephyrus*와 *Favonius*속 종령애벌레는 위험을 느끼면 '맴' 하는 소리를 내며, 번데기가 되어서도 '쓰쓰쓰' 하는 소리를 낸다(손, 2000). 앞번데기는 붉은색을 띤다.

번데기 먹이식물 아래 돌 밑이나 낙엽 밑, 나무 홈 등에서 발견된다. 길이는 12mm, 너비는 2.4mm, 높이는 4.8mm 정도이다. 오똑이 모양이지만 다른 녹색부전나비들과 달리 가슴보다 배 쪽이 길다. 옅은 황토색 바탕에 짙은 밤색 점무늬가 퍼져 있다.

남방녹색부전나비

부전나비과 부전나비아과 *Chrysozephyrus ataxus* (Westwood, 1851)

우리나라에서 전라남도 해남군 두륜산 일대에만 유일하게 분포한다. 나라 밖으로는 일본, 중국 서부, 미얀마 북부, 파키스탄 북부, 인도에 분포한다. 한국산은 일본과 같은 아종인 *kirishimaensis* (Okajima, 1922)로 보이나 더 살펴볼 필요가 있다. 수컷은 날개 윗면이 광택 있는 황록색을 띠나 암컷은 바탕이 흑갈색이고, 앞날개에 청람색 무늬가 있으며, 날개 아랫면이 수컷보다 더 어둡다. 김·김(1993)이 처음으로 이 나비가 국내에 분포한다고 소개한 이후 정·최(1996)가 전 생활사 과정을 밝혔다.

주년 경과   한 해에 한 번 나타나는데, 7월에서 8월 중순 사이에 볼 수 있다. 알로 겨울을 난다.

먹이식물   참나무과(Fagaceae) 붉가시나무

어른벌레   두륜산의 상록수림이 우리나라에서 유일한 서식지이다. 수컷은 오후 2시에서 4시 무렵까지 텃세 행동을 심하게 하는데, 가지 끝에서 허공을 향하여

날개를 편 수컷

날개를 접은 수컷

암컷

겨울눈에 낳은 알
1령애벌레
2령애벌레
종령애벌레
종령애벌레
앞번데기
번데기

날개를 반쯤 펴고 앉아 있다가 다른 개체가 들어오면 강하게 추격한다. 그러나 제자리로 돌아오는 성질은 비교적 약하다. 수컷이 습지에 내려오는 것(福田 외, 1984)으로 알려져 있으나 우리나라에서는 아직까지 관찰되지 않았다. 암컷은 빈터를 낀 숲길에서 1~2m 높이에 있는 먹이식물 잎눈 아래에 알을 하나씩 낳는다. 이때 잎이나 줄기에 앉아 있다가 알 낳을 위치로 날아가 한 바퀴 돌면서 알을 낳는다(정·최, 1996).

알 옆에서 보면 반구형으로 겉면에 돌기가 뚜렷하다. 이 작은 돌기들은 오각형 그물코 모양으로 솟아 있다. 이 구조물이 서로 만나는 부분의 돌기는 끝이 둥글고 짧다는 특징이 있다. 정공 부위는 살짝 들어간다. 처음에 흰색이다가 차츰 회백색으로 변한다. 너비는 0.8~0.9mm, 높이는 0.5mm 정도로, 녹색부전나비류 중에서 큰 편이다. 알 기간은 270일 정도로 길다.

애벌레 알에서 깨난 뒤 새싹 틈으로 파고들어 입에서 토한 실로 집을 만들어 그 속에서 지낸다. 더 자라면 2~4장의 잎을 엮어 만든 집 속에서 지낸다. 1령애벌레 때는 옅은 녹갈색 바탕이다가 3령애벌레 이후 옅은 황록색을 띤다. 알에서 깨날 당시 1령애벌레는 1.2~1.4mm, 머리 너비는 0.3~0.35mm이다. 다 자란 애벌레는 집을 만드는 성질이 약해진다. 머리는 광택 있는 황백색이고, 머리 너비는 2mm 정도이다. 앞번데기가 될 즈음 몸 빛깔이 옅은 붉은색으로 변한다.

번데기 앞번데기 상태로 3~4일을 보낸다. 번데기가 될 때에 먹이식물에서 내려오는 것은 확실하지만 구체적인 장소는 아직 밝혀지지 않았다. 번데기의 길이는 13.4~13.7mm, 너비는 5.6mm, 높이는 5mm 정도이다. 옅은 황갈색에 오뚝이 모양인데, 다른 녹색부전나비와 달리 진한 밤색의 무늬가 희미하게 보인다. 또 가슴 부위의 등이 두드러지게 튀어나오고, 그 위에 한 쌍의 검은 점무늬가 있으며, 등선이 흑갈색으로 뚜렷하다. 번데기 기간은 42일 정도이다.

큰녹색부전나비

부전나비과 부전나비아과 *Favonius orientalis* (Murray, 1875)

이 속*Favonius* Sibatani et Ito, 1942은 동해를 중심으로 한 동북아시아권에 분포하며, 우리나라에는 8종이 있다. 이 나비는 제주도와 울릉도, 한반도 내륙에 분포하는데, 제주도에서는 산간 지역의 좁은 범위에서 볼 수 있다. 나라 밖으로는 일본, 중국 동북부, 동부, 중부, 러시아 아무르 남부에 분포한다. 수컷은 날개 윗면이 광택이 있는 청록색, 암컷은 흑갈색을 띤다. 한국산은 원명 아종으로 다루나 일부 학자들은 다른 아종으로 다루기도 한다.

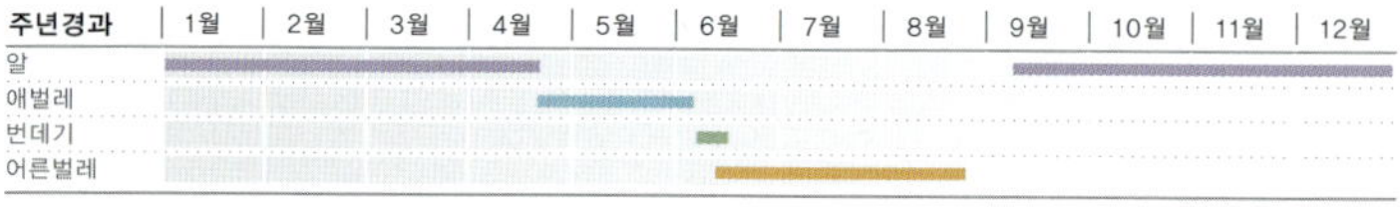

주년경과	1월	2월	3월	4월	5월	6월	7월	8월	9월	10월	11월	12월
알												
애벌레												
번데기												
어른벌레												

날개를 접은 수컷

알 / 종령애벌레 / 종령애벌레 / 번데기 / 텃세를 부리는 수컷

주년 경과 한 해에 한 번 나타나고, 6월 중순에서 8월 초 사이에 볼 수 있다. 알로 겨울을 난다.

먹이식물 참나무과(Fagaceae) 신갈나무, 갈참나무, 상수리나무

어른벌레 낙엽 활엽수림의 산길 주변에 있는 참나무 숲에 살며, 개체 수는 많지 않은 편이다. 수컷은 하루 중 오전 8시 무렵부터 10시 무렵까지 가장 많이 활동한다. 가끔 조금 어두운 계곡의 습지에 내려와 물을 빠는 경우도 있다. 텃세 행동은 키 큰 참나무의 햇볕이 잘 드는 목 좋은 나뭇잎 위에서 하며, 영역 안에 다른 수컷이 들어오면 사정없이 쫓아낸다. 드물지만 밤나무와 사철나무 꽃에서 꿀을 빤다. 암컷은 참나무의 낮은 곳에 있는 엄지손가락 굵기의 매끈한 잔가지나 가지 사이에 알을 하나씩 낳는다.

알 반구 모양으로, 너비는 0.9mm 정도, 높이는 0.5mm 정도이다. 겉면의 구조물은 다른 녹색부전나비류와 같이 정공을 중심으로 나선 모양을 이룬다. 알은 흰색이고, 알 속에서 애벌레가 되어 겨울을 난다.

애벌레 종령(4령)애벌레는 길이가 19mm 정도이다. 머리는 검고 몸은 진한 밤색 바탕인데, 각 마디에 비스듬한 회색 줄무늬가 이어진다.

번데기 길이는 12mm 정도이다. 다른 녹색부전나비류처럼 오뚝이 모양이며 전체적으로 붉은 기를 띤 밤색에 진한 밤색 점무늬가 불규칙하게 흩어져 있다.

깊은산녹색부전나비

부전나비과 부전나비아과 *Favonius korshunovi* (Dubatolov et Sergeev, 1982)

지리산 이북의 산지와 러시아 극동 지역에 기록되어 있으며, 우리나라가 이 나비 분포의 남쪽 한계에 속한다. 아직 한반도 북부의 기록은 없으나 러시아 극동 지역까지 분포하는 것으로 보아 충분히 서식할 것으로 보인다. 한국산은 원명 아종으로 다룬다. Wakabayashi와 Fukuda (1985)는 설악산 백담사와 한계령, 소백산 희방사에서 채집했던 표본을 근거로 이 나비를 *macrocercus* Wakabayashi et Fukuda, 1985라고 신종으로 기록했던 적이 있으나 동종 이명 처리되었다. 수컷의 날개 윗면은 청록색이고, 암컷은 흑갈색 바탕에 날개 윗면에 청색과 붉은색 무늬가 모두 보이는 개체가 있는데, 이 개체가 우리나라 *Favonius*속 중에서 가장 많이 나타난다. Wakabayashi와 Fukuda(1985)는 이 종의 일부 생활사를 처음 언급했다.

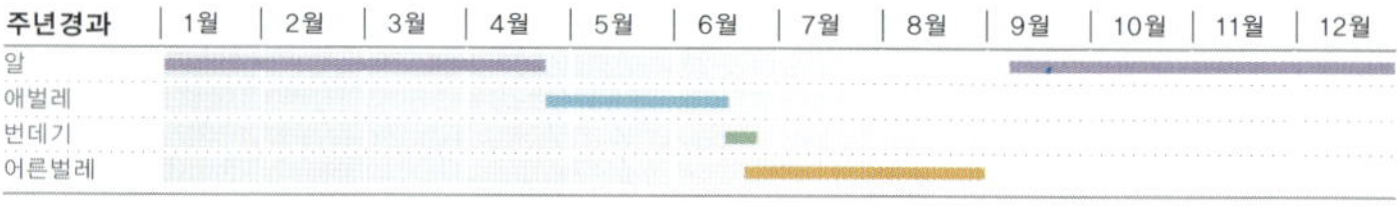

북한 지역 분포는 추정

주년경과	1월	2월	3월	4월	5월	6월	7월	8월	9월	10월	11월	12월
알												
애벌레												
번데기												
어른벌레												

수컷

암컷

날개를 편 암컷

주년 경과 한 해에 한 번 나타나는데, 6월 중순부터 나타나 7월 중순경에 가장 많으며, 8월까지 볼 수 있다. 알로 겨울을 난다.

먹이식물 참나무과(Fagaceae) 신갈나무, 갈참나무

어른벌레 신갈나무가 많은 300~1400m의 산지에 산다. 수컷은 오후 2시 이후에 텃세 행동을 활발히 하는데, 4~6시에 가장 활발하다. 암컷은 해가 잘 드는 숲 가장자리에서 길가로 뻗어 나온 2년생 가지나 홈 등에 끼워 넣듯이 알을 하나씩 낳는다.

알 찐빵 모양으로, 너비는 0.8mm 정도이다. 겉면에 조각한 것 같은 구조물이 있다. 처음에 약간 우윳빛을 띠다가 겨울을 나면서 오염이 되어 황회색 기가 강해진다. 알 속에서 애벌레가 되어 겨울을 나는 것으로 알려져 있다.

애벌레 다 자라면(4령) 길이가 16~18mm, 너비가 2mm 정도 된다. 머리는 검고, 몸은 황토색 바탕에 각 마디에 검은 점이 흩어져 있어 전체가 검게 보인다. 또 제7배마디 등 쪽에 띠 모양 무늬가 있고, 제8~10배마디에 흰색 띠무늬가 보인다. 다른 종과 비교하면 더 납작한 편이고, 금강산녹색부전나비의 애벌레와 많이 닮았다.

번데기 길이는 11.8~12.7mm이다. 오뚝이 모양이며, 노란 기를 띤 밝은 황토색 바탕에 진한 밤색 점무늬가 불규칙하게 흩어져 있다. 번데기 기간은 19~24일이다.

우리녹색부전나비

부전나비과 부전나비아과 *Favonius koreanus* Kim, 2006

필자인 김성수가 2006년에 신종으로 기재했던 종으로, 날개 윗면은 *Chrysozephyrus*속 나비처럼 가장자리에 검은 테가 굵고, 날개 아랫면은 *Favonius*속처럼 생겼다. 일본의 Tomoo Fujioka의 개인 서신에 따르면, 이 종이 일본의 에조녹색부전나비 *F. jezoensis*와 근연이라고 한다. 한반도 중부의 경기도와 강원도, 충청도 일부 지역에서만 소수의 개체가 채집되고 있는데, 현재까지 한반도 고유종이다. 수컷은 날개 윗면이 청람색, 암컷은 흑갈색을 띤다. 이 나비의 생활사 과정을 손(2009)이 밝혔다.

주년경과	1월	2월	3월	4월	5월	6월	7월	8월	9월	10월	11월	12월
알												
애벌레												
번데기												
어른벌레												

수컷 윗면

수컷 아랫면

암컷 윗면

암컷 아랫면

알

종령애벌레

번데기

주년 경과   한 해에 한 번 나타나는데, 6월 말부터 8월 중순 무렵까지 보이며, 암컷은 10월 초까지도 볼 수 있다. 알로 겨울을 난다.

먹이식물   참나무과(Fagaceae) 굴참나무

어른벌레   참나무가 많은 활엽수림 산지에 산다. 수컷은 계곡이나 산꼭대기에서 볼 수 있다. 수컷의 텃세 행동은 깊은산녹색부전나비, 암붉은점녹색부전나비와 같은 장소에서 이루어지는데, 암붉은점녹색부전나비는 나무로 둘러싸인 더 넓고 움푹한 장소를 선호하고, 이 종과 깊은산녹색부전나비는 밝게 트인 곳을 좋아한다. 다만 깊은산녹색부전나비가 나무의 상층을 텃세한다면 이 나비는 중간 위치를 텃세한다. 수컷끼리 매우 근접해서 다투고, 땅바닥에 닿을 정도까지 다투며 내려온다. 암컷은 두께가 팔뚝 정도인 가지의 나무껍질 사이나 홈 등에 알을 하나씩 낳는다.

알   찐빵 모양으로, 너비는 0.85~0.95mm, 높이 0.5~0.55mm이다. *Favonius*속 중에서 큰 편이다. 겉에 조각한 것 같은 구조물이 있다. 색은 처음에 흰색이다가 겨울을 나면서 살짝 오염된다.

애벌레   1령애벌레는 머리가 검고 몸이 적갈색 바탕이다. 3령과 종령애벌레는 옅은 황토색 바탕에 등선이 짙고, 그 주위에 희고 희미한 사선 무늬가 있다. 1, 2령일 때에는 잎을 여기저기 조금씩 구멍 내듯 먹고, 3령 이후에는 밖에서 안쪽으로 먹는다. 1, 2령일 때에는 잎 뒤의 잎맥과 잎맥 사이 오목한 곳에 붙어 있는 경우가 많고, 3, 4령일 때에는 대부분 나무껍질 틈이나 줄기 사이 또는 잎이 뭉쳐 있는 곳 등에서 머리를 안쪽으로 향하고 숨어 있다.

번데기   황갈색 바탕에 가슴과 배 부분에 흑갈색 무늬가 나타나 얼룩덜룩해 보인다. 흰색의 미세한 짧은 털들이 몸 전체에 걸쳐 고루 퍼져 있다. 25~30일 뒤면 날개돋이를 한다.

텃세를 부리는 수컷들

금강산녹색부전나비

부전나비과 부전나비아과 *Favonius ultramarinus* (Fixsen, 1887)

경상남도 일부 지역과 경기도, 강원도 이북의 산지에 분포한다. 나라 밖으로는 일본, 중국 동북부, 중부, 러시아 연해주 남부에 분포한다. 한국산은 원명 아종으로 다룬다. 암수 구별은 다른 녹색부전나비류의 경우와 같다.

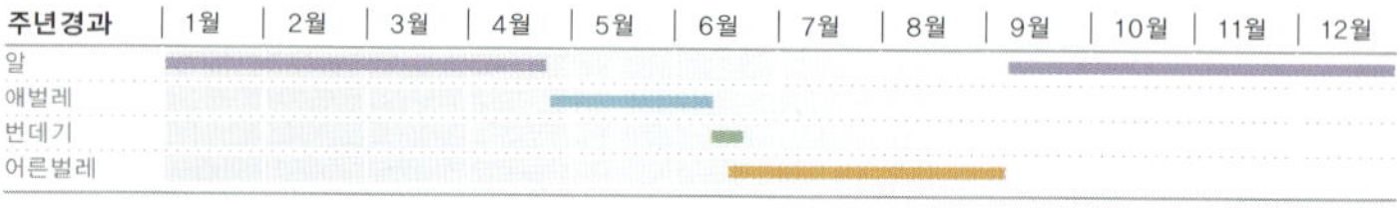

주년경과	1월	2월	3월	4월	5월	6월	7월	8월	9월	10월	11월	12월
알												
애벌레												
번데기												
어른벌레												

암컷

주년 경과 한 해에 한 번 나타나는데, 6월 중순에서 8월까지 볼 수 있다. 알 속에서 배가 발생한 상태인 1령애벌레로 겨울을 난다.

먹이식물 참나무과(Fagaceae) 떡갈나무

어른벌레 비교적 낮은 산지의 떡갈나무 숲에 산다. 아침에 축축한 땅바닥으로 날아오고, 한낮에 개망초 등의 꽃에서 꿀을 빨기도 한다. 수컷은 오후 4시부터 해 질 무렵인 7시까지 활발하게 텃세 행동을 하는데, 대부분 떡갈나무 꼭대기 위에서 수컷끼리 어우러져 다투는 경우가 많다. 암컷은 오후에 먹이식물 주위를 맴돌면서 가지나 겨울눈 주변의 울퉁불퉁한 홈 사이에 알을 하나씩 낳는다.

알 너비 0.9mm, 높이 0.5mm 정도의 찐빵 모양이다. 겉에 조각을 한 것처럼 움푹 파인 구조물들이 빽빽하다. 현미경으로 보면 구조물들 사이에 뚜렷한 돌기가 솟아 있다. 색은 흰색이고 알 기간은 6개월 이상이다.

애벌레 알에서 깨난 애벌레는 새싹 속으로 파고들어 조금씩 먹으며 자라는데, 보통 천적을 피해 밤에 먹는다. 짚신 모양으로, 몸이 노란색 또는 붉은색을 머금은 진한 밤색을 띠고, 불규칙한 검은 무늬가 나타난다. 다 자란 애벌레는 등에 사선 무늬가 뚜렷하다. 길이는 19mm 정도이다.

번데기 다른 녹색부전나비류와 거의 같은 모양으로 생겼으나 배 부분이 황토색을 띤다. 길이는 12mm 정도이다.

넓은띠녹색부전나비

부전나비과 부전나비아과 *Favonius cognatus* (Staudinger, 1892)

   전라도와 경상도 일부와 경기도, 강원도 일부 지역, 북부 지방에 분포한다. 나라 밖으로는 일본, 중국 동북부, 동부, 중부, 남부, 러시아 아무르에 분포한다. 한국산은 원명 아종으로 다룬다. 비교적 개체 수가 적은 종으로, 금강산녹색부전나비와 계통적으로 가깝다. 암수 구별은 다른 녹색부전나비의 경우와 같다.

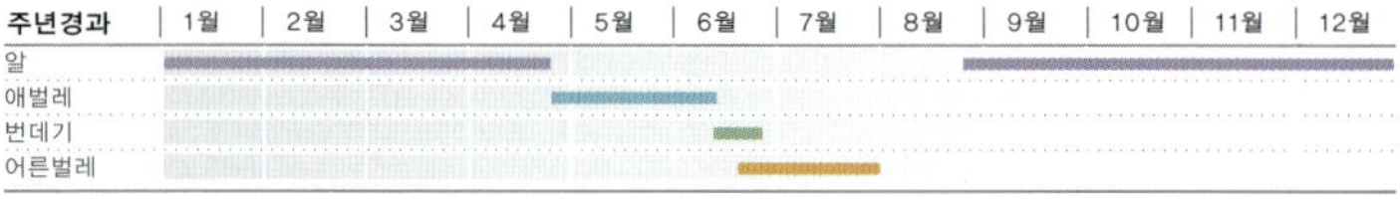

주년경과	1월	2월	3월	4월	5월	6월	7월	8월	9월	10월	11월	12월
알												
애벌레												
번데기												
어른벌레												

날개를 편 수컷

날개를 접은 수컷

주년 경과 한 해에 한 번 나타나는데, 6월 중순에서 7월까지 볼 수 있다. 알로 겨울을 난다.

먹이식물 참나무과(Fagaceae) 갈참나무, 신갈나무

어른벌레 낮은 산지의 참나무 숲이나 그 주변에서 살고 우리나라에서는 강원도 산지에도 산다. 수컷은 오전과 낮 12시부터 오후 6시 무렵까지 참나무 꼭대기 부근 잎 위에 앉아 텃세 행동을 한다. 암컷은 우리녹색부전나비처럼 잘 움직이지 않고 나무 그늘에서 쉬는 일이 많으며, 한낮에 높이 2~5m, 굵기 4~5cm의 나뭇가지나 줄기의 틈에 알을 하나씩 낳는다.

알 찐빵 모양으로, 너비 0.8mm, 높이 0.5mm 정도이다. 맨눈으로 보면 다른 녹색부전나비류와 특징이 거의 같다.

애벌레 종령애벌레는 19mm 정도로, 금강산녹색부전나비와 거의 같은 생김새이나 옆에서 보면 더 평평하다.

번데기 길이가 12mm 정도이고, 금강산녹색부전나비와 거의 같은 생김새이나 바탕색이 조금 어두운 편이나 변이가 많다.

산녹색부전나비

부전나비과 부전나비아과 *Favonius taxila* (Bremer, 1861)

한반도 내륙 전 지역과 제주도에 분포한다. 내륙에는 평지부터 산지까지 고루 보이나 제주도에서는 한라산을 중심으로 500~800m 지역에서 보이고, 한라산 아고산대의 관목림에서도 가끔 보인다. 나라 밖으로는 일본, 중국 동북부, 동부, 러시아 아무르, 사할린 남부에 분포한다. 한국산은 원명 아종으로 다룬다. 암수 구별은 다른 녹색부전나비의 경우와 같다.

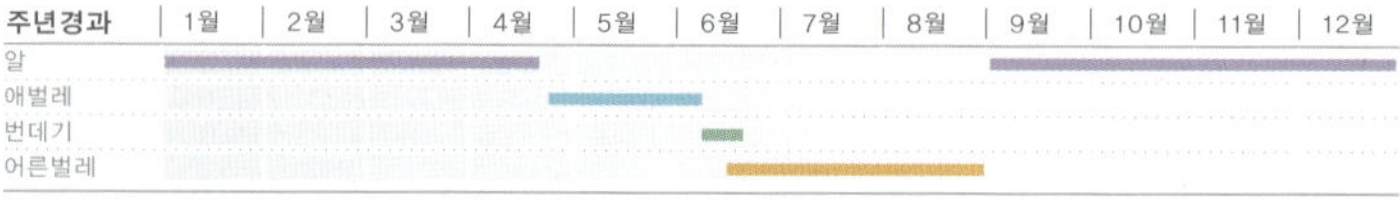

주년경과	1월	2월	3월	4월	5월	6월	7월	8월	9월	10월	11월	12월
알												
애벌레												
번데기												
어른벌레												

암컷

주년 경과 한 해에 한 번 나타나는데, 6월 중순에서 8월까지 볼 수 있다. 알로 겨울을 난다.

먹이식물 참나무과(Fagaceae) 졸참나무, 신갈나무, 갈참나무

어른벌레 낙엽 활엽수림의 계곡이나 산길 주변의 참나무 숲에 산다. 수컷은 주로 오전 7시에서 11시 무렵까지 참나무 잎 끝에 앉아 텃세 행동을 활발히 하다가 이슬을 빨아 먹거나 물이 있는 땅바닥에 내려와 물을 빨기도 한다. 드물게 암수 모두 사철나무와 개망초, 큰쥐똥나무 등 흰 꽃에서 꿀을 빤다. 암컷은 잘 날지 않으며, 참나무류의 겨울눈 아래쪽에 알을 하나씩 낳는다. 이 습성 때문에 겨울눈이 만들어진 뒤 비교적 늦가을까지 알을 낳는 일이 있다.

알 찐빵 모양으로, 너비 0.9mm, 높이 0.5mm 정도이다. 현미경으로 자세히 보면 겉에 돋은 작은 돌기가 *Favonius*속 중에서 가장 굵다.

애벌레 알에서 깨어나면 새싹 속으로 파고들어 먹다가 2, 3령애벌레 때에는 입에서 토한 실로 잎과 꽃을 엮어 그 속에서 지낸다. 다 자란 애벌레는 밤에만 먹는 습성이 있는데, 아마 천적을 피하려는 전략으로 보인다. 종령애벌레의 몸길이는 19mm 정도이다.

번데기 다 자란 애벌레는 나무에서 내려와 낙엽 속에서 번데기가 된다. 길이는 12mm 정도이다. 생김새는 큰녹색부전나비와 닮았는데, 맨눈으로 보면 큰 차이가 없다.

검정녹색부전나비

부전나비과 부전나비아과 *Favonius yuasai* Shirôzu, 1948

경기도 지역에 분포하며, 강원도와 충청남도 일부 지역(박·김, 1997)과 서해안 섬에는 국지적으로 분포한다. 나라 밖으로는 일본과 중국 서부에 분포한다. 한국산은 원명 아종으로 다룬다. 수컷은 날개 윗면이 *Favonius*속 중에서 유일하게 광택이 있는 검은 밤색을 띠고, 암컷은 전체가 광택이 없는 흑갈색이며, 날개 가장자리가 둥글다. 손 등(1995)은 이 나비의 먹이식물과 알에 대해 언급했고, 손(1999)은 전 생활사 과정을 밝혔다.

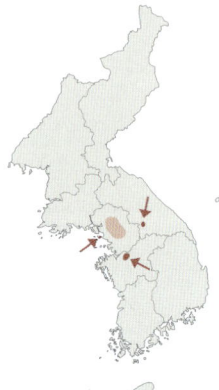

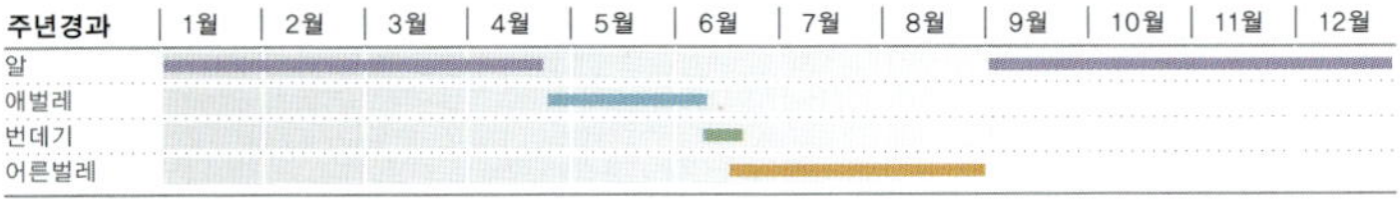

암컷

주년 경과 한 해에 한 번 나타나는데, 6월 중순부터 9월 초 무렵까지 볼 수 있다. 이미 알 속에서 1령애벌레가 되어 겨울을 난다.

먹이식물 참나무과(Fagaceae) 굴참나무, 상수리나무

어른벌레 굴참나무가 많은 잡목림의 계곡이나 능선 주위에서 산다. 해 질 무렵 수컷은 7~8m의 굴참나무 꼭대기에서 강하게 텃세 행동을 한다. 암컷은 대부분의 시간을 쉬다가 한낮에 높이 10m 정도 되는 높은 굴참나무 꼭대기에서 옆으로 뻗은 겨울눈 밑에 알을 하나씩 낳는다. 알을 거의 다 낳으면 숲 바닥의 물기 있는 땅에 잘 앉는다.

알 찐빵 모양으로, 너비는 0.9mm, 높이는 0.6mm 정도이다. 겉에 조각한 것 같은 구조물이 있다. 처음에는 풀색을 띤 흰색이다가 차츰 정공 부위를 빼고 회색 기가 강해진다. 알 기간은 8~9개월이다.

애벌레 알을 갓 깨고 나온 애벌레는 새싹에 파고들어 산다. 생김새는 처음에 원통 모양이나 차츰 짚신 모양으로 변한다. 다 자라 종령(4령)애벌레가 되면 22mm 정도까지 커진다. 머리는 검고, 너비가 2mm 정도이다. 몸은 재색을 머금은 갈색 바탕에 옆으로 검은색 사선이 뚜렷하게 나타난다. 애벌레 기간은 한 달 정도이다.

번데기 길이는 10~12mm이다. 오뚝이 모양이며, 바탕색은 아주 진한 밤색으로 녹색부전나비류 중에서 가장 검다. 검은 점무늬가 겉에 흩어져 있다. 독특하게, 번데기를 건드리면 '쓰쓰쓰' 하는 소리가 난다(손, 1999). 야외에서 번데기가 있는 장소를 직접 찾아 확인하지는 못했지만 먹이식물의 나무껍질 사이 등일 것으로 추정된다. 번데기 기간은 20~23일이다.

은날개녹색부전나비

부전나비과 부전나비아과 *Favonius saphirinus* (Staudinger, 1887)

   지리산, 충청남도 일부 지역과 경기도와 강원도 북부 일부 지역, 북한에 분포한다. 나라 밖으로는 일본, 중국 동북부, 중부, 남부, 러시아 아무르 남부에 분포한다. 한국산은 원명 아종으로 다룬다. 암수 구별은 다른 녹색부전나비의 경우와 같으나 수컷 날개 윗면에 청색이 강하다는 특징이 있다.

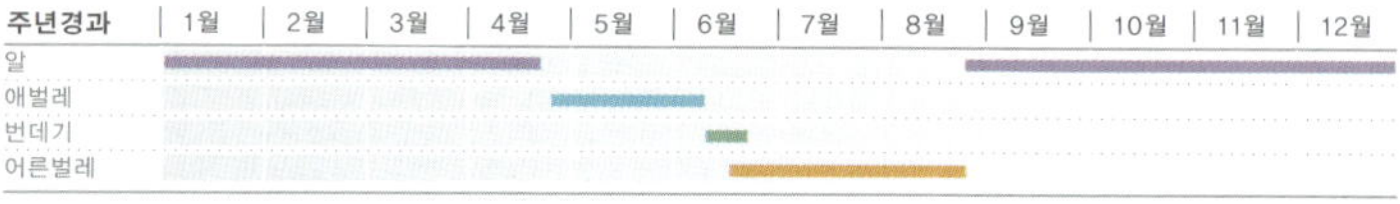

주년경과	1월	2월	3월	4월	5월	6월	7월	8월	9월	10월	11월	12월
알												
애벌레												
번데기												
어른벌레												

날개를 편 수컷

날개를 접은 모습

주년 경과 한 해에 한 번 나타나는데, 6월에서 8월까지 볼 수 있다. 알로 겨울을 난다.

먹이식물 참나무과(Fagaceae) 갈참나무, 떡갈나무

어른벌레 참나무가 자라는 낮은 산지에 산다. 금강산녹색부전나비, 넓은띠녹색부전나비와 함께 보이는 경우가 많다. 한낮에는 거의 활동하지 않다가 오후 늦게 4시부터 해 질 무렵까지 활발하게 난다. 수컷의 텃세 행동은 녹색부전나비류 중에서 가장 약하다. 암컷은 위치가 낮은 겨울눈이 될 자리 아래에 알을 하나씩 낳는다.

알 찐빵 모양으로, 너비는 0.8mm, 높이는 0.5mm 정도이다. 생김새는 이 속의 다른 종과 거의 차이가 없으며, 색은 흰색이다. 경기도 낮은 산지에서 겨울에 알을 찾으면 이 나비의 알이 가장 많다.

애벌레 알에서 깬 애벌레는 곧바로 새싹 사이를 파고든다. 종령애벌레의 길이는 18mm 정도이다. 위에서 보면 색과 생김새가 산녹색부전나비와 닮았으나 제8배마디 뒷가장자리 양 끝이 덜 굴곡진다. 머리는 검지만 몸의 바탕색은 옅은 갈색으로, 다른 녹색부전나비들이 짙은 밤색을 띠는 것과 다르다.

번데기 다 자란 애벌레가 나무줄기의 홈 사이나 아래로 내려와 낙엽 밑에서 번데기가 된다. 길이는 10mm 정도이고, 누렇고 붉은 밤색 바탕에 진한 밤색 무늬가 있다.

민꼬리까마귀부전나비

부전나비과 부전나비아과 *Satyrium herzi* (Fixsen, 1887)

이 속*Satyrium* Scudder, 1876은 전북구(全北區)에 25여 종이 분포하고, 우리나라에는 6종이 분포한다. 우리나라에서는 경기도, 강원도, 경상북도, 충청북도 일부 지역과 북부 지방에 분포하고, 나라 밖으로는 중국 동북부, 러시아 아무르에 분포한다. 한국산은 원명 아종으로 다룬다. 이 속의 수컷은 앞날개 윗면 가운데방 위쪽에 타원 모양의 성표가 있다. 김(1991)은 이 나비의 종령애벌레와 번데기를 처음 소개했다.

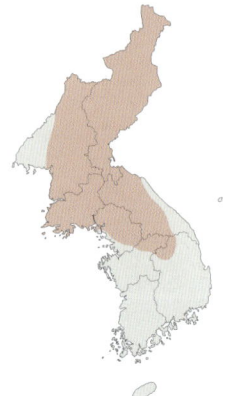

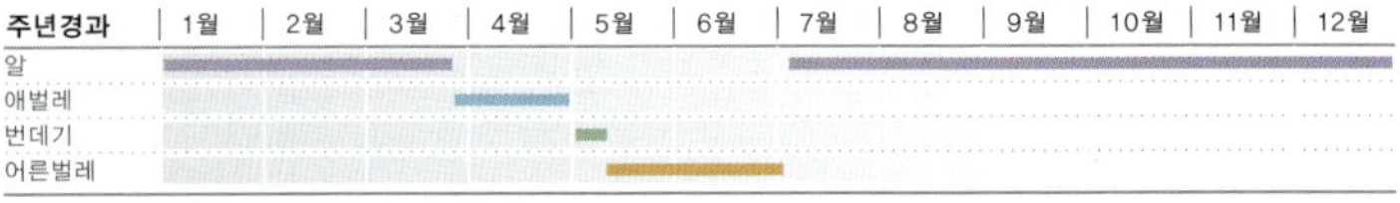

주년경과	1월	2월	3월	4월	5월	6월	7월	8월	9월	10월	11월	12월
알												
애벌레												
번데기												
어른벌레												

수컷

주년 경과 한 해에 한 번 나타나는데, 5월부터 6월까지 볼 수 있다. 알로 겨울을 난다.

먹이식물 장미과(Rosaceae) 귀룽나무, 털야광나무

어른벌레 낙엽 활엽수림의 계곡이나 그 주변 산길에 산다. 수컷은 기온이 높은 오후부터 해 질 무렵까지 나무 위를 빠르게 날아다니며 암컷을 탐색하나 그 밖의 시간은 대부분 나뭇잎 위에서 쉰다. 암수 모두 국수나무와 야광나무의 꽃에서 꿀을 빠는데 이 모습이 흔하지는 않다. 암컷은 먹이식물의 낮은 줄기나 가지 사이에 알을 하나씩 낳는다.

알 반구형으로, 붉은 기가 조금 있는 짙은 밤색이다. 겉에 작은 분화구 같은 구조물들이 빽빽하다. 정공 부위가 넓게 움푹 들어가 있는데, 그 부분이 다른 까마귀부전나비류보다 훨씬 넓다. 너비는 0.9mm 정도이다.

애벌레 전체가 풀색 바탕에 숨문아래선이 우윳빛을 띤다. 흰색 숨문 위로 검고 짧은 털이 빽빽하게 나 있다. 다 자란 애벌레는 18mm 정도이고, 먹이식물의 가지에 붙어 번데기가 된다. 애벌레 기간은 3일이다.

번데기 오뚝이 모양으로, 몸에 두른 실이 매우 가늘다. 길이는 9.8mm 정도이다. 머리 위에는 얇은 판이 모가 난 것처럼 뻗어 있고, 가슴과 배는 부풀어 있는데, 배 부분이 더 부풀어 있다. 등 쪽의 무늬가 세로로 배열된 단추 모양이다. 번데기 기간은 11일 정도이다.

벚나무까마귀부전나비

부전나비과 부전나비아과 *Satyrium pruni* (Linnaeus, 1758)

   경기도와 강원도, 충청북도 일부 지역, 북부 지방에 분포하고, 나라 밖으로는 유럽에서 몽골, 러시아 시베리아 남부, 아무르, 중국 동북부, 일본까지 분포한다. 한국산은 원명 아종으로 다룬다. 암컷은 날개 가장자리가 둥글고, 날개 아래의 등황색 부분이 넓다.

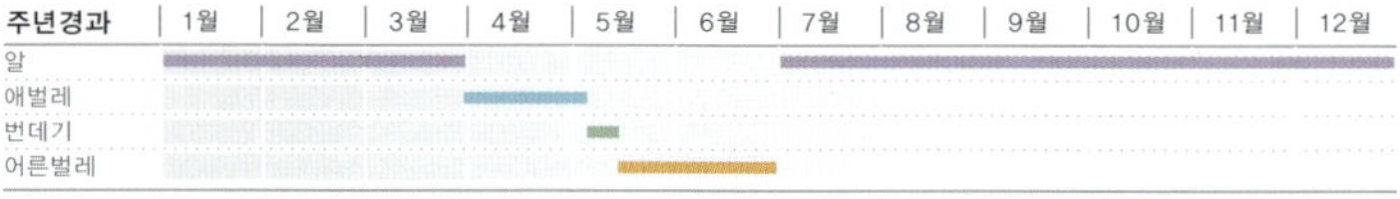

주년경과	1월	2월	3월	4월	5월	6월	7월	8월	9월	10월	11월	12월
알												
애벌레												
번데기												
어른벌레												

주년 경과 한 해에 한 번 나타나는데, 5월부터 6월까지 볼 수 있다. 알로 겨울을 난다.

먹이식물 장미과(Rosaceae) 벚나무, 복숭아나무, 왕벚나무, 귀룽나무

어른벌레 낙엽 활엽수림 가장자리 벚나무가 많은 곳은 물론 벚나무를 심

수컷

은 곳에서도 산다. 한낮에는 나뭇잎 위에 앉아 움직이지 않다가 늦은 오후가 되면 수컷이 활발하게 날아다니는데, 이때 한자리를 고수하는 텃세 행동은 보이지 않는다. 가끔 큰까치수염과 어우리의 꽃에 날아와 꿀을 뺀다. 암컷은 먹이식물의 잔가지나 줄기 사이에 알을 하나씩 낳는다.

알 반구형으로, 너비가 1mm, 높이가 0.4mm 정도된다. 처음에는 붉은 밤색이지만 차츰 색이 바래 잿빛을 띤 밤색이 된다. 겉에는 그물코 모양의 돌기가 가득하다.

애벌레 알에서 깨난 애벌레는 새싹 틈에 들어가 먹기 시작하는데, 입에서 토한 실로 엉성하게 잎들을 엮어 놓는다. 잎 주위에 똥이 흩어져 있어서 이것을 찾으면 야외에서 쉽게 애벌레를 볼 수 있다. 더 자라면 먹이식물의 꽃을 먹는다. 머리는 누런빛을 띤 검은색이고, 몸은 어렸을 때에는 붉은색 무늬가 많다가 차차 풀색 바탕이 되고 등에 젖빛이 나는 흰색 사선들이 생긴다. 다 자라면 전체 몸이 긴 타원형이 되는데, 몸길이는 18mm 정도이다.

번데기 길이가 9mm 정도로 얼핏 새똥처럼 보이는데, 검은 갈색 바탕에 흰 무늬가 머리와 가슴, 배 옆에서 보인다. 아직 야외에서 번데기를 찾은 적은 없지만 다 자란 애벌레가 먹이식물에서 내려와 주변 낙엽 밑으로 들어가는 것으로 보인다. 번데기에 일본풀개미(*Lasius japanicus*)가 모이는 것을 관찰한 예가 있다 (Jang, 2007).

꼬마까마귀부전나비

부전나비과 부전나비아과 *Satyrium prunoides* (Staudinger, 1887)

경기도와 강원도, 북부 지방에 분포하고, 나라 밖으로는 몽골, 러시아 쿠즈네츠크, 아무르, 중국 동북부에 분포한다. 한국산은 원명 아종으로 다룬다. 암수 차이는 뚜렷하지 않으나 암컷이 수컷보다 날개 가장자리가 더 둥글어 너비가 넓어 보인다. 배끝을 비교하는 것이 정확하다.

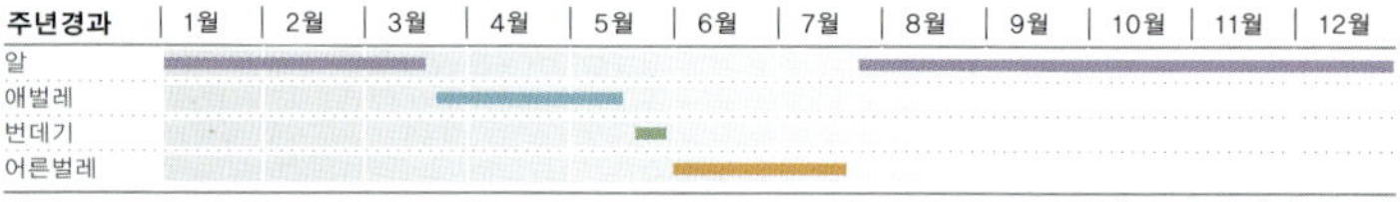

주년경과	1월	2월	3월	4월	5월	6월	7월	8월	9월	10월	11월	12월
알												
애벌레												
번데기												
어른벌레												

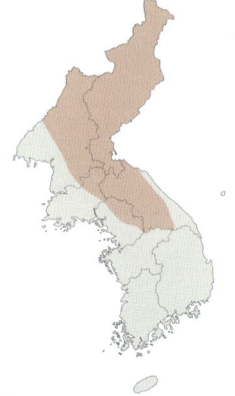

개망초 꽃에 날아온 수컷

갓 낳은 알 · 종령애벌레 · 며칠 지난 알 · 번데기

주년 경과 한 해에 한 번 나타나는데, 5월 말부터 7월 초까지 볼 수 있다. 알로 겨울을 난다.

먹이식물 장미과(Rosaceae) 조팝나무

어른벌레 낙엽 활엽수림 산지와 능선에서 산다. 오후에 수컷은 능선이나 산꼭대기의 관목 위에서 텃세 행동을 심하게 한다. 암수 모두 숲 가장자리나 그늘진 곳에 핀 꽃을 찾아오는 일이 많은데, 미나리, 큰까치수염, 개망초, 고들빼기 등에서 꿀을 빤다. 꽃에 앉으면 날개를 비비는 모습을 볼 수 있는데, 이는 뒷날개의 꼬리 모양 돌기를 움직여 천적의 관심을 뒤로 돌리려는 생존 전략의 하나이다. 암컷은 먹이식물을 찾아 2년생 가지에 알을 하나씩 낳는다.

알 반구형으로, 처음에 우윳빛이 나다가 시간이 흐를수록 누런색이 된다. 정공 부위가 다른 까마귀부전나비에 비해 덜 파였다.

애벌레 처음에는 붉은기가 도는 옅은 갈색이다가 풀색으로 변한다. 머리는 검고, 가운데가슴에서 제6배마디에 이르는 등 아래에 있는 선 무늬와 숨문아래선이 옅은 연두색 줄무늬로 이어진다. 이는 같은 먹이식물을 먹는 쇳빛부전나비 애벌레와 구별하는 데 도움이 된다. 다 자란 애벌레는 먹이식물에서 내려와 주변 낙엽 아래에 붙어 앞번데기가 되는데, 이때 몸 전체에 붉은색이 감돈다.

번데기 황토색에 검은 얼룩무늬가 나타나고, 온몸에 짧은 흰색 털이 빽빽하게 나 있다.

참까마귀부전나비

부전나비과 부전나비아과 *Satyrium eximius* (Fixsen, 1887)

지리산 일대를 포함한 경상남도 일부와 북위 36° 이북에 분포하고, 나라 밖으로는 중국 동북부, 중부, 동부, 러시아 아무르 남부에 분포한다. 한국산은 원명 아종으로 다룬다. 뒷날개의 꼬리 모양 돌기가 이 속 나비 중에서 가장 길다. 수컷은 앞날개 가운데방 위쪽에 타원 모양의 성표가 나타난다.

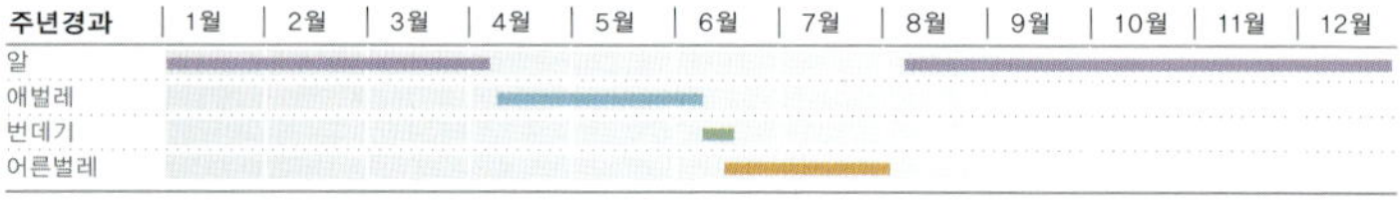

주년경과	1월	2월	3월	4월	5월	6월	7월	8월	9월	10월	11월	12월
알												
애벌레												
번데기												
어른벌레												

암컷

알 (강원도 영월)

정공에 구멍을 내고 부화한 알과 기생당해 옆에 구멍이 난 알들 (경기도)

1령애벌레

애벌레 집

3령애벌레

종령애벌레

번데기

주년 경과 한 해에 한 번 나타나는데, 6월 중순에서 7월까지 볼 수 있다. 알로 겨울을 난다.

먹이식물 갈매나무과(Rhamnaceae) 갈매나무, 참갈매나무, 털갈매나무

어른벌레 차가운 기후의 낙엽 활엽수림 계곡이나 건조한 관목림에서 산다. 수컷은 확 트인 산지에서 텃세 행동을 하거나 습지에 날아와 물을 먹는다. 암수 모두 개망초와 큰까치수염의 꽃에서 꿀을 빤다. 암컷은 1m 정도 높이에 있는 먹이식물의 가지 사이나 줄기에 잔가지가 난 곳, 그 바로 밑의 홈 등에 알을 하나씩 낳는다. 같은 자리에 연속해서 낳아서 한자리에서 10개 이상 발견되는 경우도 있다. 알을 낳는 습성은 지역에 따라 차이가 있는데, 숲이 많은 경기도 지역에서는 한자리에 10여 개의 알을 낳지만 관목 지대인 강원도 영월 지역에서는 한자리에 1~3개씩 낳는다.

알 잿빛 나는 흰색의 반구형으로, 겉에 그물코 구조물이 가득하다. 북방까마귀부전나비의 알 정공 부분이 평평한 느낌이라면, 이 종의 알은 정공 부분이 좀 더 둥글다.

애벌레 애벌레는 정공 부위를 동그랗게 물어뜯고 나온다. 처음에 머리는 누런색이고, 몸이 풀색을 띤 누런색이다. 자라면서 머리가 검은색, 몸이 풀색이 되고, 꽃을 주로 먹는다. 생김새는 꼬마까마귀부전나비와 닮았으나 큰 편이다. 또한 꼬마까마귀부전나비처럼 몸에 난 연두색 줄무늬가 더욱 뚜렷하며 이 줄무늬는 종령 때보다 3령일 때 더 뚜렷하다. 앞번데기는 붉은색과 풀색을 띤다.

번데기 붉은색을 머금은 밤색으로, 몸에 흰색 잔털이 가득하다. 숨문은 희다.

북방까마귀부전나비

부전나비과 부전나비아과 *Satyrium latior* (Fixsen, 1887)

강원도 일부 지역과 북부 지방에 분포하며, 나라 밖으로는 중국 동북부, 러시아 트랜스바이칼 남부, 아무르에 분포한다. 한국산은 원명 아종으로 다룬다. 이 나비의 종 이름인 *latior*는 지금까지 *spini* Denis et Schiffermüller, 1775의 아종으로 다루어 오다가 최근 알과 종령애벌레가 다르다는 형태적 차이가 있어 유럽 종에서 분리하고 있다.

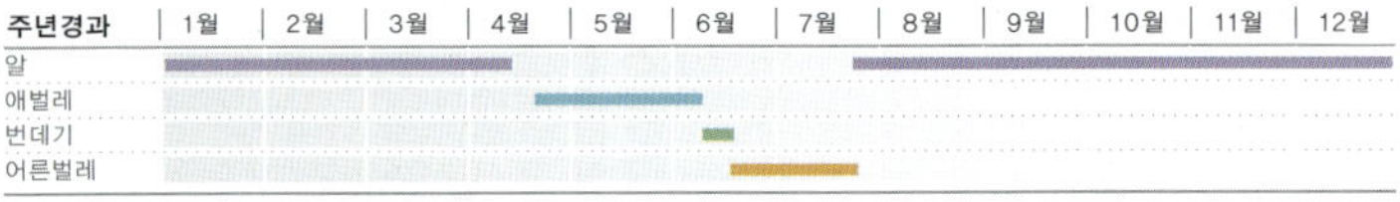

주년경과	1월	2월	3월	4월	5월	6월	7월	8월	9월	10월	11월	12월
알												
애벌레												
번데기												
어른벌레												

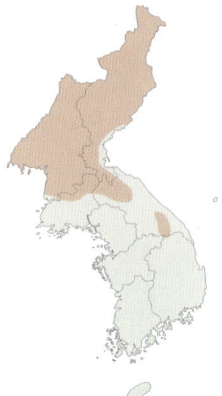

수컷

가지 사이에 낳은 알 · 알 · 2령애벌레
종령애벌레와 먹은 흔적 · 잎을 먹는 종령애벌레 · 앞번데기 · 번데기

주년 경과 한 해에 한 번 나타나는데, 6월 중순에서 7월 중순까지 볼 수 있다. 알로 겨울을 난다.
먹이식물 갈매나무과(Rhamnaceae) 갈매나무
어른벌레 느릅나무가 많은 차가운 기후의 낙엽 활엽 수림 계곡이나 건조한 관목림에서 산다. 수컷은 능선이나 산길에서 텃세 행동을 강하게 한다. 암수 모두 개망초에서 꽃꿀을 빤다. 암컷은 1m 이하에 있는 먹이식물의 가지나 줄기의 홈, 틈에 알을 1개 또는 수십 개 낳는다. 남한에서는 유일하게 강원도 영월군 일부 지역에서 참까마귀부전나비와 함께 산다.
알 참까마귀부전나비와 생김새가 거의 같다. 다만 현미경으로 보면 정공 부위의 돌기가 조금 더 큰 경향이 있다.
애벌레 참까마귀부전나비와 거의 닮아 야외에서 구별하기 쉽지 않지만, 이 종의 애벌레 등 위의 노란 줄무늬가 더 선명한 편이다.
번데기 참까마귀부전나비와 거의 닮았으나 바탕색이 조금 어두운 편이다.

까마귀부전나비

부전나비과 부전나비아과 *Satyrium w-album* (Knoch, 1782)

   경기도와 강원도, 북부 지방에 분포하고, 나라 밖으로는 유럽에서 캅카스, 터키, 카자흐스탄, 몽골 동부, 러시아 시베리아 남서부, 아무르, 사할린, 쿠릴 열도 남부, 중국 동북부, 일본까지 분포한다. 한국산은 아종 *fentoni* (Butler, 1881)로 다룬다. 수컷은 앞날개 윗면 가운데방 위쪽에 오이 씨 모양의 회백색 성표가 있다.

주년경과	1월	2월	3월	4월	5월	6월	7월	8월	9월	10월	11월	12월
알												
애벌레												
번데기												
어른벌레												

주년 경과 한 해에 한 번 나타나는데, 6월 중순에서 7월까지 볼 수 있다. 알로 겨울을 난다.

먹이식물 느릅나무과(Ulmaceae) 느릅나무(외국에서는 장미과 식물을 먹는다고 하나 우리나라에서는 아직 이런 경우가 발견되지 않았다. 다만 주·임(1987)이 장미과(Rosaceae)의 벚나무, 자두나무를 소개하고 있으나 정확한 정보는 아니다)

어른벌레 차가운 낙엽 활엽수림 가장자리나 느릅나무가 많은 계곡에 산다. 수컷은 서식지 주변의 관목 위나 빈터의 나뭇잎 위에서 텃세 행동을 하거나 습지에 날아와 물을 먹는다. 암수 모두 옹굿나물과 엉겅퀴, 큰까치수염, 개망초 등의 꽃에 날아와 꿀을 빠는데, 이

꽃꿀을 빠는 수컷

런 모습이 그다지 흔하지는 않다. 오전 중 활동하기 전에 햇볕을 쬐기 위해 해를 향해 비스듬하게 몸을 기울이는 습성이 있다. 암컷은 2m 정도 되는 먹이식물의 1, 2년 된 가지 밑이나 사이에 알을 1~7개씩 낳는다.

알 반구형으로 너비는 0.75mm, 높이는 0.35mm 정도이다. 처음에 회백색이지만 차츰 색이 바랜다.

애벌레 5월 초쯤 알에서 깨난 애벌레는 밤색으로, 새싹에 파고들어 먹기 시작한다. 차츰 자라면서 꽃을 먹는데, 이때에는 꽃 색처럼 몸에 붉은색 무늬가 발달한다. 다 자란 애벌레는 몸에 붉은색이 조금 남아 있거나 아니면 전체가 풀색이 된다. 숨문은 흰색이고 숨문 아래선은 뚜렷한 노란색이다.

번데기 실내에서 사육할 때에는 애벌레가 나무줄기에 붙어 번데기가 되었으나 야외에서는 낙엽 밑에서 번데기가 될 것으로 보인다. 색은 흑갈색으로 겉면에 황갈색 털이 빽빽하게 나 있다. 길이는 10mm 정도이다.

쇳빛부전나비

부전나비과 부전나비아과 *Callophrys ferreus* (Butler, 1866)

이 속*Callophrys* Billberg, 1820은 전북구에 40여 종이 있는데, 분포의 중심은 북미 대륙과 중국의 산악 지역이다. 이 나비는 우리나라에서는 제주도와 울릉도를 뺀 내륙 지역에 분포하고, 나라 밖으로는 일본, 중국 동북부, 러시아 아무르 남부에 분포한다. 한국산은 아종 *korea* (Johnson, 1992)로 다룬다. 이 속의 수컷은 앞날개 앞가장자리에 타원형 성표가 있다.

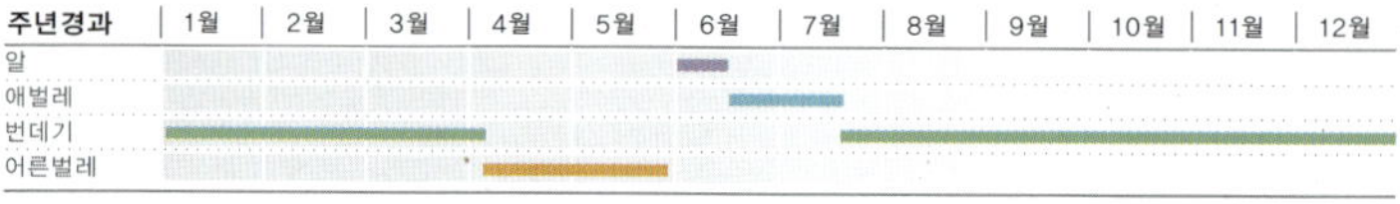

알을 낳는 암컷

알 / 1령애벌레 / 3령애벌레 / 천적에게 당하는 애벌레 / 종령애벌레 / 번데기

주년 경과 한 해에 한 번 나타나는데, 4월에서 5월까지 볼 수 있다. 번데기로 겨울을 난다.

먹이식물 장미과(Rosaceae) 조팝나무, 꼬리조팝나무, 진달래과(Ericaceae) 진달래, 철쭉

어른벌레 활엽수림 주변의 관목 지대에서 산다. 수컷은 빈터의 풀잎 위에 앉아 텃세 행동을 강하게 한다. 이른 봄 차가운 날에는 햇볕을 많이 받기 위해 해를 향해 날개를 접어 수평으로 누인 다음 볕을 쬔다. 수컷만 물가의 습지에 날아오며, 암수 모두 진달래, 얼레지, 조팝나무 등의 꽃에서 꿀을 빤다. 암컷은 먹이식물의 가지 사이나 꽃봉오리에 알을 하나씩 낳는다.

알 반구형으로, 너비는 0.6mm, 높이는 0.3mm 정도이다. 정공 부위가 살짝 들어가 보이며, 겉면에 삼각형 그물 모양으로 솟아오른 돌기가 빽빽하다. 색은 옅은 풀색이다.

애벌레 알에서 깨나면 옅은 노란색이지만 2령 이후 풀색으로 변한다. 종령애벌레는 풀색이고, 옅은 붉은 밤색의 짧은 털이 잔뜩 난다. 주로 먹이식물에서 꽃과 열매를 조금씩 먹는다. 다 자라면 번데기가 되기 위해서 먹이식물에서 내려와 주변의 낙엽 밑으로 들어가 앞번데기가 되는데, 이때 길이는 10mm 정도이다.

번데기 오뚝이 모양으로, 길이는 7.8mm 정도이고, 너비는 4.5mm 정도이다. 색은 흑갈색이다. 겉면에 잔털이 나 있다.

북방쇳빛부전나비

부전나비과 부전나비아과 *Callophrys frivaldszkyi* (Kindermann, 1853)

강원도 영월 이북의 산지에 분포하며, 나라 밖으로는 북위 64° 이남의 러시아와 사할린, 몽골, 중국 동북부에 분포한다. 한국산은 아종 *leei* (Johnson, 1992)로 다룬다. 쇳빛부전나비와 같은 곳에서 사는 경우가 많다. 쇳빛부전나비와 달리 수컷 앞날개 앞가장자리의 타원형 성표가 뚜렷하지 않아 이것으로 암수 구별을 하기는 어렵다. 다만 암컷이 수컷보다 날개 윗면의 청람색 부위가 넓다.

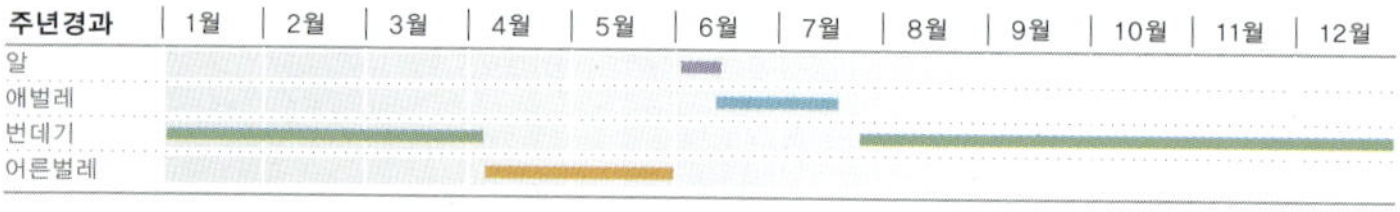

주년경과	1월	2월	3월	4월	5월	6월	7월	8월	9월	10월	11월	12월
알												
애벌레												
번데기												
어른벌레												

수컷

알 / 어린 애벌레 / 잎을 먹는 종령애벌레 / 종령애벌레 / 번데기 / 땅속의 번데기

주년 경과 한 해에 한 번 나타나는데, 4월에서 5월까지 볼 수 있다. 번데기로 겨울을 난다.

먹이식물 장미과(Rosaceae) 조팝나무, 꼬리조팝나무

어른벌레 차가운 기후의 활엽수림 주변 관목 지대에서 산다. 햇볕을 쬐어 체온을 올리려는 습성은 쇳빛부전나비와 같다. 수컷은 쇳빛부전나비처럼 빈터의 풀잎 위에 앉아 텃세 행동을 강하게 한다. 수컷만 물가의 습지에 날아오며, 암수 모두 복숭아나무 꽃에서 꿀을 빤다. 암컷은 먹이식물의 가지 사이나 꽃봉오리에 알을 하나씩 낳는다.

알 쇳빛부전나비와 거의 같으며, 맨눈으로 서로 구별하기 어렵다.

애벌레 알에서 깨난 애벌레는 새싹 틈으로 들어가 먹고 자라며, 먹이식물이 꽃봉오리를 맺으면 주로 이를 먹는다. 쇳빛부전나비와 다르게 꽃봉오리 색의 붉은 점이 있는 것처럼 나타나는데, 몸의 등선 주위와 숨문에서 보인다. 몸에 난 털은 진한 갈색이다. 다 자라면 머리는 검고, 몸은 옅은 풀색 바탕에 등의 옆쪽에 있는 선에는 붉은 무늬가 나타나며 그 주위가 노랗다. 번데기가 되기 위해 먹이식물에서 내려와 낙엽 속으로 파고들어 땅속 3~4cm 깊이에서 번데기가 된다.

번데기 쇳빛부전나비와 거의 같으나 몸 빛깔이 조금 옅은데, 옅은 갈색 바탕에 진한 갈색 무늬가 조금 나타나고, 풀색 기가 돈다. 몸에 난 잔털은 희다.

범부전나비

부전나비과 부전나비아과 *Rapala caerulea* (Bremer et Grey, 1853)

이 속 *Rapala* Moore, 1881은 열대 동남아시아를 중심으로 60여 종이 알려져 있다. 이 나비는 전국에 분포하며, 나라 밖으로는 일본, 중국 동북부와 동부, 러시아 아무르에 분포한다. 한국산은 원명 아종으로 다룬다. 수컷의 날개 윗면에는 보라색이 강하게 나타나고 뒷날개 제7실에 광택 있는 성표가 있다. 날개 윗면은 붉은색 무늬가 많거나 그렇지 않은 변이가 있다. 제주도와 울릉도에서 보이는 울릉범부전나비 *Rapala arata* (Bremer, 1861)는 뒷날개의 뒷부분에 붉은색 무늬가 있고 그 안에 검은 점무늬가 4개 있다. 날개 아외연부, 중앙부에 있는 갈색 띠의 너비가 넓다는 점에서 다른 종으로 다루어 왔다. 하지만 최근의 DNA 분석 연구(Park et al., 미발표) 결과, 한반도 내륙과 제주도, 울릉도 개체들의 유전자가 같다는 사실이 밝혀지고 있다. 앞으로 한반도에 서식하는 이 종의 종과 아종 문제에 대한 분류학적 연구가 필요하다.

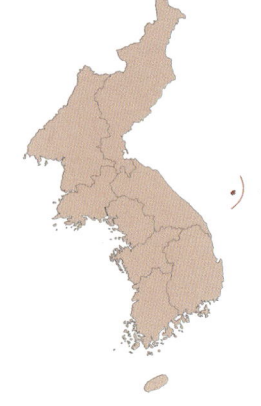

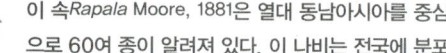

주년 경과 한 해에 한두 번 나타나는데, 봄형은 6월 초에서 6월 중순, 여름형은 7월에서 8월까지 볼 수 있다. 한 해에 한 번 나오는 개체들은 지역에 관계없이 늦게 자라 번데기가 된 뒤 그대로 겨울을 나지만, 빨

삼잎국화에 온 여름형 암컷

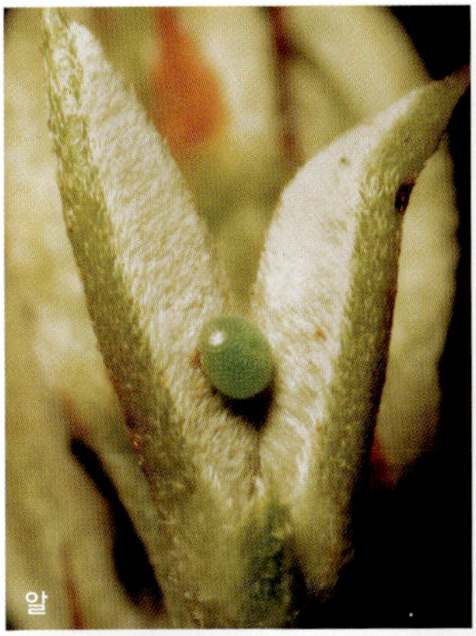
알

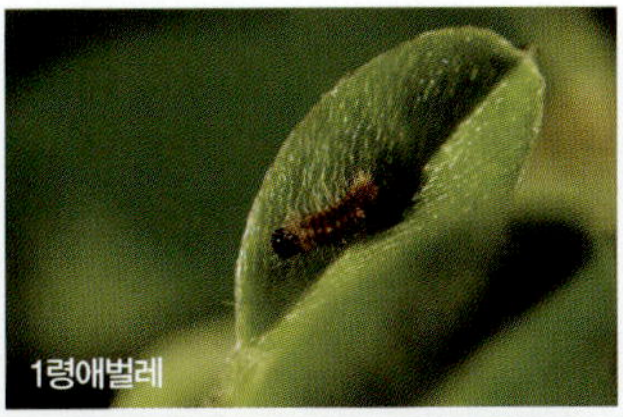
1령애벌레

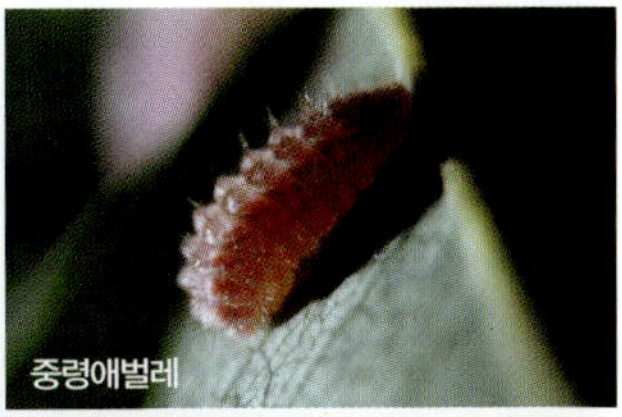
중령애벌레

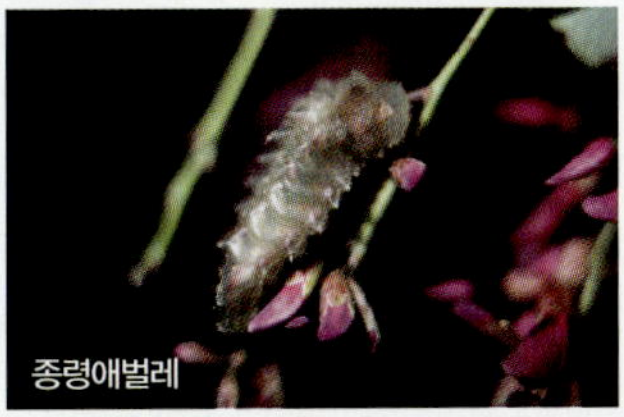
종령애벌레

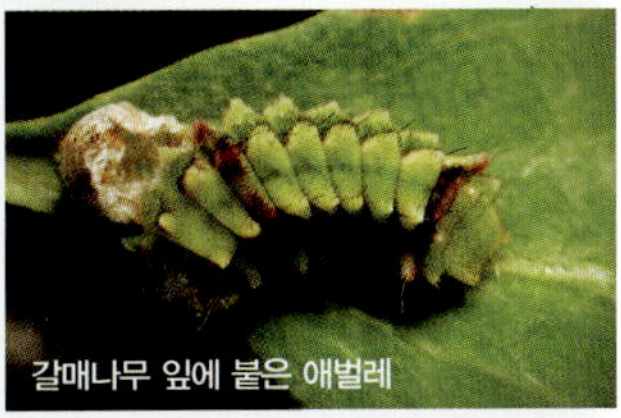
갈매나무 잎에 붙은 애벌레

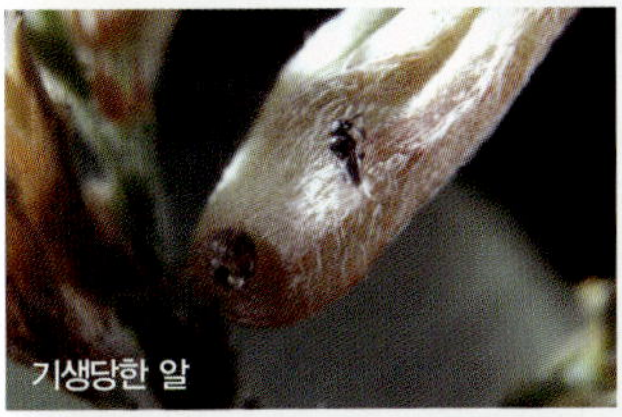
기생당한 알

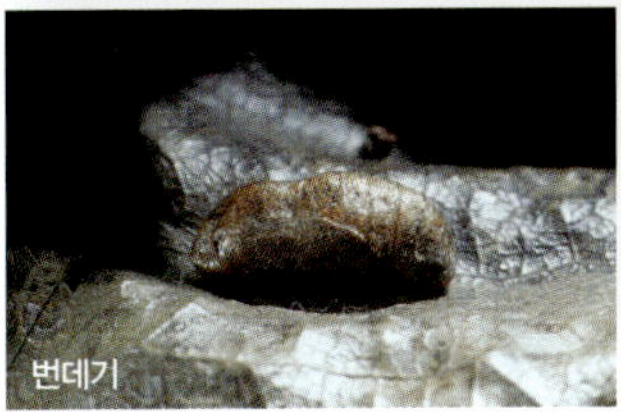
번데기

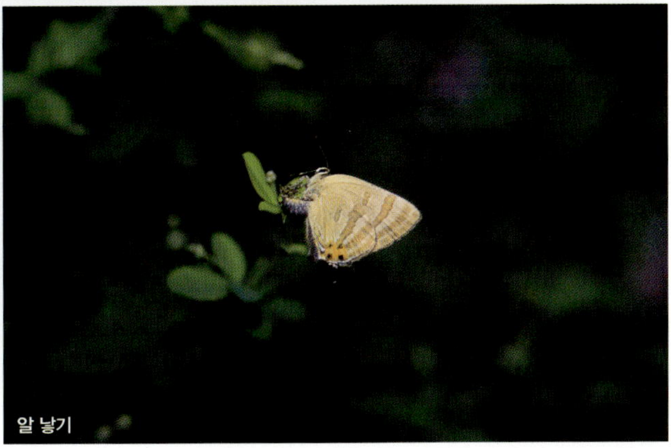
알 낳기

리 자란 개체들은 한 세대를 한 번 더 거친 뒤 번데기로 겨울을 나는 것으로 보인다.

먹이식물 콩과(Leguminosae) 고삼, 조록싸리, 아까시나무, 족제비싸리, 갈매나무과(Rhamnaceae) 갈매나무

어른벌레 낙엽 활엽수림 가장자리에 산다. 봄형은 여름형에 비해 개체 수가 많은 편이나 제주도에서는 잘 발견되지 않는다. 수컷은 2m 이내의 관목 위에서 텃세 행동을 하는데, 한 장소를 고집하지는 않는다. 습지에 날아오거나 개망초, 밤나무, 파, 사과나무, 족제비싸리, 사철나무, 곰의말채, 까마귀베개, 합다리나무 등의 꽃에서 꿀을 빤다. 암컷은 주로 꽃봉오리에 알을 하나씩 낳는다.

알 반구형으로, 너비가 0.7mm, 높이가 0.4mm 정도이다. 위에서 보면 나선 모양으로 돌기가 나 있다. 색은 광택이 있는 옅은 청록색이다. 정공 부분이 뚜렷하지 않다.

애벌레 꽃이나 새싹, 어린 열매에 파고들어 먹고 산다. 바탕색이 꽃 색과 닮아서 붉은색과 풀색이 어우러져 있다. 다 자란 애벌레를 옆에서 보면 등 쪽이 굴곡진 모습이다. 낙엽이나 돌 밑에서 번데기가 된다.

번데기 오뚝이 모양이며, 붉은색이 도는 짙은 밤색을 띤다. 길이는 12mm 정도이다.

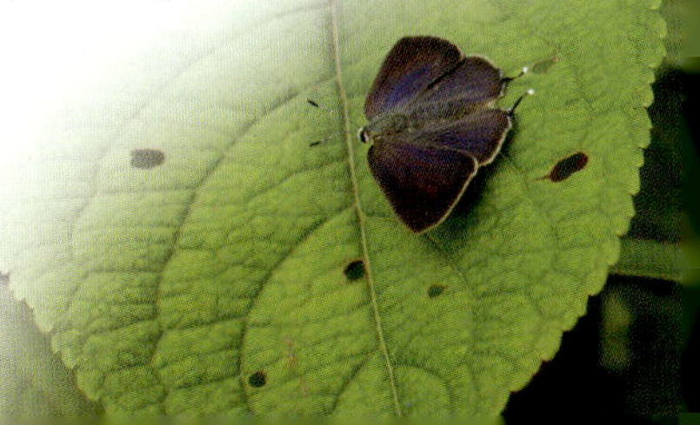
암컷

울릉범부전나비

부전나비과 부전나비아과 *Rapala arata* (Bremer, 1861)

     제주도와 울릉도에서만 보이는 나비로, 이 지역에 범부전나비 같은 개체도 있어 정확한 종을 판단하기 어렵다. 나라 밖으로는 일본, 중국 동부와 동북부, 러시아 사할린, 쿠릴 열도, 아무르에 분포한다. 한국산은 원명 아종으로 다룬다. 생태적 특징은 범부전나비와 거의 같을 것으로 보이나 알, 애벌레, 번데기에 대해 조사한 자료가 우리나라에는 없다. 일본의 울릉범부전나비를 볼 때 범부전나비에 비해 애벌레의 풀색 무늬가 더 짙고 뚜렷하며, 몸의 가장자리에 붉은색 무늬가 뚜렷하다. 제주도와 울릉도에서 보이는 범부전나비는 육지산과 다른 점이 있어 울릉범부전나비로 보는 학자가 많으나 아직 종을 판단하는 데 논란이 많다.

여름형

섬바디에서 흡밀

봄형 수컷

서식지(울릉도 나리동)

암먹주홍부전나비
부전나비과 부전나비아과 *Lycaena hippothoe* (Linnaeus, 1761)

 이 나비는 학자에 따라 *Paleochrysophanus* Verity, 1943의 속으로 다루기도 한다. 이 나비는 유럽에서 북위 63° 이북의 시베리아 산림 지대와 몽골 북부, 러시아 아무르, 우리나라 북부에 분포한다. 한국산은 아종 *amurensis* Staudinger, 1892로 다룬다. 한 해에 한 번 7월 중순에서 8월 중순까지 북부 지방의 산지 풀밭에서 보인다. 애벌레는 마디풀과(Polygonaceae)의 식물을 먹는 것으로 알려져 있다. 매우 희귀하며, 유생기에 대해서는 우리나라에서 밝혀진 정보가 없다.

남주홍부전나비
부전나비과 부전나비아과 *Lycaena helle* (Denis et Schiffermüller, 1775)

 유라시아 대륙의 산림 지대에 분포하며, 우리나라에서는 북부 지방에 분포한다. 한국산은 아종 *phintonis* Frufstorfer, 1910으로 다룬다. 높은 산지에 있는 활엽수림 사이 풀밭에서 한 해에 두 번 나타나는데, 5월 말에서 6월 말과 7월에 드물게 볼 수 있다. 애벌레는 마디풀과(Polygonaceae)의 식물을 먹는 것으로 알려져 있다. 우리나라에서 유생기에 대해 밝혀진 정보는 없다.

검은테주홍부전나비
부전나비과 부전나비아과 *Lycaena virgaureae* (Linnaeus, 1758)

 이 나비는 학자에 따라 *Heodes* Dalman, 1816의 속으로 다루기도 한다. 이 나비는 유럽에서 몽골, 러시아 아무르, 중국 동북부, 우리나라 북부까지 분포한다. 한국산은 원명 아종으로 다룬다. 한 해에 한 번 7월 중순에서 8월 중순까지 북부 산지의 풀밭에서 보인다. 애벌레는 마디풀과(Polygonaceae)의 식물을 먹는 것으로 알려져 있다. 우리나라에서 유생기에 대해 밝혀진 정보는 없다.

큰주홍부전나비

부전나비과 부전나비아과 *Lycaena dispar* (Haworth, 1803)

이 속*Lycaena* Fabricius, 1807은 전북구와 동양구에 70여 종이 분포한다. 일부 학자는 *Thersamonolycaena* Verity, 1957의 속으로 다루기도 하고, 다른 학자는 이를 *Lycaena*의 아속으로 다루기도 한다. 이 나비는 우리나라 37° 이북에 분포하고, 나라 밖으로는 유럽에서 몽골을 거쳐 중국 북서부와 북동부, 극동 러시아 아무르까지 넓게 분포한다. 한국산은 아종 *aurata* Leech, 1887로 다룬다. 수컷은 날개 윗면 전체가 주황색이나 암컷은 주황색 바탕에 진한 갈색 점무늬가 발달한다.

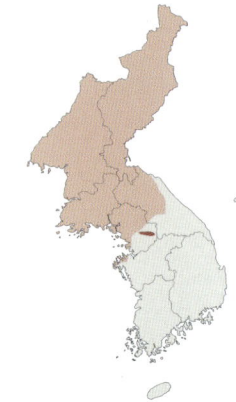

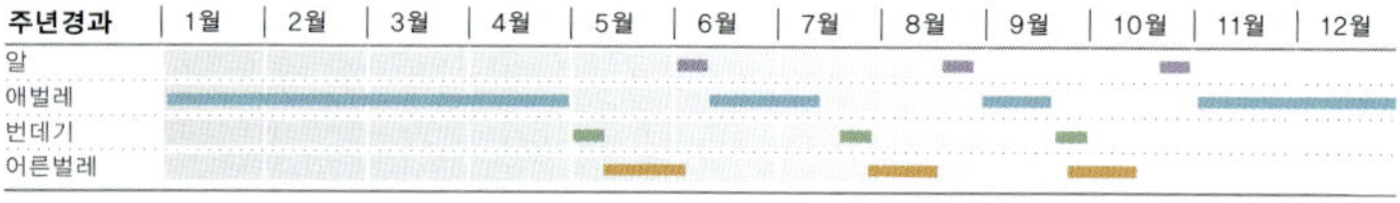

주년경과	1월	2월	3월	4월	5월	6월	7월	8월	9월	10월	11월	12월
알					■			■				
애벌레	■	■	■	■		■	■		■	■	■	■
번데기							■	■				
어른벌레					■	■		■	■	■		

주년 경과 한 해에 서너 번 나타나는데, 5월에서 10월까지 볼 수 있다. 3령애벌레로 겨울을 나며 마른 옥수숫대 틈에서 발견한 적이 있다.

먹이식물 마디풀과(Polygonaceae) 참소리쟁이, 소리쟁이

어른벌레 습한 풀밭이 많은 강이나 하천, 논 주변에

꽃꿀을 빠는 수컷

산다. 한강 유역의 풀밭에 많으며, 서식지가 점차 넓어지고 있다. 수컷은 재빨리 날며, 텃세 행동을 강하게 한다. 개망초, 여뀌, 민들레 등 여러 꽃에서 꿀을 빤다. 암컷은 먹이식물의 잎 위나 아래에 알을 하나씩 낳는데, 한 암컷이 여러 번 낳거나 여러 암컷이 한 잎에 낳아 한 잎에서 수십 개가 보일 때도 있다.

알 젖빛의 반구형이다. 맨눈으로 위에서 보면 십자 모양으로 푹 파인 줄이 있는데, 현미경으로 보면 정공을 중심으로 분화구 모양의 움푹 파인 부분 6개가 줄처럼 나 있는 것이다.

애벌레 알의 정공부를 둥글게 뚫고 깨난 1령애벌레는 옅은 노란색으로, 몸보다 긴 털이 나 있다. 3령애벌레는 몸길이가 10.4mm 정도이고, 머리 너비는 1.3mm 정도이다. 몸통은 현미경으로 보면 흰 점이 드문드문 나 있는 풀색이며, 숨문 위로는 검은색 털이, 아래로는 0.7mm 정도의 짧은 흰 털이 나 있다. 종령애벌레는 머리 너비가 1.7mm 정도이고, 몸은 풀색을 띤다. 앞번데기는 길이가 13.5mm, 너비가 5.5mm 정도이다. 몸은 풀색을 띠고 겉에 흰 점이 가득 퍼져 있다. 어린 애벌레는 잎을 핥듯이 먹어 잎맥을 남기나, 더 자라면 잎 전체를 먹는다. 번데기가 되기 전 먹이식물의 뿌리 근처에 붙는다.

번데기 오뚝이 모양으로, 황토색에 군데군데 진한 갈색 무늬가 있다. 시간이 흐를수록 차츰 검어진다. 숨문은 황토색이다. 길이는 11.2mm 정도이고, 너비는 6.5mm 정도이다.

작은주홍부전나비

부전나비과 부전나비아과 *Lycaena phlaeas* (Linnaeus, 1761)

    전국 각지에 분포하며, 나라 밖으로는 유라시아의 한랭 지역과 북미, 아프리카 중부와 북부에 걸쳐 넓게 분포한다. 한국산은 아종 *chinensis* (Felder, 1862)로 다룬다. 여름에 발생하는 개체는 이른 봄과 늦가을에 발생하는 개체보다 날개가 검어지는 경향이 있다. 암수의 무늬 차이는 없으나 암컷이 조금 크고, 날개 가장자리가 둥글다.

주년 경과 한 해에 4~5회 나타나는데, 4월에서 11월까지 볼 수 있다. 3령애벌레로 겨울을 난다.

먹이식물 마디풀과(Polygonaceae) 애기수영, 수영, 소리쟁이

거미에 붙잡힌 모습

수컷의 텃세 행동

꽃꿀을 빠는 암컷

알 | 1령애벌레가 먹은 흔적 | 잎을 핥듯이 먹는 1령애벌레
3령애벌레 | 구멍을 내고 먹는 3령애벌레 | 종령애벌레
겨울을 나는 애벌레 | 번데기 | 옆에서 본 번데기

어른벌레 산지나 낮은 지대의 풀밭이나 강둑, 심지어 도시의 빈터 등 서식지의 폭이 넓다. 수컷은 풀잎 위에서 텃세 행동을 하며, 빠르게 날다가 제자리로 되돌아와 앉는 습성이 강하다. 암수 모두 민들레, 개망초, 쑥부쟁이, 무, 딱지꽃, 토끼풀, 구절초, 기름나물, 코스모스 등 여러 꽃에 잘 모이나 물가에는 오지 않는다. 암컷은 먹이식물 뿌리 근처의 마른 풀에 알을 하나씩 낳는다.

알 너비는 0.7mm, 높이는 0.3mm 정도로, 납작한 흰색 찐빵 모양이다. 겉면에는 큰 분화구와 같이 파인 부분들이 있다. 이들이 서로 만나는 곳이 둥글게 솟아 보인다. 큰주홍부전나비와는 달리 이 부분이 줄처럼 보이지는 않는다.

애벌레 1령과 2령일 때에는 바탕이 노란색이다가 3령 이후 풀색이 된다. 다 자란 애벌레의 겉면에는 숨문 위로 검은색 짧은 털이, 아래로 흰색 짧은 털이 나 있다. 숨문은 앞가슴에서만 갈색이고 나머지 부분은 누런 흰색이다. 애벌레는 잎 뒤에 있으며, 처음에는 잎을 핥듯이 먹다가 차츰 둥글게 구멍을 내면서 먹고, 다 자라면 잎 전체를 먹는다. 몸에 꿀샘이 없어 개미가 찾지 않는 것으로 알려져 있다. 다 자란 애벌레는 번데기가 되기 위해 주변으로 이동하여 낙엽이나 돌 조각 밑에 들어가거나 먹이식물 뿌리 근처에 붙는다.

번데기 길이는 9~10mm이다. 짙은 갈색 바탕에 군데군데 옅은 갈색 무늬가 약하게 보인다.

담흑부전나비

부전나비과 부전나비아과 *Niphanda fusca* (Bremer et Grey, 1853)

이 속*Niphanda* Moore, 1874은 세계에 5종이 있다. 이 나비는 제주도와 내륙 전 지역, 황해 섬들에 국지적으로 분포한다. 나라 밖으로는 러시아 트랜스바이칼 남부, 아무르, 중국 북부, 서부, 일본에 분포한다. 한국산은 원명 아종으로 다룬다. 제주도의 암컷 중에서 날개 아랫면의 바탕색이 밝은 개체가 더러 있다. 수컷은 날개 윗면에서 보라색 광채가 나 암컷과 구분된다.

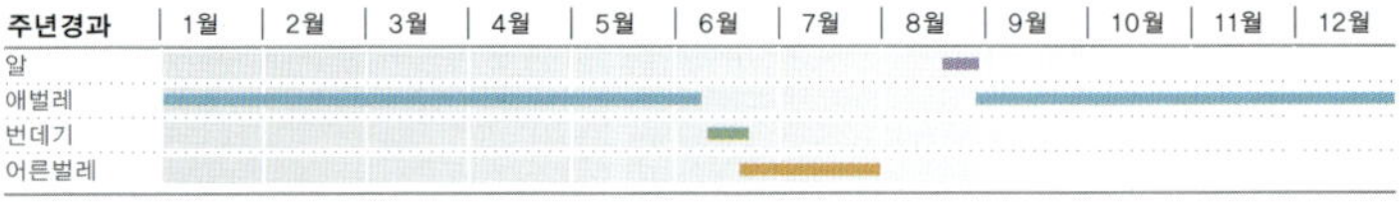

주년경과	1월	2월	3월	4월	5월	6월	7월	8월	9월	10월	11월	12월
알								■				
애벌레	■	■	■	■	■	■		■	■	■	■	■
번데기						■						
어른벌레						■	■					

주년 경과 한 해에 한 번 나타나며, 6월 중순에서 7월 말에 볼 수 있다. 일본에서는 3령애벌레로 겨울을 난다(手代木, 1997)고 하나 우리나라에서는 아직 밝혀지지 않았다.

어른벌레 상수리나무와 소나무가 드문드문 자라는 트인 곳에서 산다. 개망초와 바늘엉겅퀴 등의 꽃에 모

암컷

여 꿀을 빤다. 수컷은 서식지 주변의 양지바르고 탁트인 장소에 있는 나무 위에서 텃세 행동을 강하게 한다. 암컷은 일본왕개미의 집 근처에 한 번에 5~12개의 알을 차례로 낳는데, 조밀하지는 않지만 알 뭉치처럼 보인다. 알 낳는 장소는 새순에 진딧물이 있고, 그 둘레에 일본왕개미가 모여드는 곳이다. 암컷은 이 주변을 잘 떠나지 않는다. 알을 낳는 과정에서 암컷이 숙주 개미에게 공격을 받기도 한다. 이 경우 한 번에 낳는 알의 개수가 1~7개로 줄어든다(장, 2006).

알 타이어 같은 모습이다. 청색이 감도는 흰색으로, 돌기가 퍼져 있다. 너비는 0.7mm, 높이는 0.3mm 정도이다.

애벌레 알을 낳은 지 7일 뒤, 알을 깨고 나온 애벌레는 털관진딧물(*Greenidea nipponica*)에게서 단물을 받아먹는다. 이후 3령애벌레가 되면 제7배마디 등 쪽에 말미잘의 촉수 조직과 닮은 한 쌍의 돌기가 나온다. 이때 일본왕개미가 3령애벌레를 개미집으로 운반한다. 쌍꼬리부전나비처럼 구걸 행동을 해서 개미가 토한 먹이를 얻어먹고 자란다(장, 2006).

번데기 땅속에서 번데기가 되며, 주위에 일본왕개미가 모인다. 전체적으로 짙은 갈색이고 날개 부위는 갈색이다. 날개돋이하는 과정에서 일본왕개미에게 잡아먹히기도 한다.

소철꼬리부전나비

부전나비과 부전나비아과 *Chilades pandava* (Horsfield, 1829)

    최근 주(2006)가 제주도에서 채집해서 우리나라에 처음 소개한 미접이다. *Chilades* Moore, 1881 속은 동남아시아에 21종이 분포한다. 우리나라에서 채집된 개체는 원명 아종으로 다룬다. 나라 밖으로는 인도와 스리랑카, 미얀마, 순다 열도, 네팔, 홍콩, 타이완, 중국 남부의 열대와 아열대 지역에 넓게 분포한다. 수컷은 날개 윗면이 청람색이나 암컷은 날개 가장자리에 넓은 흑갈색 띠무늬가 있다. 이 나비의 간단한 생활사 과정을 주·김·권(2008)이 밝혔다.

주년경과	1월	2월	3월	4월	5월	6월	7월	8월	9월	10월	11월	12월
알												
애벌레												
번데기												
어른벌레								───	───	───	───	

주년 경과 한 해에 두세 번 나타나는데, 8월에서 11월까지 볼 수 있다. 겨울을 나는 형태는 아직 밝혀지지 않았다.

먹이식물 소철과(Cycadaceae) 소철(애벌레가 먹는 부위는 새싹이다).

어른벌레 수컷은 오전 중에 먹이식물 주위에 모여들며, 암컷이 날개돋이하면 달려들어 곧바로 짝짓기를 한다. 잔디밭 주변의 관목 위에서 텃세 행동을 심하게

암컷

수컷

한다. 날개를 편 채로 앉아 있다가 다른 수컷이 영역 내로 들어오면 심하게 내쫓는데, 이동할 때에도 매우 활발하다. 오후에는 코스모스와 여러 야생화에서 주로 꽃꿀을 빤다. 암컷은 오전에 꽃꿀을 빨다가 맑은 오후에 새싹에 알을 하나씩 낳는다.

알 너비는 0.8mm 정도이고, 회백색에 가깝다. 알 기간을 정확히 알 수 없으나 여름에는 5일 이내인 것으로 보인다.

애벌레 알에서 깨난 애벌레는 소철의 새싹 속에 파고들어 잎살을 먹고 자란다. 새싹에 애벌레가 파고든 흔적을 살피면 쉽게 애벌레를 찾을 수 있다. 애벌레 주위에는 크기가 3mm 정도인 주름개미(*Tetramorium caespitum*)가 모여든다. 머리는 검고, 몸은 1령일 때 유백색이다가 차츰 붉어지고, 3령 이후에 전체가 붉어진다. 숨문선과 숨문위선, 등아래선에 있는 흰 줄무늬가 머리에서 배끝까지 이어지는데, 등아래선에서 등선 주위로 3개가 있다. 종령애벌레는 10mm 정도까지 자라다가 앞번데기가 되면 8.9mm 정도로 줄어든다. 앞번데기는 짙은 풀색이었다가 시간이 흐르면서 짙은 적갈색을 띠며 거의 검어진다.

번데기 다 자란 애벌레는 줄기 쪽으로 이동하여 줄기의 섬모 속으로 파고들어 번데기가 된다. 오뚝이 모양으로, 황백색 바탕에 흑갈색 무늬가 조금 있는 정도이며, 전체적으로 밝은색이다. 드물지만 바탕색이 녹갈색인 경우도 있다. 길이는 8~9mm이고, 너비는 가슴 쪽이 3.3mm, 배 쪽이 3.5mm 정도이다.

물결부전나비

부전나비과 부전나비아과 *Lampides boeticus* (Linnaeus, 1767)

이 속 *Lampides* Hübner, 1819에는 이 나비 1종만 있다. 이 나비는 대서양의 카나리아 제도, 북미, 남유럽, 파푸아 뉴기니, 오스트레일리아, 하와이, 남아시아 일대에서 중국 남부, 타이완, 일본 남부까지 열대와 아열대 지역은 물론 온대 지역까지 분포 범위가 넓다. 또한 바다를 건너 먼 거리를 이동하는 능력이 있어 가을에 우리나라의 중부 지방에서도 볼 수 있다. 한국산은 원명 아종으로 다룬다. 수컷은 날개 윗면이 청자색이고 암컷은 날개 중앙이 청람색, 가장자리가 흑갈색이다. 이 나비의 생활사 과정을 손·박(2001)이 처음 밝혔다.

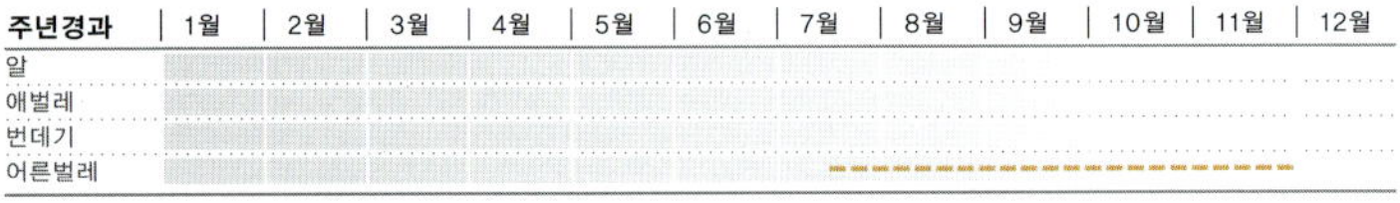

주년경과	1월	2월	3월	4월	5월	6월	7월	8월	9월	10월	11월	12월
알												
애벌레												
번데기												
어른벌레												

암컷

주년 경과 1년에 여러 번 나타나는 것으로 추정되며, 봄보다는 8월 이후부터 가을에 많이 발견된다. 주·김(2002)이 제주도에서 2월에 겨울을 넘기는 개체를 발견한 적이 있으나 실제로 겨울을 나는지 여부는 여전히 불확실하다.

먹이식물 콩과(Leguminosae) 편두

어른벌레 해안과 해안 가까이의 확 트인 공간에 핀 콩과와 국화, 코스모스 등 여러 꽃에서 꿀을 빠는데, 기온이 높은 오후에 활발하다. 아침 일찍부터 날개를 말리기 위해 일광욕을 하는 장면을 볼 수 있다. 암컷은 오후에 먹이식물의 꽃봉오리에 알을 하나씩 낳는데, 때로는 한자리에 여러 번 낳아 알이 여러 개 붙어 있는 경우도 있다.

알 너비는 0.52mm, 높이는 0.25mm 정도이다. 맨눈으로는 확실하지 않으나 현미경으로 보면 겉면에 움푹 들어간 조각 같은 무늬가 있다. 흰색이다.

수컷

암컷

애벌레 알을 깨고 나오면 1.7mm 정도이다. 머리는 검고 몸은 갈색을 띠는데 등 쪽이 더 짙다. 다 자란 4령애벌레의 머리는 어두운 황갈색이고, 몸길이는 15mm 정도, 너비는 1.3mm 정도이다. 전체적으로 짚신 모양이며, 몸 양쪽으로 반달 모양의 살덩어리가 튀어나온다. 애벌레는 처음에 꽃봉오리 속으로 파고들어 먹는데, 자라게 되면 꽃이 지므로 콩꼬투리를 먹어 콩 농사에 피해를 준다. 애벌레가 배설물을 밖으로 내보내기 때문에 애벌레 있는 자리를 발견하기 쉽다. 천적으로부터 몸을 지키기 위해 출입구를 실로 엮어 막거나 꽃봉오리나 꼬투리를 엮기도 한다. 번데기가 되기 위해 먹이식물에서 내려와 뿌리 근처의 낙엽 밑으로 들어간다.

번데기 길이는 9.8~11.5mm이다. 오뚝이 모양이며, 밝은 황토색에 불규칙적인 검은색 무늬가 흩어져 보인다. 번데기가 될 때 실을 조금 토해 내어 자리를 만든다.

남색물결부전나비

부전나비과 부전나비아과 *Jamides bochus* (Stoll, 1782)

이 속 *Jamides* Hübner, 1819은 동양구 일대에 70여 종이 분포한다. 이 나비는 최근 우리나라 제주도에서 채집되어 기록된 나비로(김, 2007), 한국산은 아종 *formosanus* (Fruhstorfer, 1916)로 다룬다. 동양구와 오스트레일리아구에 넓게 분포하는데, 일본의 남부 일부 섬에 분포하며, 이 밖의 여러 섬과 쓰시마 섬에서 미접으로 채집된 기록이 있다(福田 외, 1992). 우리나라 제주도와 남부 지방에서도 주로 가을에 발견된다. 발견 장소 중 최북단은 전라남도 영광군이다. 꽃향유, 금불초, 익모초, 개민들레, 오리방풀 등에서 꿀을 빨고, 그 주변에 앉아 쉰다. 수컷은 매우 빠르게 날아다니며 확 트인 풀밭에서 텃세 행동을 강하게 한다. 암컷은 알 낳는 습성이 매우 독특한데, 알을 낳을 때 입에서 분비한 액체로 알을 싸고 한곳에 몇 개씩 낳는다고 한다(福田 외, 1992). 먹이식물은 콩과(Leguminosae)인 팥이다.

주년경과	1월	2월	3월	4월	5월	6월	7월	8월	9월	10월	11월	12월
알												
애벌레												
번데기												
어른벌레												

꽃꿀을 빠는 암컷

알을 낳는 암컷

수컷

꼬마부전나비

부전나비과 부전나비아과 *Cupido minimus* (Fuessly, 1775)

이 속 *Cupido* Schrank, 1801은 유라시아, 북미, 오스트레일리아에 25종이 분포하고, 우리나라에 2종이 분포한다. 이 나비는 우리나라에서는 북부 지역에 서식하고, 한국산은 아종 *happensis* Matsumura, 1927로 다룬다. 한 해에 번 나타나는데, 7월 초에서 8월 초까지 볼 수 있다. 백두산 높은 지대 풀밭에 있는 여러 꽃에 날아온다(주·임, 1987). 우리나라 나비 중 크기가 가장 작다. 먹이식물은 콩과(Leguminosae)로 알려져 있다.

암먹부전나비

부전나비과 부전나비아과 *Cupido argiades* (Pallas, 1771)

     제주도와 그 부속 섬을 포함한 한반도 내륙 각지에 분포하고, 제주도에서는 낮은 지대에서 산지까지 분포한다. 나라 밖으로는 유라시아 북부에 걸쳐 넓게 분포한다. 한국산은 아종 *seitzi* Wnukowsky, 1928로 다룬다. 봄형은 여름형에 비하여 날개 아랫면의 흑점 무늬가 흐리다. 수컷은 날개 윗면이 청람색이고, 암컷은 흑갈색이다. 이따금 날개 윗면 가운데방 부근에 남색 무늬가 보이기도 한다.

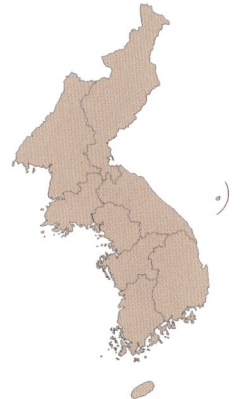

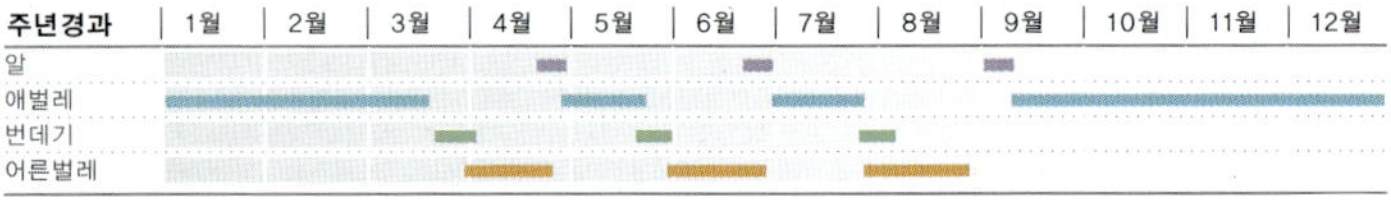

주년경과	1월	2월	3월	4월	5월	6월	7월	8월	9월	10월	11월	12월
알												
애벌레												
번데기												
어른벌레												

주년 경과 한 해에 서너 번 나타나며, 3월 말에서 10월 초까지 볼 수 있다. 애벌레로 겨울을 난다.

먹이식물 콩과(Leguminosae) 매듭풀, 갈퀴나물, 등갈퀴나물, 광릉갈퀴

어른벌레 길가나 밭 주변, 산지의 풀밭에서 흔하게 볼 수 있다. 수컷은 낮은 높이에서 풀밭을 활발하게

꽃봉오리에 알을 낳는 암컷

날아다니다가 물가에 앉아 물을 먹는다. 암수 모두 민들레, 갈퀴나물, 톱풀, 개망초, 토끼풀 등 여러 꽃에서 꿀을 빤다. 오전 중에 일광욕을 하기 위해 날개를 펴고 앉는 일이 많다. 암컷은 먹이식물의 꽃봉오리에 알을 하나씩 낳는다. 암컷이 날개가 조금 더 넓고 가장자리가 조금 더 둥글다는 것 외에는 암수의 차이가 별로 없다.

알 처음에는 옅은 풀색 기가 있는 흰색이다가 나중에 흰색으로 변한다. 너비는 0.5mm, 높이는 0.2mm 정도이다. 타이어 모양에 가깝다.

애벌레 알에서 깨난 뒤 옅은 노란색을 띠며, 이후 붉은색을 머금은 풀색으로, 조금 붉어 보인다. 처음에는 꽃봉오리 속으로 파고들어 먹거나 먹은 흔적을 잎에 길게 남긴다. 다 자란 애벌레는 풀색 바탕에 옅은 풀색 줄무늬가 비스듬하게 나타난다. 머리는 짙은 밤색, 가슴다리는 누런빛이 도는 옅은 풀색이다. 옆에서 보면 제1~3배마디가 뚜렷이 높아 전체적으로 앞쪽이 더 높다. 숨문은 흰색이다. 애벌레에 개미가 모여든다. 다 자라면 번데기가 되기 위해 먹이식물의 뿌리에 붙거나 근처 낙엽 밑에 실로 자리를 튼다. 그다음에 앞번데기가 되며, 이때 짙은 갈색으로 변한다. 앞번데기의 길이는 11mm 정도이다.

번데기 가늘고 긴 모양으로, 날개부를 빼고 잔털이 나 있다. 주변색에 따라 밤색이나 풀색을 띤다. 등선은 짙은 밤색, 그 양쪽으로 더 짙은색 무늬가 나타난다. 길이는 8mm 정도이다.

먹부전나비

부전나비과 부전나비아과 *Tongeia fischeri* (Eversmann, 1843)

이 속*Tongeia* Tutt, 1908은 동아시아를 중심으로 14종이 분포하고, 우리나라에는 1종만 분포한다. 이 나비는 부속 섬을 포함한 한반도 내륙 각지에 분포하는데, 주로 해안 지대에 많이 있다. 나라 밖으로는 러시아 우랄 동남부, 시베리아, 러시아 극동 지역, 몽골, 중국 동북부, 일본에 분포한다. 한국산은 학자에 따라 원명 아종으로 다루기도 하고, 아종 *caudalis* Bryk, 1946으로 다루기도 한다. 암수의 색과 무늬는 차이가 없으나 암컷이 조금 더 크고 날개 가장자리가 둥글며 날개 아랫면 무늬가 더 뚜렷하다.

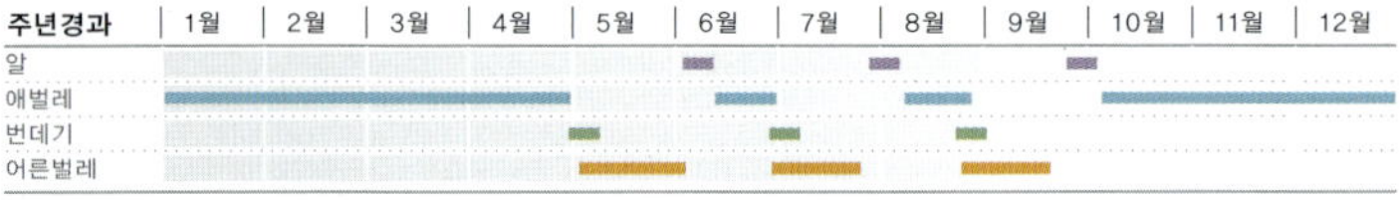

주년경과	1월	2월	3월	4월	5월	6월	7월	8월	9월	10월	11월	12월
알												
애벌레												
번데기												
어른벌레												

알을 낳는 암컷

주년 경과 한 해에 서너 번 나타나며, 5월 초에서 9월 말까지 볼 수 있다. 애벌레로 겨울을 난다.

먹이식물 꿩의비름과(Crassulaceae) 땅채송화, 바위솔, 꿩의비름, 돌나물

어른벌레 해안을 중심으로 그 주변 풀밭에 살거나 내륙에서 돌나물이 많은 산지나 평지의 풀밭에서 산다. 나는 힘은 약하나 쉬지 않고 날아다니는데 서식지 주변에서 멀리 벗어나는 일이 드물다. 수컷은 가끔 습지에서 물을 빨거나 약하게 텃세 행동을 보이나 한 장소를 고집하지는 않는다. 암수 모두 며느리밑씻개, 갯금불초, 개망초, 토끼풀, 순비기나무, 땅채송화 등의 꽃에서 꿀을 빤다. 풀이나 바위 위에서 날개를 반쯤 펴고 앉아 쉬는 일이 많다. 암컷은 연한 잎에 알을 하나씩 낳는다.

알 처음에 옅은 풀색 기가 있는 흰색이다가 나중에 흰색으로 변한다. 너비는 0.5mm, 높이는 0.4mm 정도이다. 암먹부전나비보다 더 납작하다.

애벌레 알에서 갓 깨난 애벌레는 붉은 기가 많은데, 이는 먹이식물의 새싹이 붉은색을 띠는 것과 관련이 깊다. 돌나물처럼 먹이식물의 잎이 두꺼워 그 속으로 파고들어 먹는데, 밖으로 까만 배설물을 밀어내 놓기 때문에 이들의 위치를 알 수 있다. 애벌레 주위에는 늘 개미가 모여든다. 애벌레를 자극하면 샘 돌기가 늘었다 줄었다 하면서, 그 주변에서 단물이 솟기 때문이다. 다 자란 애벌레는 머리가 짙은 밤색이고 몸은 암먹부전나비와 거의 비슷하나 등선과 숨문아래선이 붉은색을 띤다. 숨문은 짙은 밤색이다. 번데기가 되기 위해 먹이식물에서 내려와 근처의 낙엽 밑에 실로 자리를 튼 뒤 앞번데기가 된다. 다 자란 애벌레의 길이는 12mm 정도이다.

번데기 가늘고 긴 오뚝이 모양으로, 날개 부분을 빼고 잔털이 나 있다. 밤색 또는 풀색을 띤다. 암먹부전나비와 닮았으나 배 부분이 조금 크고, 배끝 부분이 배쪽으로 굽어 있다. 길이는 8mm 정도이다.

남방부전나비

부전나비과 부전나비아과 *Zizeeria maha* (Kollar, 1844)

이 속*Zizeeria* Chapman, 1910에는 이 나비 1종만 있다. 이 나비는 제주도와 한반도 내륙 36° 이남 지역과 울릉도에 분포한다. 제주에서는 낮은 지대를 중심으로 분포한다. 나라 밖으로는 이란부터 인도차이나, 중국, 타이완, 필리핀, 일본까지 아시아 대부분 지역에 넓게 분포한다. 히말라야 산맥에 원명 아종이 분포하고, 한국산은 아종 *argia* (Ménétriès, 1857)로 다룬다. 수컷은 날개 윗면이 청람색, 암컷은 흑갈색을 띤다.

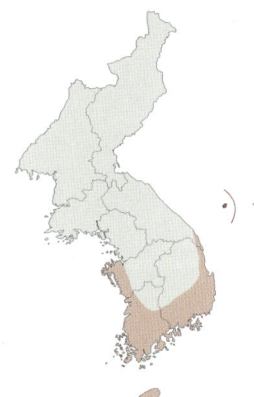

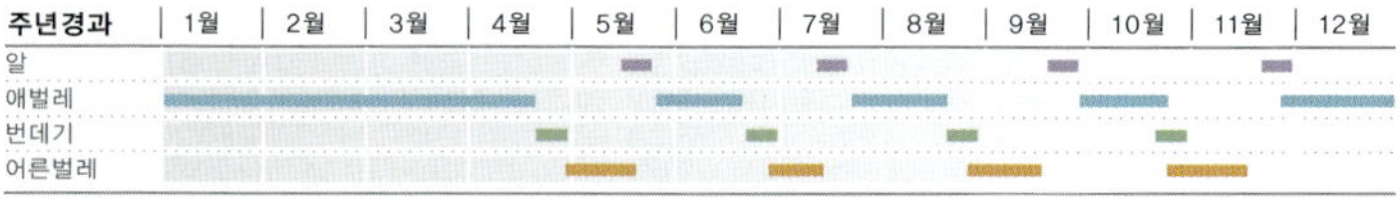

주년경과	1월	2월	3월	4월	5월	6월	7월	8월	9월	10월	11월	12월
알												
애벌레												
번데기												
어른벌레												

짝짓기

알을 낳는 암컷

주년 경과 한 해에 네다섯 번 나타나며, 4월 초에서 11월 초까지 볼 수 있다. 애벌레로 겨울을 난다.

먹이식물 괭이밥과(Oxalidaceae) 괭이밥

어른벌레 도시나 경작지 주변의 빈터와 양지바른 길가, 잔디밭, 풀밭 등에서 산다. 봄에서 여름에 보이는 수컷은 나는 속도가 비교적 느리지만 가을에 보이는 수컷은 빠르게 날아다닌다. 민들레, 개망초, 쑥부쟁이, 토끼풀 등 여러 꽃에서 꿀을 빤다. 오전 중이나 흐린 날에 일광욕을 하기 위해 잎 위나 줄기 등에서 날개를 반쯤 편다. 봄보다는 여름에서 가을에 개체 수가 늘어나지만 겨울을 날 때 대부분 죽는 것으로 보인다. 암컷은 낮게 날다가 새싹에 알을 하나씩 낳는다.

알 타이어 모양이고, 정공 부위가 조금 작다. 겉에 그물코 같은 무늬가 나타나는데, 각 그물코가 만나는 부분에는 작은 돌기가 있다. 색은 흰색이고, 너비는 0.6mm 정도, 높이는 0.3mm 정도이다.

애벌레 알에서 깨난 애벌레는 먹이식물 잎 뒤에 머문다. 잎을 핥듯이 먹어 잎맥이나 딱딱한 껍질을 남긴다. 애벌레 주변에는 늘 먹은 흔적과 배설물이 있으므로 쉽게 찾을 수 있다. 애벌레 주위에 개미가 모여드는데, 애벌레가 천적을 막기 위해 단물을 내는 것으로 보인다. 1령애벌레는 옅은 노란색으로, 긴 털이 듬성듬성하다가 자라면서 몸이 풀색으로 변하고, 잔털이 빽빽해진다. 가을에 먹이식물이 붉은색을 띠면 애벌레의 몸도 붉은색을 머금게 된다. 다 자란 애벌레는 번데기가 되기 위해 주변의 돌 밑이나 낙엽 밑으로 들어가 자리를 잡는다.

번데기 날씬한 오뚝이 모양으로, 노란색을 조금 머금은 풀색이다. 겉면에 잔털이 있다. 날개 쪽이 투명해 보인다.

극남부전나비

부전나비과 부전나비아과 *Zizina otis* (Fabricius, 1787)

이 속*Zizina* Chapman, 1910은 아프리카와 동남아시아, 오스트레일리아에 각각 1종씩 분포하여 모두 3종이 있다. 이 나비는 제주도의 신산리와 토산리 일대의 해안과 강원 남부, 해안, 경상북도 동해안 일부, 충청남도 일부 해안 지역에 국한하여 분포한다. 나라 밖으로는 동양구와 오스트레일리아구에 걸쳐 넓게 분포한다. 중국에 원명 아종이 분포하며, 한반도산은 아직 아종이 정해져 있지 않으나 중국과 같은 원명 아종으로 보인다. 수컷은 날개 윗면이 군청색을 띠나 암컷은 흑갈색을 띤다.

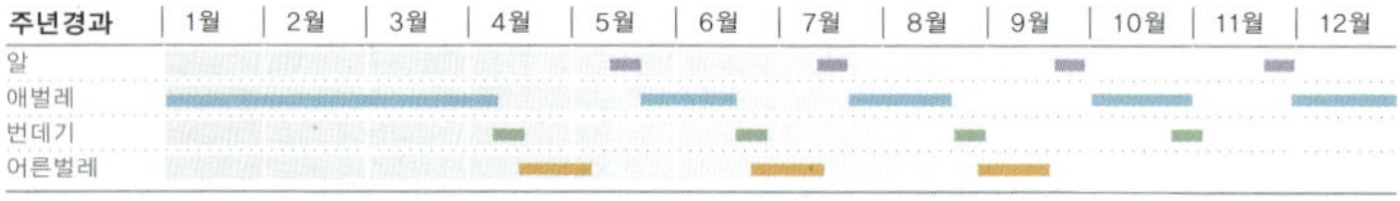

주년경과	1월	2월	3월	4월	5월	6월	7월	8월	9월	10월	11월	12월
알												
애벌레												
번데기												
어른벌레												

수컷

주년 경과 한 해에 서너 번 나타나며, 5월 중순에서 8월 말까지 볼 수 있다. 애벌레로 겨울을 난다.

먹이식물 콩과(Leguminosae) 벌노랑이, 토끼풀

어른벌레 해안 주변의 풀밭에 산다. 동해안에서는 쉽게 발견할 수 있으나 제주도에서는 발견하기 어렵다. 토끼풀, 벌노랑이, 매듭풀, 땅채송화 등 여러 꽃에 잘 모이며, 수컷은 물가에 오는 경우가 있다. 바람의 영향을 많이 받아 바람이 심하게 불면 움직이지 않고 바람이 없고 맑은 날에는 풀밭 위를 활발하게 날아다닌다. 암컷은 벌노랑이 꽃봉오리에 알을 하나씩 낳는다.

알 위에서 보면 원형, 옆에서 보면 타이어 모양으로, 너비 0.6mm, 높이 0.3mm 정도이다. 그물코 모양의 돌기가 빽빽한데, 남방부전나비에 비해 조금 크다. 갓 낳았을 때에는 청색을 머금은 흰색이다가 차츰 흰색이 된다.

애벌레 생김새는 남방부전나비와 닮았으나 알에서 깨난 뒤부터 풀색을 띠어 조금 다르다. 알에서 깨나 꽃봉오리 속으로 파고들어 먹거나 잎을 먹을 때 남방부전나비처럼 먹은 흔적을 남긴다. 애벌레 주위로 개미가 모인다. 다 자란 애벌레를 옆에서 보면 제1~3배마디가 뚜렷이 높은데, 전체적으로 앞쪽이 더 높다. 숨문은 흰색이다. 번데기가 되기 위해 먹이식물의 뿌리 근처에 붙는다.

번데기 남방부전나비에 비해 조금 작으며, 가슴이 조금 넓어 보인다. 풀색 또는 옅은 갈색이고, 검은 점이 조금 흩어져 있다.

한라푸른부전나비

부전나비과 부전나비아과 *Udara dilecta* (Moore, 1879)

이 속 *Udara* Toxopeus, 1928은 동양구 일대와 네팔 등지, 중국 남부까지 40여 종이 있다. 이 나비는 파키스탄, 인도 북부, 미얀마, 태국, 말레이시아 서부, 베트남, 라오스, 중국 남부, 타이완에 분포하며, 우리나라에서는 1990년에 제주도 한라산에서 채집된 예(박, 1996)가 한 차례 있는 미접이다. 푸른부전나비보다 조금 작으며, 수컷 날개 윗면은 보라색이 섞인 밝은 청색인데, 앞날개와 뒷날개 중앙에 흰 무늬가 특징적이다. 암컷은 푸른부전나비의 봄형 개체와 닮아 보인다. 한라산 정상 풀밭의 백리향 꽃에서 꿀을 빨고, 수컷은 길가 축축한 곳에서 물을 먹는다. 한국산은 확인된 개체가 적어 아종에 대한 연구를 할 수 없으나 한라산에서 채집되었던 개체들은 중국에서 날아온 것으로 보여 원명 아종으로 다루는 것이 옳겠다.

수컷(한라산 백록담)

남방푸른부전나비

부전나비과 부전나비아과 *Udara albocaerulea* (Moore, 1879)

히말라야 산맥에서 미얀마, 인도차이나 반도, 중국, 타이완, 일본에 분포한다. 우리나라에서는 박(1969)이 한라산 용진각(1500m)에서 채집한 한 개체를 발표한 뒤 아직 발견한 기록이 없다. 태풍 등 큰 바람에 날아온 미접으로 여긴다. 수컷은 하늘색 바탕, 암컷은 검은 밤색 바탕으로 서로 차이가 나고, 암수 모두 날개 중앙의 색이 밝다.

귀신부전나비

부전나비과 부전나비아과 *Glaucopsyche lycormas* (Butler, 1866)

이 속*Glaucopsyche* Scudder, 1872은 유라시아와 북미 대륙에 13종이 분포하고, 모두 콩과(Leguminosae)를 먹는다. 이 나비는 북부 지방에 분포하고, 나라 밖으로는 일본, 중국 중부와 북동부, 러시아 아무르, 사할린, 쿠릴 열도, 몽골에 분포한다. 한국산은 아종 *scylla* Staudinger, 1880으로 다룬다. 남한에서는 아직 채집 기록이 없는 한랭성 나비이다. 5월 중순에서 8월 중순 무렵 한 해에 한 번 나타난다. 양지바른 풀밭에 살며, 여러 꽃에 날아와 꿀을 빨아 먹는다. 암컷은 먹이식물 꽃봉오리와 새싹에 알을 하나씩 낳는다. 번데기로 겨울을 난다(임·주, 1987).

알 낳기(중국 동북부)

주을푸른부전나비

부전나비과 부전나비아과 *Celastrina filipjevi* (Riley, 1934)

이 속*Celastrina* Tutt, 1906은 구북구와 동양구, 오스트레일리아구에 넓게 분포하는데, 중국의 남동부 지역에 가장 많은 종들이 산다. 중국과 러시아의 연해주 남부에 분포하고, 우리나라 북부 지방의 낙엽 활엽수가 많은 숲 가장자리에 사는 것으로 알려져 있는데, 서식지 범위가 좁다. 학자에 따라 수컷 생식기의 차이로 이 종과 회령푸른부전나비의 속을 *Maslowskia* Kurenzov, 1974로 다루기도 하나, 여기서는 넓은 범위의 *Celastrina*속으로 다루었다. Omelko와 Omelko(1984)에 따르면, 애벌레는 장미과(Rosaceae)의 빈추나무속(*Prinsephia* sp.) 식물을 먹는 것으로 알려져 있다.

푸른부전나비

부전나비과 부전나비아과 *Celastrina argiolus* (Linnaeus, 1758)

한반도 전 지역에 분포하는 아주 흔한 종이고, 나라 밖으로는 유라시아에 넓게 분포한다. 한반도산은 아종 *ladonides* (de l'Orza, 1869)로 다루는데, 학자에 따라서는 이 아종을 종으로 보기도 한다. 수컷 날개의 윗면은 청람색이고 암컷 날개 바깥가장자리는 군청색을 띤다.

주년경과	1월	2월	3월	4월	5월	6월	7월	8월	9월	10월	11월	12월
알												
애벌레												
번데기												
어른벌레												

수컷

짝짓기

날개를 편 암컷

주년 경과 한 해에 3~5회 나타나며, 3월 중순에서 10월까지 볼 수 있다. 번데기로 겨울을 난다.

먹이식물 콩과(Leguminosae) 싸리, 좀싸리, 고삼, 칡, 족제비싸리, 땅비싸리, 아까시나무

어른벌레 낮은 지대에서 높은 산지까지 숲의 가장자리에 살며, 서식지 범위가 꽤 넓다. 우리나라에 가장 잘 적응한 나비 중 하나이다. 수컷은 산길이나 빈터의 습지에 잘 모이며, 이따금 짐승 똥이나 새똥에도 모인다. 개여뀌, 나무딸기, 사철나무, 제비꽃, 산초나무, 조팝나무 등 여러 꽃에 날아와 꿀을 빤다. 수컷은 텃세 행동을 약하게 하는데, 한 장소에 집착하지는 않는다. 암컷은 먹이식물의 꽃봉오리나 새싹에 배끝을 구부려 알을 하나씩 낳는데, 이따금 한 장소에서 되풀이하여 낳는 바람에 수십여 개가 보일 때도 있다.

알 타이어 모양으로, 너비는 0.6mm, 높이는 0.3mm 정도이다. 풀색을 머금은 흰색이고, 겉면에 삼각형 그물 모양 구조가 가득하다.

애벌레 알에서 깨난 애벌레는 꽃봉오리나 새싹에 구멍을 뚫어 머리만 밀어 넣고 잎살을 먹고, 주변에는 배설물이 흩어져 있다. 1령애벌레는 옅은 황토색이고, 2령은 붉은 밤색이 뚜렷해지다가 3, 4령애벌레가 되면 풀색이 강해진다. 머리는 검고 몸은 방추 모양이다. 옆에서 보면 제1배마디가 가장 높다. 다 자란 애벌레의 길이는 13mm 정도이다.

번데기 자연 상태에서 번데기가 머무는 장소는 아직 밝히지 못했다. 오똑이 모양으로, 앞가슴 쪽이 조금 높다. 전체적으로 옅은 밤색에, 짙은 밤색 무늬가 퍼져 있다. 겉에는 짧은 털이 나 있다. 길이는 9~10mm이다.

산푸른부전나비

부전나비과 부전나비아과 *Celastrina sugitanii* (Matsumura, 1919)

일본, 중국 동북부, 러시아 극동 지역 연해주에 분포하고, 우리나라에는 지리산과 충청북도 일부 산지, 경기도와 강원도 산지, 북한 지역에 분포한다. 푸른부전나비와 닮아 우리나라의 이 속 중에서 가장 늦게 발견되었다. 한반도산은 아종 *leei* Eliot et Kawazoé, 1983으로 다룬다. 수컷의 날개 윗면은 짙은 하늘색이고, 암컷은 밝은 하늘색에 바깥가장자리에 2mm 정도의 짙은 밤색 띠가 둘러져 있다.

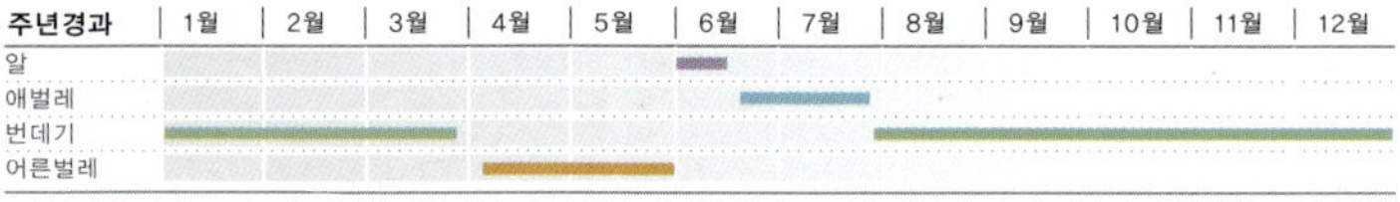

주년경과	1월	2월	3월	4월	5월	6월	7월	8월	9월	10월	11월	12월
알												
애벌레												
번데기												
어른벌레												

암컷

수컷

수컷

꽃꿀을 빠는 수컷

주년 경과 한 해에 한 번 나타나며, 4~5월에 볼 수 있다. 번데기로 겨울을 난다.

먹이식물 운향과(Rutaceae) 황벽나무, 층층나무과(Cornaceae) 층층나무

어른벌레 낙엽 활엽수가 많은 계곡에 산다. 수컷은 습지에 무리 지어 모이는 성질이 강하며, 이따금 새똥에도 모인다. 토끼풀과 층층나무 등 여러 꽃에 날아와 꿀을 빤다. 암컷은 먹이식물 주위에서 볼 수 있으며, 양지바른 곳에 있는 먹이식물의 꽃봉오리나 새싹 아래에 배끝을 구부려 알을 하나씩 낳는다. 맑은 봄날 낙엽 활엽수 위에서 빠르게 날아다니는 모습을 볼 수 있다.

알 풀색을 띤 흰색이고, 너비는 0.6mm, 높이는 0.3mm 정도이다. 푸른부전나비의 알과 생김새가 거의 같으나 그물 모양의 구조가 조금 커 보인다.

애벌레 알에서 깨어난 애벌레는 꽃봉오리나 새싹에 구멍을 뚫고 머리만 밀어 넣어 잎살을 먹는다. 이러한 습성은 푸른부전나비와 거의 같다. 다 자란 애벌레는 6월경에 먹이식물에서 내려와 뿌리 근처의 낙엽 아래에서 번데기가 되는 것으로 보인다(福田 외, 1984). 아직 우리나라에서 애벌레를 관찰한 경우가 거의 없다.

번데기 6월 무렵부터 이듬해 3월까지 9개월을 번데기로 보내는 것으로 보이며, 아직 우리나라에서 관찰한 자료는 없다.

회령푸른부전나비

부전나비과 부전나비아과 *Celastrina oreas* (Leech, 1893)

경상북도와 강원도와 충청북도 일부 지역의 건조한 관목 지대와 북부 지방에 분포한다. 나라 밖으로는 중국 중부와 동북부, 러시아 극동 지역의 남부에 분포한다. 한국산은 아종 *mirificus* (Sugitani, 1936)로 다룬다. 이 나비의 한국 이름은 처음 발견된 함경북도 회령 지방에서 따왔다. 수컷은 날개 윗면이 청람색이고, 암컷은 날개 중앙을 뺀 부분이 검은 밤색을 띤다.

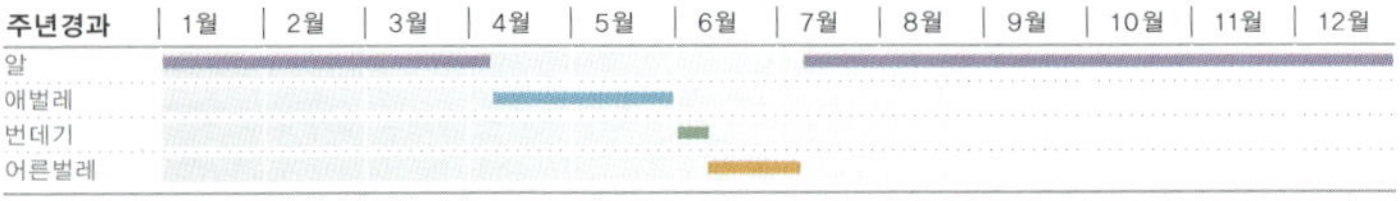

주년경과	1월	2월	3월	4월	5월	6월	7월	8월	9월	10월	11월	12월
알												
애벌레												
번데기												
어른벌레												

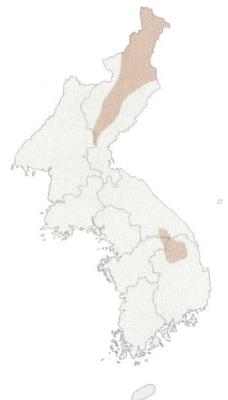

짝짓기

주년 경과 한 해에 한 번 6월~7월 초에 나타난다. 알로 겨울을 난다.

먹이식물 장미과(Rosaceae) 가침박달

어른벌레 건조한 관목림에 산다. 수컷은 활발하게 날아다니며, 알칼리성이 강한 습지에 무리 지어 모이는데, 한곳에 수백 마리가 무리 지을 때도 있다. 암수 모두 토끼풀, 조뱅이, 개망초 등 여러 꽃에 날아와 꿀을 빤다. 암컷은 먹이식물의 가지가 갈라진 부위, 겨울눈 아래, 줄기의 틈 등에 알을 하나씩 낳는다.

알 타이어 모양으로 겉에 그물 모양의 구조가 가득한데, 푸른부전나비보다 뚜렷해 맨눈으로도 그 구조를 볼 수 있다. 원래는 흰색이지만 겨울을 지나면 색이 바래서 잿빛을 머금게 된다.

애벌레 알에서 나온 애벌레는 싹 트기 전의 잎 속으로 파고들어 먹기 시작한다. 어린 싹이 뜯긴 것처럼 보이면 대부분 애벌레가 있다는 증거이다. 처음에는 잎맥을 남기나 차츰 잎 전체를 먹기 시작한다. 애벌레 주위에 주름개미(*Tetramorium tsushimae*)와 누운털개미(*Lasius japonicus*)가 모인다(Jang, 2007). 생김새는 푸른부전나비와 닮았으나, 마디 사이의 굴곡이 조금 두드러지고 색이 조금 짙은 편이다. 다 자란 애벌레는 15mm 정도이다.

번데기 5월 말 무렵에 먹이식물에서 내려와 뿌리 근처의 낙엽 아래에서 번데기가 된다. 푸른부전나비와 닮았으나 조금 크다.

작은홍띠점박이푸른부전나비

부전나비과 부전나비아과 *Scolitantides orion* (Pallas, 1771)

이 속 *Scolitantides* Hübner, 1819은 구북구에 7종 정도가 분포하는데, 우리나라에는 1종만 산다. 이 나비는 울릉도와 내륙 산지에 분포하고, 나라 밖으로는 유럽 일부 지역에서부터 일본까지 구북구 지역에 넓게 분포한다. 한반도산은 아종 *coreana* Matsumura, 1926으로 다루는데, 울릉도산 개체는 다른 아종으로 볼 정도로 내륙산과 차이가 난다. 암컷과 수컷의 무늬나 색 차이가 많지 않다. 암컷은 수컷보다 날개가 크고, 가장자리가 둥근 편이다. 이 종에 대한 생활사는 申(1975)이 조사한 자세한 자료가 있다.

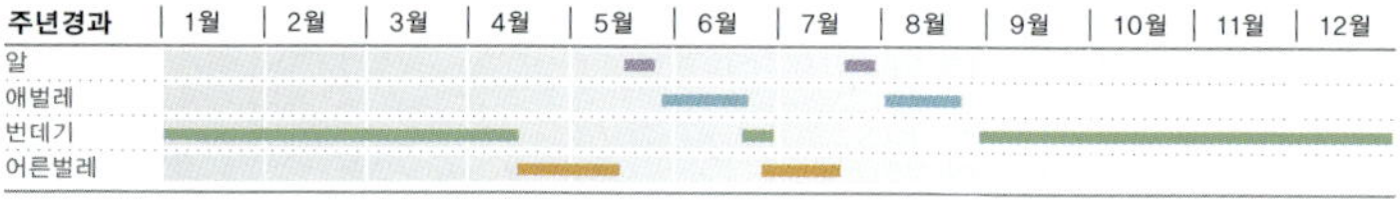

주년경과	1월	2월	3월	4월	5월	6월	7월	8월	9월	10월	11월	12월
알												
애벌레												
번데기												
어른벌레												

날개를 편 모습

날개를 접은 모습

주년 경과 한 해에 두세 번 나타나는데, 중남부 지방에서는 4~5월과 6~7월, 8월 중순~9월에, 북부 지방에서는 5~6월과 7~8월에 볼 수 있다. 번데기로 겨울을 난다.

먹이식물 꿩의비름과(Crassulaceae) 돌나물, 기린초

어른벌레 야산과 가까운 경작지 주변이나 갯가의 습기가 많은 풀밭에서 사는데, 주로 돌이나 바위가 많은 곳에서 발견할 수 있다. 수컷은 서식지 주변에 낮게 깔리듯 날아다니다가 축축한 땅바닥에서 물을 먹는다. 냉이, 토끼풀, 개망초, 오이풀 등 여러 꽃에서 꿀을 빤다. 암컷은 오후에 먹이식물이 있는 장소에서 줄기와 잎, 꽃봉오리에 알을 하나씩 낳는다.

알 잿빛이 나는 흰색으로, 약간 평평한 타이어 모양이다. 위에서 보면 원형이고, 옆에서 보면 윗면이 평평해 보이나 정공 부위가 약간 오므라져 있다. 너비는 0.7mm, 높이는 0.3mm 정도이다. 알 기간은 13일 정도이다.

애벌레 정공 부위를 뚫고 부화한 1령애벌레는 몸길이가 2.5mm 정도이다. 알에서 나오는 데에는 1시간 30분가량 걸린다. 이후 애벌레는 잎살에 머리를 파묻고 먹고, 주변에서 배설물이 발견된다. 애벌레 주위에 개미가 모이므로 야외에서 애벌레를 쉽게 발견할 수 있다(申, 1975). 종령(4령)애벌레는 몸길이가 16mm, 너비가 4mm, 머리의 너비는 1.2mm 정도이고, 짙은 밤색에 짚신 모양이다. 숨문도 더 짙은 밤색이다. 애벌레가 다 자라면 주변의 자갈이나 나무토막 아래로 내려가 앞번데기가 된다.

번데기 길이는 8.5~9mm, 너비는 3.2~4mm이다. 바탕색은 밤색이고, 전체에 불규칙한 짙은 밤색 얼룩무늬가 있다.

큰홍띠점박이푸른부전나비

부전나비과 부전나비아과 *Shijimaeoides divina* (Fixsen, 1887)

이 속 *Shijimaeoides* Beuret, 1958은 동아시아 지역에 2종이 분포하는데, 우리나라에는 1종만 분포한다. 학자에 따라서는 이 나비의 속을 *Sinia* Forster, 1940으로 다루기도 한다. 우리나라 중부 이북 지방에 국지적으로 분포하는 희귀종으로, 요즈음에는 보기 힘들다. 나라 밖으로는 일본, 중국 동북부, 러시아 극동 지역 아무르 남부에 분포한다. 한국산은 원명 아종으로 다룬다. 수컷은 날개 윗면 가운데방에 검은 점이 1개 있고 암컷은 점무늬가 열을 지어 나타난다. 이 종에 대한 생활사는 손(2007)이 조사한 자세한 자료가 있다.

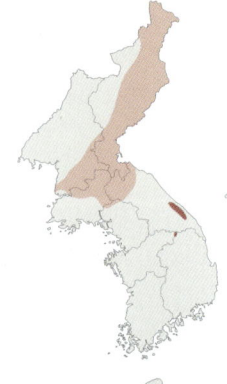

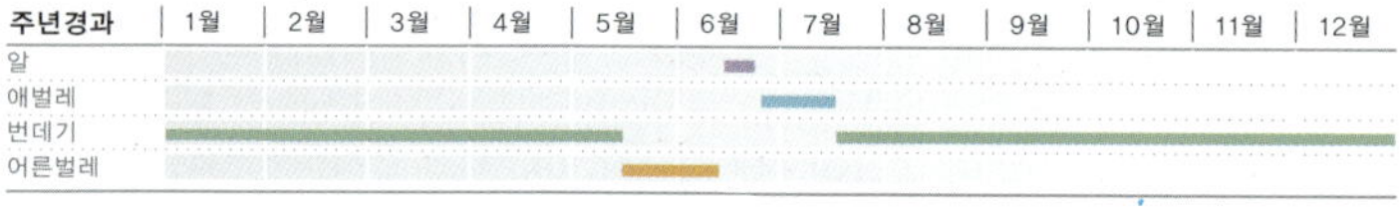

주년경과	1월	2월	3월	4월	5월	6월	7월	8월	9월	10월	11월	12월
알												
애벌레												
번데기												
어른벌레												

짝짓기

수컷

주년 경과 한 해에 한 번 나타나는데, 5월 중순에서 6월 초까지 볼 수 있다. 번데기로 겨울을 난다.

먹이식물 콩과(Leguminosae) 고삼

어른벌레 야산과 경작지 주변의 무덤 같은 풀밭에서 산다. 수컷은 오전에 빠르게 날아다니는데, 같은 서식지에서 보이는 푸른부전나비와 회령푸른부전나비에 비해 직선으로 더 빠르게 난다. 수컷은 무더운 낮에는 그늘진 곳에서 쉬고, 오후 3시부터 천천히 날면서 꽃꿀을 빨거나 암컷을 찾아다닌다. 개망초, 엉겅퀴, 고삼, 딸기류, 토끼풀, 꿀풀 등에서 꽃꿀을 빤다. 짝짓기는 오후에 하며, 암컷은 오후에 꽃봉오리에 하나씩 알을 낳는데, 활짝 핀 꽃에는 거의 낳지 않는다.

알 타이어 모양으로, 푸른부전나비보다 조금 둥근 편이다. 색은 풀색 기가 도는 흰색이다. 너비는 0.7mm, 높이는 0.4mm 정도이며, 기간은 4일 정도이다.

애벌레 1령애벌레는 알껍데기를 거의 먹고 꽃봉오리 속으로 파고들어 산다. 먹이다툼이 심한 범부전나비와 푸른부전나비의 애벌레도 같은 곳에서 산다. 알에서 깨난 애벌레는 옅은 풀색이다가 종령으로 갈수록 누런 흰색으로 맑아지고 나중에는 붉은 기가 더해진다. 긴 타원 모양이고, 겉은 매끈매끈해 보인다. 종령애벌레인 4령애벌레는 길이가 18mm, 너비가 7mm, 높이가 5mm 정도이고, 짙은 밤색 머리의 너비는 1.2mm 정도이다. 애벌레 기간은 20일 정도이다. 다 자라면 돌 틈으로 들어가 반투명한 분홍색 앞 번데기가 된다.

번데기 오뚝이 모양으로, 푸른부전나비와 닮았지만 색이 더 짙고 검다. 번데기로 10~11개월을 보내야 하기 때문에 겉이 유난히 두껍다. 길이는 14mm, 너비는 6mm, 높이는 6mm 정도이다.

큰점박이푸른부전나비

부전나비과 부전나비아과 *Maculinea arionides* (Staudinger, 1887)

이 속*Maculinea* van Eecke, 1915은 구북구에 8종이 분포하는데, 학자에 따라 *Glaucopsyche* Scudder, 1872에 포함시키거나 *Phengaris* Doherty, 1891(Zdeněk 등, 2007)로 다루기도 한다. *Maculinea*속 나비 애벌레는 탄화수소로 구성된 화학 물질을 생성하여 분비하는데, 이것은 *Myrmica*속 특정 개미 애벌레가 표피에서 발산하는 것과 유사하다. 그래서 먹이를 찾아다니는 일개미는 개미 애벌레가 개미집 밖으로 나왔다고 착각하게 되어 나비 애벌레를 개미집으로 물고 가 애벌레 방에 가져다 놓는다고 한다. 이런 나비 애벌레가 특정 개미 종에 의존하는 것을 'host-ant specificity'라고 한다. 이 나비는 지리산 이북의 백두 대간 높은 산지에 분포하고, 나라 밖으로는 일본, 중국 동북부, 러시아 아무르 남부에 분포한다. 한국산은 원명 아종으로 다룬다. 암컷은 수컷보다 날개 윗면의 색이 검다. 유럽에서는 개체 수가 줄어들어 보호하려고 노력하고 있다.

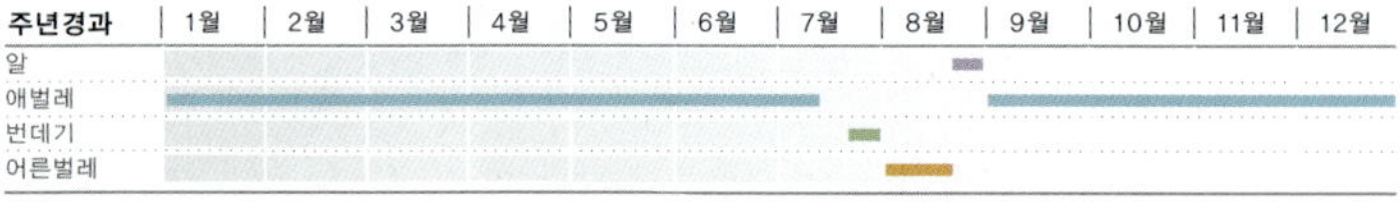

주년경과	1월	2월	3월	4월	5월	6월	7월	8월	9월	10월	11월	12월
알								■	■			
애벌레	■	■	■	■	■	■	■		■	■	■	■
번데기							■	■				
어른벌레							■	■				

꽃꿀을 빠는 수컷

알

어른벌레

알 낳기

주년 경과 한 해에 한 번 나타나는데, 7월 말에서 9월 초까지 볼 수 있다. 애벌레로 겨울을 난다.

먹이식물 꿀풀과(Lamiaceae) 오리방풀

어른벌레 낙엽 활엽수림 숲 가장자리에서 산다. 수컷은 활발하게 숲 사이 풀밭을 날아다니고, 암컷은 계곡 주변의 서식지에서 천천히 날아다닌다. 오리방풀, 방아풀, 냉초, 배초향 등의 꽃에서 꿀을 빤다. 암컷은 습기가 많은 계곡에 자라는 먹이식물의 꽃봉오리에 알을 하나씩 낳는다. 야외에서 암컷은 여러 번 알을 낳는 행동을 하지만 실제 알을 낳는 일은 드물다.

알 풀색 기가 도는 흰색의 타이어 모양이다. 너비는 0.7mm, 높이는 0.4mm 정도이다. 확대해 보면 겉면에 그물코 구조로 된 돌기가 나 있다.

애벌레 3령애벌레까지 꽃봉오리를 먹다가 4령이 되면 숙주 개미인 뿔개미(*Myrmica ruginodis*)에 의해 개미집으로 운반된 뒤 개미 알과 애벌레를 육식하는 것으로 알려져 있다. 애벌레는 붉은색을 띤 자주색인데 색이 옅은 편이다(福田 외, 1984).

번데기 국내 정보가 없다.

고운점박이푸른부전나비

부전나비과 부전나비아과 *Maculinea teleius* (Bergsträsser, 1779)

     강원도 이북에 분포하는데, 과거보다 서식지의 범위가 퍽 줄어들었다. 현재 강원도 인제와 양구 지역에서 보인다. 나라 밖으로는 일본, 중국 북서부와 북동부, 러시아 극동 지역, 몽골에서부터 유럽까지 넓게 분포한다. 한국산은 아종 *euphemia* Staudinger, 1887로 다룬다. 암컷은 수컷보다 날개 가장자리가 더 둥글며, 날개의 검은 점무늬가 더 크다.

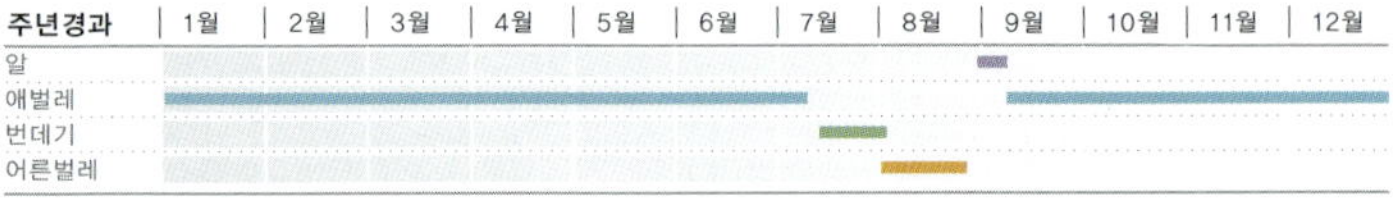

주년경과	1월	2월	3월	4월	5월	6월	7월	8월	9월	10월	11월	12월
알												
애벌레												
번데기												
어른벌레												

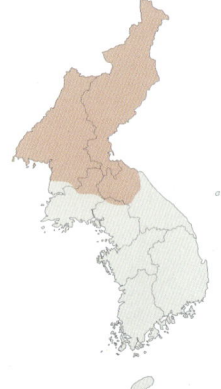

비상

수컷

알 | 알과 1령애벌레
꽃 속으로 파고드는 모습 | 3령애벌레
알 낳기

주년 경과 한 해에 한 번 나타나는데, 8월에만 볼 수 있다. 애벌레로 겨울을 난다.

먹이식물 장미과(Rosaceae) 오이풀

어른벌레 낙엽 활엽수림 가장자리나 계곡의 풀밭이나 습기가 많은 양지바른 풀밭에서 산다. 수컷은 활발하게 날며 암컷을 탐색하러 다니고 암컷은 덜 활발하다. 오이풀, 엉겅퀴, 싸리, 부처꽃, 층층이꽃 등의 꽃에서 꿀을 빤다. 암컷은 오후에 먹이식물의 꽃봉오리 속 깊이 알을 하나씩 낳으므로 알을 찾기가 쉽지 않다.

알 타이어 모양으로, 풀색 기가 도는 흰색이다. 너비는 0.6mm, 높이는 0.3mm 정도이다. 큰점박이푸른부전나비보다 조금 작고, 정공 부위가 더 파여 있다. 확대해 보면 표면에 그물코 구조로 된 돌기가 있다.

애벌레 알에서 깨난 1령애벌레는 꽃봉오리 속으로 들어가 3령애벌레가 될 때까지 꽃봉오리를 먹는다. 이후 숙주 개미인 코토쿠개미에 의해 개미집으로 운반된 뒤 개미 알이나 애벌레를 먹는 것으로 알려져 있다. 애벌레는 붉은색을 띤 자주색인데, 큰점박이푸른부전나비보다 색이 짙은 편이다.

번데기 국내 관찰 자료가 없다.

북방점박이푸른부전나비

부전나비과 부전나비아과 *Maculinea kurentzovi* Sibatani, Saigusa et Hirowatari, 1994

북한의 양강도와 함경도, 남한의 강원도 영월 지역 (김·김, 1994), 오대산에 국지적으로 분포하고, 나라 밖으로는 중국 동북부, 러시아의 우수리 강, 시베리아 남부, 몽골 동부에 분포한다. 한국산은 원명 아종으로 다룬다. 암컷은 수컷보다 날개 가장자리가 둥글어 보이고, 색이 조금 검다.

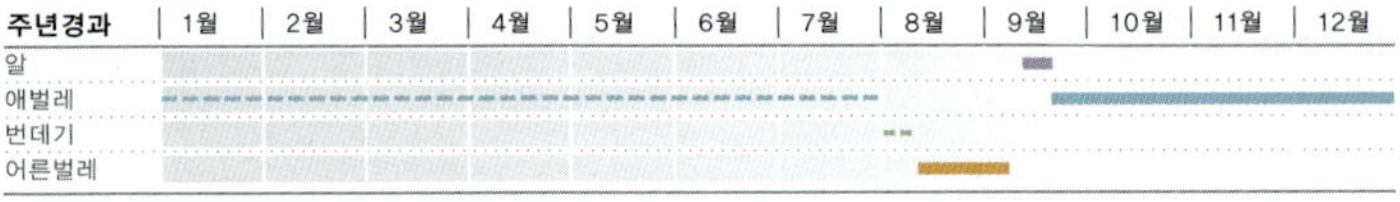

주년경과	1월	2월	3월	4월	5월	6월	7월	8월	9월	10월	11월	12월
알								▬				
애벌레	▬	▬	▬	▬	▬	▬				▬	▬	▬
번데기							▬					
어른벌레								▬	▬			

오이풀 꽃에 날아온 수컷

주년 경과 한 해에 한 번 나타나는데, 8월~9월 초에 볼 수 있다. 겨울을 어떤 상태로 나는지에 대한 관찰 자료는 없지만 닮은 종의 습성을 볼 때 애벌레로 겨울을 날 것으로 보인다.

서식지

먹이식물 장미과(Rosaceae) 오이풀

어른벌레 주로 건조한 관목림 주변의 풀밭에 살고, 석회암 지대에서도 산다. 수컷은 활발하게 날아다니나 암컷은 덜 활발하다. 암수가 오이풀, 솔체꽃, 엉겅퀴 등의 꽃에서 꿀을 빤다. 오이풀에 앉아 짝짓기하는 장면을 한 번 관찰한 적이 있다. 암컷은 먹이식물의 꽃봉오리 속 깊은 곳에 알을 하나씩 낳는다.

알, 애벌레, 번데기 이에 대해 관찰된 국내 자료가 아직 없다.

중점박이푸른부전나비
부전나비과 부전나비아과 *Maculinea arion* (Linnaeus, 1758)

우리나라 북부 산지에 분포하고, 나라 밖으로는 중국 동서부, 동북부, 중부, 러시아 아무르, 몽골, 시베리아 남부, 카자흐스탄 북동부, 터키, 트랜스캅카스, 캅카스, 유럽 중부와 서부, 동부에 넓게 분포한다. 학자에 따라 이 종을 *cyanecula* (Eversmann, 1848)로 보는 견해가 있다. 한국산은 아종 *ussuriensis* Sheljuzhko, 1928로 다룬다. 개미와의 관계나 유생기에 대해 발표된 국내 자료가 없다. 산지의 풀밭에서 살며, 7월 중순에서 8월 초까지 한 해에 한 번 볼 수 있다. 어린 애벌레는 꿀풀과(Lamiaceae) 식물을 먹는 것으로 알려져 있다.

잔점박이푸른부전나비
부전나비과 부전나비아과 *Maculinea alcon* (Denis et Schiffermuller, 1775)

우리나라 북부 산지에 분포하고, 나라 밖으로는 중국 동서부와 동북부, 러시아 아무르, 몽골, 시베리아 남부, 카자흐스탄 북부와 동부, 터키, 트랜스캅카스, 캅카스, 유럽에 넓게 분포한다. 한국산은 아종 *arirang* Sibatani, Saigusa et Hirowatari, 1994로 다룬다. 개미와의 관계나 유생기에 대해 발표된 국내 자료가 없으나 국외 자료에 따르면 어린 애벌레가 꿀풀과(Lamiaceae) 식물을 먹는 것으로 알려져 있다.

산꼬마부전나비

부전나비과 부전나비아과 *Plebejus argus* (Linnaeus, 1758)

이 속*Plebejus* Kluk, 1802은 전북구의 한랭한 지역에 분포하는데, 학자마다 분류학적인 해석이 달라 여러 속으로 나누거나 서너 속으로 묶어 나누기도 하며, 때로는 한 속으로 모두 묶기도 한다. 여기에서는 Scott (1986)에 따라 모두 한 속으로 묶었다. 그 이유는 이들 종끼리 생식기의 차이가 크지 않기 때문이다. 이 나비는 한반도 동북부에 분포하고, 남한에서는 제주도 한라산 아고산대에만 산다. 나라 밖으로는 유럽에서 동아시아까지의 유라시아 북부에 걸쳐 넓게 분포한다. 한반도 동북부 지방의 아종은 *coreanus* Tutt, 1909로, 제주도의 아종은 *seoki* Shirôzu et Shibatani, 1943으로 다룬다. 수컷은 날개 윗면이 짙은 하늘색, 암컷은 짙은 밤색으로 크게 다르다.

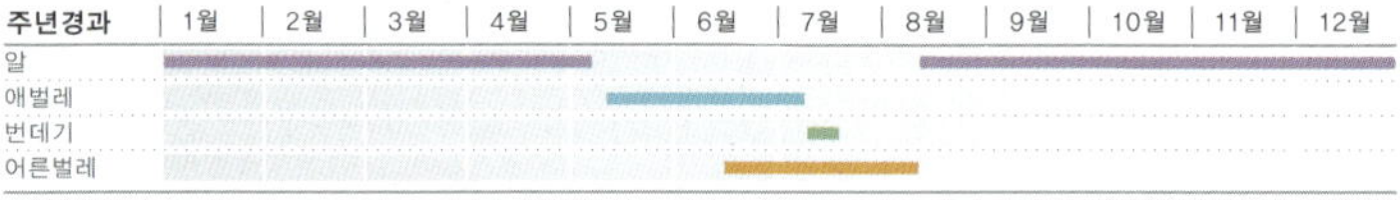

주년경과	1월	2월	3월	4월	5월	6월	7월	8월	9월	10월	11월	12월
알												
애벌레												
번데기												
어른벌레												

잎에 앉아 쉬는 암컷

짝짓기

알

종령애벌레

종령애벌레에 모여든 개미

번데기

서식지(한라산 1600m)

주년 경과 한 해에 한 번 나타나는데, 북부 지방에서는 6월 중순에서 8월 중순까지, 제주도에서는 7월 초에서 8월 초까지 볼 수 있다. 알로 겨울을 난다.

먹이식물 국화과(Compositae) 바늘엉겅퀴

어른벌레 한라산 1500m 이상 1700m 이하의 풀밭에 살며, 화산암이 많고 습한 장소에 많다. 수컷은 습지에 모여 물을 빨아 먹는다. 토끼풀, 호장근, 금방망이, 곰취, 갈퀴덩굴, 백리향 등 여러 꽃에 모여 꿀을 빤다. 맑은 날이면 수컷은 암컷을 찾아 낮게 날아다니다가 풀 위에 앉아 날개를 펴고 약하게나마 텃세 행동을 한다. 암컷은 화산암 위나 주변 마른 풀잎에 알을 하나씩 낳는다.

알 타이어 모양으로, 청록색이 감도는 흰색이다. 너비는 0.8mm, 높이는 0.4mm 정도이다. 확대해 보면 겉면에 그물코 구조로 된 돌기가 있다.

애벌레 알로 겨울을 나며, 이듬해 봄에 깨어나 잎살을 주로 먹는다. 다 자라면 짙은 밤색이 되어 검은 현무암에 붙는데, 주변과 닮아 좀처럼 눈에 띄지 않는다. 하지만 새싹 주변에서 먹이를 먹을 때 개미들이 모여 있는 것을 보고 찾을 수 있다. 짙은 밤색 바탕색에 등선이 검고, 그 주변이 조금 밝다. 숨문선 위가 조금 밝고, 아래는 검다. 숨문은 황토색이다. 다 자란 애벌레의 길이는 13~15mm이다.

번데기 바탕색은 풀색으로, 뿌리 근처의 잎 뒤에 붙어 있다. 날개가 도드라져 보이고, 배의 등선이 짙은 풀색이다. 어른벌레가 되기 전에 황토색으로 변한다. 길이는 11~12mm이다.

부전나비

부전나비과 부전나비아과 *Plebejus argyrognomon* (Bergsträsser, 1779)

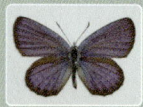

제주도와 울릉도를 뺀 전국에 분포하고, 나라 밖으로는 유럽에서 동아시아까지의 유라시아 중남부에 걸쳐 넓게 분포한다. 한반도산은 아종 *mongolica* Grum-Grshimailo, 1893으로 다루는데, 과거 석(1936)이 제주산을 다른 아종으로 다룬 적이 있으나 현재 발견되지 않고 있다. 수컷은 날개 윗면이 짙은 하늘색, 암컷은 짙은 밤색으로 크게 다르다. 산꼬마부전나비에 비해 크고, 수컷 날개 윗면은 파란색이 덜 진하다.

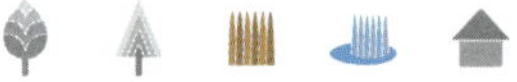

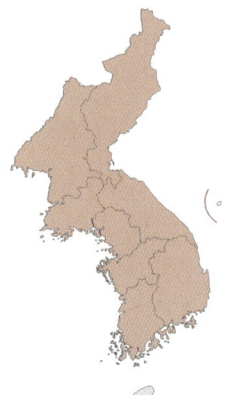

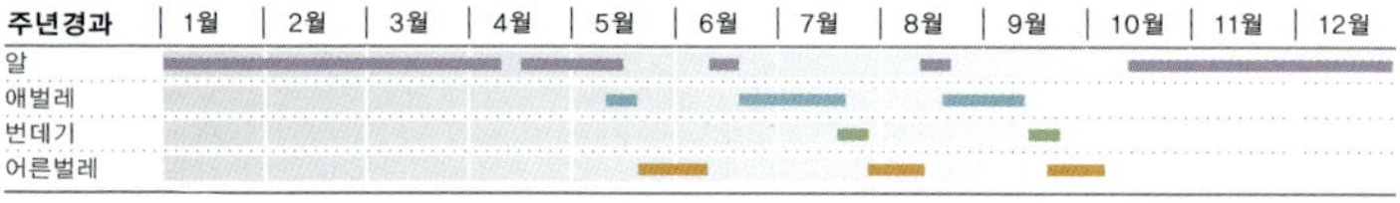

주년경과
1월
2월
3월
4월
5월
6월
7월
8월
9월
10월
11월
12월
알
애벌레
번데기
어른벌레

주년 경과 한 해에 두세 번 나타나는데, 5월 중순에서 10월까지 볼 수 있다. 알로 겨울을 나는 것으로 보이나 아직 야외에서 발견된 적이 없다.

먹이식물 콩과(Leguminosae) 갈퀴나물, 낭아땅비사리

어른벌레 강가 주변의 습한 풀밭에서 살며, 논밭 주변 풀밭에서도 산다. 수컷은 활발하게 날면서 암컷을 탐색하는데, 번데기에서 갓 나왔을 때에는 축축한 물

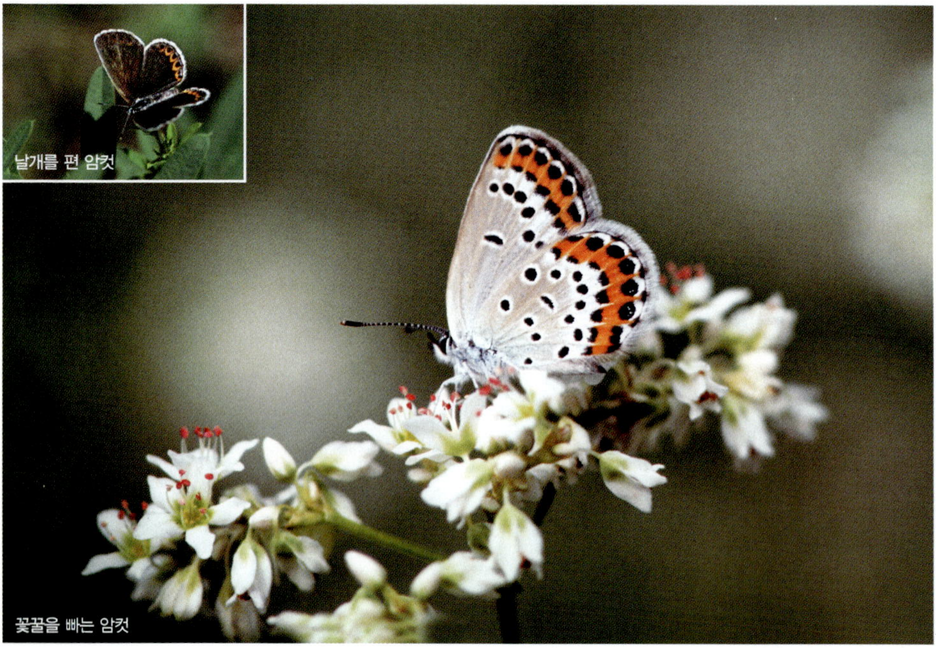
날개를 편 암컷

꽃꿀을 빠는 암컷

가에 잘 앉는다. 암수 모두 개망초, 사철쑥, 메밀, 갈퀴나물 등 여러 꽃에서 꿀을 빤다. 암컷은 먹이식물 주위를 배회하다가 기온이 높은 오후에 먹이식물의 꽃봉오리, 새싹, 주변의 마른 풀에 알을 하나씩 낳는다.

알 타이어 모양으로, 청록색이 감도는 흰색이다. 너비는 0.8mm, 높이는 0.4mm 정도이다. 산꼬마부전나비와 거의 닮았으나 확대해 비교하면 그물코 구조가 더 조밀한 편이다.

애벌레 알에서 깨어난 애벌레는 주로 꽃을 먹는다. 풀색 바탕에 밤색의 얼룩무늬가 있다. 애벌레는 잎 뒤에 머물고 애벌레 주위로 개미가 모여드는데, 누운털개미, 일본왕개미, 곰개미 등이 모이는 것을 관찰한 적이 있다(Jang, 2007). 번데기가 될 때 갈퀴덩굴 잎을 여러 개 간단하게 묶은 뒤 그 속에 머문다.

번데기 길이는 10mm 정도이고, 산꼬마부전나비와 거의 닮았다.

산부전나비

부전나비과 부전나비아과 *Plebejus subsolanus* (Eversmann, 1851)

    제주도 한라산과 강원도 태백산, 북부 지방에 분포하고, 나라 밖으로는 일본, 중국 동북부, 러시아 극동 지역에서 바이칼 호까지 분포한다. 한반도산은 원명 아종으로 다루나 이 종을 포함한 구북구의 여러 개체군에 대한 분류학적인 해석이 달라 앞으로 종이 세분될 가능성이 높으며, 우리나라의 종 이름도 달라질 가능성이 있다. 암수 구별은 산꼬마부전나비, 부전나비의 경우와 같다.

주년경과	1월	2월	3월	4월	5월	6월	7월	8월	9월	10월	11월	12월
알												
애벌레												
번데기												
어른벌레												

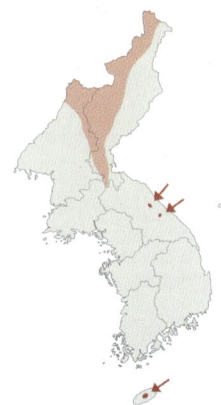

주년 경과 한 해에 한 번 나타나는데, 남한에서는 6월 중순에서 7월 중순까지, 북한의 높은 산지에서는 7월 중순에서 8월에 볼 수 있다(주·임, 1987). 알로 겨울을 나는 것으로 보이나 아직 야외에서 발견된 적이 없다.

먹이식물 콩과(Leguminosae) 갈퀴나물, 나비나물

어른벌레 북한의 한랭한 지역에서는 강가 주변의 습한 풀밭에서 살지만 남한에서는 높은 산지에 있는 계곡 주변 풀밭에서 산다. 수컷은 활발하게 날면서 암컷을 탐색하러 다닌다. 기린초, 개망초, 엉경퀴, 갈퀴나물, 꼬리풀 등 여러 꽃에서 꿀을 빤다. 암컷은 천천히 날면서 먹이식물 뿌리 근처의 마른 잎이나 줄기에 알을 하나씩 낳는다.

알, 애벌레, 번데기 이와 관련해 조사된 국내 자료가 아직 없다.

수컷

높은산부전나비
부전나비과　부전나비아과　*Plebejus optilete* (Knoch, 1781)

    우리나라 북부 지방에 분포하고, 나라 밖으로는 일본, 러시아 극동 지역부터 유럽 동부와 중부까지 한랭한 유라시아에 걸쳐 넓게 분포한다. 아직 분류학적으로 정리되지 않았지만 한국산은 *shonis* Matsumura, 1927로 다루는 것이 옳을 듯하다. 한 해에 한 번 7월 초에서 8월까지 보이며, 7월 말에서 8월 초에서 가장 흔하다. 눈잣나무와 들쭉나무가 많은 북부 지방 관목림 주변 풀밭에서 산다. 날이 좋으면 낮고 빠르게 날아다니나 흐린 날에는 눈잣나무에 붙어서 꼼짝하지 않는다. 바위솜나물의 꽃에 모이며, 먹이식물은 진달래과(Ericaceae)의 철쭉이다. 애벌레로 겨울을 난다(주·임, 1987).

함경부전나비
부전나비과　부전나비아과　*Plebejus amandus* (Schneider, 1792)

    우리나라 북부 지방에 분포하고, 나라 밖으로는 러시아 극동 지역부터 유럽과 아프리카 북서부까지 넓게 분포한다. 한국산은 아종 *amurensis* (Staudinger, 1892)로 다룬다. 한 해에 한 번 6월 말에서 8월 초까지 볼 수 있다. 북부 지방의 산림 안쪽에 있는 풀밭이나 높은 산의 습한 풀밭에서 산다. 먹이식물은 콩과(Leguminosae)이다(주·임, 1987).

연푸른부전나비
부전나비과　부전나비아과　*Plebejus icarus* (Rottemburg, 1775)

    우리나라 북부 지방에 분포하고, 나라 밖으로는 러시아 극동 지역부터 유럽과 아프리카 북부까지 넓게 분포한다. 한국산은 아종 *tumangensis* (Im, 1988)로 다룬다. 한 해에 한 번 7~8월에 볼 수 있다. 북부 지방 산림 내 풀밭이나 작은 호수, 혼합림 주변의 풀밭에서 산다. 먹이식물은 콩과(Leguminosae)이다(주·임, 1987).

대덕산부전나비

부전나비과 부전나비아과 *Plebejus eumedon* (Esper, 1780)

    우리나라에서 유럽까지 스텝 초원에 분포한다. 한국산은 *albica* Dubatolov, 1997로 다룬다. 한 해에 한 번 6월 말에서 8월에 나타난다. 높은 산의 풀밭이나 잎갈나무가 있는 풀밭에서 산다(주·임, 1987).

백두산부전나비

부전나비과 부전나비아과 *Plebejus artaxerxes* (Fabricius, 1793)

    우리나라 북부 지방에 분포하고, 나라 밖으로는 극동 북부에서 유럽, 아프리카 북서부까지 구북구에 넓게 분포한다. 한국산은 아종 *mandzhuriana* (Obraztsov, 1935)로 다룬다. 한 해에 한 번 나타나며, 7월 중순에서 8월 중순에 볼 수 있다. 북부 지방에서 1000m 이상 높은 산의 풀밭이나 나무가 드문 산지에 산다(주·임, 1987). 우리나라에는 유생기에 대한 기록이 아직 없다. 전에 이 종에 붙어 있던 *agestis* Denis et Schiffermüller, 1775는 유럽에만 분포하는 종으로, 학명 적용이 잘못된 것이다.

중국부전나비

부전나비과 부전나비아과 *Plebejus chinensis* (Murray, 1874)

    우리나라 북부 지방에 분포하고, 나라 밖으로는 중국 동북부와 몽골에서 카자흐스탄까지 띠 모양으로 분포한다. 한국산은 원명 아종으로 다룬다. 한 해에 한 번 나타나는데, 6월 말에서 7월 말까지 볼 수 있다. 건조한 풀밭, 나무 숲 사이의 풀밭에서 여러 꽃에 날아와 꿀을 빤다. 암컷은 콩과(Leguminosae)의 자주개자리 잎에 알을 낳으며, 애벌레는 이 잎을 먹는다(주·임, 1987).

사랑부전나비

부전나비과 부전나비아과 *Plebejus tsvetajevi* (Kurentzov, 1970)

    우리나라 북부 지방에 분포하고, 나라 밖으로는 중국 동북부, 러시아 연해주에 분포한다. 한국산은 원명 아종으로 다룬다. 과거에 이 종을 *eros* Ochsenheimer, 1808로 다룬 적이 있었으나 유럽에 분포하는 종을 잘못 기록한 것이다. 한 해에 한 번 7월 중순에서 8월 중순까지 볼 수 있다. 북부 지방 산림 내 풀밭이나 높은 산의 풀밭에서 산다(주·임, 1987).

후치령부전나비

부전나비과 부전나비아과 *Plebejus semiargus* (Rottemburg, 1775)

    우리나라 북부 지방에 분포하고, 나라 밖으로는 러시아 극동 지역에서 유럽까지 유라시아에 넓게 분포한다. 한국산은 아종 *amurensis* (Tutt, 1909)로 다룬다. 한 해에 한 번 6월 말에서 7월까지 볼 수 있다. 북부 지방 산림 내 풀밭이나 낮은 산의 활엽수림 주변 풀밭에서 산다. 백두산 1900m 이상에 있는 풀밭에서 날아다니는 모습을 많이 볼 수 있다(주·임, 1987).

Nymphalidae
네발나비과

중형 또는 대형의 크기로, 전 세계에 6000여 종이 알려져 있으며, 일반인에게 잘 알려진 종들이 많다. 날개 윗면은 화려하지만 아랫면은 나뭇잎처럼 보호색을 띠는 일이 많고, 색이 칙칙하다. 앞다리는 짧아지거나 퇴화하여 '네발'로 걷는 특징이 이 무리의 중요한 형질이 된다. 하지만 앞다리에 맛을 느끼는 감각 기관이 있고, 뿔나비 등 몇몇 속의 암컷은 앞다리가 긴 경우도 있다. 아과의 분류는 아직 해결되지 않은 분야도 있지만 일반적으로 12아과로 나눈다. 우리나라와 관계 있는 아과는 다음 9아과이다. 이 밖에 먹무늬나비아과(Calinaginae), 쌍돌기나비아과(Charaxinae), 그물무늬나비아과(Biblidinae)가 더 있다.

뿔나비아과 Subfamily Libytheinae
이 아과는 과거에 독립된 과로 다룬 적이 있었으나 요즈음은 네발나비과에 포함시키면서 가장 원시적 그룹으로 여기는 것이 정설이다. 현재 세계에 2속 13종이 있으며, 이들 대부분이 전 세계에 분포한다. 형태적으로 아랫입술수염이 앞으로 뻗어 있어 우리나라 이름에는 '뿔'이라는 말이 붙었다. 앞날개 끝에 굴곡이 있다. 애벌레는 느릅나무과(Ulmaceae)의 잎을 먹는다.

왕나비아과 Subfamily Danainae
중형 또는 대형으로, 세계에 504종이 알려져 있다. 애벌레는 독성분이 있는 협죽도과(Apocynaceae), 박주가리과(Asclepidaceae), 뽕나무과(Moraceae)의 잎을 먹고, 몸에 독성분을 지니는 것으로 유명하다. 어른벌레는 가슴에 흰 점이 박혀 있는데, 몸에 독이 있다는 경고와 맛이 없다는 생태적 뜻을 전달하려는 것으로 보인다. 이들 나비를 의태하는 다른 아과의 종들이 많다.

왕나비족 Tribe Danaini
열대와 아열대 지역을 중심으로 분포하며, 우리나라에서는 미접으로 날아오는 종으로 이루어졌다.

잠자리나비족 Tribe Ithomiini
신열대구에 약 300종이 분포한다. 날개가 가늘고 폭이 넓다.

요정날개나비족 Tribe Tellervini
오스트레일리아를 중심으로 6~10종이 분포한다. 애벌레는 왕나비족과 닮았고, 협죽도과(Apocynaceae)를 먹는다.

뱀눈나비아과 Subfamily Satyrinae
과거에는 하나의 독립된 과로 여기다가 최근 연구에서 네발나비의 한 아과로 다룬다. 소형에서 대형까지 다양하며, 날개 색이 검거나 갈색, 금속 광택을 띠는 것 등 다양하다. 날개에 눈알 모양 무늬가 많은 것이 특징이다. 애벌레는 사초과(Cyperaceae), 천남성과(Araceae), 야자나무류(Arecaceae), 부처손과(Selaginellaceae), 벼과(Poaceae), 헬리코니아과(Heliconiaceae)를 주로 먹는다. 전 세계에 2000여 종이 알려져 있다. 알려진 족(Tribe)은 9가지로, Elymniini, Zetherini, Satyrini, Dirini, Melanitini, Haeterini, Amathusiini, Morphini, Barssolini이다. 우리나라에는 뱀눈나비족(Satyrini)과 먹나비족(Melanitini)이 있다. 한편 신열대구와 동양 열대구에만 분포하는 몰포나비족(Morphini), 부엉이나비족(Brassolini), 큰무늬나비족(Amathusiini)은 과거에 하나의 아과 또는 과로 인정하기도 했다.

독나비아과 Subfamily Heliconiinae
과거에는 독나비과(Heliconiidae)라고 하여 독립된 과로 다루었으며, 대부분 중미와 남미의 열대 우림에 분포한다. 이들의 애벌레는 시계꽃류 같은 독성이 있는 식물의 잎을 먹고 자라 몸속에 독성을 품고 있다. 최근 연구에서는 독나비족(Heliconiini), 희미무늬날개나비족(Acraeini), Vagrantini, 표범나비족(Argynnini), 이렇게 4족으로 나누고 있다. 표범나비족의 애벌레는 제비꽃과(Violaceae) 식물을 먹는다. 세계에 500여 종이 분포한다.

줄나비아과 Subfamily Limenitidinae
오랫동안 분류학적으로 정립되지 않다가 최근에 분자학적인 연구로 하나의 아과로 인정되고 있다(Harvey, 1991). 세계에 800여 종이 있다. 4개의 족(Parthenini, Adolidini, Limenitidini, Neptini)이 있는데, 우리나라에는 줄나비족(Limenitidini)과 세줄나비족(Neptini)이 있다.

먹그림나비아과 Subfamily Pseudergolinae
이 아과는 줄곧 줄나비아과에 포함시켜 왔는데, 최근 분자학적인 연구를 통해 독립되었다(Wahlberg et al., 2003, 2005). 세계에 7종만 있는 작은 아과이다.

오색나비아과 Subfamily Apaturinae
세계에 20속 150여 종이 분포하고, 주로 동남아시아에 종류가 많다. 큰 종들이 많고 날개 색이 화려하며, 뒷날개의 후각이 거의 90°에 이른다. 생식기의 삽입기가 길다. 애벌레의 머리에는 사슴뿔 같은 돌기가 돋아 있고, 몸에도 등 쪽으로 다양한 모양의 돌기가 돋아 있다.

돌담무늬나비아과 Subfamily Cyrestinae
우리나라에서 미접으로 한 번 채집된 적이 있는 돌담무늬나비가 속한 아과로, 세계에 43종이 분포한다.

신선나비아과 Subfamily Nymphalinae
'네발나비아과'로도 불린다. 이 아과에 때때로 줄나비아과를 포함시키기도 한다. 현재 6족(Coeini, Nymphalini, Junoniini, Victorinini, Kallimini, Melitaeini)으로 나누며, 495종이 있다. 이 중에 우리나라에 분포하는 것은 신선나비족(Nymphalini), 공작나비족(Junoniini), 어리표범나비족(Melitaeini)이다.

네발나비과의 어른벌레는 꽃은 물론 나뭇진이나 동물의 배설물, 물가의 축축한 곳에 잘 날아온다. 수컷은 텃세권을 만들며, 암컷과 안정된 짝짓기를 하기 위하여 한자리를 고집하는 성질이 강한 종이 많다. 애벌레는 몸에 털과 가시 같은 돌기가 있고, 머리에도 사슴뿔 같은 돌기가 있는 종류가 많다. 애벌레는 5령까지 있으나 종류에 따라 6, 7령도 있다. 번데기는 수용으로 배끝만 고정시킨 뒤 거꾸로 매달린다. 몸에 금빛이 나는 돌기가 나 있는 경우가 많다.

뿔나비

네발나비과 뿔나비아과 *Libythea lepita* Moore, 1858

이 속*Libythea* Fabricius, 1807은 세계에 13종이 분포하고, 우리나라에는 1종만 분포한다. 이 나비는 제주도를 포함한 한반도 내륙 각지에 분포하고, 나라 밖으로는 동아시아 온대에 이르는 넓은 지역에 분포한다. 한국산은 아종 *celtoides* Fruhstorfer, 1909로 다룬다. 암컷이 수컷보다 조금 크다는 것 외에는 거의 차이가 없다.

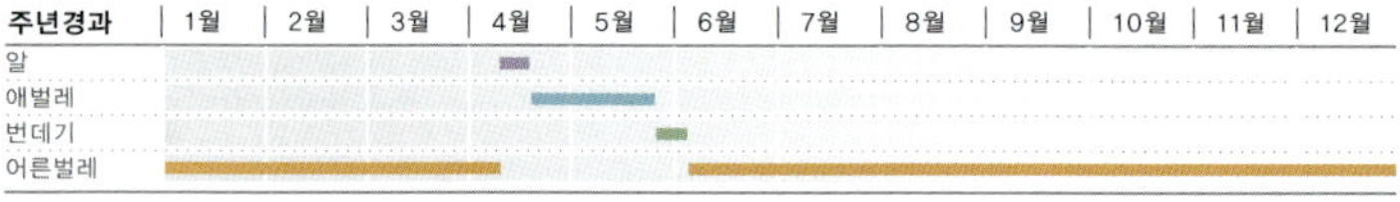

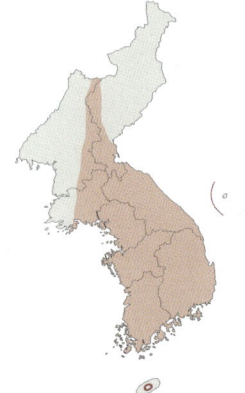

주년경과	1월	2월	3월	4월	5월	6월	7월	8월	9월	10월	11월	12월
알												
애벌레												
번데기												
어른벌레												

주년 경과 한 해에 한 번 나타나는데, 6월에서 10월에 보이다가 이듬해 3~5월에 다시 볼 수 있다. 어른벌레로 겨울을 난다.

먹이식물 느릅나무과(Ulmaceae) 풍게나무, 팽나무, 왕팽나무

어른벌레 산지 계곡 주변 낙엽 활엽수림에 산다. 수컷은 물가에 날아와 앉는데, 날개돋이한 지 얼마 되지 않았을 때 수백 마리가 무리 지어 모인다. 이 밖에 가

꽃꿀을 빠는 수컷

새 잎 사이의 알 | 여러 개의 알 | 1령애벌레
왕팽나무의 잎을 먹는 애벌레 | 종령애벌레 | 앞번데기
녹색형 번데기 | 갈색형 번데기 | 날개돋이

끔 졸참나무 진에 모이나 흔한 일은 아니며, 먹이원이 많지 않은 가을이나 이른 봄에는 고마리, 버드나무의 꽃에서 꿀을 빤다. 암컷은 숲 가장자리에 있는 먹이식물 새싹 아래에 알을 하나씩 끼워 넣듯이 낳는데, 때로는 한 장소에 거듭 낳기 때문에 여러 개 모여 있는 모습도 볼 수 있다.

알 너비는 0.4mm, 높이는 0.8mm 정도로, 세로로 긴 포탄 모양이다. 겉에 30개의 세로줄이 보인다. 처음에 광택이 나는 젖빛이다가 나중에 적갈색으로 변한다.

애벌레 흰나비 애벌레와 닮았으나 배다리가 크다. 어린 애벌레는 새싹 사이에서 여린 부분을 먹고 자란다. 한 나무에 여러 마리의 애벌레가 살기 때문에 몸집이 커지면서 먹이식물을 독점하게 되어 같이 자라는 수노랑나비나 왕오색나비의 애벌레와 먹이다툼이 일어난다. 이 때문에 요즈음 뿔나비가 많아지고, 다른 종의 수가 줄어드는 경향을 보인다. 머리와 몸은 풀색, 밤색, 짙은 밤색을 띠는 등 매우 다양하다. 길이는 25mm 정도이다.

번데기 먹이식물 잎 뒤나 주변에서 보이며, 바탕색이 검은색과 풀색, 또는 두 가지가 섞여 있는 등 다채롭다. 머리에 돌기가 없고, 몸은 원통 모양이다. 배끝 부위가 심하게 구부러져 있어서 잎 뒤에서 수평 상태로 거꾸로 매달린다. 길이는 16mm 정도이다.

왕나비

네발나비과 왕나비아과 *Parantica sita* (Kollar, 1844)

    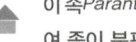

이 속 *Parantica* Moore, 1880은 동남아시아 일대에 40여 종이 분포하고, 우리나라에 2종이 기록되어 있다. 이 나비는 제주도를 포함한 한반도 전 지역에서 볼 수 있으며, 제주도에서는 한라산 중산간 지역(600m)에서 백록담까지 볼 수 있다. 제주도에서 겨울을 나는지 여부가 아직 불확실하며, 내륙 지역에서는 정착하지 않는다. 나라 밖으로는 아프가니스탄과 히말라야 산맥을 경유하여 중국, 타이완, 일본에 걸쳐 넓게 분포한다. 한국산은 아종 *niphonica* Moore, 1883으로 다룬다. 수컷은 뒷날개 아랫면에 검은색 무늬의 성표가 있다.

여름에 일시적 분포

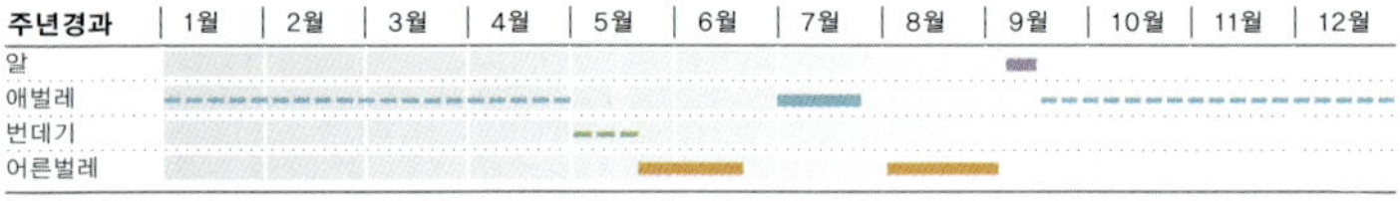

주년경과	1월	2월	3월	4월	5월	6월	7월	8월	9월	10월	11월	12월
알												
애벌레												
번데기												
어른벌레												

날개를 접고 꽃꿀을 빠는 모습

날개를 편 모습

주년 경과 한 해에 두세 번 나타나는데, 5~6월과 7~9월에 볼 수 있다. 애벌레로 겨울을 나는 것으로 보이나 아직 확인하지 못했다.

먹이식물 박주가리과(Asclepiadaceae) 박주가리, 왜박주가리, 큰조롱, 백미꽃, 나도은조롱

어른벌레 실제 서식지에 대한 정보는 없으나 숲 가장자리에서 유유히 날아다니거나 백록담 주변과 같은 높은 산꼭대기에서 높게 배회하는 것을 많이 볼 수 있다. 가을이면 높은 산의 능선을 따라 자주 보인다. 등골나물, 엉겅퀴, 바늘엉겅퀴, 곰취 등의 꽃에 잘 모이며, 놀라면 하늘 높이 날아오르는 습성이 있다. 1세대가 봄부터 여름에 걸쳐 한반도 내륙으로 이동하여 한 살이 과정을 거친 뒤 2, 3세대가 나타나는 것으로 보인다. 봄보다 여름에 개체 수가 더 많아진다. 우리나라에서는 이동성이 강한 대표적인 나비로 손꼽힌다. 암컷은 먹이식물의 잎 뒤에 알을 하나씩 낳는다.

알 포탄 모양으로, 너비는 1.1mm, 높이는 1.8mm 정도이다. 세로로 도드라진 줄무늬가 10개 정도 보인다. 바탕은 흰색이고, 시간이 흘러도 색이 변하지 않는다. 기간은 4~6일이다.

애벌레 알껍데기의 옆면을 뚫고 나와 껍데기를 먹은 뒤 잎 뒤로 옮겨 가 동그란 모양으로 잎을 먹는다. 우리나라에서는 아직까지 야외에서 애벌레를 관찰한 기록이 드물다. 2령부터는 가운데가슴과 제8배마디의 등 쪽에 각각 살덩어리처럼 생긴 돌기가 1쌍씩 있는데, 움직일 때마다 마치 더듬이처럼 움직인다. 종령애벌레의 길이는 23mm 정도이다.

번데기 보통 먹이식물의 잎 뒤에서 아래로 매달린다. 생김새는 통통한 원기둥 같고, 겉에 금속 광택이 나는 풀색 무늬가 있는데, 천적에게 과시하려는 것으로 보인다(福田 외, 1984). 검은 점과 갈색 무늬가 드문드문 나타난다. 제3배마디 뒷가장자리가 둥글게 모가 나 있으며 그곳에 검은 점이 나타난다. 현수기는 검고 짧으며 둥근 막대 모양이다. 길이는 23mm 정도이다.

끝검은왕나비

네발나비과 왕나비아과 *Danaus chrysippus* (Linnaeus, 1758)

이 속*Danaus* Kluk, 1802은 열대 지역을 중심으로 아열대 지역까지 10여 종 이상이 알려져 있으며, 우리나라에는 2종이 여름에 일시적으로 날아오는 미접이다. 이 나비는 경상북도 칠포(이, 1982)와 충청남도 서산(신, 1996)의 기록만 있으나 최근 경기도와 경상남도, 전라남도 지역에서 몇 차례 관찰되었던 드문 미접이다. 나라 밖으로는 일본 남부에서 동양구, 유럽 남동부, 아프리카, 오스트레일리아구의 넓은 지역에 분포한다. 한국산은 원명 아종으로 다룬다. 수컷은 뒷날개 윗면 제2맥에 검은색 무늬의 성표가 있다.

주년경과	1월	2월	3월	4월	5월	6월	7월	8월	9월	10월	11월	12월
알												
애벌레												
번데기												
어른벌레												

주년 경과 8~9월에 일시적으로 보인다.

먹이식물 박주가리과(Asclepiadaceae)의 솜아마존을 먹는 것으로 알려져 있다(福田 외, 1984).

어른벌레 정원의 금잔화 같은 원예 종 꽃과 초가을에 풀밭의 도깨비바늘 꽃에 날아와 꿀을 빨거나 빠르게 날아다니는 모습을 볼 수 있다.

알 왕나비와 닮았으나 조금 작고, 겉면에 17개 정도의 세로줄이 있다. 너비는 0.75mm, 높이는 1mm 정도이다.

애벌레 다 자란 애벌레는 몸 길이가 30mm 정도로, 생김새는 왕나비와 닮았다. 다만 머리의 무늬가 다르고, 몸 등 아래등선 위의 주황색 원 무늬가 이 나비에

무 꽃에 온 암컷 / 알 / 중령애벌레 / 종령애벌레

번데기

날개돋이 직전 번데기

날개돋이

서 더 뚜렷하다. 또 제2배마디 위에 짧은 돌기가 하나 더 있다.

번데기 왕나비와 닮았으나 중앙 부위가 움푹 들어간 점은 왕나비와 다르다. 제3배마디 뒷가장자리의 모서리가 날카롭게 튀어나와 있으며 검은 띠가 있다. 길이는 15mm 정도이다.

대만왕나비

네발나비과 왕나비아과 *Parantica melaneus* (Cramer, 1775)

인도에서 베트남까지 분포하고, 우리나라에서는 주·김(2002)이 처음 제주도에서 채집하여 기록했으나 이 밖에 다른 기록은 아직 없다. 한국산은 원명 아종으로 다룬다. 왕나비보다 작으며, 뒷날개의 밤색이 훨씬 짙다. 수컷은 뒷날개 제2맥에 검은색 무늬의 성표가 있다. 애벌레는 박주가리과(Asclepiadaceae) 식물을 먹는 것으로 알려져 있다(福田 외, 1984).

별선두리왕나비

네발나비과 왕나비아과 *Danaus genutia* (Cramer, 1779)

제주도와 남해안 섬 지방에서 드물게 채집되고 있고, 나라 밖으로는 동양구 전역과 오스트레일리아에 넓게 분포한다. 한국산은 동남아시아 일대의 원명 아종과 같이 다루는 것이 옳겠다. 애벌레는 박주가리과(Asclepiadaceae) 식물을 먹는데(福田 외, 1984), 우리나라에서 이 식물을 먹고 자란 2세대들이 일시적으로 대량 발생하기도 한다. 꽃에 잘 날아오며, 빠르지 않게 활강하듯 난다. 수컷의 뒷날개 윗면 제2맥에 검은색 무늬의 성표가 있다.

먹나비

네발나비과 뱀눈나비아과 *Melanitis leda* (Linnaeus, 1758)

    이 속 *Melanitis* Fabricius, 1807은 동남아시아, 오스트레일리아, 아프리카 대륙에 12종이 분포한다. 우리나라에는 2종이 있는데, 모두 동남아시아에서 날아온 미접이다. 이 나비는 여름에서 가을까지 제주도와 울릉도, 남부 지역에서 보이며 이따금 중부 지역에서도 보인다. 한국산은 원명 아종으로 다룬다. 일시적으로 세대를 거듭하여 겨울을 나는 가을형 개체를 채집한 적은 있으나 아직 우리나라에서 토착하는지 여부가 확실하지 않다.

일시적 정착종

주년경과	1월	2월	3월	4월	5월	6월	7월	8월	9월	10월	11월	12월
알												
애벌레												
번데기												
어른벌레												

수컷

잎에서 쉬고 있는 수컷

알

1령애벌레

무리 지어 먹고 있는 1령애벌레

2령애벌레

3령애벌레

종령애벌레

번데기

주년 경과 한 해에 두세 번 7월 말~11월까지 볼 수 있다.

먹이식물 벼과(Gramineae)의 강아지풀, 율무, 벼, 참바랭이

어른벌레 썩은 감이나 나뭇진을 먹으러 날아오며, 온실 속에서도 잘 보인다. 해 질 녘에는 큰 팽나무가 있는 빈터에서 활발하게 난다.

알 공 모양으로, 너비 1mm, 높이 0.8mm 정도이다. 윤기가 나는 청록색을 띤 흰색이다.

애벌레 머리가 검고, 몸통은 풀색인데, 연두색 잔 돌기가 나 있다. 1령애벌레만 머리에 뿔 모양 돌기가 없고, 2령부터 5령까지는 이 돌기가 있다. 다 자라면 길이가 45~48mm에 이른다.

번데기 통통한 원기둥 모양으로, 머리 부분의 너비가 조금 좁고 배 부분은 넓다. 누런 풀색을 띠다가 어른벌레가 되기 직전에는 조금 하얘진다.

가락지나비

네발나비과 뱀눈나비아과 *Aphantopus hyperantus* (Linnaeus, 1758)

이 속*Aphantopus* Wallengren, 1853은 구북구에 3종만 있는 작은 무리로, 우리나라에는 1종만 있다. 이 나비는 한반도 동북부 지역과 한라산 아고산대에 격리되어 분포한다. 나라 밖으로는 에스파냐 북부, 영국을 포함한 유럽 중부에서 몽골, 중국 동북부, 러시아 아무르, 연해주까지의 유라시아 대륙에 넓게 분포한다. 한국산은 아종 *ocellatus* Butler, 1882로 다룬다. 제주산은 한반도 동북부산에 비해 크기가 작고, 날개 아랫면의 눈알 무늬가 작아 앞으로 새로운 지역 아종으로 다룰 수 있겠다. 암컷은 수컷보다 조금 크고, 날개 아랫면의 눈알 무늬가 더 크고 뚜렷하다.

주년경과	1월	2월	3월	4월	5월	6월	7월	8월	9월	10월	11월	12월
알									▄			
애벌레	▄▄	▄▄	▄▄	▄▄	▄▄	▄▄			▄	▄▄	▄▄	▄▄
번데기							▄					
어른벌레						▄	▄▄	▄				

주년 경과 한 해에 한 번 나타나는데, 북부 지방에서는 6월 중순에서 8월 중순에 볼 수 있고, 제주도 한라산에서는 7월 중순에서 8월까지 볼 수 있다. 애벌레로 겨울을 난다.

먹이식물 벼과(Gramineae) 김의털, 사초과(Cyperaceae) 한라사초

어른벌레 남한에서는 유일하게 한라산 1400m부터 백록담까지의 건조한 풀밭에 사는데, 산굴뚝나비와

조릿대에 앉은 수컷

알

서식지

같은 장소에서 보인다. 풀과 풀 사이를 낮게 날아다니다가 금방망이, 곰취, 백리향, 호장근, 갈퀴덩굴, 오이풀 등의 꽃에서 꿀을 빤다. 유럽에서는 이 나비의 암컷이 굴뚝나비처럼 알을 아무렇게나 낳아 땅 위에 떨어뜨리는 습성이 있고, 1령애벌레로 겨울을 나며, 이듬해 봄에 먹이식물에 올라가 새싹을 먹는다고 한다. **알** 밑면은 평평하고 위로 올라갈수록 좁아지는 사다리꼴이다. 색은 엷은 노란색으로 광택이 있다. **애벌레, 번데기** 관련 자료가 없다.

큰먹나비

네발나비과 뱀눈나비아과 *Melanitis phedima* (Cramer, 1780)

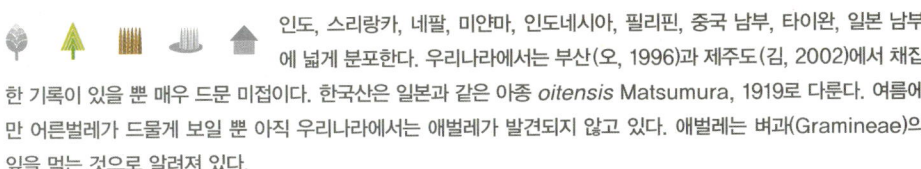

인도, 스리랑카, 네팔, 미얀마, 인도네시아, 필리핀, 중국 남부, 타이완, 일본 남부에 넓게 분포한다. 우리나라에서는 부산(오, 1996)과 제주도(김, 2002)에서 채집한 기록이 있을 뿐 매우 드문 미접이다. 한국산은 일본과 같은 아종 *oitensis* Matsumura, 1919로 다룬다. 여름에만 어른벌레가 드물게 보일 뿐 아직 우리나라에서는 애벌레가 발견되지 않고 있다. 애벌레는 벼과(Gramineae)의 잎을 먹는 것으로 알려져 있다.

줄그늘나비

네발나비과 뱀눈나비아과 *Triphysa dohrnii* Zeller, 1858

이 속 *Triphysa* Zeller, 1850은 구북구 북부에 2~3종이 분포하고, 우리나라 북부에는 1종만 분포한다. 이 나비는 우리나라 북부 지방의 한랭한 풀밭에서 산다. 한국산은 아종 *nervosa* Motschulsky, 1866으로 다룬다. 한 해에 한 번 6월 초에서 7월 초에 나타난다. 풀밭 사이를 날아다니면서 여러 꽃에서 꿀을 빠는데, 도시처녀나비처럼 날아다닌다(주·임, 1987).

시골처녀나비

네발나비과 뱀눈나비아과 *Coenonympha amaryllis* (Stoll, 1782)

    제주도와 강원도 동부를 뺀 전국에 분포하고, 나라 밖으로는 우랄 남부, 시베리아 동부와 남부, 러시아 아무르, 몽골, 중국 중부 이북에 분포한다. 한국산은 아종 *rinda* Ménétriès, 1859로 다룬다. 암컷은 수컷보다 날개 가장자리가 둥근 편이다. 이 밖에는 암수가 비슷하다.

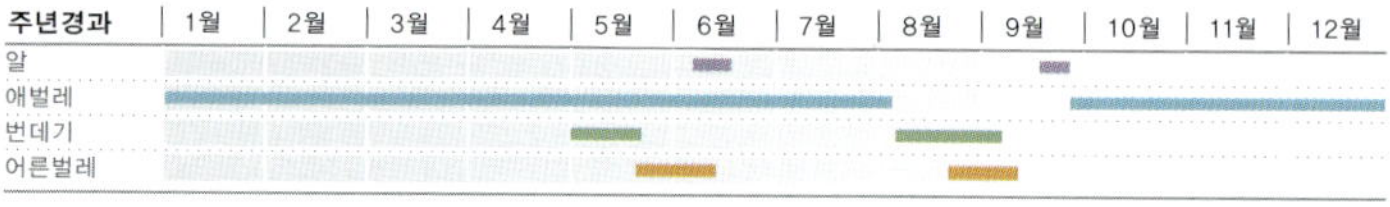

주년경과	1월	2월	3월	4월	5월	6월	7월	8월	9월	10월	11월	12월
알												
애벌레												
번데기												
어른벌레												

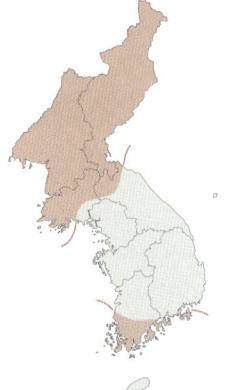

알 / 1령애벌레 / 종령애벌레 / 앞번데기 / 번데기 / 날개돋이가 가까운 번데기

주년 경과 한 해에 한 번 또는 두 번 나타나는데, 북부 지방에서는 6월 초~7월 말에, 중남부 지방에서는 5~6월과 8~9월에 볼 수 있다. 애벌레로 겨울을 나는 것으로 보인다.

먹이식물 벼과(Gramineae) 강아지풀, 사초과(Cyperaceae) 방동사니

어른벌레 산기슭이나 해안가 풀밭에서 산다. 수컷은 산지의 낮은 봉우리에서 날아다니기도 하나 숲이 우거지면서 이런 모습을 보기가 힘들어졌다. 암수가 기린초, 민들레 등의 꽃에서 꿀을 빤다. 암컷은 먹이식물의 잎 뒤에 알을 하나씩 낳는다.

알 사과 모양으로, 너비는 0.6mm, 높이는 0.8mm 정도이다. 위에서 보면 바퀴 모양으로 보인다. 누런 바탕에 붉은 밤색 무늬가 있는데 깨날 무렵 밤색이 짙어진다.

애벌레 갓 깨어난 애벌레는 옅은 황토색이다가 차츰 풀색으로 변한다. 먹이식물의 잎 가장자리를 길게 먹는 습성이 있다. 겨울을 날 때에는 몸 빛깔이 황토색이다가 이듬해 봄에 잎을 먹고 허물을 벗으면 다시 풀색이 된다. 머리는 원형에 가깝고 흰 털이 듬성듬성 나 있다. 몸은 원통 모양이고 가슴에서 배끝 쪽으로 흰 줄무늬가 약하게 나타난다. 배끝에는 뒤쪽으로 돌기가 1쌍 나 있다.

번데기 보통 먹이식물의 잎 뒤에서 아래를 향해 매달린다. 바탕은 풀색이다. 통통한 원기둥 모양인데, 다만 날개 부위가 도드라져 보이고 그곳에 흰 줄무늬가 있다.

봄처녀나비

네발나비과 뱀눈나비아과 *Coenonympha oedippus* (Fabricius, 1787)

     이 속*Coenonympha* Hübner, 1819은 전북구에 30여 종이 분포하는데, 주로 중앙아시아에 많은 종이 분포한다. 우리나라에는 4종이 있다. 이 나비는 지리산 이북 한랭한 지역 풀밭에서 사는데, 요즈음 매우 드물어졌다. 나라 밖으로는 유라시아 대륙 산림 지대에 넓게 분포한다. 한국산은 아종 *amurensis* Heyne, 1895로 다룬다. 암수의 차이가 크지는 않으나 암컷이 조금 더 크고 날개 가장자리가 더 둥글다.

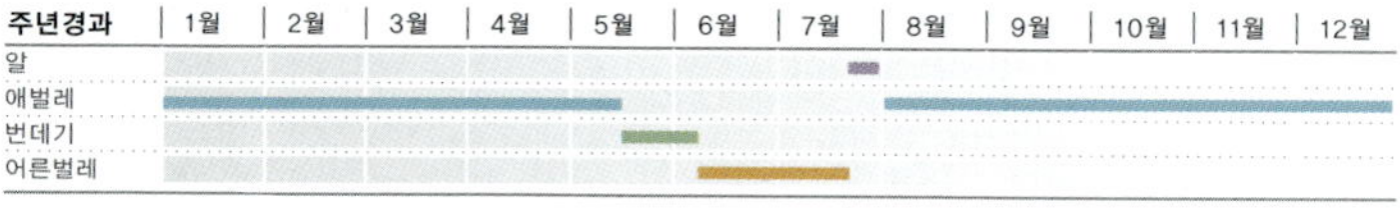

주년경과	1월	2월	3월	4월	5월	6월	7월	8월	9월	10월	11월	12월
알												
애벌레												
번데기												
어른벌레												

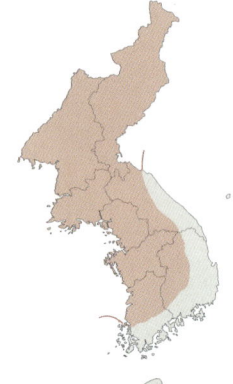

수컷

알
1령애벌레
2령애벌레
4령애벌레
종령애벌레
앞번데기
번데기

주년 경과 한 해에 한 번 나타나는데, 6~7월에 볼 수 있다. 애벌레로 겨울을 난다.

먹이식물 벼과(Gramineae) 억새, 보리, 사초과(Cyperaceae) 괭이사초

어른벌레 양지바르고 나무가 적은 산기슭이나 논밭 주변에 있는 풀밭에서 산다. 풀과 풀 사이를 톡톡 튀듯이 천천히, 낮게 날아다닌다. 보통 날개를 접고 앉는 습성이 있다. 개망초, 엉겅퀴, 토끼풀 등의 꽃에서 꿀을 빤다. 암컷은 먹이식물의 잎 뒤에 알을 하나씩 낳는다.

알 사과 모양으로, 너비는 0.8mm, 높이는 0.9mm 정도이다. 겉에 30개 정도의 도드라진 줄무늬가 있다. 바탕색은 누런색과 윤기가 나는 풀색 두 가지가 있으며, 깨날 무렵에는 모두 황토색으로 변한다. 기간은 10~14일이다.

애벌레 1령애벌레는 밝은 황갈색 바탕에 짙은 황갈색 또는 적갈색 줄무늬가 세로로 나 있다. 머리가 몸보다 넓고, 배끝의 돌기가 뚜렷하게 갈라진다. 다 자라면 몸이 풀색이 되는데, 머리에 옅은 노란색 돌기가 있어 마치 깨를 뿌려 놓은 모습이다. 몸에는 숨문선 등 세로로 옅은 노란색 줄무늬가 있는데, 그중에서 숨문선이 가장 두껍다. 길이는 25mm 정도이다.

번데기 먹이식물의 잎 아래쪽으로 매달린다. 바탕은 풀색과 갈색이 있으며, 날개끝이 흰 선으로 보인다. 야외에서 관찰된 예는 적다.

도시처녀나비

네발나비과 뱀눈나비아과 *Coenonympha hero* (Linnaeus, 1761)

울릉도를 뺀 한반도 전 지역에 분포하고, 나라 밖으로는 프랑스 동북부, 스칸디나비아에서 유럽 중부를 거쳐 시베리아, 중국, 일본까지 유라시아 대륙의 타이가 기후대에 넓게 분포한다. 한국산은 동북부 지역산을 아종 *perseis* Lerderer, 1853으로 다룬다. 제주도의 개체는 내륙산과 비교할 때 거의 닮았으나 크기가 조금 작고, 날개 아랫면의 유백색 띠가 조금 넓다. 암컷이 조금 크고 날개 가장자리가 둥글어 보이는 것 외에는 수컷과 거의 차이가 없다.

주년경과	1월	2월	3월	4월	5월	6월	7월	8월	9월	10월	11월	12월
알												
애벌레												
번데기												
어른벌레												

주년 경과 한 해에 한 번 나타나는데, 5월 말에서 6월에 볼 수 있다. 애벌레로 겨울을 난다.

먹이식물 벼과(Gramineae) 김의털

어른벌레 양지바르고 나무가 적은 풀밭에서 산다. 제주도에서는 한라산 1400m 이상의 풀밭에 살며, 특히 관목림 근처의 풀 위에 잘 앉는다. 풀과 풀 사이를 톡톡 뛰듯이 천천히 날아다니는 모습을 볼 수 있다. 낮게 날면서 조팝나무, 엉겅퀴 등 여러 꽃에서 꿀을 빤다. 보통은 날개를 접고 풀이나 바위에 앉아 일광욕을 하는데, 햇빛이 비치는 쪽으로 비스듬히

수컷

날개를 기울이는 습성이 있다. 암컷은 잎 사이로 들어가 낮은 데 나 있는 잎에 알을 하나씩 낳는다.

알 사과 모양으로, 너비는 0.5mm, 높이는 0.7mm 정도이다. 위에서 보면 바퀴 모양으로 보인다. 누런 바탕에 붉은 밤색 무늬가 보이는데, 깨날 무렵 풀색이 짙어진다. 기간은 10~14일이다.

애벌레 갓 깨난 애벌레는 먹이식물의 잎 가장자리를 계단 모양으로 먹는다. 쉴 때에는 머리를 아래쪽으로 두고 뿌리 가까이로 내려간다. 머리는 누런 풀색 또는 누런 밤색의 두 가지가 있다. 몸은 풀색이지만 이따금 누런 풀색을 띠기도 한다. 4령으로 겨울을 나는데, 야외에서 아직 발견하지 못했다. 종령(5령)애벌레는 먹이식물의 잎에 붙어 있다가 작은 충격에도 밑으로 잘 떨어지며, 이때 몸을 구부려 죽은 체한다. 길이는 30mm 정도이다. 전체적인 모습은 시골처녀나비와 닮았다.

번데기 먹이식물의 잎 뒤에서 아래로 매달린다. 바탕은 풀색이며, 검은색 줄무늬가 있는 것도 있고 없는 것도 있다. 한라산에서는 등산로 주변의 먹이식물에서 애벌레와 번데기를 많이 발견할 수 있다.

북방처녀나비

네발나비과 뱀눈나비아과 *Coenonympha glycerion* (Borkhausen, 1788)

유럽에서부터 러시아의 사할린까지 넓게 분포하고, 우리나라에는 북부 지방에 분포한다. 한국산은 아종 *iphicles* Staudinger, 1892로 다룬다. 우리나라에서는 북한 학자인 임(1988)이 처음 기록했다.

눈많은그늘나비

네발나비과 뱀눈나비아과 *Lopinga achine* (Scopoli, 1763)

이 속*Lopinga* Moore, 1893은 유라시아 대륙의 한랭한 지역에 있는 산림대와 타이가 지역에 4종이 분포하고, 우리나라에 2종이 분포한다. 이 나비는 한반도 전 지역과 한라산 아고산대에 분포하고, 나라 밖으로는 유럽 중부에서 북부, 스칸디나비아 남부, 중앙아시아, 러시아의 알타이, 아무르, 연해주, 사할린, 몽골, 중국, 티베트와 일본에 분포한다. 한반도 내륙산은 아종 *achinoides* Butler, 1878로 다루고, 제주산은 아종 *chejudoensis* Okano et Pak, 1968로 다룬다. 제주도 개체는 내륙산에 비해 크기가 작고, 뒷날개 가장자리 부분에 흰 띠가 넓다. 암수의 차이는 뚜렷하지 않으나 암컷 쪽이 크고 무늬가 뚜렷하다.

주년경과	1월	2월	3월	4월	5월	6월	7월	8월	9월	10월	11월	12월
알												
애벌레												
번데기												
어른벌레												

뒷날개 흰 띠가 넓은 한라산 개체

뒷날개 흰 띠가 좁은 내륙산 개체

수컷

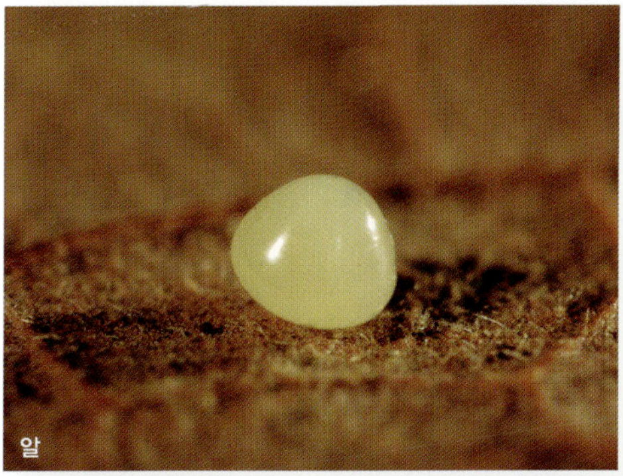

알

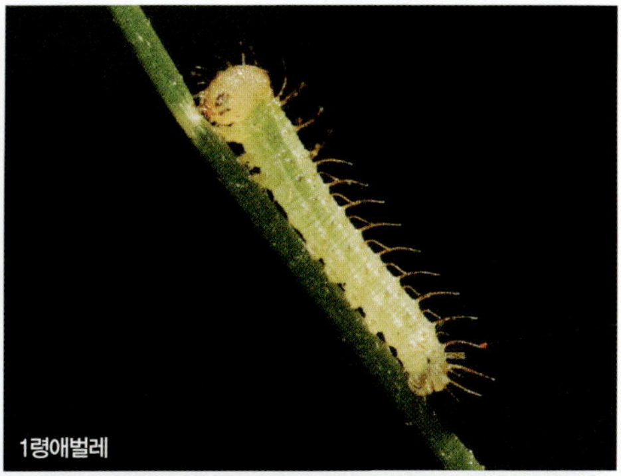

1령애벌레

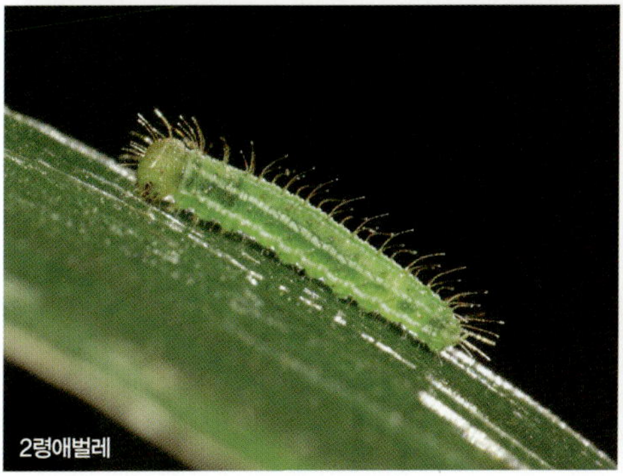

2령애벌레

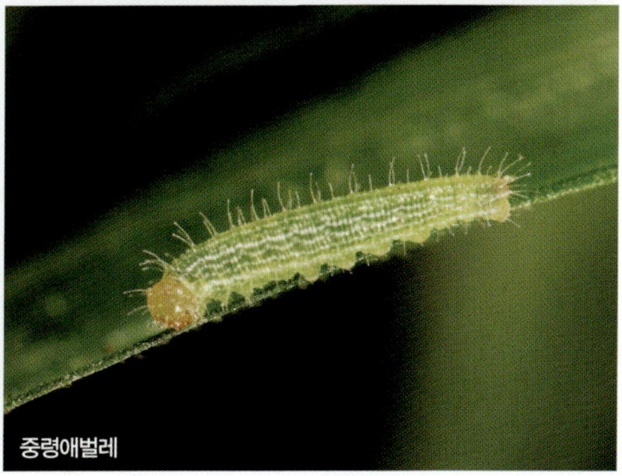

중령애벌레

주년 경과 한 해에 한 번 나타나는데, 7~8월에 볼 수 있다. 애벌레로 겨울을 난다.

먹이식물 사초과(Cyperaceae) 붓꼬리사초, 벼과(Gramineae)의 여러 식물

어른벌레 산지의 나무가 적은 숲 가장자리 풀밭에서 살고, 고도가 높은 능선 주위에서 많이 볼 수 있다. 나무와 나무 사이를 가볍게 날면서 수컷끼리 텃세 행동을 보이나 한자리를 고수하는 성질은 약하다. 개망초, 곰취, 금방망이 등 여러 꽃에서 꿀을 빨며, 제주도 백록담 주변에서는 구상나무 진을 빨아 먹는다. 암컷은 먹이식물의 잎 뒤에 알을 하나씩 낳는다.

알 꼭지가 둥근 삼각뿔 모양으로, 밑면의 너비는 1.1mm, 높이는 0.9mm 정도이다. 바탕색은 처음에 뚜렷한 누런 흰색이다가 차츰 노란색이 짙어진다.

애벌레 몸은 원통 모양으로 전체가 가늘고 길어 보인다. 배끝의 돌기는 조금 벌어져 떨어진다. 전체적으로 옅은 풀색이고 등선은 푸른빛이 도는 풀색이다. 등선 양쪽으로 흰색이 가늘게 나타난다. 숨문아래선은 뚜렷한 흰색이다. 잎을 먹고 난 뒤 줄기 아래쪽으로 내려가 머리를 아래로 한 채 쉰다. 건드려서 떨어지면 몸을 꼬부려 말린 상태로 있다가 주변이 조용해지면 천천히 먹이식물로 올라간다. 길이는 29mm 정도이다.

번데기 먹이식물에서 떨어져 있는 다른 풀의 줄기에서 아래로 매달린다. 바탕색은 잿빛이 나는 풀색이고, 날개 부위 등에 흰 띠가 있다. 날개돋이할 무렵에는 황토색으로 변하고, 날개가 비쳐 보인다. 길이는 11mm 정도이다.

서식지

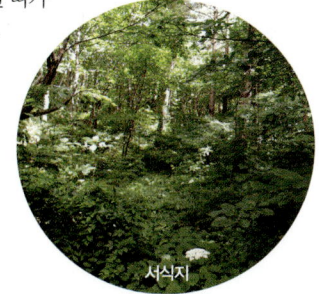

뱀눈그늘나비

네발나비과 뱀눈나비아과 *Lopinga deidamia* (Eversmann, 1851)

제주도와 울릉도를 뺀 전국에 분포하고, 나라 밖으로는 시베리아 서부에서 러시아의 아무르, 중국 중부와 동북부, 일본까지 넓게 분포한다. 한국산은 원명 아종으로 다룬다. 암수의 차이는 뚜렷하지 않으나 암컷 쪽이 조금 크고 흰색 무늬가 커 보인다.

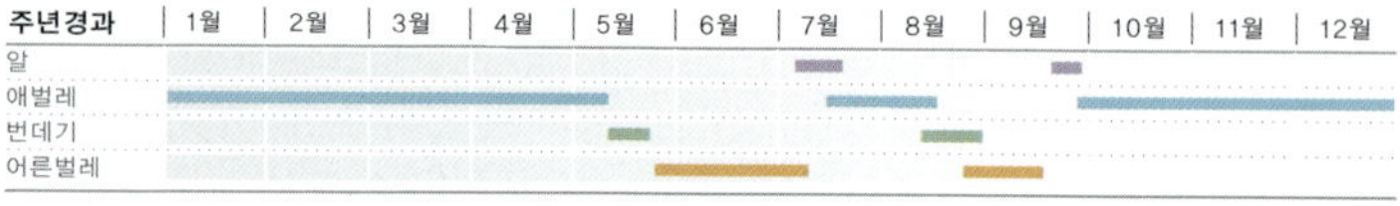

주년경과	1월	2월	3월	4월	5월	6월	7월	8월	9월	10월	11월	12월
알												
애벌레												
번데기												
어른벌레												

꽃꿀을 빠는 수컷

날개를 접은 수컷

서식지

주년 경과 한 해에 두 번 나타나는데, 5월 말~6월, 8~9월에 볼 수 있다. 애벌레로 겨울을 난다.

먹이식물 벼과(Gramineae) 참바랭이

어른벌레 나무가 적은 숲 가장자리의 바위 지대나 길을 새로 내서 맨땅으로 된 비탈면에서 산다. 비교적 고도가 낮은 산지를 좋아한다. 미끄러지듯이 날아다니며 수컷은 물가로 날아온다. 때때로 수컷끼리 텃세 행동을 보이나 점유성은 약한 편이다. 암수가 개망초, 마타리, 씀바귀 등 여러 꽃에서 꿀을 빠는데, 경계심이 많아 날개를 쉴 새 없이 접었다 폈다 한다. 암컷은 먹이식물의 잎 뒤에 알을 하나씩 낳는다.

알 찐빵 모양으로, 너비는 0.8mm, 높이는 1mm 정도이다. 겉에 세로로 30개 정도의 도드라진 줄무늬가 있다. 바탕색은 노란 흰색인데, 깨날 무렵에는 애벌레의 검은색 머리 때문에 밤색으로 비쳐 보인다.

애벌레 색과 생김새는 눈많은그늘나비와 아주 닮았다. 알을 깨고 나와 알껍데기를 먹고 잎 가장자리로 이동한 뒤 계단식으로 잎을 먹는다. 4령애벌레 상태로 겨울을 난다. 다 자라면 29mm 정도이다.

번데기 먹이식물 줄기에 아래로 매달리거나 주변의 풀, 바위에 매달린다. 바탕색은 누런 풀색이거나 벨벳 느낌의 검은색이다. 길이는 13mm 정도이다. 야외에서 발견된 예는 매우 적다.

알락그늘나비

네발나비과 뱀눈나비아과 *Kirinia epimenides* (Ménétriès, 1859)

    이 속 *Kirinia* Moore, 1893은 동북아시아에 2종이 분포하고, 우리나라에 2종이 있다. 이 나비는 지리산 이북의 산지를 중심으로 분포하고, 나라 밖으로는 중국 중부와 동북부, 러시아의 아무르, 트랜스바이칼 동남부에 분포한다. 한국산은 원명 아종으로 다룬다. 알락그늘나비는 더듬이 끝 부분이 검고, 황알락그늘나비는 황갈색이다. 암수의 차이는 암컷의 날개 가장자리가 조금 더 둥근 것 외에는 뚜렷하지 않다.

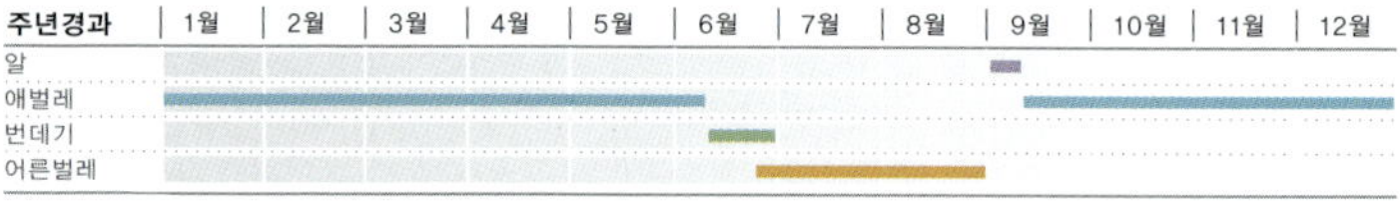

주년경과	1월	2월	3월	4월	5월	6월	7월	8월	9월	10월	11월	12월
알												
애벌레												
번데기												
어른벌레												

햇볕을 쬐는 수컷

한 줄로 낳은 알

1령애벌레

종령애벌레

나무줄기에 잘 붙는다

주년 경과 한 해에 한 번 나타나는데, 6월 말~9월 초까지 볼 수 있다. 애벌레로 겨울을 난다.

먹이식물 벼과(Gramineae)와 사초과(Cyperaceae)의 여러 식물

어른벌레 참나무가 많은 숲 속에서 산다. 대체로 고도가 높은 산지의 능선이나 정상 부근에 많으며, 신갈나무 숲과 관련이 깊다. 수컷은 햇빛이 드는 자리를 차지하려고 텃세 행동을 강하게 한다. 암수가 참나무의 진에 잘 모이나 꽃에는 오지 않는다. 암컷은 참나무 숲 속의 탁 트인 장소에 있는 먹이식물 주변 낙엽들 사이에 10여 개 이상의 알을 한꺼번에 낳는데, 야외에서 발견하기 쉽지 않다.

알 너비는 1mm, 높이는 1.2mm 정도의 사과 모양이고, 색은 우윳빛이다. 옅게 세로줄 무늬가 있다.

애벌레 알에서 깬난 황토색 애벌레는 먹지 않고 그대로 겨울을 난다. 2령애벌레 이후는 이듬해 봄부터 보이는데, 머리에 뿔 모양 돌기가 1쌍 나 있다. 풀색 몸은 긴 원통 모양이고, 배끝에 1쌍의 돌기가 뒤로 뻗쳐 있다. 숨문은 흰색이고 그 둘레는 짙은 풀색이 가늘게 보인다. 다 자라면 40mm 정도 된다. 잎 뒤에서 생활하며 별로 많이 먹지 않는다.

번데기 아직 우리나라에서 관찰된 기록이 없다.

황알락그늘나비

네발나비과 뱀눈나비아과 *Kirinia epaminondas* (Staudinger, 1887)

지리산 이북 낮은 산지를 중심으로 분포하고, 나라 밖으로는 일본, 중국 중부, 동부, 동북부, 러시아의 아무르에 분포한다. 한국산은 원명 아종으로 다룬다. 알락그늘나비와 닮았지만 이 나비는 날개 윗면이 황토색이다. 앞날개 아랫면 가운데방에서 몸 가까이에 있는 세로줄이 조금 구부러졌고 양 끝이 날개맥에 닿는다. 이와 달리 알락그늘나비는 날개 윗면이 누런 재색이고, 앞날개 아랫면 가운데방의 몸 가까이에 있는 세로줄이 심하게 구부러진다. 암수의 차이는 뚜렷하지 않으나 암컷의 날개 아랫면이 회백색이 더 짙다.

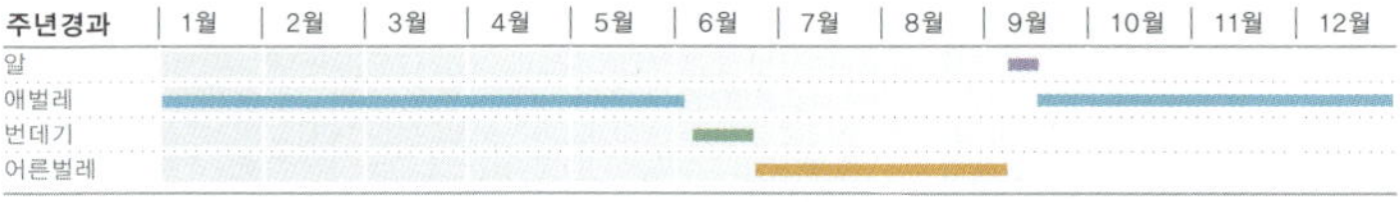

주년경과	1월	2월	3월	4월	5월	6월	7월	8월	9월	10월	11월	12월
알									▬			
애벌레	▬	▬	▬	▬	▬					▬	▬	▬
번데기						▬						
어른벌레						▬	▬	▬				

암컷

잎 뒤에 붙어 있는 수컷

주년 경과 한 해에 한 번 나타나는데, 6월 말에서 9월 초에 볼 수 있다. 애벌레로 겨울을 난다.

먹이식물 벼과(Gramineae)와 사초과(Cyperaceae) 의 여러 식물

어른벌레 참나무가 많은 숲 속에서 산다. 높지 않은 산지의 숲 가장자리나 능선, 산꼭대기 부근에 많다. 수컷은 그늘진 숲 속에서 햇볕이 스며드는 자리를 차지하려는 텃세 행동을 한다. 암수가 참나무의 진에 잘 모이나 꽃에는 오지 않는다. 암컷은 낙엽 속에 한꺼번에 1~60개의 알을 낳는다.

알 크기나 색 등은 알락그늘나비와 거의 같다. 미세한 세로줄 무늬가 있다.

애벌레 알락그늘나비와 거의 닮아 차이가 없다. 먹그늘나비와 같은 장소에서 겨울을 나는데, 먹그늘나비 애벌레보다 늦게 나와 먹이 활동을 하므로 성장이 느리다.

번데기 앞번데기는 풀잎 아래에 붙어 'L'자 모양으로 머리를 구부리고 있다. 번데기는 풀색을 띠는데, 옆에서 보면 흰 줄무늬가 있다. 이 밖에 밝혀진 국내 정보는 없다.

부처사촌나비

네발나비과 뱀눈나비아과 *Mycalesis francisca* (Stoll, 1780)

    이 속*Mycalesis* Hübner, 1818은 동남아시아에서 중국 남부까지와 오스트레일리아에 100여 종이 분포하고, 우리나라에는 2종이 있다. 이 나비는 한반도 전 지역에 분포하고, 나라 밖으로는 일본, 중국, 타이완, 인도차이나 반도에 분포한다. 한국산은 아종 *peridicas* Hewitson, 1862로 다룬다. 암컷은 수컷보다 크고 날개 가장자리가 둥글다. 특히 수컷은 앞날개와 겹치는 뒷날개 윗면에 털 뭉치가 있다.

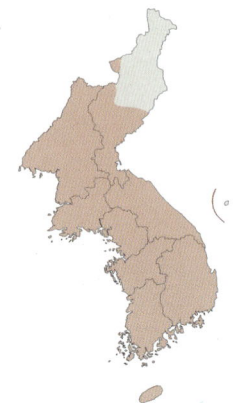

주년경과	1월	2월	3월	4월	5월	6월	7월	8월	9월	10월	11월	12월
알												
애벌레												
번데기												
어른벌레												

주년 경과 한 해에 두 번 나타나는데, 5~8월에 볼 수 있다. 애벌레로 겨울을 난다.

먹이식물 벼과(Gramineae) 실새풀, 주름조개풀, 참억새, 바랭이

어른벌레 숲 속이나 숲 가장자리, 벼과 식물이 있는 장소에서 산다. 숲 속에서 잘 날아다니기도 하고, 숲 가장자리의 밝은 장소에서도 보인다. 톡톡 튀듯이 날고, 앉을 때에는 보통 날개를 접는다. 흐린 날이나 이

날개를 펼친 모습

나뭇잎에 잘 앉는다

른 아침에는 체온을 높이기 위해 날개를 편다. 흐린 날에 잘 날아다니고, 맑은 날에는 저녁 무렵이 되어야 활발해진다. 수컷은 꽃에 날아오기도 하고 축축한 물가나 썩은 과일, 졸참나무 진 등에도 모인다. 암컷은 수컷보다 덜 활발하며 먹이식물 잎 뒤에 알을 1~6개 낳는다.

알 공 모양으로, 너비는 1mm, 높이는 0.9mm 정도이다. 반투명한 옅은 풀색이다.

애벌레 먹이식물 잎 뒤에 한 마리 또는 두 마리가 붙어 있으며, 잎 가장자리를 계단식으로 먹는다. 1령애벌레는 머리가 검은색이고 짧은 돌기가 1쌍 있으며, 몸에 누런 풀색의 가느다란 세로줄이 있다. 2~4령애벌레의 등선 중에서 배끝 가까이에는 붉은 기가 나타난다. 종령애벌레로 겨울을 난다. 먹이 활동을 마치고 쉴 때에는 땅으로 내려와 주변의 낙엽 밑으로 들어가 붙는다. 이때 몸은 옅은 밤색을 띤다. 겨울을 난 뒤 전혀 먹지 않고 번데기가 된다.

번데기 옅은 풀색인데 이따금 황토색을 띠기도 한다. 머리의 돌기는 두드러지지 않으며, 머리 너비는 2.5mm 정도이다. 가운데가슴은 두께가 5mm 정도이다. 제2, 3, 4, 5배마디의 아래등선에 흰 점이 있다. 날개 부위는 배에 비해 색이 더 옅고 그 테두리는 부풀어 있다. 먹이식물 잎 뒤에서 자주 볼 수 있다. 길이는 15.5mm 정도이다.

부처나비

네발나비과 뱀눈나비아과 *Mycalesis gotama* Moore, 1857

제주도와 북부 지방 산지를 뺀 각지에 분포하고, 나라 밖으로는 일본, 중국, 타이완, 인도차이나 반도, 타이, 미얀마, 인도 동북부까지 분포한다. 한국산은 원명 아종으로 다룬다. 암컷은 수컷보다 크고 날개 가장자리가 둥글다. 특히 수컷은 앞날개와 겹치는 뒷날개 앞가장자리에 털 뭉치가 있다. 먹이식물과 알에 대해 김(1991)이 우리나라에서 처음 밝혔다.

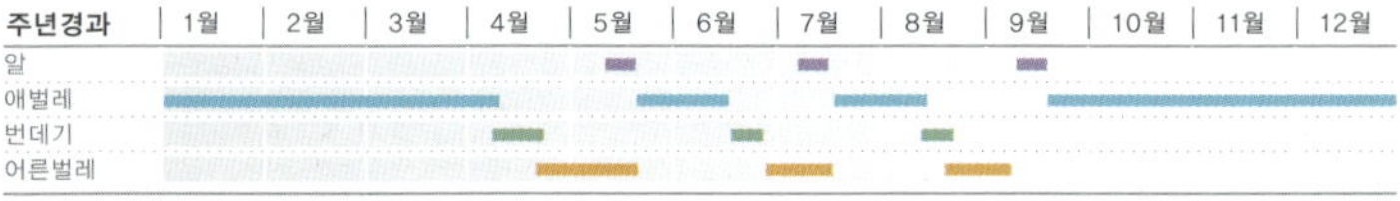

주년경과	1월	2월	3월	4월	5월	6월	7월	8월	9월	10월	11월	12월
알												
애벌레												
번데기												
어른벌레												

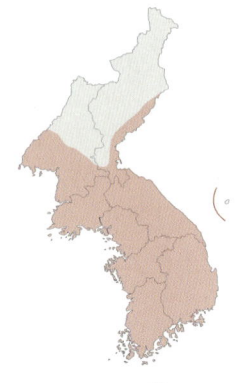

주년 경과 한 해에 두세 번 나타나는데, 4월 중순에서 10월까지 볼 수 있다. 애벌레로 겨울을 난다.

먹이식물 벼과(Gramineae) 벼, 억새, 바랭이, 주름조개풀

어른벌레 숲 안팎 빈터의 벼과 식물이 많은 곳에서 산다. 부처사촌나비는 산지에 많은 반면 이 나비는 평지에 많은 편이다. 천천히 날아다니면서 썩은 과일이나 느릅나무 진에 모여든다. 날이 흐리거나 차면 햇볕

암컷

호랑거미에게 잡혀 죽임을 당하는 모습

이 내리쬐는 곳에서 날개를 편 채로 일광욕을 한다. 어두운 곳을 좋아하므로 때로는 건물 안으로 들어와 날아다니기도 한다. 암컷은 해 질 무렵 먹이식물 잎 뒤에 알 1~6개를 나란히 낳는다.

알 너비 0.8mm, 높이 1mm 정도의 공 모양이다. 옅은 풀색이 도는 흰색으로, 반투명하고 광택이 난다.

애벌레 1령애벌레는 옅은 풀색이고 2령 이후부터는 풀색이 짙어지거나 황토색을 띤다. 붉은 밤색 바탕의 머리 위로 1쌍의 짧은 돌기가 나 있다. 부처사촌나비와 닮았으나 몸이 가늘고 긴 편으로, 배끝의 돌기가 좌우로 벌어진다. 잎 뒤에 있으며, 겨울을 날 때의 습성도 부처사촌나비와 닮았다. 다 자란 애벌레의 몸길이는 33mm 정도이다.

번데기 부처사촌나비처럼 옅은 풀색 또는 옅은 갈색을 띤다. 먹이식물 잎 뒤에서 아래를 향해 거꾸로 매달려 있다. 길이는 14mm 정도이다.

먹그늘나비붙이

네발나비과 뱀눈나비아과 *Lethe marginalis* (Motschulsky, 1860)

    이 속 *Lethe* Hübner, 1819은 동북아시아와 동남아시아, 오스트레일리아에 50여 종이 분포하고, 우리나라에 2종이 분포한다. 이 나비는 제주도를 뺀 전국에 분포하며, 나라 밖으로는 일본, 중국, 러시아의 아무르에 분포한다. 한국산은 아종 *mackii* (Bremer, 1861)로 다룬다. 암컷은 수컷보다 조금 크고, 날개의 바탕색이 조금 연하며, 앞날개의 흰 선이 더 뚜렷하다.

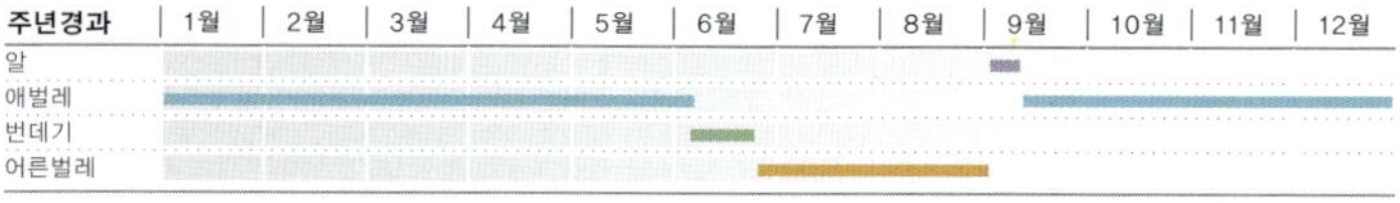

주년경과	1월	2월	3월	4월	5월	6월	7월	8월	9월	10월	11월	12월
알									■			
애벌레	■	■	■	■	■					■	■	■
번데기						■						
어른벌레							■	■	■			

수컷

알 | 종령애벌레 | 앞번데기
겨울을 난 뒤 허물을 벗은 애벌레 | 번데기

주년 경과 한 해에 한 번 나타나는데, 6월 말에서 8월까지 볼 수 있다. 4령애벌레로 겨울을 난다.

먹이식물 벼과(Gramineae) 새, 참억새, 바랭이, 주름조개풀, 큰기름새, 달뿌리풀

어른벌레 참나무 숲 주변에서 산다. 산길이나 확 트인 공간을 좋아하며, 낮에는 풀 밑이나 나무줄기에 붙어 쉬다가 아침 일찍 또는 저녁 늦게 활발하게 날아다닌다. 수컷은 해 질 무렵이나 해 진 뒤에도 참나무 줄기의 좋은 자리를 차지하려고 한참 동안 텃세 행동을 강하게 한다. 암수가 참나무 진, 오물, 썩은 과일에 모인다. 암컷은 먹이식물 잎 뒤에 알을 하나씩 낳는다.

알 밑면이 평평한 공 모양으로, 너비 1mm, 높이 1mm 정도이다. 젖빛으로 광택이 있으며, 갓 낳았을 때에는 노란색이 짙다.

애벌레 다 자란 애벌레는 머리에 1쌍의 뿔 모양 돌기가 있으며, 전체적으로 옅은 풀색에 세로로 짙은 풀색 줄무늬가 있다. 머리 너비는 3.4mm 정도이다. 숨문은 옅은 노란색이다. 먹이식물의 잎 뒤에서 발견되는데, 대부분 겨울을 난 뒤에 발견되기 때문에 이때에 먹은 흔적을 살피면 쉽게 찾을 수 있다. 참억새 주변 낙엽 아래에서 겨울을 나는 애벌레를 발견한 적이 있다. 다 자란 애벌레의 길이는 45~48mm이다.

번데기 먹그늘나비와 거의 같으며, 색은 노란색을 머금은 풀색이다. 가운데가슴의 등 쪽이 칼날처럼 튀어나와 있는데 이 부분에 옅은 노란색 띠가 보인다. 길이는 17mm, 최대 너비는 6.5mm 정도이다.

먹그늘나비

네발나비과 뱀눈나비아과 *Lethe diana* (Butler, 1866)

    전국 각지에 분포하는데, 주로 산림 지대에 개체 수가 많다. 나라 밖으로는 일본, 중국, 러시아의 우수리 강 남부, 사할린, 쿠릴 열도, 타이완에 분포한다. 한국산은 원명 아종으로 다룬다. 제주산은 한반도 내륙산에 비해 약간 작다. 수컷은 앞날개 아랫면 뒷가장자리에 검은색 털 뭉치가 있다.

주년경과	1월	2월	3월	4월	5월	6월	7월	8월	9월	10월	11월	12월
알												
애벌레												
번데기												
어른벌레												

주년 경과 한 해에 1~3회 나타나는데, 중부 지방에서는 6월에서 9월 초까지, 남부와 제주도에서는 5월 중순에서 6월, 7월 중순에서 9월까지 볼 수 있다. 애벌레로 겨울을 난다.

먹이식물 벼과(Gramineae) 조릿대, 제주조릿대, 이대, 참억새, 달뿌리풀

어른벌레 산지에서 조릿대가 많은 그늘진 장소에 산다. 햇빛이 약하게 비치는 나뭇잎 위에 앉아 쉬는 일이 많고, 맑은 날은 물론 오후 늦게 어두워질 때나 흐린 날에도 활발하게 날아다닌다. 아침 일찍 이슬이 채

알 낳기

마르기 전에는 날개를 반쯤 편 상태로 일광욕을 한다. 숲 속의 축축한 장소에 무리 지어 모여 있는 것을 볼 수 있으며, 사찰이나 인가의 벽에 붙는 경우도 있다. 졸참나무의 진에 잘 모이며, 드물게 금방망이 꽃에 오거나 썩은 과일에도 모인다. 암컷은 그늘진 곳에서 자라는 조릿대의 잎 뒤에 알을 하나씩 낳는다.

알 밑면이 평평한 공 모양으로, 너비 1mm, 높이 1mm 정도이다. 젖빛으로 광택이 있다.

애벌레 바탕색에 따라 녹색형과 갈색형으로 나뉜다. 1령애벌레는 머리에 돌기가 없으나 2령 이후 가늘고 긴 뿔 모양 돌기가 생긴다. 녹색형 애벌레는 누런 풀색으로, 등선과 그 옆 선에 노란색 띠가 보인다. 배끝의 돌기 2개는 붉은 기가 돌며, 서로 약간 떨어진 채 평행하게 나 있다. 갈색형 애벌레는 잿빛 나는 황토색 바탕에 등선은 특히 더 진한 갈색이며 굵다. 그 옆 선에는 옅은 갈색의 줄무늬가 일정한 간격으로 비스듬히 나 있다. 배끝은 조금 붉어 보이는 흰색이다. 다 자란 애벌레는 머리 너비가 3.3mm, 몸길이가 32mm 정도 된다.

번데기 잿빛이 도는 황토색 바탕에 비스듬한 흑갈색 줄무늬가 있다. 머리 위의 돌기는 흔적만 있으며, 앞날개 밑에서 머리 끝 가장자리, 가운데가슴 등선 부위는 날카롭게 구부러져 부풀어 있다. 길이는 18mm 정도이다.

왕그늘나비

네발나비과 뱀눈나비아과 *Ninguta schrenkii* (Ménétriès, 1858)

이 속 *Ninguta* Moore, 1892은 동아시아에 1종만 분포한다. 이 나비는 지리산 이북의 산지에 국지적으로 분포하고, 나라 밖으로는 일본, 중국, 러시아의 아무르, 사할린 남부에 분포한다. 한국산은 원명 아종으로 다룬다. 수컷은 뒷날개 윗면에서 몸 가까이에 흰 털 뭉치로 된 성표가 있다.

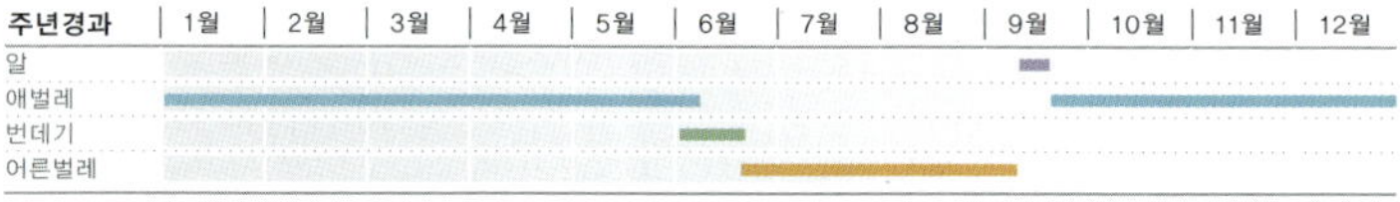

주년경과	1월	2월	3월	4월	5월	6월	7월	8월	9월	10월	11월	12월
알												
애벌레												
번데기												
어른벌레												

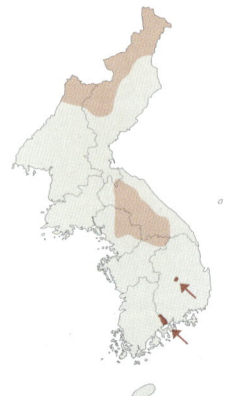

날개를 편 모습

날개를 접은 모습

알

중령애벌레

숲 속 나무줄기에 잘 앉는다

주년 경과 한 해에 한 번 나타나는데, 중부 지방에서는 6월 중순에서 9월 초까지 볼 수 있다. 애벌레로 겨울을 난다.

먹이식물 벼과(Gramineae) 참억새, 사초과(Cyperaceae) 삿갓사초, 흰사초 등

어른벌레 산지의 낙엽 활엽수림 주위의 숲과 풀밭 사이 공간이나 계곡 주변에서 산다. 수컷은 수풀 속에서 크게 휘젓고 다니므로 눈에 금세 띄는 편이다. 암수가 새똥이나 버드나무 등 나뭇진에 날아와 진을 빨아 먹는다. 맑은 날보다 흐린 날이거나 저녁 무렵에 활발해진다. 암컷은 먹이식물의 잎 뒤에 1~6개씩 한 줄로 알을 낳는다.

알 반구 모양으로, 너비 1mm, 높이 1mm 정도이다. 노란빛이 도는 흰색이고, 광택이 있다.

애벌레 몸은 가늘고 길어 보이는 원통 모양으로, 머리 위로 가늘고 긴 뿔 모양 돌기가 1쌍 돋아 있다. 배 끝에서 뒤로 뻗은 돌기도 1쌍 있다. 몸은 풀색이거나 황토색을 띤다. 주로 잎 뒤에 붙어 지내다가 밤에 잎을 먹는다. 1, 2령일 때에는 무리 지어 있을 때가 많으나 겨울을 나면서 흩어진다. 겨울을 나기 위해 먹이식물에서 내려와 주변 낙엽 밑으로 들어간다. 다 자란 애벌레의 길이는 48mm 정도이다.

번데기 누런 풀색에 밤색 무늬가 드문드문 보인다. 제5배마디 옆면에 납작하고 반들반들한 반달 모양의 막상부가 있고 머리 위의 돌기는 흔적만 남아 있다. 먹이식물 주위나 다른 잎 뒤에 붙어 있는 경우가 많다. 길이는 23mm 정도이다. 야외에서 알부터 번데기까지 발견한 예는 매우 적다.

흰뱀눈나비

네발나비과 뱀눈나비아과 *Melanargia halimede* (Ménétriès, 1858)

    이 속*Melanargia* Meigen, 1828은 구북구에 20여 종이 분포하며, 우리나라에 2종이 있다. 이 나비는 한반도 동북부 산지와 남해안에 인접한 전라남도, 경상남도 지역, 제주도의 평지에 분포한다. 나라 밖으로는 몽골 동부, 중국 동북부, 러시아의 아무르에 분포한다. 한반도 북부산은 원명 아종으로 다루나, 남부산은 아종 *coreana* Okamoto, 1926으로 다룬다. 한반도 남부산과 제주산은 형태 차이가 없으나 한반도 동북부의 개체보다 확실히 크다. 암컷은 수컷보다 크고 날개 아랫면에 누런빛이 강하다.

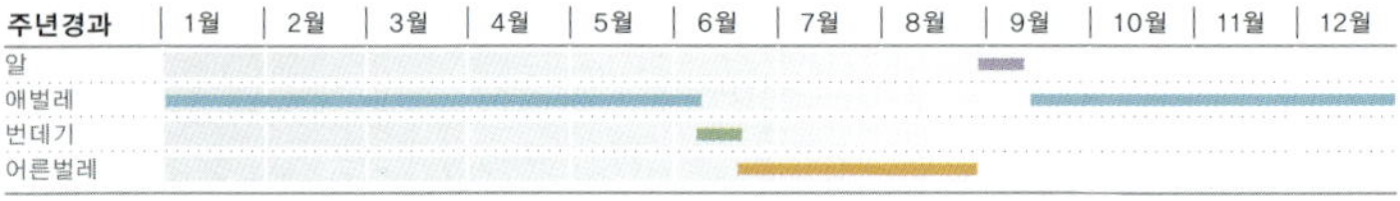

주년경과	1월	2월	3월	4월	5월	6월	7월	8월	9월	10월	11월	12월
알												
애벌레												
번데기												
어른벌레												

알 낳기

주년 경과 한 해에 한 번 나타나는데, 북부 지방에서는 6월 중순에서 7월 말까지 볼 수 있고, 남부 지방과 제주도에서는 6월 중순에서 8월 중순까지 볼 수 있다. 1령애벌레로 겨울을 나는 것으로 보인다.

먹이식물 벼과(Gramineae) 참억새, 쇠풀속(*Andropogon* sp.) 식물

어른벌레 햇빛이 잘 드는 낮은 지대의 무덤 주변이나 억새 풀밭 사이에서 사는데 풀과 풀 사이를 천천히, 쉴 새 없이 날아다닌다. 암컷은 수컷과 달리 잘 날지 않으며 풀에 붙어 쉬는 시간이 많다. 암수 모두 엉겅퀴, 돌가시나무, 꿀풀 등 여러 꽃에서 꿀을 빤다. 암컷은 먹이식물에서 가까운 마른 풀이나 주변의 고사리 잎 등에 1~6개씩 줄지어 알을 낳는다.

알 밑면이 평평하고 위로 올라갈수록 좁아지는 공 모양으로, 윗면은 오톨도톨하다. 옆에서 보면 패이고 모가 난 부분이 있다. 색은 젖빛으로 광택이 있다.

애벌레 조흰뱀눈나비와 거의 차이가 없으나 중령애벌레의 숨문위선에 보이는 노란색이 조금 옅다. 참억새의 뿌리 근처에서 발견한 적이 있다.

번데기 황토색으로, 통통하며 특히 날개 부위가 더 부풀어 있다. 먹이식물 아래 마른 풀에 붙은 것을 관찰한 적이 있다.

조흰뱀눈나비

네발나비과 뱀눈나비아과 *Melanargia epimede* Staudinger, 1887

흰뱀눈나비와 달리 한반도 중북부와 제주도 한라산의 아고산대에 분포한다. 나라 밖으로는 몽골 동부, 중국 동북부, 러시아 아무르에 분포한다. 한반도 내륙산은 원명 아종으로 다룬다. 제주산은 아종 *hanlaensis* Okano et Pak, 1968로 다루며, 제주산은 한반도 내륙산에 비해 크기가 작고 날개 색이 조금 더 어두운 편이다. 암컷은 수컷보다 크고, 날개 아랫면의 바탕색이 누런빛을 띤다.

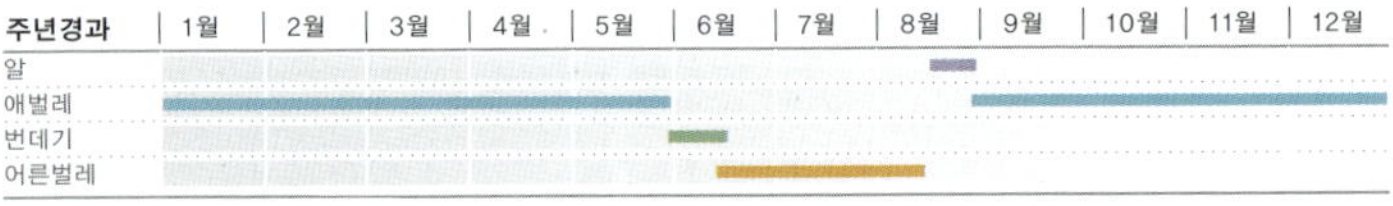

주년경과	1월	2월	3월	4월	5월	6월	7월	8월	9월	10월	11월	12월
알												
애벌레												
번데기												
어른벌레												

꽃꿀을 빠는 수컷

알 | 1령애벌레
겨울을 나려는 1령애벌레 | 중령애벌레 | 종령애벌레
번데기 | 짝짓기를 방해하는 다른 수컷

주년 경과 한 해에 한 번 나타나는데, 북부 지방에서는 6월 중순에서 7월 말에, 중부 지방에서는 6월 중순에서 8월 초에 볼 수 있다. 제주도에서는 7월 초에서 8월 중순에 볼 수 있다. 애벌레로 겨울을 나 아직 야외에서 관찰하지 못했다.

먹이식물 벼과(Gramineae) 참억새

어른벌레 산지의 확 트인 풀밭에서 살며, 제주도 한라산에서는 1100m부터 백록담까지에 있는 건조한 풀밭에 산다. 큰까치수염, 개망초, 엉겅퀴, 백리향, 꿀풀, 곰취 등 여러 꽃에서 꿀을 빠는데, 여러 마리가 한꺼번에 모여 있는 경우가 많다. 수컷은 풀 사이를 쉼 없이 날아다니며 암컷을 탐색한다. 암컷이 국화과 (Compositae) 율무쑥에 알을 낳은 경우(손·박, 1993)를 발견한 적이 있다. 그러나 이 식물이 먹이식물은 아니어서 단지 먹이식물 주변에 알을 낳는 습성 때문에 발견된 것으로 보인다.

알 흰뱀눈나비와 거의 닮아 차이가 나지 않는다.

애벌레 알에서 깨난 애벌레는 길이가 3mm 정도로 작으며, 황토색 무늬에 털이 잔뜩 나 있다. 몸에 세로로 줄이 있는 것처럼 보이는데, 확대해 보면 색이 짙고 옅은 부분이 있어 그렇게 보이는 것이다. 겨울을 나고 2령애벌레가 된 이후 원형 머리에 누런 밤색 세로줄 무늬가 여러 개 생긴다. 등선과 숨문선이 조금 짙다. 애벌레는 잎에 붙어 있는데 건드리면 아래로 떨어져 노래기처럼 몸을 구부린다.

번데기 앞 종인 흰뱀눈나비와 닮아서 겉보기로 구별하기는 매우 어렵다.

함경산뱀눈나비

네발나비과 뱀눈나비아과 *Oeneis urda* (Eversmann, 1847)

이 속*Oneis* Hübner, 1819은 전북구에 33종이 분포하고, 우리나라에 4종이 분포한다. 이 나비는 한반도 동북부에 분포하며, 나라 밖으로는 알타이 산맥 동부의 시베리아 남부 산림 지대, 몽골, 중국 북부와 동북부, 러시아의 아무르, 연해주에 분포한다. 한국산은 아종 *monteviri* Bryk, 1946으로 다룬다.

높은산뱀눈나비

네발나비과 뱀눈나비아과 *Oeneis jutta* (Hübner, 1806)

우리나라 북부 산악 지대에 살며, 구북구의 타이가 지역과 북미에 넓게 분포한다. 한국산은 원명 아종으로 다룬다. 높은 산지의 낙엽 활엽수림 가장자리에서 살고, 백두산 꼭대기에서 7월 말에 볼 수 있다. 한 해에 한 번 나타나며, 7월 말에서 8월 초까지 짧은 시기에 볼 수 있다 (주·임, 1987).

큰산뱀눈나비

네발나비과 뱀눈나비아과 *Oeneis magna* Graeser, 1888

우리나라 북부 산악 지역에 분포하고, 나라 밖으로는 우랄 산맥 동쪽의 타이가 지역과 북미 대륙에 분포한다. 한국산은 아종 *uchangi* Im, 1988로 다루나 원명 아종으로 보아도 될 것 같다. 높은 산지의 침엽수림과 낙엽 활엽수림 가장자리에서 산다. 한 해에 한 번 나타나며, 6월 중순에서 7월 중순까지 볼 수 있다.

참산뱀눈나비

네발나비과 뱀눈나비아과 *Oeneis mongolica* (Oberthür, 1876)

섬 지방을 뺀 전국의 산지에 분포하고, 나라 밖으로는 중국 동북부에 분포한다. 한국산은 내륙 아종을 *walkyria* Fixsen, 1887로, 제주도 아종을 *hallasanenisis* Murayama, 1991로 다룬다. 최근의 DNA 분석 연구(박 등, 미발표)에 따르면 제주도의 한라산과 강원도 오대산, 양양 지역에서 나타나는 함경산뱀눈나비와 다른 지역의 참산뱀눈나비와 차이가 없다고 한다. 남한 지역에서는 참산뱀눈나비 1종만 서식하는 것으로 보이며, 고도에 따른 개체 변이로 다루는 것이 옳겠다. 암컷이 수컷보다 조금 크고 날개 색이 더 짙다.

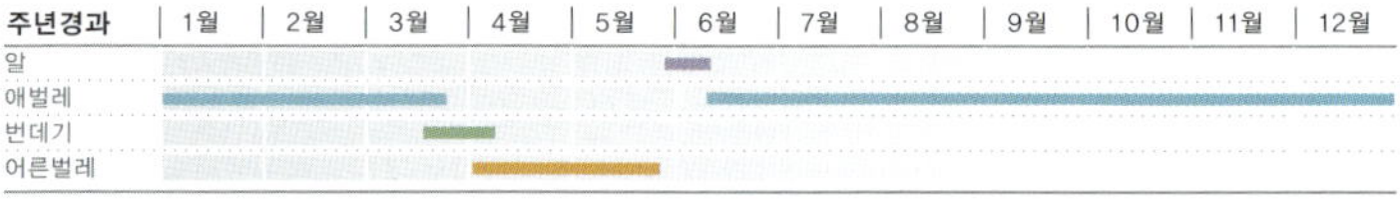

주년경과	1월	2월	3월	4월	5월	6월	7월	8월	9월	10월	11월	12월
알												
애벌레												
번데기												
어른벌레												

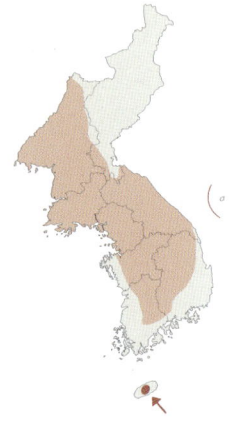

양지바른 풀밭에 앉아 있는 수컷

주년 경과 한 해에 한 번 나타나는데, 북부 지방에서는 6월 중순에서 7월 초까지 보이고, 중부와 남부 지방에서는 4~5월에 볼 수 있다. 제주도 한라산에서는 5월 중순에서 6월 중순까지 볼 수 있다. 종령애벌레로 겨울을 나는 것으로 보인다.

먹이식물 벼과(Gramineae) 김의털

어른벌레 함경산뱀눈나비와 사는 장소가 거의 같다. 맑은 날 김의털 사이에 비스듬히 앉아 일광욕을 한다. 수컷은 갑자기 날아올랐다가 급하게 내려앉는 모습을 되풀이하면서 암컷의 행방을 찾는다. 암수는 조팝나무, 국수나무 등의 꽃에 날아와 꿀을 빠는데, 이런 모습은 그리 흔하지 않다.

알 아래와 위가 평평한 종 모양으로, 처음에는 젖빛이다가 차츰 자주색으로 변한다. 가로줄 무늬는 약하지만 세로줄 무늬는 능 모양으로 뚜렷하고, 15개 정도 있다. 너비는 0.65mm, 높이는 1.1mm 정도이다.

애벌레 머리는 황갈색, 몸은 풀색을 머금은 노란색이다. 배끝으로 갈수록 붉은 기가 나타난다. 먹이식물 속 잎 아래에 있다가 먹을 때에만 끝으로 올라온다. 굴뚝나비 애벌레와 닮았으나 굴뚝나비 애벌레는 1령으로 겨울을 난다는 점에서 차이가 있다. 또한 이 종의 애벌레는 몸 옆의 갈색 띠가 머리 쪽으로 갈수록 옅어지고, 연두색을 조금 띤다는 데서 차이점을 발견할 수 있다.

번데기 우리나라에는 아직 야외에서 관찰된 자료가 없다.

굴뚝나비

네발나비과 뱀눈나비아과 *Minois dryas* (Scopoli, 1763)

    이 속*Minois* Hübner, 1819은 구북구에 4종이 분포하고, 우리나라에 1종이 있다. 이 나비는 한반도 전 지역에 분포하고, 나라 밖으로는 유럽 중부에서 중앙아시아를 경유하여 러시아의 시베리아 남부, 아무르, 연해주, 사할린, 중국, 티베트, 일본까지 유라시아 대륙에 넓게 분포한다. 한국산은 아종 *bipunctata* (Motschulsky, 1861)로 다룬다. 암컷은 수컷보다 크고 날개 색이 조금 옅다.

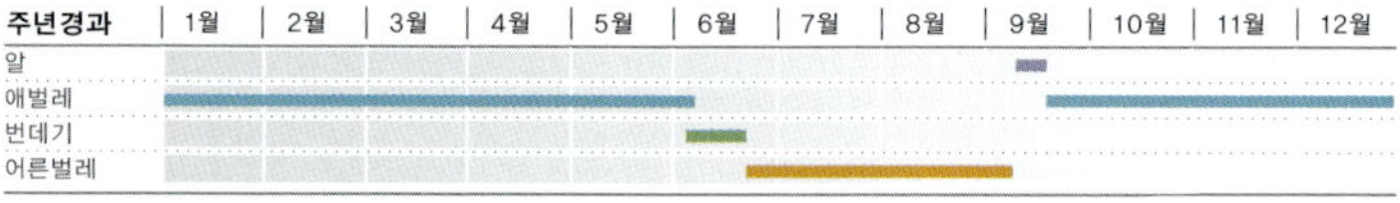

주년경과	1월	2월	3월	4월	5월	6월	7월	8월	9월	10월	11월	12월
알												
애벌레												
번데기												
어른벌레												

주년 경과 한 해에 한 번 나타나는데, 북부 지방에서는 7월 초에서 8월 중순에 볼 수 있고, 중부 이남 지방에서는 6월 말에서 9월 초에 볼 수 있다. 애벌레로 겨울을 나는 것으로 보인다.

먹이식물 벼과(Gramineae) 참억새, 새꿰미풀, 사초과(Cyperaceae)의 여러 식물

수컷

암컷

꽃꿀을 빠는 모습

알 | 1령애벌레 | 2령애벌레
중령애벌레 | 중령애벌레 | 땅속에 있는 번데기

어른벌레 확 트인 길가나 목장, 무덤 주변 등 단조로운 풀밭에서 산다. 엉겅퀴, 꿀풀, 큰까치수염, 개망초 등의 꽃에서 꿀을 빤다. 수컷은 풀 사이를 쉴 새 없이 낮게 날아다니면서 암컷을 찾거나 꽃에서 꿀을 빤다. 이따금 나뭇진에 오긴 하지만 매우 드문 일이다. 암컷은 풀 속으로 들어가 알을 낳는데 잎에 붙이지 않고 땅에 떨어뜨리는 습성이 있다.

알 밑면이 평평한 공처럼 생겼고, 우윳빛을 띠며 겉에 특별한 무늬가 없다. 너비는 1mm, 높이는 0.9mm 정도이다.

애벌레 아무 데나 낳은 알들은 2개월 정도 지나 가을에 깨어나서 애벌레가 되는데, 거의 먹지 않고 겨울을 나게 된다. 다 자란 애벌레는 머리가 원형이고, 몸이 원통 모양으로, 먹그늘나비보다 굵고 짧다. 등선은 약하게 짙은 밤색을 띠고, 다른 부분에도 짙고 옅은 줄무늬가 나타난다. 숨문위선은 두드러지게 검은 띠가 되고 숨문은 검은색이다. 애벌레의 머리에는 뿔 모양 돌기가 없다. 다 자란 애벌레의 길이는 35~40mm이다. 다 자란 애벌레는 부드러운 땅을 5cm 깊이로 파고 방을 만들어 그 속에서 번데기가 된다.

번데기 붉은 밤색 바탕에 얼룩무늬가 없다. 얼핏 보면 밤나방 번데기와 닮았다. 껍데기가 연약하고, 다른 나비들처럼 잎이나 줄기에 매달리지 않아서 현수기가 완전히 퇴화한다. 길이는 16~18mm이다.

산굴뚝나비

네발나비과 뱀눈나비아과 *Hipparchia autonoe* (Esper, 1783)

이 속*Hipparchia* Fabricius, 1807은 구북구에 약 30종이 분포하며, 우리나라에는 1종만 분포한다. 유럽의 지중해 지방에 집중적으로 분포한다. 이 나비는 제주도 한라산 백록담 주위와 한반도 북부에 격리 분포한다. 나라 밖으로는 유럽 동남부에서 러시아의 알타이, 아무르, 연해주, 중국 동북부까지 분포한다. 한국산은 동북부 지방산을 아종 *sibirica* Staudinger, 1861로 다루고, 제주산을 아종 *zezutonis* Seok, 1934로 다룬다. 암컷은 수컷보다 크고 날개 색이 조금 옅다.

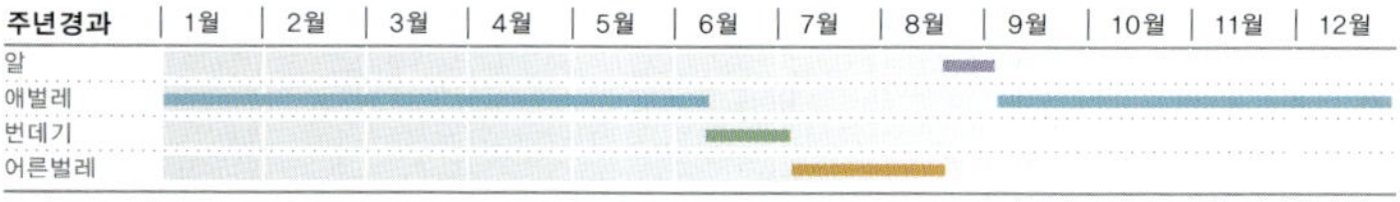

주년경과	1월	2월	3월	4월	5월	6월	7월	8월	9월	10월	11월	12월
알												
애벌레												
번데기												
어른벌레												

햇볕을 쬐는 암컷

화산암 위에 앉은 수컷

알 / 1령애벌레 / 종령애벌레 / 앞번데기 / 번데기 / 알 낳기

주년 경과 한 해에 한 번 나타나는데, 북부 지방에서는 7월 초에서 8월 중순까지, 제주도 한라산에서는 7월 중순에서 8월까지 볼 수 있다. 애벌레로 겨울을 나는 것으로 보인다.

먹이식물 벼 과(Gramineae) 김의털, 사초 과(Cyperaceae) 한라사초

어른벌레 남한에서는 한라산 1400m부터 암석이 있고 풀이 짧게 난 풀밭에 산다. 특히 한라산 윗세오름(1700m)에서 백록담에 이르는 건조한 풀밭에 많다. 수컷은 화산암 위에 앉아 쉬다가 백리향, 솔체꽃, 송이풀, 꿀풀 등의 꽃에서 꿀을 빤다. 바람이 불면 멀리 나는데 보통 한 번 날 때 5~6m 날아가 뚝 떨어지듯이 내려앉는다. 암컷은 먹이식물의 잎에 알을 하나씩 낳는다.

알 밑면이 평평하며 통통한 공 모양이다. 흰색을 띤다. 겉에 쭈글쭈글한 능 모양의 세로줄 무늬가 있다.

애벌레 1령애벌레는 머리가 노란색이고, 몸통이 노란색을 띤 풀색이다. 머리에 갈색 점무늬가 있고, 몸에는 갈색 띠무늬가 있다. 다 자란 애벌레는 황토색을 띠지만 때로 갈색을 띠기도 한다. 주로 풀 사이에 있는데, 잘못 건드리면 아래로 떨어지므로 야외에서 발견하기 쉽지 않다.

번데기 먹이식물 안쪽의 부드러운 흙속이나 풀속에서 발견되는데, 갈색 바탕에 통통한 원기둥 모양이다.

애물결나비

네발나비과 뱀눈나비아과 *Ypthima argus* (Butler, 1866)

이 속 *Ypthima* Hübner, 1818은 동남아시아와 오스트레일리아에 100여 종이 분포하고, 우리나라에는 3종이 있다. 이 나비는 한반도 북부를 뺀 전 지역에, 나라 밖으로는 일본, 중국 동북부, 타이완, 러시아의 아무르, 연해주에 분포한다. 한국산은 아종 *hampeia* Fruhstorfer, 1911로 다룬다. 암컷은 수컷보다 조금 크고, 날개 윗면의 흑갈색이 조금 옅다.

주년경과	1월	2월	3월	4월	5월	6월	7월	8월	9월	10월	11월	12월
알												
애벌레												
번데기												
어른벌레												

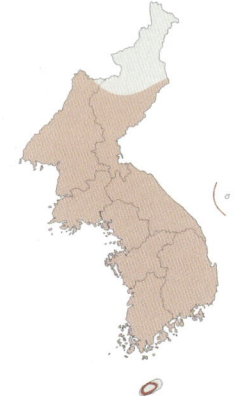

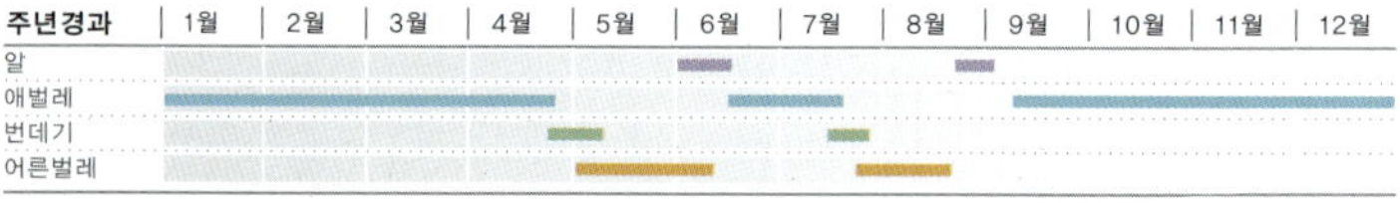

꽃꿀을 빠는 모습

날개를 펴고 햇볕을 쬐는 수컷

갓 낳은 알 | 며칠 지난 알
1령애벌레와 먹은 흔적 | 중령애벌레
종령애벌레 | 번데기

주년 경과 한 해에 두세 번 나타나는데, 북부 지방에서는 6월 중순에서 7월 초, 8월에 두 번 볼 수 있고, 중남부 지방에서는 5월 초에서 9월까지 두세 번 볼 수 있다. 애벌레로 겨울을 난다.

먹이식물 벼과(Gramineae) 강아지풀, 주름조개풀, 잔디, 바랭이

어른벌레 낮은 산지의 산 가장자리나 평지의 숲에서 산다. 바쁘게 날아다니다가 일광욕을 할 때에는 날개를 펴고 앉고, 이 밖에는 날개를 접고 앉는다. 물결나비와 비교해 볼 때 확 트인 풀밭보다는 조금 어두운 반 음지를 좋아한다. 암수는 개망초, 씀바귀, 엉겅퀴, 토끼풀의 꽃에서 꿀을 빨아 먹는다. 암컷은 벼과 식물의 잎에 알을 하나씩 낳고 그 주변 풀잎에 앉아 쉬는 경우가 많다.

알 너비 0.8mm, 높이 1mm 정도로, 찌그러진 공 모양이다. 처음에 옅은 파란 풀색이다가 깨나기 전에 갈색으로 변한다. 겉은 매끈하지 않으며 조금 울퉁불퉁해 보인다. 비대칭 모양이다.

애벌레 1령애벌레는 갈색이고, 몸에 긴 털이 두드러진다. 2령 이후 머리에는 매우 작은 뿔 모양 돌기가 생긴다. 숨문은 검다. 먹이식물을 건드리면 땅에 잘 떨어지고, 낮에 뿌리 근처에서 지내다가 밤에 올라와 먹는다. 다 자란 애벌레는 풀색과 황토색이 있으며, 길이는 24mm 정도이다.

번데기 길이는 13mm 정도이다. 배 쪽이 가슴 쪽보다 조금 높고, 그 사이는 조금 잘록하다. 황토색 또는 황토색 바탕에 흑갈색 무늬가 있다.

물결나비

네발나비과 뱀눈나비아과 *Ypthima multistriata* Butler, 1883

    한반도 전 지역과 제주도 낮은 지대에 분포한다. 나라 밖으로는 중국, 타이완, 일본에 분포한다. 원명 아종은 타이완에 분포한다. 한국산은 아종 *ganus* Fruhstorfer, 1911로 다룬다. 계절형의 차이는 뚜렷하지 않으나 8월 중순 이후 발생하는 개체들은 크기가 약간 작은 편이다. 수컷은 암컷과 달리 날개 중앙 부분에 검은색 무늬가 나타난다.

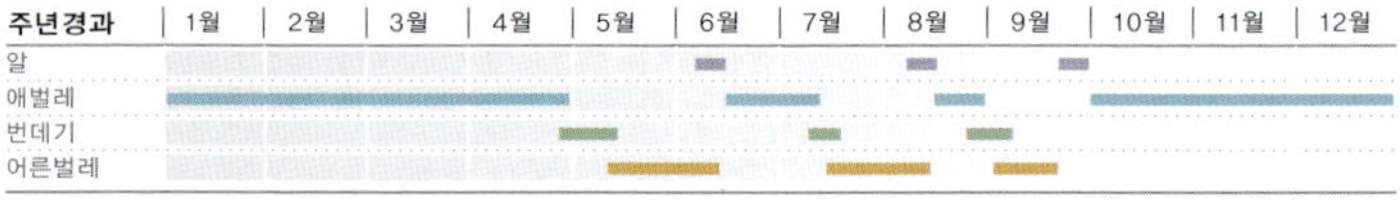

주년경과	1월	2월	3월	4월	5월	6월	7월	8월	9월	10월	11월	12월
알												
애벌레												
번데기												
어른벌레												

날개돋이

잎 위에서 쉬는 수컷

알 | 부화 전 알
중령애벌레 | 종령애벌레 | 번데기
번데기가 된 직후에는 몸에 윤기가 있다 | 짝짓기

주년 경과 한 해에 두세 번 나타나는데, 5월 중순에서 10월 초까지 볼 수 있다. 애벌레로 겨울을 난다.

먹이식물 벼과(Gramineae) 강아지풀, 벼, 주름조개풀, 바랭이, 참바랭이

어른벌레 풀밭이나 낙엽 활엽수림 주변의 빈터에서 산다. 약간 빠르게 나는 편이고 풀 사이를 톡톡 튀듯이 가볍게 나는데, 수컷끼리 서로 쫓아다니는 모습을 자주 볼 수 있다. 쥐똥나무와 개망초, 산초나무의 꽃에서 꿀을 빨며, 썩은 과일이나 죽은 개구리에도 모인다. 암컷은 먹이식물의 잎 뒤에 알을 하나씩 낳는다.

알 거의 둥근 공같이 생겼고, 너비 0.9mm, 높이 0.8mm 정도이다. 애물결나비보다 색이 조금 짙고, 애물결나비의 알이 비대칭인 데 비해 이 나비의 알은 대칭이다.

애벌레 풀색과 옅은 밤색이 있다. 생김새는 애물결나비와 닮아 구별이 쉽지 않다. 숨문에는 옅은 갈색 띠가 있는 경우가 많고, 숨문 아래에는 흰 띠가 가슴에서 배끝까지 나 있다. 다 자란 애벌레의 길이는 28mm 정도이다.

번데기 잎에 붙어 있거나 땅속에서 보인다. 애물결나비의 번데기와 생김새가 닮았다. 바탕색은 옅은 풀색 또는 밤색이고, 길이는 13mm 정도이다. 야외에서 발견된 예가 극히 드물다.

석물결나비

네발나비과 뱀눈나비아과 *Ypthima motschulskyi* (Bremer et Grey, 1853)

    한반도 각지에 국지적으로 분포하고, 나라 밖으로는 중국, 러시아의 아무르, 연해주에 분포한다. 한국산은 아종 *amphithea* Ménétriès, 1859로 다룬다. 9월에 발생하는 제2화 개체는 작은 편이다. 암수의 차이는 크지 않으나 암컷이 더 크고 날개 가장자리가 둥근 편이다.

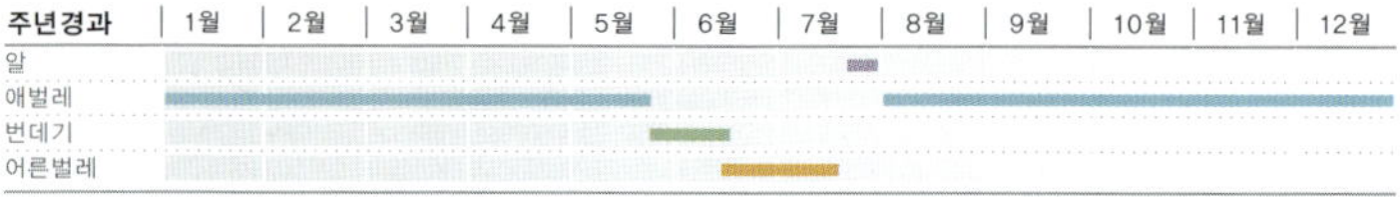

주년경과	1월	2월	3월	4월	5월	6월	7월	8월	9월	10월	11월	12월
알												
애벌레												
번데기												
어른벌레												

날개를 편 수컷

갓 낳은 알 / 며칠 지난 알
1령애벌레 / 녹색형 애벌레 / 종령애벌레 / 갈색형 애벌레 / 번데기

주년 경과 한 해에 한두 번 나타나는데, 중부 이북 지방에서는 6~7월에 볼 수 있고, 남부와 제주도에서는 6~9월까지 볼 수 있다. 애벌레로 겨울을 나는 것으로 보인다.

먹이식물 벼과(Gramineae)의 여러 식물로 보이나 확실하게 관찰된 것은 아니다.

어른벌레 경기도와 강원도 산지의 낙엽 활엽수림 가장자리나 확 트인 풀밭, 숲 가운데 벌목된 장소를 중심으로 산다. 제주도에서는 500~750m 위치의 숲 가장자리에서 보인다. 물결나비와 닮았지만 날 때 날개 색이 조금 어두워 보인다. 개망초와 엉겅퀴, 토끼풀 꽃에 날아와 꿀을 빤다. 암컷은 활발하게 날지 않고 풀 위에 앉아 있다가 꽃꿀을 빨거나 먹이식물의 잎 뒤에 알을 하나씩 낳는다.

알 물결나비와 닮았으며, 처음에 옅은 파란 풀색이다가 깨나기 전에 밤색으로 변한다. 겉은 미세하게 조각한 것처럼 보인다.

애벌레 물결나비와 닮았고, 그 차이를 밝혀내지 못했다. 앞으로 유생기의 차이점을 밝히는 과제가 남아 있다.

번데기 물결나비와 닮았으나 조금 날씬하고, 날개 부위에 검은 줄무늬가 나타난다. 하지만 이것만으로는 구별하기 어려울 때가 많다.

높은산지옥나비
네발나비과　뱀눈나비아과　*Erebia ligea* (Linnaeus, 1758)

이 속*Erebia* Dalman, 1816은 전북구에 80여 종이 분포하며, 한랭한 기후대에 적응한 무리이다. 우리나라에 11종이 분포하는데, 남한에는 2종만 분포한다. 유럽에서 시베리아 남부 산악 지대, 몽골, 중국 동북부와 북서부, 그리고 우리나라 북부 지방 산지에 분포한다. 한국산은 아종 *eumonia* Ménétriès, 1959로 다룬다. 먹이식물은 벼과(Gramineae)의 산새풀, 사초과(Cyperaceae)의 금방동사니이다. 한 해에 한 번 7월 중순에서 8월 중순에 높은 산 풀밭 위를 날아다닌다. 엉겅퀴, 구릿대, 금방망이에서 꽃꿀을 빤다. 알에서 어른벌레가 되기까지 3년이 걸린다. 첫해는 알로 겨울을 나고, 둘째 해는 애벌레로 겨울을 나고, 3년째 6월 중순에 번데기가 된다(주·임, 1987).

북방산지옥나비
네발나비과　뱀눈나비아과　*Erebia ajanensis* Ménétriès, 1857

우리나라 북부의 높은 산지에 분포하고, 나라 밖으로는 러시아의 아무르 북부에 분포한다. 한국산은 원명 아종으로 다루는 것이 옳겠다. 관목림과 침엽수림이 드문드문 있는 풀밭에서 산다. 생김새는 높은산지옥나비와 닮았으나 생식기에 차이가 있다. 이는 Gorbnov (2001)에 따른 것이다.

차일봉지옥나비
네발나비과　뱀눈나비아과　*Erebia theano* (Tauscher, 1806)

우리나라 북부의 높은 산지에 분포하고, 나라 밖으로는 러시아의 알타이 산맥에서 몽골 북부까지 분포한다. 한국산은 원명 아종으로 다룬다. 한 해에 한 번, 6월 말에서 7월 말에 북한의 차일봉에서 보인다. 매우 희귀한 종이다(주·임, 1987). 이 나비는 분류학적으로 문제가 있는 종으로, *Erebia pawlowskii* Ménétriès, 1859로 다루어야 할지는 검토 대상이다.

산지옥나비

네발나비과 뱀눈나비아과 *Erebia neriene* (Böber, 1809)

우리나라 북부의 높은 산지에 분포하고, 나라 밖으로는 시베리아 남부 산지와 몽골, 아무르 지역에 분포한다. 한국산은 원명 아종으로 다룬다. 한 해에 한 번 6월 말에서 8월 말에 볼 수 있다. 어른벌레는 산지의 풀밭에서 무리를 지어 천천히 날아다니며 여러 꽃에 모인다. 암컷은 먹이식물 외에 주위의 여러 식물에 알을 하나씩 낳는다. 먹이식물은 사초과(Cyperaceae) 꼬리사초, 바랭이사초이다. 주·임(1987)이 이 나비의 생활사 과정을 밝혔다.

관모산지옥나비

네발나비과 뱀눈나비아과 *Erebia rossii* (Curtis, 1835)

우리나라 북부의 높은 산지에 분포하고, 나라 밖으로는 우랄 산맥에서 유라시아 대륙의 툰드라 지역, 몽골 북부, 알래스카, 캐나다 북부까지 분포한다. 한국산 아종은 아직 정확히 밝혀지지 않았다. 한 해에 한 번 6월 중순에서 7월 말에 나타난다. 북한의 관모봉 일대에서 볼 수 있다.

노랑지옥나비

네발나비과 뱀눈나비아과 *Erebia embla* (Thunberg, 1791)

우리나라 북부의 높은 산지에 분포하고, 나라 밖으로는 유라시아 대륙의 툰드라와 타이가 지역, 시베리아 산악 지역, 몽골, 아무르, 중국 동북부에 넓게 분포한다. 한국산은 아종 *succulenta* Alphéraky, 1897로 다룬다. 한 해에 한 번 6월 중순에서 7월 중순에 나타난다. 양지바른 전나무와 같은 침엽수림대에서 볼 수 있다.

외눈이지옥나비

네발나비과 뱀눈나비아과 *Erebia cyclopius* (Eversmann, 1844)

강원도 800m 이상 산지 이북에 분포하고, 나라 밖으로는 우랄 산맥 동부에서 몽골, 러시아의 아무르 북부, 중국 동북부까지 분포한다. 한국산은 원명 아종으로 다룬다. 암수의 차이가 크지 않으나 암컷 쪽이 조금 크고, 날개가 둥근 편이다. 또한 날개 윗면의 색이 조금 옅다.

주년경과	1월	2월	3월	4월	5월	6월	7월	8월	9월	10월	11월	12월
알												
애벌레												
번데기												
어른벌레												

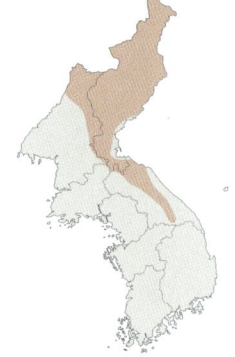

주년 경과 한 해에 한 번 나타나는데, 북부 지방에서는 5월 말에서 7월 초, 중부 지방에서는 5월 말에서 6월까지 볼 수 있다. 애벌레로 겨울을 나는 것으로 보인다.

어른벌레 강원도 산지 낙엽 활엽수림의 가장자리에서 산다. 숲 안팎을 넘나들며 날아다니며, 날개를 'V'자 모양으로 펴고 일광욕을 한다. 수컷은 활발하게 날면서 습기 있는 땅바닥에 잘 앉는다. 암수는 고추나무, 얇은잎고광나무, 붉은병꽃나무에서 꽃꿀을 빤다.

먹이식물, 알, 애벌레, 번데기 우리나라에서는 야외에서 관찰된 자료가 아직 없다.

분홍지옥나비

네발나비과 뱀눈나비아과 *Erebia edda* (Ménétriès, 1851)

우리나라 북부의 높은 산지에 분포하고, 나라 밖으로는 시베리아 동부와 알래스카에 분포한다. 한국산은 원명 아종으로 다룬다. 한 해에 한 번 5월 말에서 7월 초에 나타난다. 낙엽송이 많은 곳에서 볼 수 있다(주·임, 1987).

외눈이지옥사촌나비

네발나비과 뱀눈나비아과 *Erebia wanga* Bremer, 1864

지리산 이북의 산지에 분포하고, 나라 밖으로는 중국과 러시아의 아무르에 분포한다. 한국산은 원명 아종으로 다룬다. 암수의 차이는 외눈이지옥나비와 거의 같다.

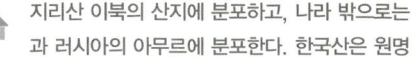

주년 경과 한 해에 한 번 나타나는데, 5월 중순에서 6월까지 볼 수 있다. 애벌레로 겨울을 나는 것으로 보인다.
먹이식물 벼과(Gramineae) 용수염, 김의털
어른벌레 낙엽 활엽수림의 가장자리나 산지의 풀밭에서 산다. 암수는 조팝나무, 얇은잎고광나무, 고추나무 등의 꽃에서 꿀을 빤다. 암컷은 먹이식물의 잎에 알을 하나씩 낳는다.
알, 애벌레, 번데기 우리나라에서 관찰된 예가 아직 없다.

재순이지옥나비

네발나비과 뱀눈나비아과 *Erebia kozhantshikovi* Sheljuzhko, 1925

우리나라 북부의 높은 산지에 분포하고, 나라 밖으로는 우랄 산맥 동부에서 유라시아 대륙의 타이가 중부 지역, 시베리아 남부, 몽골, 아무르 북부, 중국 동북부와 서북부에 넓게 분포한다. 한국산은 원명 아종으로 다룬다. 한 해에 한 번, 7월 초에서 8월 초에 나타난다. 바위가 많은 높은 산의 꼭대기에서 볼 수 있다(주·임, 1987). 이 밖에 우리나라에 기록된 적이 있는 민무늬지옥나비(*Erebia radians* Staudinger, 1886)는 세계 분포 범위로 보아 우리나라에 분포하지 않는 것으로 보인다. 이 책에서는 이 종을 제외했다.

은줄표범나비

네발나비과 독나비아과 *Argynnis paphia* (Linnaeus, 1758)

이 속*Argynnis* Fabricius, 1807은 구북구에 40여 종이 분포하고, 우리나라에 13종이 분포한다. 이 나비는 제주도를 포함한 한반도 전 지역에 분포하며, 나라 밖으로는 유럽 서부에서 이란, 터키, 러시아 극동 지역, 중국, 일본에 걸쳐 넓게 분포한다. 한국산은 아종 *neopaphia* Fruhstorfer, 1907로 다루는 것이 옳겠고, 제주산은 아종 *chejudoensis* Okano et Pak, 1968로 다룬다. 수컷은 앞날개의 제1b-4맥에 짙은 줄무늬 성표가 나타나고, 암컷은 날개 윗면이 조금 짙다.

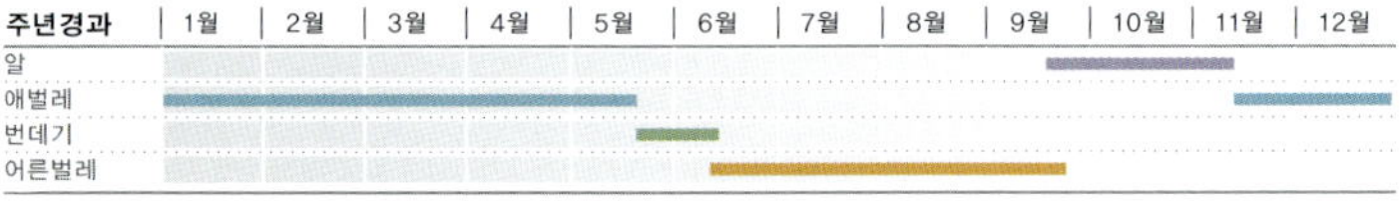

주년경과	1월	2월	3월	4월	5월	6월	7월	8월	9월	10월	11월	12월
알												
애벌레												
번데기												
어른벌레												

알을 낳으려는 암컷

알 | 1령애벌레 | 2령애벌레
3령애벌레 | 번데기 | 날개돋이
종령애벌레

주년 경과 한 해에 한 번 나타나는데, 6월에서 9월까지 볼 수 있다. 애벌레로 겨울을 난다.

먹이식물 제비꽃과(Violaceae) 흰털제비꽃 등 여러 제비꽃

어른벌레 숲 사이의 풀밭에서 살며, 숲이 우거진 등산로 주변에서 흔히 볼 수 있다. 수컷은 습기 있는 땅바닥에 앉아 물을 먹고, 암컷을 탐색하러 활발하게 날아다닌다. 암수 모두 엉겅퀴, 개망초, 큰까치수염, 금방망이, 꿀풀, 백리향 등의 꽃을 즐겨 찾고, 오전 중에는 풀잎이나 땅 위에 날개를 펴고 앉아 일광욕을 하는 모습을 볼 수 있다. 암컷은 더위가 가시는 8월 중순 이후에 그늘진 숲 언저리에서 제비꽃 주변 나무의 줄기에 알을 하나씩 낳는다.

알 밑면이 평평한 고깔 모양으로, 겉에 도드라진 세로줄 무늬가 20개 정도 있다. 누런 흰색이고, 너비는 0.75mm, 높이는 0.8mm 정도이다.

애벌레 알에서 깨어난 1령애벌레는 먹지 않고 마른 풀 사이로 들어가 겨울을 난다. 다 자란 애벌레는 밤색과 검은색 무늬가 복잡하게 나 있는데, 등선은 밤색이고, 그 옆으로 노란색 굵은 띠가 앞가슴부터 배끝까지 이어진다. 몸의 각 마디에는 가시 모양 돌기 2쌍이 돋아 있는데, 앞가슴 쪽에 있는 것이 더 길다. 각 돌기에는 작은 돌기가 여러 개 나 있다. 이 특징은 다른 표범나비에서는 볼 수 없다. 앞가슴 돌기는 검은 밤색 또는 붉은 밤색을 띤다. 길이는 42~45mm이다.

번데기 숲 가장자리에 있는 30cm 정도 되는 식물의 잎 뒤에 붙어 있는데, 황토색이어서 눈에 잘 띄지 않는다. 몸의 돌기는 앞가슴 쪽에 1쌍 있고, 배에는 여럿 있는데, 그중 제3배마디의 돌기가 가장 크다. 특히 제1~3배마디 돌기는 뾰족한 원뿔 모양으로 금색이다. 길이는 25mm 정도이다.

산은줄표범나비

네발나비과 독나비아과 *Argynnis zenobia* Leech, 1890

경상북도 이북의 산지를 중심으로 분포하고, 나라 밖으로는 중국 서남부에서 동북부와 러시아의 연해주 남부에 분포한다. 한국산은 아종 *penelope* (Staudinger, 1892)로 다룬다. 수컷은 제 1b, 2, 3맥에 굵고 검은 성표가 나타나고, 암컷은 날개 윗면이 수컷보다 검어 검은 보랏빛을 띤다. 原田·建石(2006)은 우리나라에서 채집한 이 나비의 암컷으로 간단한 생활사를 밝히고 있다.

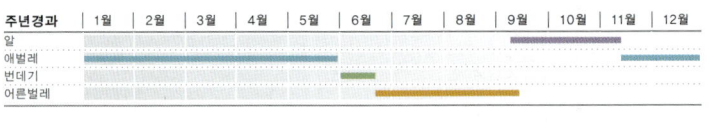

주년 경과 한 해에 한 번 나타나는데, 6월 말에서 9월 초에 볼 수 있다. 애벌레로 겨울을 난다.
먹이식물 제비꽃과(Violaceae) 여러 제비꽃
어른벌레 800m이상 되는 산지의 능선 주변이나 산꼭대기 주변에 있는 관목 숲 주변 풀밭에서 산다. 일반적으로 확 트인 풀밭보다 숲 가운데 등산로처럼 숲을 낀 장소에서 볼 수 있다. 수컷은 길가의 축축한 땅바닥에 잘 날아와 앉으며, 암수가 큰까치수염, 참싸리, 쉬땅나무 등의 꽃에 날아와 꿀을 빤다. 고도가 높은 곳에 분포하므로 다른 표범나비들과 달리 여름잠을 자는 기간이 짧거나 여름잠을 자지 않고 초가을까지 활동한다. 암컷은 주로 8월 초 무렵 먹이식물 주위

알

3령애벌레

4령애벌레

종령애벌레

번데기

에 알을 하나씩 낳는다.

알 누런 흰색에 윤기가 난다. 고깔 모양으로, 정공부분이 조금 둥글고, 겉에 심하게 도드라진 세로 능이 20개 있으며, 그 사이에 가로 능이 매우 약하게 보인다. 너비는 0.8mm, 높이는 0.7mm 정도이다.

애벌레 알에서 깨난 애벌레는 아무것도 먹지 않고 바로 겨울을 난다. 이듬해에 제비꽃을 찾아가 잎 가장자리부터 먹다가 차츰 몸집이 커지면 잎 전체를 먹고 자란다. 다 자라면 몸길이가 50mm 정도 된다. 주로 밤에 먹기 때문에 낮에 애벌레를 관찰하기가 쉽지 않다. 생김새는 암끝검은표범나비와 닮아 보이나 검은색 머리 양쪽 위에 돋은 돌기가 작다. 또한 몸에 돋은 돌기의 밑부분만 붉고 나머지는 황토색이거나 검은색이라는 점이 다르다.

번데기 다 자란 애벌레는 먹이식물에서 벗어나 주변의 다른 식물에 붙어 번데기가 된다. 암끝검은표범나비와 닮았지만 몸에 난 금빛 돌기가 작고, 몸 바탕색이 뚜렷하게 검다. 길이는 31mm 정도이다.

중국은줄표범나비

네발나비과 독나비아과 *Argynnis childreni* Gray, 1831

인도 북부와 네팔, 부탄, 미얀마 북부, 중국 서남부 등지의 해발 1000~3000m 산지에 분포한다(原田·建石, 2006). 우리나라에서는 1989년에 제주도 서귀포시에서 채집한 수컷 개체가 있는데, 박(1992)이 처음 기록했다. 장마 전선이 지나간 뒤 중국에서 불어오는 계절풍의 영향으로 날아온 미접으로 생각한다. 우리나라에서 채집한 개체는 원명 아종으로 다룬다.

암검은표범나비

네발나비과 독나비아과 *Argynnis sagana* Doubleday, 1847

    제주도를 포함한 한반도 전 지역에 분포하고, 나라 밖으로는 우랄 산맥 동부와 시베리아 남부에서 아무르, 우수리 강 지역, 몽골, 중국과 일본에 걸쳐 분포한다. 한국산은 아종 *paulina* Nordman, 1851로 다룬다. 제주산은 한반도 내륙산에 비해 큰 편인데, 이 밖에는 차이가 없다. 수컷은 날개가 붉은 밤색이나 암컷은 검은 밤색이다.

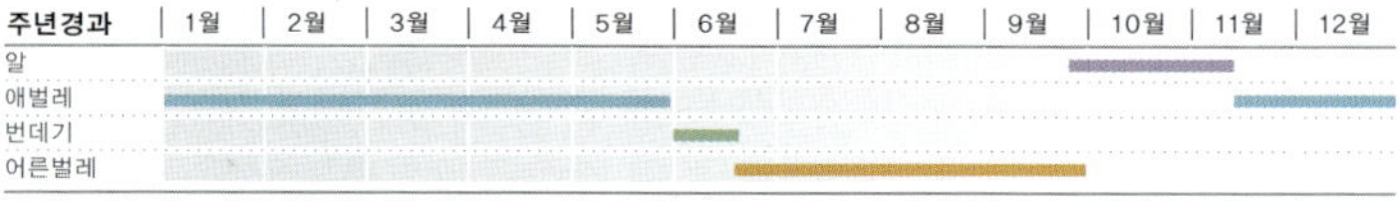

주년경과	1월	2월	3월	4월	5월	6월	7월	8월	9월	10월	11월	12월
알												
애벌레												
번데기												
어른벌레												

날개가 붉은 밤색인 수컷

날개가 검은 밤색인 암컷

알 / 부화 직전의 알 / 1령애벌레 / 허물벗기 전의 2령애벌레 / 종령애벌레 / 번데기 / 날개돋이

주년 경과 한 해에 한 번 나타나는데, 6월에서 10월 초까지 볼 수 있다. 애벌레로 겨울을 난다.

먹이식물 제비꽃과(Violaceae) 여러 제비꽃

어른벌레 평지나 낮은 산지에 계곡을 낀 풀밭에 산다. 수컷은 빠르게 날아다니면서 물가에도 날아온다. 암컷과 수컷 모두 개망초, 산초나무, 엉겅퀴, 곰의말채 등의 꽃에서 꿀을 빨거나 습지에도 잘 모인다. 가장 더운 7월 말에서 8월에는 여름잠을 자므로 눈에 잘 띄지 않다가 9월 무렵에 다시 활동하면서 암컷들이 알을 낳는다. 나무줄기 같은 곳에 알을 낳는데, 먹이식물과 상당히 떨어져 있다. 이는 알에서 깬 애벌레가 곧바로 먹이를 먹지 않으므로 생겨난 습성 같다.

알 고깔 모양으로, 정공이 뚜렷하고, 겉에 도드라진 세로 능이 20개 정도 있다. 누런 흰색이다가 차츰 보라색이 짙어진다. 너비는 0.8mm, 높이는 0.9mm 정도이다. 은줄표범나비보다 정공 부위가 덜 솟아 있다.

애벌레 알에서 깨어난 1령애벌레는 은줄표범나비처럼 먹지 않고 마른 풀 사이로 들어가 겨울을 난다. 생김새는 은줄표범나비와 닮았으나 바탕색이 훨씬 검고, 몸에 돋은 돌기가 조금 작다. 돌기에 난 작은 가시 모양 돌기도 짧다. 애벌레는 밤에 먹이식물의 잎을 먹으며 잎보다 꽃을 더 좋아한다. 길이는 40~43mm이다.

번데기 은줄표범나비와 닮아 차이가 없으나 너비가 조금 넓고, 색이 조금 짙다. 길이는 25~26mm이다.

흰줄표범나비

네발나비과 독나비아과 *Argynnis laodice* (Pallas, 1771)

제주도를 포함한 한반도 전 지역에 분포하고, 나라 밖으로는 유럽 중부와 동부, 러시아의 아무르, 우수리 강, 사할린, 쿠릴 열도 남부, 중국 중부와 동북부, 일본에 넓게 분포한다. 한국산은 아종 *fletcheri* Watkins, 1924로 다룬다. 수컷은 앞날개 윗면 제1맥 위에 검은 줄의 성표가 있고, 암컷은 날개끝에 삼각 모양의 흰 점이 있다.

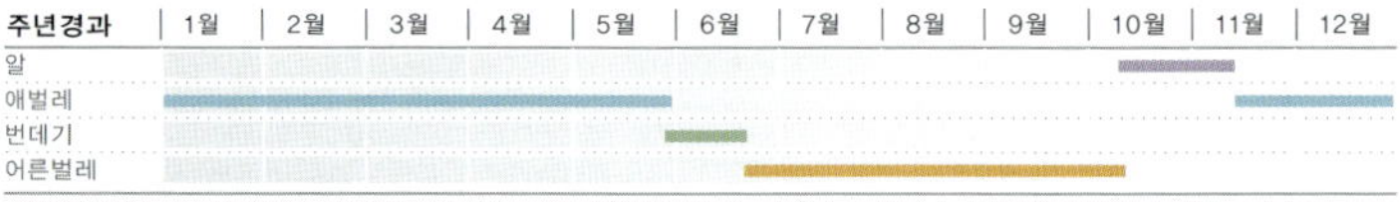

주년경과	1월	2월	3월	4월	5월	6월	7월	8월	9월	10월	11월	12월
알												
애벌레												
번데기												
어른벌레												

꽃꿀을 빠는 암컷

주년 경과 한 해에 한 번 나타나는데, 6월 중순에서 10월 초에 볼 수 있다. 알이나 애벌레로 겨울을 난다.
먹이식물 제비꽃과(Violaceae) 여러 제비꽃류
어른벌레 산지의 낙엽수림 가장자리 빈터나 능선 주위의 풀밭에 산다. 활발하게 날면서 습기 있는 땅바닥에 앉거나 암컷을 탐색하러 다니는 수컷을 쉽게 볼 수 있다. 암수가 엉겅퀴류와 같은 보라색 계통의 꽃이나 개망초, 큰까치수염과 같은 흰 꽃에 날아와 꿀을 빤다. 7월 말에서 8월까지의 더운 시기에는 여름잠을 잔다. 이후 9월부터 10월까지 다시 활동하며, 암컷은 이때 알을 낳는다.
알 너비는 0.6mm, 높이는 0.7mm 정도이고, 고깔 모양으로 정공 부위가 평평하다. 겉면에 세로 능이 14개 정도 있는데 꼭대기로 가면 7개로 줄어든다. 큰흰줄표범나비의 알보다 세로로 더 길다. 바탕색은 누런 흰색이고 윤기가 난다.
애벌레 다 자란 애벌레는 황토색이고, 머리 색이 조금 짙은 편이다. 큰흰줄표범나비와 거의 닮아 한눈에 알아보기 어려우나 흰줄표범나비는 바탕색의 짙은 무늬가 조금 더 많아 검어 보이고, 몸에 돋은 돌기 아랫부분의 색이 조금 붉으며, 돌기 위의 가시는 훨씬 짧다. 길이는 35~40mm이다. 종령은 6령이다.
번데기 큰흰줄표범나비와 거의 닮았으나 색은 큰흰줄표범나비보다 조금 옅어 머리와 배에서 회색이 강해진다. 제3배마디 이후의 돌기는 큰흰줄표범나비보다 색이 밝은 편이다. 길이는 22~25mm이다.

큰흰줄표범나비

네발나비과 독나비아과 *Argynnis ruslana* Motschulsky, 1866

섬 지방을 제외한 전국의 산지에 분포하고, 나라 밖으로는 일본, 중국 동북부, 러시아의 아무르, 사할린, 쿠릴 열도 남부에 분포한다. 한국산은 원명 아종으로 다룬다. 수컷은 앞날개 윗면 제1b, 2, 3맥에 검은색 선으로 성표가 있고, 암컷은 앞날개 끝에 삼각 모양의 흰 점이 나타난다.

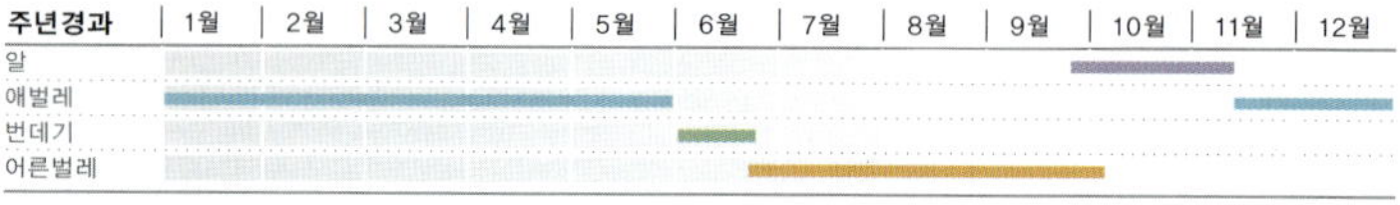

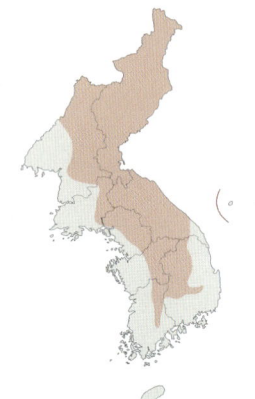

꽃꿀을 빠는 수컷

주년 경과 한 해에 한 번 나타나는데, 6월 중순에서 9월에 볼 수 있다. 알이나 애벌레로 겨울을 난다.

먹이식물 제비꽃과(Violaceae) 여러 제비꽃류

어른벌레 산지의 낙엽수림 가장자리 빈터나 능선 주위의 풀밭에서 산다. 활발하게 날면서 습기 있는 땅바닥에 앉거나 암컷을 탐색하러 다니는 수컷을 쉽게 볼 수 있다. 암수가 엉겅퀴, 쑥부쟁이, 큰까치수염, 개망초 등의 꽃에서 꿀을 빤다. 암컷은 제비꽃이 자라는 주변 풀에 알을 하나씩 낳는다.

알 너비와 높이가 각각 0.7mm 정도 되는 고깔 모양으로, 정공 부위가 평평하다. 겉에 16개 정도의 세로 능선이 있는데, 꼭대기로 갈수록 수가 줄어든다. 바탕색은 누런 흰색이고 윤기가 난다.

애벌레 다 자란 애벌레의 색은 옅은 갈색이고 머리색은 조금 더 짙다. 몸에는 가시 모양 돌기가 많이 나 있다. 등선 가운데가 가늘고 검은 줄무늬로 된 옅은 노란색이며 그 주위에 사각형 검은 점무늬가 보인다. 등에 돋은 가시 모양 돌기는 붉은 기를 조금 띠는 우윳빛으로 매우 날카롭다. 몸의 무늬는 매우 복잡하다. 낮 동안에는 낙엽 밑에 여러 마리가 모여 있는 경우가 많고, 밤에는 먹이식물에 올라가 먹는다. 건드리면 죽은 척하는 버릇이 있다. 길이는 40~45mm이다.

번데기 몸은 밤색이며, 몸에 돋은 돌기는 그다지 길거나 날카롭지 않다. 앞가슴에서 제2배마디에 난 돌기는 금색이 강하게 나 나머지는 갈색이다. 길이는 25mm 정도이다.

구름표범나비

네발나비과 독나비아과 *Argynnis anadyomene* C. et R. Felder, 1862

    지리산 이북 산지의 풀밭에서 살며, 나라 밖으로는 일본, 중국 중부와 동북부, 아무르에 분포한다. 한국산은 아종 *ella* Bremer, 1864로 다룬다. 수컷은 앞날개 윗면 제2맥에 검은색 성표가 있고, 암컷은 수컷보다 크며, 날개끝에 흰 무늬의 성표가 있어 서로 구별하기 쉽다.

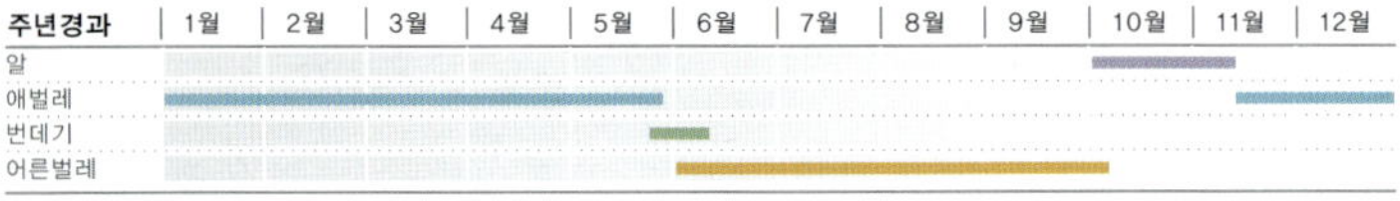

주년경과	1월	2월	3월	4월	5월	6월	7월	8월	9월	10월	11월	12월
알												
애벌레												
번데기												
어른벌레												

암컷

수컷

알

중령애벌레

종령애벌레

번데기

주년 경과 한 해에 한 번 나타나는데, 5월 말에서 9월에 볼 수 있다. 대형 표범나비류 중에서 가장 이른 시기에 나타난다. 1령애벌레로 겨울을 난다.

먹이식물 제비꽃과(Violaceae) 여러 제비꽃류

어른벌레 산지의 낙엽수림 가장자리의 빈터나 계곡 주변의 풀밭에서 산다. 엉겅퀴, 토끼풀, 개망초 등의 꽃에 날아와 꿀을 빤다. 수컷은 활발하게 날면서 습기 있는 땅바닥에 잘 앉으나 인기척에 놀라 날아갈 때에는 꽤 재빠르다. 7월에서 8월 중순까지의 더운 시기에는 여름잠을 자고, 8월 말에 다시 활동하면서 암컷이 알을 낳는다.

알 너비는 0.9mm, 높이는 1mm 정도로, *Argynnis* 속 중에서 가장 크다. 조금 둥근 고깔 모양으로, 겉면에 20개 정도의 세로 능이 있으며, 그 사이에 가로 능이 약하게 보인다. 누런 흰색에 윤기가 나는데 깨날 무렵 붉은색이 조금 짙어진다.

애벌레 알에서 깨난 1령애벌레는 낙엽 사이에서 먹지 않고 지내다가 그대로 겨울을 나는데, 그 기간이 길다. 이른 봄에 뿌리 가까이의 새싹을 먹고 자라며, 몸은 회색빛을 띤 누런색이다가 점차 짙어진다. 5령애벌레가 종령이며, 등선은 누런 흰색으로 굵고 단순하다. 몸에 돋은 돌기도 누런 흰색에 잔가시가 많다. 몸 전체가 흑갈색으로 옆에서 보면 뱀 무늬처럼 보이며, 둘레에 검은 숨문이 있고 그 위에 검은 띠무늬가 있는 등 특징이 뚜렷하다. 몸길이는 32~36mm이다.

번데기 흰줄표범나비와 색이 비슷하지만 머리 위에 솟은 돌기가 더 날카롭다. 뒷가슴에 있는 황금색 돌기가 크고 뚜렷한 점만 흰줄표범나비와 다르다. 색은 밝은 편으로, 거북의 등딱지 같은 무늬가 어두운 갈색으로 나 있다. 길이는 20~23mm이다.

은점표범나비

네발나비과 독나비아과 *Argynnis niobe* (Linnaeus, 1758)

제주도를 포함한 전국에 분포하고, 나라 밖으로는 아프리카 북동부와 유라시아 대륙 중북부에 넓게 분포한다. 한국산은 아종 *valesinoides* Reuss, 1926으로 다룬다. 한라산에서 사는 개체군은 한반도 내륙산과 달리 뒷날개 아랫면에 은점 무늬가 약하고, 풀색의 바탕색이 더 짙은 특징이 있어 아종 *hallasanensis* Okano et Pak, 1969로 다룬다. 수컷은 앞날개 윗면 제2맥에 검은색 성표가 1개 있고, 암컷은 수컷보다 크며 날개 아랫면의 은색 무늬가 뚜렷하다.

주년경과	1월	2월	3월	4월	5월	6월	7월	8월	9월	10월	11월	12월
알												
애벌레												
번데기												
어른벌레												

날개를 편 수컷

꽃꿀을 빠는 암컷

개망초 꽃에 날아온 암컷

갓 낳은 알 / 며칠 지난 알 / 색이 짙은 종령애벌레 / 번데기가 된 직후 / 며칠 지난 번데기

주년 경과 한 해에 한 번 나타나는데, 6월에서 9월까지 볼 수 있다. 1령애벌레로 겨울을 난다.

먹이식물 제비꽃과(Violaceae) 여러 제비꽃류

어른벌레 햇볕이 잘 드는 풀밭에 사는 흔한 나비이다. 갈퀴덩굴, 곰취, 백리향, 바늘엉겅퀴, 개망초, 마타리, 개쉬땅나무, 큰수리취, 꿀풀 등의 꽃을 즐겨 찾아 꿀을 뺀다. 낮은 지대에서는 무더운 여름에 여름잠을 자지만 한라산처럼 고지 환경에서는 여름잠을 자지 않고 활동한다. 수컷은 낮게 풀 사이를 날아다니면서 암컷을 탐색하는 경우가 많다. 암컷은 먹이식물인 제비꽃이나 그 주변 마른 가지, 풀 등에 알을 하나씩 낳는다.

알 정공 부분이 분화구처럼 생긴 통통한 고깔 모양으로, 겉에 도드라진 능이 21개 있고, 그 사이로 가로 능이 있다. 깨나기 전에 붉은색이 짙어진다.

애벌레 야외에서 찾기 어려운데, 햇볕이 잘 드는 풀밭에서 오전에는 일광욕을 하러 따뜻한 낙엽에 붙어 있거나 먹이식물 아래에 붙은 것을 이따금 볼 수 있다. 다 자란 애벌레는 머리가 검고 홑눈 뒤가 조금 밝은 붉은색을 띤다. 몸에 돋은 가시 돌기는 옅은 살색이나 갈색이고, 등선 주위에는 검은색 네모 무늬가 줄지어 나타난다. 때때로 전체 색이 짙어져 검게 보이는 개체도 있다.

번데기 먹이식물에서 떨어진 다른 잎 아래에 매달려 있는 것을 볼 수 있다. 겉은 붉은색을 머금은 갈색으로, 머리에 난 돌기가 짧아 뭉툭해 보인다. 시간이 흐르면 다갈색으로 변한다.

긴은점표범나비

네발나비과 독나비아과 *Argynnis vorax* Butler, 1871

   제주도를 포함한 한반도 전 지역에 분포하고, 나라 밖으로는 몽골, 러시아의 시베리아 남부와 남동부, 아무르, 그리고 중국에 분포한다. 한국산은 아종 *coredippe* Leech, 1892로 다룬다. 종령애벌레와 번데기, 먹이식물에 대해 손(1991)의 관찰 기록이 있다. 수컷은 앞날개 윗면 제2, 3맥에 검은색 성표가 2개 있다. 암컷은 수컷보다 크고 날개 아랫면의 은색 무늬가 뚜렷하다.

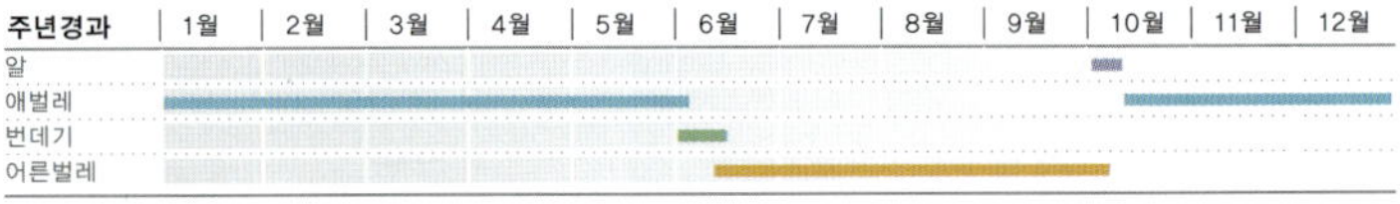

주년경과	1월	2월	3월	4월	5월	6월	7월	8월	9월	10월	11월	12월
알												
애벌레												
번데기												
어른벌레												

주년 경과 한 해에 한 번 나타나는데, 6월에서 10월 초까지 볼 수 있다. 1령애벌레로 겨울을 난다.

먹이식물 제비꽃과(Violaceae) 털제비꽃

어른벌레 나무가 적은 산지의 풀밭에 많은데, 높은

꽃꿀을 빠는 암컷

짝짓기

알 | 며칠 지난 알 | 1령애벌레 | 2령애벌레
종령애벌레 | 번데기 | 날개돋이

　산지의 풀밭에서도 보이는 흔한 나비이다. 다른 표범나비류와 마찬가지로 활발하게 날며, 엉겅퀴, 바늘엉겅퀴, 큰까치수염, 개망초, 지느러미엉겅퀴, 조뱅이, 백리향 등의 꽃에 잘 날아온다. 이따금 수컷이 습지에 모이나 그 성질은 약한 편이다. 더운 여름 중에 여름잠을 자고, 9월에서 10월까지 다시 활동하는 것으로 보이는데, 암컷은 이때 알을 낳는다.

알　은점표범나비 알과 거의 닮았으나 알 끝부분이 넓고 둥글다. 너비가 0.7mm 정도로 다른 대형 표범나비류보다 조금 작아 보인다.

애벌레　다 자란 애벌레는 한곳에 머물지 않고 풀밭을 배회하면서 쉬거나 제비꽃을 찾아 먹는다. 머리는 흑갈색이고, 너비는 3.2mm 정도이다. 앞가슴의 아래등선 위에 가시 모양 돌기 1쌍이 예리하게 돋아 있는데, 앞가슴과 가운데가슴 사이, 가운데가슴과 뒷가슴 사이에도 있다. 몸통은 밤색에 아주 짙은 밤색 무늬가 섞여 있다. 은점표범나비와 황은점표범나비에 비해 몸 빛깔이 검은 편이다. 종령애벌레의 몸길이는 37mm 정도이다.

번데기　앞번데기로 1, 2일을 보내고 번데기가 된다. 처음에 재백색이나 차츰 붉은기가 도는 갈색으로 변한다. 가운데가슴 양옆으로 조금 튀어나오나 전체적으로 밋밋하다. 몸에 난 돌기는 그다지 크지 않다. 머리 너비는 4.6mm, 길이는 24mm, 너비는 13.5mm 정도이다. 번데기 기간은 15일 정도이다.

황은점표범나비

네발나비과　독나비아과　*Argynnis adippe* (Denis et Schiffermüller, 1775)

   　중부 지방 산지 이북에 분포하는 것으로 보이며, 나라 밖으로는 유럽에서 중국 동북부, 러시아 사할린, 일본에 분포한다. 한국산은 아종 *chrysodippe* Staudinger, 1892로 다룬다. 수컷은 앞날개 윗면 제2, 3맥에 검은색 성표 2개가 있다. 암컷은 수컷보다 크고 날개 아랫면에 은색 무늬가 뚜렷하다.

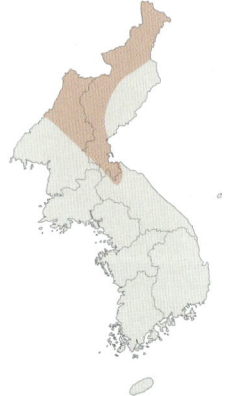

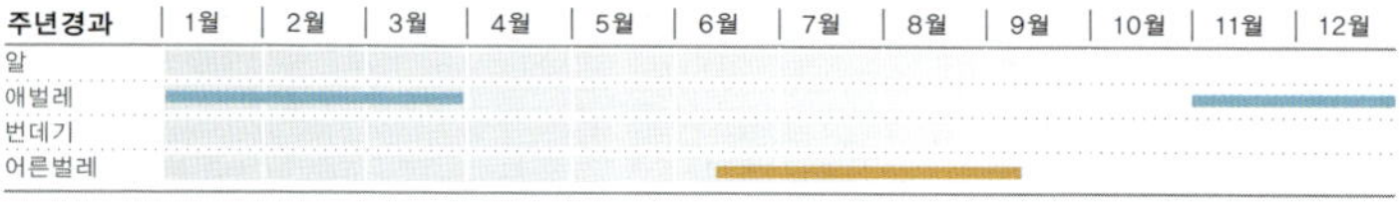

주년경과	1월	2월	3월	4월	5월	6월	7월	8월	9월	10월	11월	12월
알												
애벌레												
번데기												
어른벌레												

수컷

3령애벌레 / 낙엽 속에 숨어 있는 4령애벌레 / 종령애벌레 / 번데기

주년 경과 한 해에 한 번 나타나는데, 6월에서 9월 초까지 볼 수 있다. 1령애벌레로 겨울을 난다.

먹이식물 제비꽃과(Violaceae) 여러 제비꽃류

어른벌레 햇볕이 잘 드는 풀밭에 사는데, 나는 모습은 앞의 2종(은점표범나비, 긴은점표범나비)과 차이가 없다. 여러 꽃을 즐겨 찾으며, 수컷은 물가에 앉아 물을 먹는다. 이 밖의 생태적 습성은 잘 밝혀지지 않았다.

알 앞의 2종(은점표범나비, 긴은점표범나비)과 거의 닮았다. 너비는 0.7mm, 높이는 0.8mm 정도이다. 갓 낳았을 때에는 옅은 노란색이다가 차츰 붉어진다.

애벌레 다 자란 애벌레는 37~40mm로, 전체 모습은 은점표범나비와 닮았다. 몸 빛깔이나 몸에 돋은 돌기는 색이 옅은 편이다. 이 밖에 결정적인 차이는 없고 전체적으로 붉은 기가 감돈다.

번데기 머리에 돌기가 없으며, 갈색을 띤다. 길이는 20~25mm이다. 은점표범나비와 닮았다.

왕은점표범나비

네발나비과 독나비아과 *Argynnis nerippe* C. et R. Felder, 1862

   제주도를 포함한 한반도 전 지역에 분포하고, 최근 경기도 황해의 굴업도에 풀밭 환경이 잘 유지되고 있어서 개체 수가 많다. 환경부 보호종이다. 나라 밖으로는 러시아의 연해주, 중국 동북부, 일본 등 극동 지역에만 분포한다. 한국산은 아종 *coreana* (Butler, 1882)로 다룬다. 수컷은 앞날개 윗면 제2, 3맥에 검은색 성표 2개가 있고, 암컷은 수컷보다 훨씬 크며, 날개 아랫면에 은색 무늬가 뚜렷하다. 날개끝에 흰색 삼각 무늬가 나타난다.

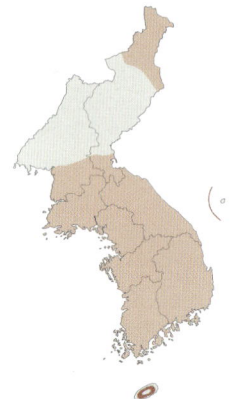

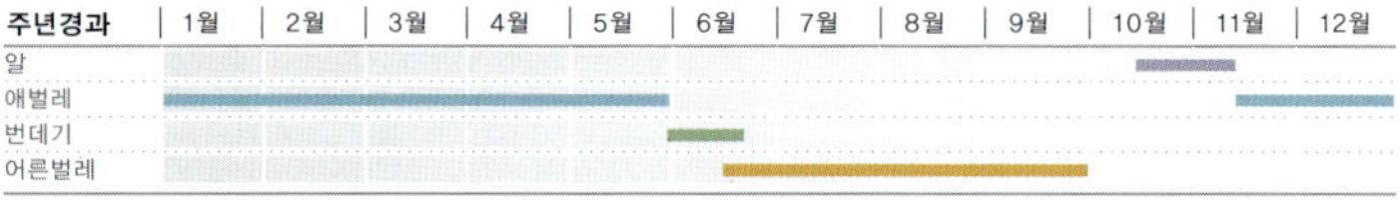

주년경과	1월	2월	3월	4월	5월	6월	7월	8월	9월	10월	11월	12월
알												
애벌레												
번데기												
어른벌레												

암컷

꽃꿀을 빠는 수컷

주년 경과 한 해에 한 번 나타나는데, 6월에서 9월까지 볼 수 있다. 1령애벌레로 겨울을 난다.

먹이식물 제비꽃과(Violaceae) 여러 제비꽃류

어른벌레 햇볕이 잘 드는 낮은 풀밭에 사는데, 최근 개체 수가 줄어 서식지가 매우 국한되어 있다. 꿀풀, 금방망이, 큰까치수염, 엉겅퀴 등 여러 꽃을 즐겨 찾는다. 수컷은 물가에 잘 앉으며, 대부분의 시간을 암컷을 탐색하려고 풀밭을 배회한다. 한여름에 잠을 자고 가을에 다시 활동하는데, 이때는 대부분 암컷만 보이며, 먹이식물 둘레의 다른 물체에 알을 하나씩 낳는다.

알 너비가 0.8mm, 높이가 0.75mm 정도로, 너비가 높이보다 약간 넓다. 겉에 도드라진 능이 은점표범나비보다 조금 많다. 갓 낳았을 때에는 옅은 노란색이다가 차츰 붉어진다.

애벌레 1개월쯤 뒤에 알을 깨고 나와 먹지 않은 채 낙

번데기

금색 돌기가 뚜렷한 뒷가슴

날개돋이

물을 먹는 수컷

엽 사이로 들어가 겨울을 난다. 이듬해 봄 제비꽃에 새 싹이 나오면 그 주변에서 머문다. 다 자란 애벌레는 5령 또는 6령으로, 노란색 등선이 뚜렷하나 구름표범나비보다 조금 가늘다. 등선 좌우로 각 마디 앞쪽에 뚜렷하게 검은색 네모 무늬가 나타난다. 다 자란 애벌레의 몸길이는 43~50mm이다.

번데기 머리에 돌기가 없고, 통통하다. 앞가슴과 제2배마디에는 원뿔 모양의 작고 누런 돌기가 있다. 길이는 26~29mm이다.

풀표범나비

네발나비과 독나비아과 *Argynnis aglaja* (Linnaeus, 1758)

   지리산과 강원도 산지 이북에 분포하고, 나라 밖으로는 아프리카 북부와 유라시아 대륙의 추운 침엽수림대를 중심으로 분포한다. 한국산 아종은 *fortuna* (Janson, 1877)로 다룬다. 수컷에만 제1b, 2, 3맥 위에 가느다란 성표가 나타난다.

주년경과	1월	2월	3월	4월	5월	6월	7월	8월	9월	10월	11월	12월
알										■		
애벌레	━━━	━━━	━━━	━━━	━━━					━━━	━━━	━━━
번데기						━						
어른벌레						━━	━━━	━━━	━━━			

짝짓기

주년 경과 한 해에 한 번 나타나는데, 6월에서 9월까지 볼 수 있다. 1령애벌레로 겨울을 난다.

먹이식물 제비꽃과(Violaceae) 여러 제비꽃류

어른벌레 강원도 한랭한 지역의 풀밭에 사는데, 햇볕이 잘 드는 곳에서 보인다. 과거에는 지리산 이북에 점점이 분포했으나 요즈음 매우 보기 힘들어졌다. 추운 지역에 사는 관계로 여름잠을 자지 않는 것으로 보인다. 꼬리풀, 엉겅퀴, 꿀풀 등 여러 꽃을 즐겨 찾으며, 수컷은 물가에 잘 앉는다. 9월 초에 암컷은 먹이식물 둘레의 다른 물체에 알을 하나씩 낳는다.

알 너비가 0.7mm, 높이가 0.8mm 정도로 조금 길쭉해 보인다. 겉에 도드라진 세로 능이 있고 그 사이에 가로 능이 보인다. 갓 낳았을 때에는 옅은 노란색이다.

애벌레 몸에 돋은 돌기가 대형 표범나비류 중에서 가장 짧다. 머리 꼭대기가 붉은 밤색이고, 몸에 별다른 무늬 없이 검은 것이 특징이다. 다 자란 애벌레의 몸 길이는 35~37mm이다.

번데기 머리가 둥글고, 조금 가늘어 보인다. 검은색이고, 몸에 돋은 돌기는 작고 뾰족해 보인다. 길이는 20~22mm이다.

암끝검은표범나비

네발나비과 독나비아과 *Argyreus hyperbius* (Linnaeus, 1763)

    이 속 *Argyreus* Scopoli, 1777은 전 세계에 1종만 있으며, 제주도를 포함한 한반도 남부와 그 일대 섬에 분포하고, 나라 밖으로는 아프리카 동북부에서 동양구의 열대와 아열대 지역, 오스트레일리아에 걸쳐 넓게 분포한다. 한국산은 원명 아종으로 다룬다. 봄형이 여름형에 비해 조금 작다. 암컷은 수컷과 달리 날개끝이 검은 자색이다.

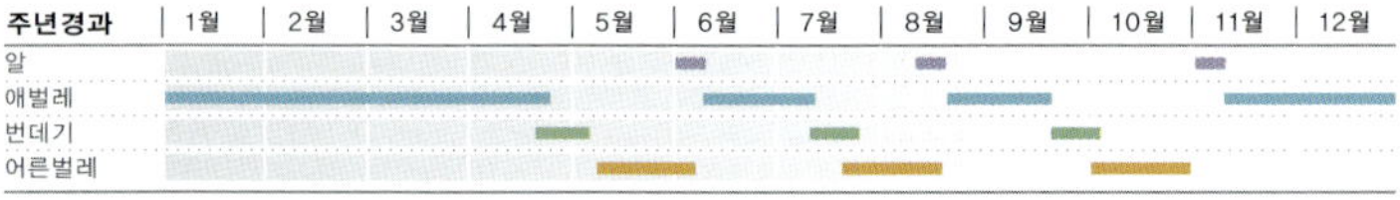

주년경과	1월	2월	3월	4월	5월	6월	7월	8월	9월	10월	11월	12월
알												
애벌레												
번데기												
어른벌레												

알을 낳는 암컷

꽃꿀을 빠는 수컷

알 / 3령애벌레 / 종령애벌레 / 번데기 / 배우 행동

주년 경과 한 해에 서너 번 나타나는데, 제주도에서는 2월~11월 초까지 보이고, 남해안에서는 5~10월까지, 중부에서는 주로 7~8월에만 볼 수 있다. 중부 이북에서 보이는 개체들은 남부에서 이동해 온 것으로 보인다. 애벌레로 겨울을 나는 것으로 보이나 직접 관찰된 것은 아니며, 번데기로도 겨울을 날 수 있다는 추측이 있다.

먹이식물 제비꽃과(Violaceae) 여러 제비꽃류(사육하는 경우 팬지도 먹는다)

어른벌레 길가의 빈터, 밭 주변의 풀밭, 마을, 산꼭대기, 시가지의 빈터에서 산다. 수컷은 산꼭대기의 빈터에서 텃세 행동을 하는데, 한곳을 고집하여 날아갔다가도 다시 되돌아온다. 암수는 엉겅퀴, 코스모스, 익모초, 큰까치수염 등 여러 꽃에서 꿀을 빤다. 암컷은 제비꽃이 자라는 곳 주변에 있는 풀에 알을 하나씩 낳는다.

알 너비가 0.8mm, 높이가 0.7mm 정도 되는 둥근 고깔 모양으로, 정공 부위가 평평하다. 약간 풀색 기가 도는 옅은 노란색이며 윤기가 난다.

애벌레 아열대에 적응한 종류이므로 알부터 애벌레까지의 시기가 짧다. 다 자란 종령(6령)애벌레의 등선은 넓게 붉은색을 띠며, 앞가슴부터 제1배마디까지에 돋은 돌기는 검은색이다. 배끝에 난 돌기는 끝이 검고 아랫부분이 붉은색이어서 다른 표범나비류와 다르다. 길이는 40~45mm이다.

번데기 은줄표범나비와 닮았으나 머리의 돌기는 위로 향하고, 몸에 난 돌기가 날카롭다. 가슴과 제1, 2배마디의 돌기는 금색이 강하다. 황토색 바탕에, 빗금처럼 생긴 검은 밤색 줄무늬가 있다. 길이는 25~30mm 이다.

큰표범나비

네발나비과 **독나비아과** *Brenthis daphne* (Bergsträsser, 1780)

이 속 *Brenthis* Hübner, 1819은 구북구 한랭 지역에 3종이 분포하고, 우리나라에 2종이 있다. 이 나비는 지리산 이북의 산지에 분포하고, 나라 밖으로는 유럽과 카자흐스탄, 몽골, 러시아 시베리아 남부, 아무르, 사할린, 쿠릴 열도 남부 지역, 그리고 중국 동북부, 일본에 분포한다. 한국산은 아종 *fumida* Butler, 1882로 다룬다. 암수는 날개 무늬와 색 차이가 거의 없으나 암컷이 수컷보다 크고, 검은색 무늬가 조금 짙고, 날개 가장자리가 둥그스름한 점으로 구별한다.

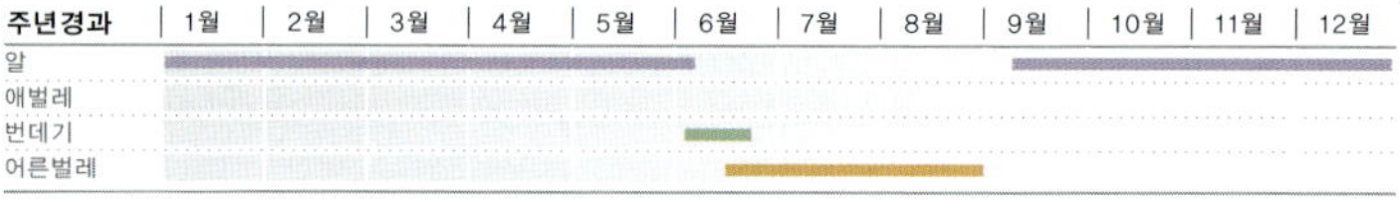

주년경과	1월	2월	3월	4월	5월	6월	7월	8월	9월	10월	11월	12월
알												
애벌레												
번데기												
어른벌레												

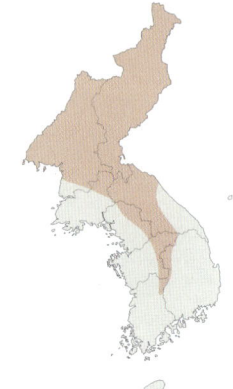

꽃꿀을 빠는 수컷

며칠 지난 알

날개를 접고 쉬는 수컷

주년 경과 한 해에 한 번 6~8월에 나타난다. 알로 겨울을 나는 것으로 보이나 직접 관찰한 자료는 우리나라에 없다.
먹이식물 장미과(Rosaceae) 오이풀
어른벌레 산길 주위의 묵정밭이나 풀밭처럼 물기가 비교적 적은 곳에서 산다. 개체 수가 적어 만날 기회가 매우 적으나 엉겅퀴, 조뱅이, 개망초 등의 꽃에서 꿀을 빨 때 관찰할 수 있다. 수컷은 물기 있는 땅바닥에 앉으며, 암컷은 오이풀이 자라는 풀밭을 천천히 날면서 꽃봉오리에 알을 하나씩 낳아 붙인다.
알 너비 0.95mm, 높이 1.2mm 정도 되는 고깔 모양으로, 세로로 난 능 8개가 평평한 정공 부위에서 모인다. 세로 능 사이에 있는 가로 능 무늬가 비교적 뚜렷하게 보인다. 갓 낳았을 때에는 윤기 나는 우윳빛이다가 적갈색으로 변한다.
애벌레, 번데기 우리나라에서 관찰된 자료는 없으나 애벌레를 사육한 경험에 따르면 몸 빛깔이 작은표범나비보다 조금 더 짙은 붉은색이다.

암컷 윗면

암컷 아랫면

작은표범나비

네발나비과 독나비아과 *Brenthis ino* (Rottemburg, 1775)

    지리산 이북의 산지에 분포하고, 나라 밖으로는 유라시아 대륙의 온대 지역에 분포한다. 한국산은 아종 *amurensis* (Staudinger, 1887)로 다룬다. 암수 차이는 큰표범나비와 같으나 다만 이 나비가 조금 작고, 날개 윗면의 검은색 무늬가 커 전체적으로 어두워 보인다.

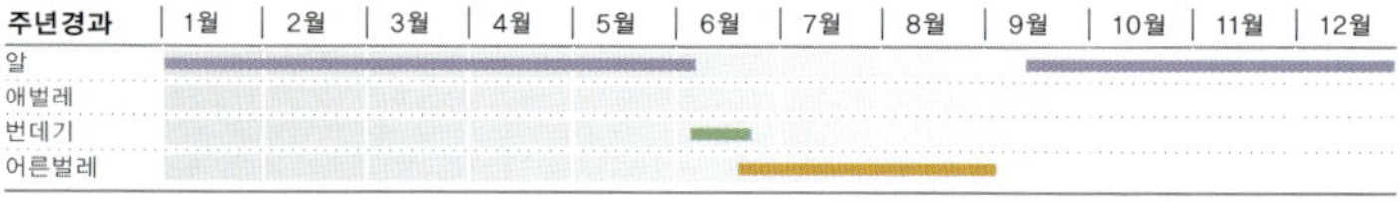

주년경과	1월	2월	3월	4월	5월	6월	7월	8월	9월	10월	11월	12월
알												
애벌레												
번데기												
어른벌레												

주년 경과 한 해에 한 번 나타나는데, 6~8월에 볼 수 있다. 알로 겨울을 난다.

먹이식물 장미과(Rosaceae) 오이풀

어른벌레 큰표범나비와 조금 다르게 산길 주위의 습한 풀밭에 사는 경향이 있다. 맑은 날 꼬리풀, 냉초, 엉겅퀴 등의 꽃에서 꿀을 빨며, 큰표범나비보다 야외에서 볼 기회가 많다. 수컷은 이따금 물기 있는 땅바닥에 앉으며, 암컷은 오이풀이 자라는 풀밭을 천천히 날

꽃꿀을 빠는 수컷

며칠 지난 알
1령애벌레
2령애벌레
3령애벌레
오이풀 잎을 먹고 있는 4령애벌레
잎 위에서 쉬는 종령애벌레
번데기

면서 꽃봉오리에 알을 하나씩 낳아 붙인다.

알 너비가 0.9mm, 높이가 1.1mm 정도 되는 고깔 모양으로, 큰표범나비와 거의 비슷하다. 다만 세로로 난 능이 10개로 큰표범나비보다 더 많고, 이 중 정공 부위까지 이르지 못하는 것이 있다. 세로 능 사이에 있는 가로 능 무늬가 비교적 뚜렷하게 보인다. 갓 낳았을 때에는 윤기 나는 우윳빛이다가 적갈색으로 변한다.

애벌레 애벌레는 새싹을 먹는데, 대부분의 시간을 낙엽 속에서 숨어 지낸다. 1령애벌레는 머리가 검고 몸이 노란색 바탕이며, 몸에 잔털이 난다. 2령 이후 몸에 돋은 돌기가 가시 모양으로 변하고, 숨문아래선에 노란색 띠무늬가 뚜렷해진다. 다 자란 애벌레는 머리에 검은 점무늬가 2개 있고, 등선이 검으며, 등선 양쪽으로 흰 선이 있다. 다 자란 애벌레는 25~27mm로, 먹이식물 주위의 다른 잎 밑에 붙어 번데기가 된다.

번데기 바탕은 잿빛을 머금은 황토색이다. 머리에는 짧은 돌기가 있고, 등 쪽 몸에 원뿔 모양으로 생긴 예리한 황금색 돌기가 나 있는데, 제3배마디 부분의 돌기가 가장 크다. 길이는 16~20mm이다.

작은은점선표범나비

네발나비과 독나비아과 *Boloria perryi* (Butler, 1882)

이 속 *Boloria* Moore, 1900은 전북구에 40여 종이 분포하는데, 대부분 아시아의 북부 지역에 산다. 우리나라에는 9종이 있다. 이 나비는 36° 이북의 내륙 지역 중에서 경기도와 강원도 이북 산지에 분포하고, 나라 밖으로는 러시아의 아무르 남부, 중국 동북부에 분포한다. 요즈음 개체 수가 퍽 줄어들고 있으나 강원도의 고도가 높은 풀밭 지역에서 많이 관찰된다. 한국산은 원명 아종으로 다룬다. 암수 차이는 크지 않으나 암컷의 날개 가장자리가 뚜렷이 둥근 점이 다르다.

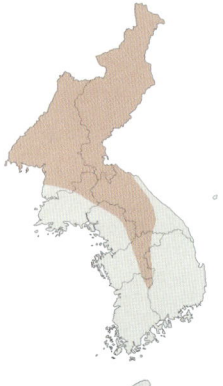

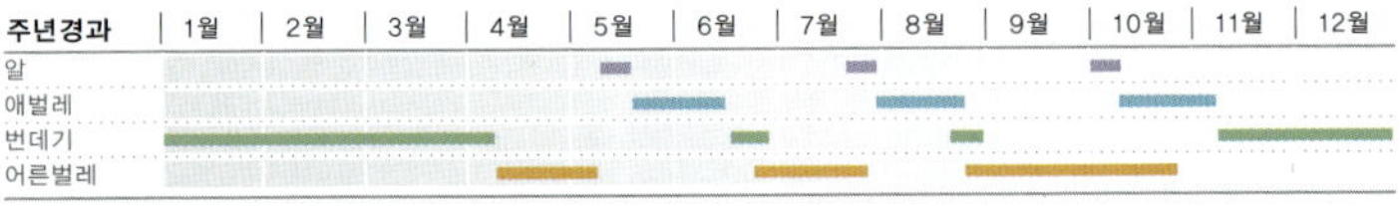

주년경과	1월	2월	3월	4월	5월	6월	7월	8월	9월	10월	11월	12월
알												
애벌레												
번데기												
어른벌레												

날개를 편 수컷

날개를 접은 수컷

주년 경과 한 해에 두세 번 나타나는데, 중남부 지방에서는 4월 초에서 10월 중순에, 북부 지방에서는 6월 초에서 7월 초, 8월 초에서 9월 초에 볼 수 있다. 번데기로 겨울을 난다.

먹이식물 제비꽃과(Violaceae) 여러 제비꽃류

어른벌레 들판이나 산지의 낙엽 활엽수림 가장자리에 있는 풀밭에 살며, 특히 습기가 많은 곳을 좋아한다. 개망초, 타래난초, 민들레 등의 꽃에 날아와 꿀을 빤다. 오전 중에는 잎 위에 날개를 펴고 앉아 일광욕을 한다. 수컷은 빠르게 날아다니며, 암컷을 만나면 배우 행동을 하는 장면을 많이 볼 수 있다. 암컷은 천천히 날면서 먹이식물의 새싹이나 주위의 마른 잎에 알을 하나씩 낳는다.

알 너비는 0.6mm, 높이는 0.8mm 정도의 종 모양이다. 전체적으로 짙은 풀색에 옅은 노란색이 보인다. 윤기가 나며 세로 능이 뚜렷하다.

애벌레 알에서 깨난 1령애벌레는 2mm 정도이다. 쉴 때에는 잎에서 내려와 잎자루 사이로 들어가나 잎을 먹을 때에는 잎 위로 올라가 잎 가장자리를 먹거나 잎에 구멍을 낸다. 1령애벌레는 머리가 검은색, 몸통이 짙은 풀색이다. 1령일 때 무리를 짓는 습성이 있으나 이후에는 이 습성이 약해진다.

번데기 길이가 16~19mm, 최대 너비가 6.5mm 정도여서 전체적으로 가늘고 긴 원통 모양이다. 짙은 밤색이고, 가슴과 배에 작고 뾰족한 돌기가 각각 2쌍, 7쌍이 나와 있다. 머리의 돌기가 두드러지지 않는다.

큰은점선표범나비

네발나비과 독나비아과 *Boloria oscarus* (Eversmann, 1844)

    지리산 이북의 산지에 분포하고, 나라 밖으로는 몽골, 러시아 시베리아의 타이가 지역, 아무르, 사할린 북부, 중국 동북부에 분포한다. 한국산은 아종 *maxima* Fixsen, 1887로 다룬다. 암컷의 날개 가장자리가 뚜렷하게 둥근 점 이외에는 암수 차이가 크지 않다.

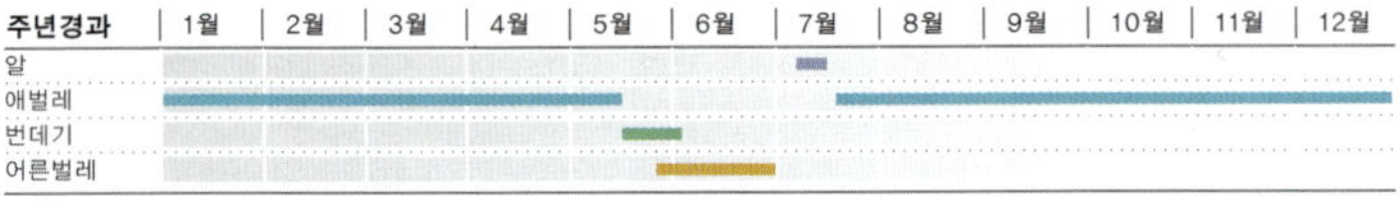

주년경과	1월	2월	3월	4월	5월	6월	7월	8월	9월	10월	11월	12월
알												
애벌레												
번데기												
어른벌레												

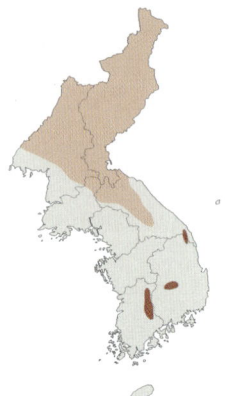

날개를 접은 수컷

알과 1령애벌레 | 2령애벌레
2령애벌레 | 날개를 편 수컷

주년 경과 한 해에 한 번 나타나는데, 5월 말에서 6월에 볼 수 있다. 애벌레로 겨울을 난다.

먹이식물 제비꽃과(Violaceae) 여러 제비꽃류

어른벌레 산지의 낙엽 활엽수림 가장자리에 살며, 능선 주위에서 자주 보인다. 보리수나무, 개망초, 엉겅퀴 등의 꽃에 날아오며, 앉을 때 날개를 펴는 일이 많다. 수컷은 능선의 트인 길을 따라 텃세 행동을 하나 그다지 강하지 않다. 암컷은 능선의 풀밭에서 먹이식물이나 주위의 물체에 알을 하나씩 낳는다.

알 위가 조금 좁아지는 원기둥 모양으로, 겉면에 능이 있다. 갓 낳았을 때에는 윤기 나는 옅은 노란색이다.

애벌레 알에서 깨난 애벌레는 연한 싹을 먹으며, 대부분 낙엽 속에서 숨어 지낸다. 1령애벌레의 몸은 짙은 황갈색인데, 마디 부분이 검어 보이고, 잔털이 나 있다. 3령애벌레는 몸이 검다. 겨울을 날 때에는 낙엽 사이에 들어가는 것으로 보인다.

번데기 아직 밝혀지지 않았다.

꼬마표범나비

네발나비과 독나비아과 *Boloria selenis* (Eversmann, 1837)

    북부 지방의 풀밭에 분포하고, 나라 밖으로는 동유럽, 러시아의 우랄, 시베리아, 아무르, 사할린, 몽골, 중국 동북부에 분포한다. 한국산 아종은 *sibirica* (Erschoff, 1870)로 다룬다. 한 해에 두 번 나타나는데, 5월 말에서 7월, 8월 초에서 9월 초에 볼 수 있다. 참나무, 전나무, 가문비나무 숲 주위에 햇볕이 잘 드는 풀밭에서 산다(주·임, 1987).

산꼬마표범나비

네발나비과 독나비아과 *Boloria thore* (Hübner, 1803)

예전에는 강원도 태백산과 오대산, 설악산 등지에 분포했으나 최근에는 보이지 않고 있으며, 북부 지방에 분포한다. 나라 밖으로는 유럽 알프스 산맥, 스칸디나비아 반도에서 캄차카 반도까지의 유라시아 대륙 타이가 지역과 몽골, 러시아 극동 지역, 일본에 분포한다. 한국산은 아종 *hyperusia* (Fruhstorfer, 1907)로 다룬다. 암수 차이는 크지 않으나 암컷의 날개 가장자리가 뚜렷하게 둥근 점이 다르다. 손·박·이(1995)가 먹이식물과 알에 대해 처음 언급했다.

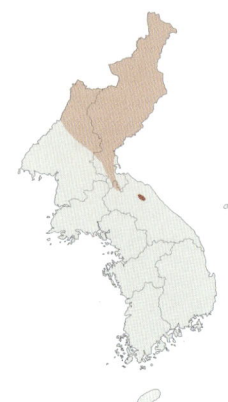

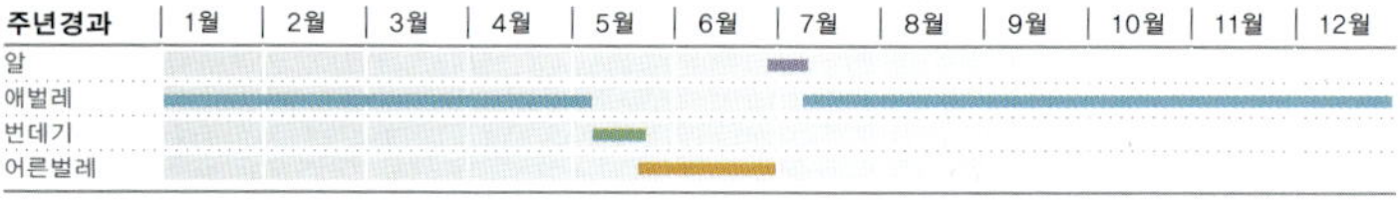

주년경과	1월	2월	3월	4월	5월	6월	7월	8월	9월	10월	11월	12월
알												
애벌레												
번데기												
어른벌레												

주년 경과 한 해에 한 번 나타나는데, 5월 말에서 6월에 볼 수 있다.

먹이식물 제비꽃과(Violaceae) 졸방제비꽃

어른벌레 산지의 낙엽 활엽수림 가장자리에 살며,

햇빛을 쬐는 어른벌레

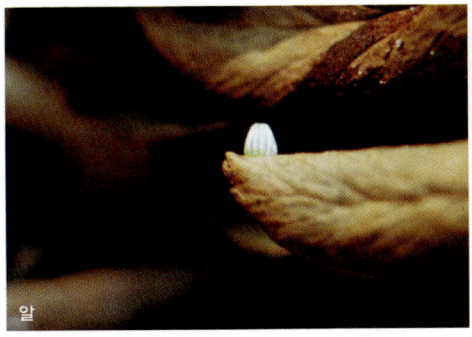
알

짝짓기 거부

어수리, 민들레, 엉겅퀴 등의 꽃에 날아와 꿀을 빤다. 오전 중에는 잎 위에 날개를 펴고 앉아 일광욕을 한다. 수컷은 계곡 길을 따라 빠르게 날아다니며, 암컷을 만나면 배우 행동을 하는 장면을 많이 볼 수 있다. 암컷은 졸방제비꽃과 엉켜서 말라 죽은 고사리 잎에 알을 하나씩 낳는다.

알 너비 0.7mm, 높이 0.8mm 정도로 우윳빛 고깔 모양이다.

애벌레, 번데기 우리나라에 관련 자료가 없다.

백두산표범나비
네발나비과 독나비아과 *Boloria angarensis* (Erschoff, 1870)

북부 지방 높은 산지에 분포하고, 나라 밖으로는 러시아의 우랄, 시베리아, 아무르, 연해주, 사할린, 몽골, 중국 동북부에 분포한다. 한국산 아종은 *hakutosana* (Matsumura, 1927)로 다룬다. 한 해에 한 번 나타나는데, 6월 중순에서 7월 사이에 보이나 개체 수가 매우 적다(주·임, 1987).

높은산표범나비
네발나비과 독나비아과 *Boloria titania* (Esper, 1793)

북부 지방의 백두산 등 높은 산지에 분포하고, 나라 밖으로는 유럽 중부와 동부, 러시아의 시베리아, 아무르, 사할린 북부, 몽골, 중국 동북부에 분포한다. 한국산 아종은 *staudingeri* Wnukowsky, 1929로 다룬다. 계곡 주변의 풀밭에서 보인다. 한 해에 한 번 나타나는데, 7월 초에서 8월 초 사이에 볼 수 있다(주·임, 1987).

고운은점선표범나비
네발나비과 독나비아과 *Boloria iphigenia* (Graeser, 1888)

이 나비는 러시아의 아무르 북부, 캄차카 반도, 사할린, 중국 동북부, 일본의 홋카이도에 분포하는 종으로, 우리나라 나비 목록에 포함되지 않았다. Gorbunov (2001)는 구체적인 채집지 정보를 제시하지 않은 채 우리나라 북부 지방에 분포한다고 처음 언급했다. 아직 우리나라에 알려진 분포와 생태 정보가 없다. 한국산은 원명 아종으로 다룰 수 있겠으며, 여기에서 우리 이름을 처음 붙였다.

은점선표범나비
네발나비과 독나비아과 *Boloria euphrosyne* (Linnaeus, 1758)

북부 지방에 분포하고, 나라 밖으로는 유럽에서 그루지야, 아르메니아, 아제르바이잔, 캅카스, 터키, 러시아의 시베리아, 아무르, 사할린 북부, 몽골, 중국 동북부에 분포한다. 한국산은 원명 아종으로 다룬다. 계곡 주변의 풀밭에서 보인다. 한 해에 한 번 나타나는데, 낮은 지대에서는 5월 말에서 6월 중순 사이, 높은 산지에서는 6월 말에서 7월 중순에 볼 수 있다. 계곡 주변 관목림 사이를 빠르게 날면서 등골나물, 엉겅퀴, 어수리 등의 꽃에 날아온다. 애벌레는 제비꽃과(Violaceae)의 여러 제비꽃을 먹는다(주·임, 1987).

산은점선표범나비
네발나비과 독나비아과 *Boloria selene* (Denis et Schiffermuller, 1775)

북부 지방에 분포하고, 나라 밖으로는 유럽, 러시아의 시베리아에서 캄차카 반도, 아무르, 사할린, 쿠릴 열도, 그리고 몽골, 북미(?)에 분포한다. 한국산은 원명 아종으로 다룬다. 과거에는 작은은점선표범나비와 혼동된 채로 기록되어 있어 우리나라에 분포하는지 여부는 확실하지 않다. 아마 석(1938)의 기록이 이 나비인 것으로 생각하나 현재 표본이 남아 있지 않아 검토가 불가능하다. 이 나비에 대한 생태 자료는 없다.

표범나비류의 애벌레 비교

표범나비류는 나무가 별로 없는 풀밭에서 생활한다. 이런 환경에서 살아남기 위해 애벌레는 이른 아침이나 오후에 먹이식물을 먹고 재빨리 움직여 낙엽 속에 숨는다. 이들 몸에는 뾰족한 가시 모양 돌기가 많아 천적들을 놀라게 한다.

은줄표범나비 종령애벌레 | 산은줄표범나비 종령애벌레 | 암검은표범나비 종령애벌레

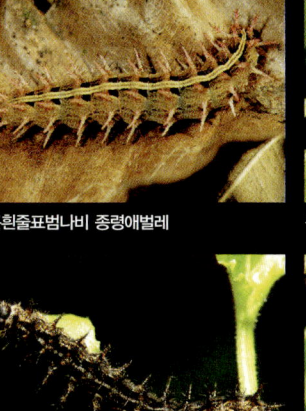

흰줄표범나비 종령애벌레 | 큰흰줄표범나비 종령애벌레 | 구름표범나비 종령애벌레

은점표범나비 종령애벌레 | 긴은점표범나비 종령애벌레 | 황은점표범나비 종령애벌레

줄나비

네발나비과 줄나비아과 *Limenitis camilla* (Linnaeus, 1764)

이 속*Limenitis* Fabricius, 1807은 전북구에 25여 종이 넓게 분포하는데, 동아시아에 분포하는 종이 많으며, 우리나라에 8종이 있다. 이 나비는 제주도를 포함한 한반도 전 지역에 살지만 제주도에서는 매우 드물다. 나라 밖으로는 유라시아 대륙에 넓게 분포한다. 한국산은 아종 *japonica* Ménétriès, 1857로 다룰 수 있다. 암수 차이는 크지 않으나 암컷의 날개 가장자리가 뚜렷이 둥글고, 날개의 흰 띠가 넓은 편이다.

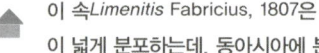

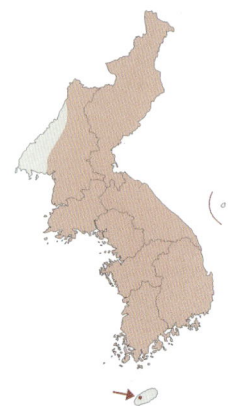

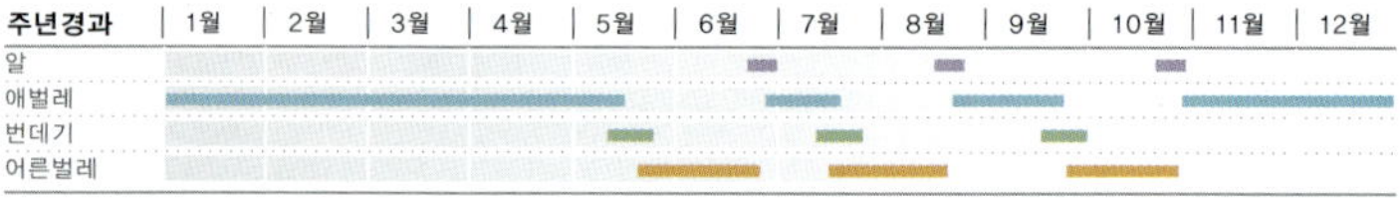

물가에 날아온 수컷

주위를 경계하는 수컷

주년 경과 한 해에 두세 번 나타나는데, 5~6월, 7~8월 초, 9~10월에 볼 수 있다. 애벌레로 겨울을 난다.

먹이식물 인동과(Caprtifoliaceae) 올괴불나무, 각시괴불나무

어른벌레 산지의 계곡 주변 숲에 사는데, 활동 범위가 넓어 마을 근처나 강가, 산꼭대기에서 쉽게 관찰할 수 있다. 빠르게 날며, 개망초, 산초나무, 큰까치수염 등의 꽃에 날아와 꿀을 빤다. 수컷은 물기 있는 땅바닥이나 새똥에 잘 날아오고, 산꼭대기의 공간에서 텃세 행동을 한다. 암컷은 먹이식물 잎 위에 알을 하나씩 낳는다.

알 아래가 평평한 공 모양으로, 풀색을 머금은 노란색을 띤다. 겉은 벌집 모양이며, 각각의 집같이 보이는 구조물이 만나는 부분에 짧은 털이 있다. 너비는 1mm 정도, 높이는 0.9mm 정도이다.

애벌레 알에서 깨나면 잎 끝으로 자리를 옮겨 머리를 잎자루 쪽으로 한 뒤 잎 가운데맥에 자리 잡는다. 이는 이 속 애벌레들의 고유한 습성이다. 다 자란 애벌레는 머리를 숙인 채 먹이식물의 줄기에서 쉴 때가 많다. 4령애벌레까지는 몸이 갈색이다가 종령애벌레가 되면 짙은 풀색으로 변한다. 등에 돋은 가시 모양 돌기는 붉다. 머리는 앞에서 보면 갈색 띠가 양옆에 세로로 보이고, 머리에는 펑크스타일처럼 가시 모양 돌기가 뻗친다. 이 돌기 모습이 다음 종들과 다르다. 번데기가 될 때 대부분 먹이식물에 매달린다.

번데기 몸은 짙은 풀색이며 머리 돌기와 배 부분에 갈색 무늬가 나타난다. 제이줄나비와 제일줄나비보다 머리에 난 뿔 모양 돌기가 더 크다.

제이줄나비

네발나비과 줄나비아과 *Limenitis doerriesi* Staudinger, 1892

    제주도와 울릉도를 뺀 한반도 내륙과 남해안, 서해안의 섬 지방에 분포한다. 나라 밖으로는 중국 동북부, 러시아의 아무르, 우수리 강 지역에 분포한다. 한국산은 원명 아종으로 다룬다. 암수 차이는 크지 않으나 암컷의 날개 가장자리가 뚜렷하게 둥글고, 날개의 흰 띠가 넓은 편이다. 이 나비의 생활사는 손(2000)이 조사한 자세한 자료가 있다.

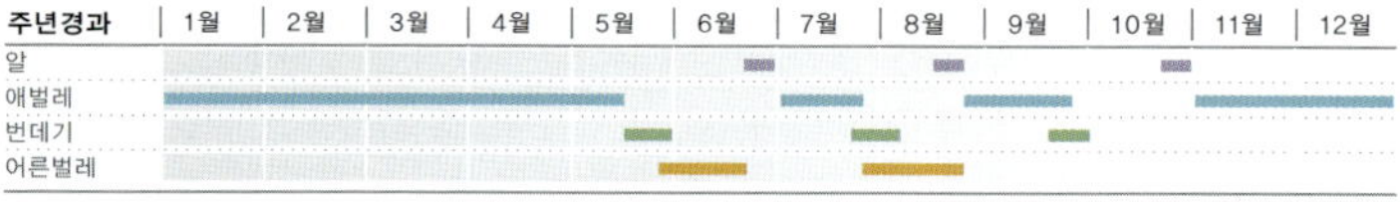

주년경과	1월	2월	3월	4월	5월	6월	7월	8월	9월	10월	11월	12월
알												
애벌레												
번데기												
어른벌레												

암컷

알

부화 직전의 알

1령애벌레

2령애벌레

겨울을 나는 애벌레의 집

애벌레가 먹은 흔적

겨울을 나는 애벌레

종령애벌레 / 머리

번데기

날개돋이

주년 경과 한 해에 1~3번 나타나는데, 대부분의 지역에서는 5~6월과 7~9월에 볼 수 있고, 추운 지역에서는 7~8월에 한 번 볼 수 있다. 3령애벌레로 겨울을 난다.

먹이식물 인동과(Caprtifoliaceae) 괴불나무, 올괴불나무, 인동, 병꽃나무

어른벌레 먹이식물이 있는 인가 주변이나 산 가장자리 등 밝게 트인 곳에서 산다. 조팝나무와 산초나무의 꽃에서 꿀을 빤다. 오물이나 습지, 나뭇진 등에도 즐겨 모인다. 수컷은 오후에 낮은 산지의 계곡과 주변의 숲 가장자리에 바람이 없고 넓게 트인 곳에서 나뭇잎에 앉아 다른 줄나비들과 어울려 미약하게 텃세 행동을 한다. 주로 암컷을 찾아 날아다닌다. 암컷은 오후 2시에서 5시 사이에 계곡 주변이나 산길 등 아늑하고 밝은 장소에서 먹이식물의 잎 뒤에 알을 하나씩 낳아 붙인다. 자연 상태에서 암컷 한 마리가 낳을 수 있는 알의 수는 120~150개이다.

알 윤기가 있는 옅은 노란색의 반구 모양이다. 겉은 벌집 모양으로, 그 정점에 0.2mm 정도의 짧은 털 뭉치가 있다. 너비 1mm, 높이 0.8mm 정도이다. 모양

짝짓기

알을 낳고 쉬는 암컷
물가에서 물을 먹는 수컷

물가에 날아온 수컷들

은줄나비, 제일줄나비의 알과 닮았다. 크기는 줄나비와 비슷하고 제일줄나비보다 약간 작다. 알 기간은 4~5일이다.

애벌레 알에서 나온 1령애벌레는 가운데맥을 남기고 잎자루 쪽으로 잎 가장자리를 먹어 치운다. 쉴 때에는 남은 잎맥 끝에서 가슴을 들어 머리를 배 쪽으로 숙인다. 1령애벌레일 때에는 몸을 보호하기 위해 잎 조각을 몸에 붙이는 습성이 있으나 허물을 벗으면 이 습성이 사라진다. 겨울을 날 때에는 잎자루 쪽 잎을 말아 통 모양으로 만들고 실을 토해 입구를 막는다. 4cm가량의 인동 잎을 기준으로 애벌레의 먹는 양을 1령과 2령애벌레일 때를 합쳐 잎 1장, 3령애벌레일 때 3~4장 정도, 4령애벌레일 때 5장, 종령애벌레일 때 7~10장이라고 조사한 재미난 자료가 있다(손, 2000).

번데기 길이는 18mm 정도, 너비는 3.2~4mm이다. 옅은 풀색과 검은 갈색이 섞여 있으며, 뒷가슴 부분에 광택 있는 은색의 짧은 돌기가 있다. 제2배마디의 등선을 따라 얇은 막 같은 마름모꼴의 검은 갈색 돌기가 2.5mm 정도 튀어나와 있다. 번데기 기간은 7일 정도이다.

제일줄나비

네발나비과 줄나비아과 *Limenitis helmanni* Lederer, 1853

      한반도 각지에 분포하며, 제주도 내 해안 지대에서부터 350m의 산간 지역까지 볼 수 있다. 나라 밖으로는 러시아의 알타이, 아무르, 우수리 강 지역과 중앙아시아, 중국에 분포하며, 많은 아종으로 나누어진다. 한반도 내륙산은 아종 *duplicata* Staudinger, 1892로 다루고, 경기도 황해 도서 지방은 날개 색이 검어지는 아종 *marinus* Kim et Kim, 2002로 다룬다. 암수 차이는 크지 않으나 암컷의 날개 가장자리가 뚜렷하게 둥글고, 날개의 흰 띠가 넓은 편이다.

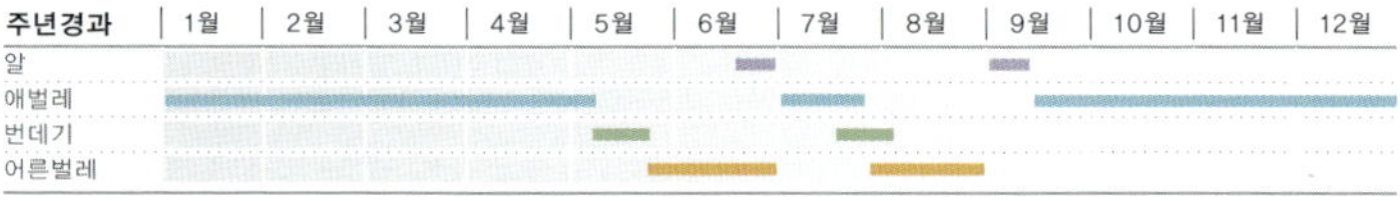

꽃꿀을 빠는 수컷

날개를 접고 쉬는 암컷

알

허물벗기하는 2령애벌레

겨울을 날 집을 지은 애벌레

겨울을 나고 허물벗기한 4령애벌레

기생당한 4령애벌레

주년 경과 한 해에 두 번 나타나는데, 5월 말~6월 초, 7월 말~8월에 볼 수 있다. 애벌레로 겨울을 난다.

먹이식물 인동과(Caprtifoliaceae) 인동덩굴, 올괴불나무, 구슬댕댕이, 각시괴불나무

어른벌레 낮은 산지의 계곡, 물가, 빈터의 길가 가장자리에 사는 아주 흔한 나비이다. 산의 계곡이나 길을 따라 천천히 날아다닌다. 산초나무, 엉겅퀴, 개망초 등에서 꽃꿀을 빤다. 수컷은 계곡의 축축한 곳이나 짐승 똥에 잘 모인다. 이따금 졸참나무의 진에 모이기도 한다. 오후가 되어 기온이 오르면 암컷이 먹이식물 잎 뒤에 알을 하나씩 낳는데, 이를 위해 먹이식물을 탐색하러 다닌다.

종령애벌레 / 머리 / 앞번데기 / 번데기

알 제이줄나비와 거의 닮았으나 좀 더 납작하다.
애벌레 몸 빛깔은 제이줄나비보다 붉은 기가 더 감돈다. 애벌레의 가시 모양 돌기는 제일줄나비 쪽이 한층 굵고 길다. 3령애벌레 이후 제이줄나비는 머리 양옆으로 돌기가 있으나 제일줄나비는 옆은 물론 앞에도 돌기가 있어 차이가 난다. 먹이식물의 잎 위에서 볼 수 있으며, 가운데 잎맥을 남기고 잎을 먹는 습성이 있다. 잎 끝에 남겨 놓은 잎맥 위에서 쉰다. 겨울을 날 때에는 길이가 8mm 정도 되게 잎을 말아 그 속에 들어가 지낸다.
번데기 제일줄나비 쪽이 조금 큰 점 말고는 크게 차이가 없다.

제삼줄나비

네발나비과 줄나비아과 *Limenitis homeyeri* Tancré, 1881

      강원도 계방산과 오대산 이북의 깊은 산지에 분포하며, 나라 밖으로는 러시아 아무르 지역, 중국 중부와 동북부에 분포한다. 한국산은 원명 아종으로 다룬다. 제일줄나비와 닮았지만 한층 검어 보이고, 흰 띠가 좁다. 암수 차이는 크지 않으나 암컷의 날개 가장자리가 뚜렷이 둥글고, 날개의 흰 띠가 넓은 편이다.

주년경과	1월	2월	3월	4월	5월	6월	7월	8월	9월	10월	11월	12월
알								■				
애벌레	─	─	─	─	─	─			─	─	─	─
번데기						─						
어른벌레						─	─	─				

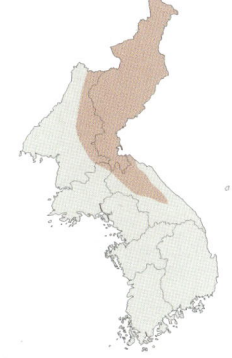

주년 경과   한 해에 한 번 나타나는데, 6월 말에서 8월에 볼 수 있다. 애벌레로 겨울을 날 것으로 보이나 아직 확인되지는 않았다.

먹이식물   인동과(Caprtifoliaceae) 각시괴불나무

어른벌레   한랭한 산지의 숲 가장자리, 계곡, 물가, 빈터에서 보이나 매우 드물다. 아직 꽃꿀을 빠는 관찰 기록은 없고, 수컷이 축축한 곳이나 새똥에 모여 즙을 빠는 광경을 볼 수 있다. 암컷은 계곡 주변의 먹이식물을 찾아다니면서 잎 뒤에 알을 하나씩 낳는다.

알   앞의 제이줄나비, 제일줄나비와 닮았다.

애벌레, 번데기   우리나라에서 관찰된 기록이 없다.

날개를 펴고 햇볕을 쬐는 수컷

알과 먹이식물

땅바닥에 잘 앉는다

날개 아랫면이 어두운 편이다

굵은줄나비

네발나비과 줄나비아과 *Limenitis sydyi* Lederer, 1853

전라남도 백운산 이북의 내륙 산지에 분포하고, 나라 밖으로는 러시아의 알타이 서부, 아무르 지역, 중국 북서부와 동북부에 분포한다. 한국산은 아종 *latefasciata* Ménétriès, 1859로 다룬다. 암컷이 수컷보다 크고 앞날개 윗면 가운데방에 흰색 무늬가 뚜렷하다.

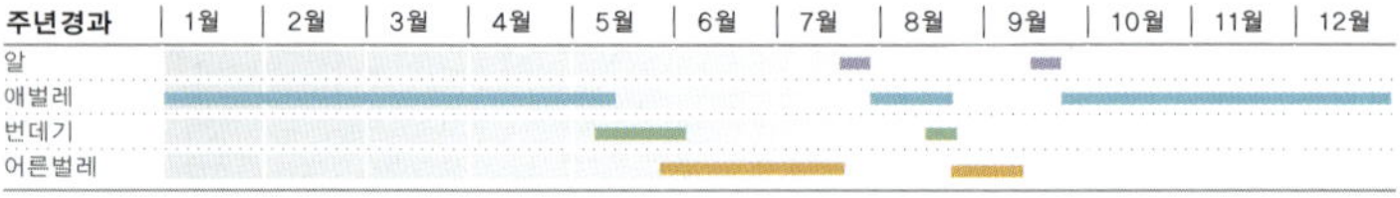

주년경과	1월	2월	3월	4월	5월	6월	7월	8월	9월	10월	11월	12월
알												
애벌레												
번데기												
어른벌레												

수컷의 텃세 행동

알 | 겨울을 나기 전 2령애벌레
겨울 집 | 집을 벗겨 찾아낸 애벌레
봄에 겨울 집에서 나와 새싹을 먹는다 | 3령애벌레
4령애벌레 | 4령애벌레

기생벌은 종령애벌레 주변에 머물다가 종령애벌레가 번데기가 되면 그 위에 산란한다.

기생벌

종령애벌레

종령애벌레의 머리

앞번데기

번데기

번데기 즙을 빨아 먹는 노린재

날개돋이

텃세를 부리는 수컷

알 낳기

주년 경과 한 해에 한두 번 나타나는데, 5월 말에서 9월 초까지 볼 수 있다. 2령애벌레로 겨울을 난다.

먹이식물 장미과(Rosaceae) 조팝나무, 꼬리조팝나무

어른벌레 산지의 숲 가장자리나 밭 주변의 숲에 살며, 조팝나무가 많은 키 작은 나무 지역에 산다. 조팝나무, 싸리 등의 꽃에서 꿀을 빤다. 수컷은 날개를 편 채로 축축한 땅바닥에 잘 앉으며, 주변에 참나무가 있는 산꼭대기에서 나뭇잎 위에 날개를 편 채로 앉아 격하게 텃세 행동을 한다. 암컷은 배끝을 구부려 먹이식물 잎 뒤에 알을 하나씩 낳는다.

알 옅은 노란색으로, 제이줄나비의 알보다 조금 크다. 또 겉면의 벌집 모양 구조도 더 커 보이고, 그 사이의 털도 2배 이상 길다.

애벌레 대체로 습성은 제이줄나비와 닮았으나 크기가 더 크다. 겨울을 날 때, 실을 토해 조팝나무 잎을 세 겹으로 싸고 그 속에 들어가 지낸다. 다 자란 애벌레는 머리가 사다리꼴이며 바탕은 옅은 검은색이고, 앞머리 중앙이 갈색이다. 검은색과 잿빛을 띤 흰색의 돌기가 많이 나 있다. 몸통은 원통 모양으로, 연두색을 띤다. 몸 옆에는 '〈' 모양의 무늬가 보인다. 기생벌 일종이 애벌레에 알을 낳는 장면을 관찰했다. 다 자란 애벌레는 먹이식물의 수평 가지에서 번데기가 된다.

번데기 앞번데기 기간은 1.5일이다. 몸 빛깔은 광택이 있는 은백색이지만 검은 점무늬가 군데군데 있고, 길이는 27.5mm 정도이다. 머리에는 3.2mm 정도의 돌기가 1쌍 있으며, 가운데가슴과 제1배마디에 도끼날 모양의 돌기가 있다. 숨문은 검다. 번데기에서 즙을 빠는 노린재 애벌레를 관찰한 적이 있다.

참줄나비사촌

네발나비과 줄나비아과 *Limenitis amphyssa* Ménétriès, 1859

강원도 산지 이북에 분포하고, 나라 밖으로는 러시아의 아무르, 중국 동북부에 분포한다. 한국산은 원명아종으로 다룬다. 암컷은 수컷보다 크고, 날개 아랫면의 색이 조금 밝다.

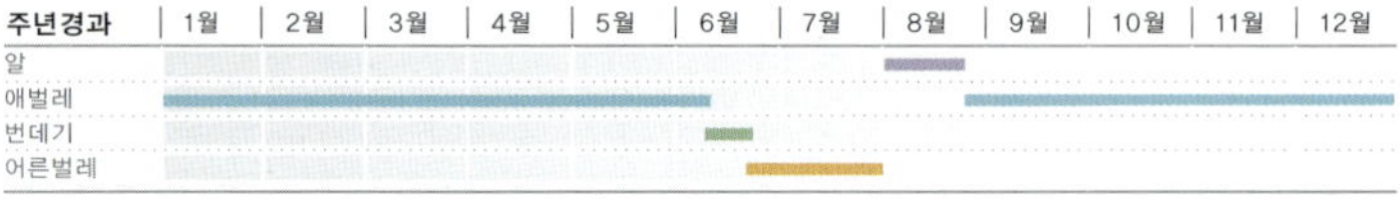

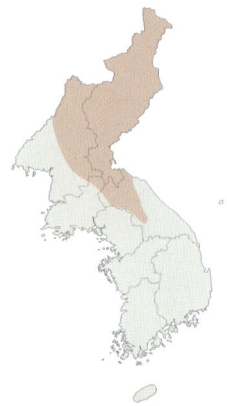

주년경과	1월	2월	3월	4월	5월	6월	7월	8월	9월	10월	11월	12월
알												
애벌레												
번데기												
어른벌레												

날개를 펴고 햇볕을 쬐는 수컷

먹이식물과 알

4령애벌레

이동하는 종령애벌레

알을 낳고 쉬는 암컷

주년 경과 한 해에 한 번 나타나는데, 6월 말에서 8월 초까지 볼 수 있다. 애벌레로 겨울을 난다.

먹이식물 인동과(Caprtifoliaceae) 구슬댕댕이, 각시괴불나무, 올괴불나무

어른벌레 한랭한 산지의 숲 가장자리나 계곡에서 산다. 꽃에 날아오지 않는데, 이따금 암컷이 돌배나무의 열매에서 나오는 즙을 빨아 먹는다. 수컷은 계곡의 축축한 바닥에 잘 앉으며, 인기척에 놀라면 주위 사람 키 높이의 나무 위로 날아가 앉는다. 암컷은 먹이식물 주위를 천천히 날다가 앉았다가 하면서 잎 뒤에 알을 하나씩 낳는다.

알 옅은 노란색으로, 너비는 0.9mm, 높이는 0.75mm 정도이다.

애벌레 갓 깨어난 애벌레는 2.5mm 정도이고 약 7일 뒤에 3.1mm 정도까지 커져서 허물벗기를 하여 2령애벌레가 된다. 종령애벌레는 12mm 정도까지 자란다. 몸에 돋은 가시 모양 돌기는 가운데가슴, 뒷가슴, 제2배마디 쪽에서 큰데, 특히 제2배마디의 돌기는 검고 가장 길다. 제3~6배마디의 등선 아랫부분에 밤색 무늬가 있는 것이 특징이다. 다 자란 애벌레는 먹이식물의 잎 뒤에서 아래를 향해 매달려 번데기가 된다.

번데기 겉면은 옅은 풀색이고 윤기가 난다. 날개끝과 배 부분에 갈색으로 띠 모양이 나타난다. 머리에 난 1쌍의 돌기는 양쪽으로 치우쳐 있고 그 끝이 뾰족하다. 제2배마디의 등판에 원반 모양 돌기가 튀어나와 있다.

참줄나비

네발나비과 줄나비아과 *Limenitis moltrechti* Kardakoff, 1928

경기도와 충청도, 강원도 산지 이북에 분포하고, 나라 밖으로는 러시아의 연해주, 중국 동북부에 분포한다. 한국산은 원명 아종으로 다룬다. 참줄나비사촌과 닮았으나 날개 윗면 가운데방의 흰색 무늬가 다르다. 암컷은 수컷보다 훨씬 크고, 날개 아랫면의 색이 조금 밝다.

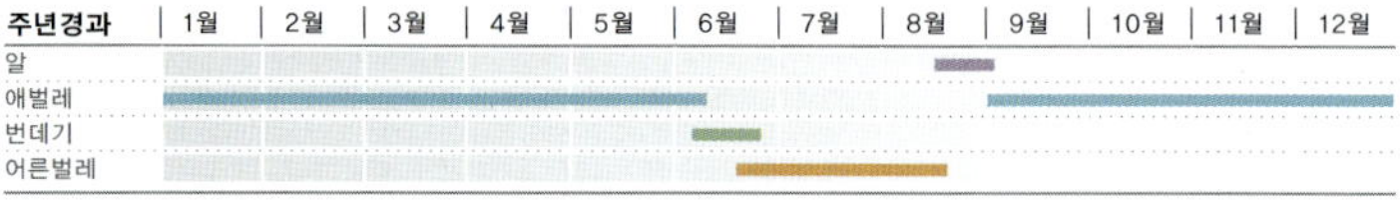

주년경과	1월	2월	3월	4월	5월	6월	7월	8월	9월	10월	11월	12월
알												
애벌레												
번데기												
어른벌레												

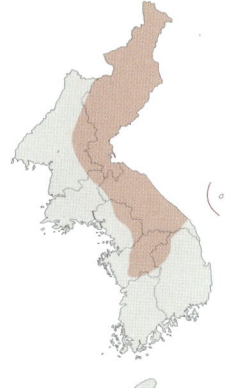

잎 위에서 텃세를 부리는 수컷

알

중령애벌레 | 2령애벌레

기생파리 알
기생당한 종령애벌레

종령애벌레의 머리

암컷

주년 경과 한 해에 한 번 나타나는데, 6월에서 8월 초까지 볼 수 있다. 애벌레로 겨울을 난다.

먹이식물 인동과(Caprtifoliaceae) 올괴불나무

어른벌레 한랭한 산지의 숲 가장자리나 계곡에서 산다. 꽃에 날아오지 않으며, 수컷은 계곡의 축축한 곳이나 짐승 배설물 주위에 잘 앉는다. 길가 빈터의 나뭇잎에서 텃세 행동을 하나 한자리를 고집하지는 않는다. 암컷은 먹이식물 주위를 천천히 날면서 잎 뒤에 알을 하나씩 낳는다.

알 옅은 노란색으로, 참줄나비사촌의 알과 닮았다.

애벌레 어린 애벌레의 모습은 다른 줄나비류와 거의 차이가 없으나 종령애벌레는 머리 색이 훨씬 검고, 몸에 돋은 돌기가 참줄나비사촌보다는 제이줄나비와 닮았다. 제이줄나비보다 돌기가 짧고, 색이 덜 붉다. 상대적으로 제3~6배마디의 돌기가 더 커 보인다.

번데기 겉면은 옅은 풀색으로 윤기가 나는데, 날개돋이 직전에 갈색으로 변한다. 머리에 난 돌기 1쌍이 참줄나비사촌보다 짧아 보인다.

왕줄나비

네발나비과 줄나비아과 *Limenitis populi* (Linnaeus, 1758)

    강원도 계방산 이북의 한랭한 산지에 분포하며, 나라 밖으로는 유라시아 대륙의 온대 지역에 넓게 분포한다. 한국산은 *ussuriensis* Staudinger,1887로 다루기는 하나 지역적 변이가 거의 없어 원명 아종으로 다루는 것이 옳겠다. 암컷은 수컷보다 크고, 날개에 있는 흰 띠무늬가 더 넓다. 또 날개 아랫면의 바탕색이 밝다.

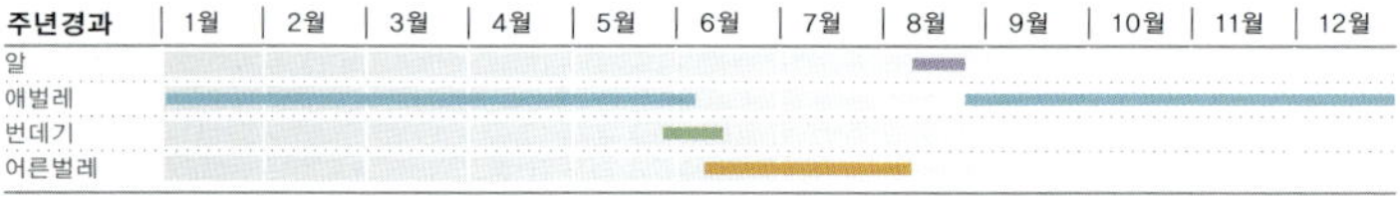

주년경과	1월	2월	3월	4월	5월	6월	7월	8월	9월	10월	11월	12월
알												
애벌레												
번데기												
어른벌레												

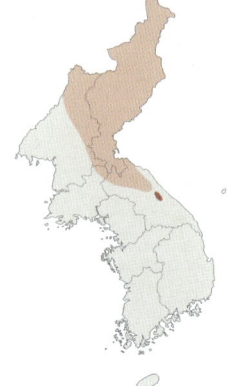

날개를 편 수컷

날개를 접고 물을 먹는 수컷

서식지(강원도 오대산)

주년 경과 한 해에 한 번 나타나는데, 6월 중순에서 8월 초에 볼 수 있다. 애벌레로 겨울을 난다.

먹이식물 버드나무과(Salicaceae) 황철나무

어른벌레 계방산과 오대산처럼 한랭한 기후의 산지에 산다. 수컷은 물기 있는 땅바닥에 잘 앉으며, 7월에 산꼭대기의 한자리를 차지해 텃세 행동을 심하게 한다. 암컷은 잘 날지 않고 먹이식물 주위에서 멀리 벗어나지 않으나 수컷과 짝짓기를 하기 위해 산꼭대기에 오르는 것으로 보인다. 알 낳는 행동에 대해서는 우리나라에서 관찰된 자료가 없다.

알, 애벌레, 번데기 이와 관련한 국내 자료가 없다.

홍줄나비

네발나비과 줄나비아과 *Seokia pratti* (Leech, 1890)

이 속 *Seokia* Sibatani, 1943은 동북아시아에 이 나비 1종만 있다. 이 나비는 매우 희귀하며, 강원도 설악산과 오대산, 북한의 회령과 무산 등의 산지에 국지적으로 분포한다. 나라 밖으로는 러시아의 아무르, 우수리 강과 중국 동북부, 산시 성, 쓰촨 성, 후베이 성, 저장 성에 분포한다. 한국산은 아종 *eximia* (Moltrecht, 1909)로 다룬다. 이 나비의 생활사는 우리나라에서 손(2006)이 처음 밝혔다.

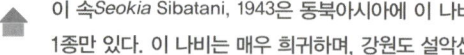

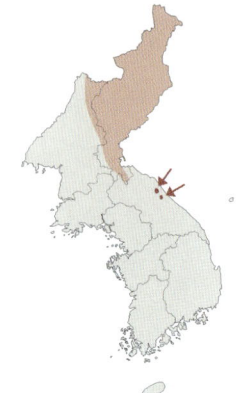

주년 경과 한 해에 한 번 나타나는데, 6월 말에서 8월 초에 볼 수 있다. 3령애벌레로 겨울을 난다.

먹이식물 소나무과(Pinaceae) 잣나무

어른벌레 설악산과 오대산의 침엽수, 활엽수가 모두 있는 천연림에 가까운 숲에 산다. 수컷은 오전 중 절 마당과 주차장, 도로 등에서 날개를 펴고 앉아 일광욕을 하고, 주위의 썩은 과일이나 짐승의 배설물에 모인다. 10m 이상의 높은 가지 끝에서 텃세 행동을 보인다. 암컷은 축축한 도로 위로 날아오거나 개망초와 어수리의 꽃에서 꿀을 빠는데, 이런 장면이 흔하지는 않다. 7월 중순에서 8월 말 사이에 알을 낳는다. 암컷은 행동이 둔해 차에 부딪혀 다치거나 죽기도 한다.

알 너비 1.20~1.28mm, 높이 1.48~1.56mm이다. 갓 낳았을 때 황토색이다가 3일 뒤 붉은색을 머금은 밤색, 4~6일 뒤 회색빛을 띤 흰색이 된다. 낳은 지 7~9일 뒤 부화한다. 기간은 약 8일이다.

애벌레 알을 깨고 나온 애벌레는 알껍데기를 먹고 잎 위에 쉴 자리를 만든다. 이때 머리는 잎 끝으로 향한다. 이동할 때에는 입에서 내놓은 실로 만든 길을 따라 움직인다. 몸 빛깔은 옅은 황토색이다가 점차 적갈

색을 띠게 된다. 천적을 피해 주로 저녁 무렵에 먹는 습성이 있다. 3령애벌레가 되면 잎이 떨어지지 않도록 실로 단단히 고정하고서 약 250일 동안 추운 기간을 보낸다. 봄이 되면 4령과 종령(5령)애벌레가 되면서 먹는 양이 많아지고, 다 자라면 몸길이가 30mm 정도 된다. 애벌레의 몸에는 잣나무의 독성을 배출하는 샘털(glandular hair)이 있다.

번데기 1.5~2일간 앞번데기 상태를 보내고 나서 번데기가 되며, 길이는 22~26mm이다. 잎보다는 수직인 줄기에서 번데기를 볼 수 있는데 이는 다른 나비에서 찾아볼 수 없는 특징이다. 전체 생김새는 *Limenitis* 속 나비와 닮았으나 굴곡이 적고 더 길쭉해 보인다. 바탕색은 나무줄기 색과 닮았다. 기간은 15일 정도이다.

애기세줄나비

네발나비과 줄나비아과 *Neptis sappho* (Pallas, 1771)

    이 속*Neptis* Fabricius, 1807은 유라시아 대륙과 아프리카, 오스트레일리아에 100종 넘게 분포하는데, 주로 아시아 남부와 동부에 많다. 이 나비는 제주도를 포함한 한반도 전 지역에 분포한다. 나라 밖으로는 유럽에서 시베리아에 걸친 산지와 그 일대 풀밭 환경 사이에 살며, 네팔, 몽골, 중국, 일본에까지 넓게 분포한다. 한국산은 아종 *intermedia* W. B. Pryer, 1877로 다룬다. 수컷은 뒷날개 윗면 앞가장자리에 광택 있는 은백색 무늬가 있으며, 암컷은 수컷보다 크고 날개 가장자리가 둥그스름하다.

주년경과	1월	2월	3월	4월	5월	6월	7월	8월	9월	10월	11월	12월
알												
애벌레												
번데기												
어른벌레												

날개를 접은 모습

날개를 편 암컷

알

부화 직전의 알

1령애벌레와 먹은 흔적

1령애벌레 2령애벌레 3령애벌레

종령애벌레 겨울나기 전 애벌레

주년 경과 한 해에 서너 번 나타나는데, 4월 말에서 10월 초에 볼 수 있다. 애벌레로 겨울을 난다.

먹이식물 콩과(Leguminosae) 싸리, 넓은잎갈퀴, 아까시나무, 칡, 나비나물, 비수리, 벽오동과 (Sterculiaceae) 벽오동

어른벌레 산지의 빈터나 길가, 해안의 상록수 숲 계곡이나 숲 가장자리에 사는 아주 흔한 나비이다. 나무 사이를 미끄러지듯 천천히 날아다니고, 산초나무, 싸리, 국수나무 등의 꽃에서 꿀을 빤다. 수컷은 서로 만나면 빙글빙글 어울리면서 텃세를 부리고, 축축한 땅이나 바위에 잘 앉는다. 암컷은 잎에 앉아 날개를 편 채로 뒷걸음친 뒤 잎 끝에 알을 하나씩 낳는다.

알 청록색이며, 너비 0.8mm, 높이 0.85mm 정도로 아래가 평평한 공모양이다. 겉면은 벌집 모양으로, 각각의 집 같은 구조가 얕게 파여 있으며, 그 정점에 0.05mm 정도의 흰 털 뭉치가 나 있다. 깨나기 직전에

앞번데기 / 번데기 / 수컷의 텃세 행동 / 수컷은 축축한 곳에 잘 앉는다 / 수컷끼리 다투는 모습

는 흑갈색으로 변한다.

애벌레 옅은 풀색을 머금은 갈색으로, 가운데가슴과 뒷가슴 등 쪽에 날카로운 돌기가 양옆으로 뻗쳐 있다. 먹이식물의 잎 가운데맥 끝에서 잎자루 쪽으로 머리를 향하고, 잎맥을 남기고 먹는 습성이 있다. 애벌레는 늦가을에 먹이식물에서 내려와 햇볕이 잘 드는 주변의 낙엽 사이에 들어가 겨울을 나는데, 좋은 자리를 찾아 수시로 이동한다. 겨울을 난 애벌레는 아무것도 먹지 않은 상태로 번데기가 되는 것으로 알려져 있다 (Sasaki, 1995).

번데기 황토색으로, 날개 부위가 부푼 모습이다. 야외에서는 주로 먹이식물의 잎에 거꾸로 붙은 상태로 발견된다.

세줄나비

네발나비과 줄나비아과 *Neptis philyra* Ménétriès, 1858

    섬 지방을 뺀 내륙 산지에 분포하고, 나라 밖으로는 러시아의 아무르, 중국, 일본에 분포한다. 한국산은 원명 아종으로 다룬다. 암컷은 수컷보다 크고, 날개 가장자리가 둥글며, 날개의 흰 띠가 넓다.

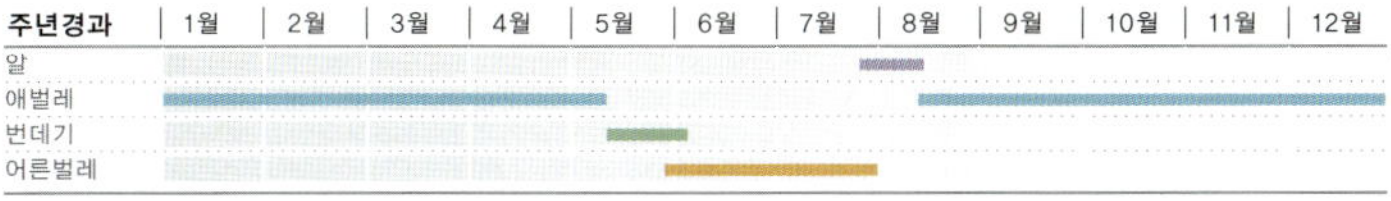

주년경과	1월	2월	3월	4월	5월	6월	7월	8월	9월	10월	11월	12월
알												
애벌레												
번데기												
어른벌레												

주년 경과 한 해에 한 번 나타나는데, 5월 말에서 7월까지 볼 수 있다. 4령애벌레로 겨울을 난다.
먹이식물 단풍나무과(Aceraceae) 고로쇠나무, 단풍나무

어른벌레 숲 환경에 적응해서 광릉 숲과 같이 숲이 좋은 곳에서 살고, 마을 근처에 단풍나무가 심어진 곳에서도 산다. 높은 나무 위를 천천히 날아다니고, 밤나무와 산초나무 등의 꽃에서 꿀을 빠는데 이런 장면

물을 빨아 먹는 수컷

물가에 날아온 수컷

종령애벌레의 옆모습 | 번데기

다른 나비와 함께 땅바닥에 앉아 물을 먹는 모습(맨 위가 세줄나비)

을 보기가 쉽지 않다. 수컷은 물가에 날아와 땅바닥에 잘 앉고, 약하게 텃세를 부린다. 암컷은 주로 어린나무나 낮은 나무에서 옆으로 뻗은 잎에 앉아 잎 끝에 알을 하나씩 낳는다.

알 황록색이고, 너비 0.9mm, 높이 0.95mm 정도에 아래가 평평한 공 모양이다. 겉면은 벌집 모양으로 얕게 파여 있고, 그 정점에 짧은 흰 털 뭉치가 나 있다.

애벌레 알에서 깨난 1령애벌레는 몸이 원통 모양인데, 2령 이후 제2배마디를 중심으로 부풀어 있다. 4령애벌레는 실을 토해 내 먹이식물의 마른 잎에 매달려 겨울을 난다. 겨울을 난 애벌레는 처음에 집에서 생활하다가 주변 잎이 자라면 겨울 집을 떠난다. 다 자란 애벌레는 몸이 황갈색이고, 제7, 8, 9배마디의 숨문 아래에 청록색 무늬가 있다. 가운데가슴과 뒷가슴의 등에 돋은 돌기는 가늘고 길어지면서 구부러진다.

번데기 애벌레 때 먹던 자리에서 멀리 벗어나지 않고 매달려 번데기가 된다. 애기세줄나비의 번데기와 닮았으나 이 종이 더 크다. 또한 애기세줄나비의 번데기에 비해 머리 위에 난 귀 모양 돌기가 더 크고, 끝이 예리하지 않다. 전체적으로 황갈색에 짙은 갈색 줄무늬가 조금 보인다.

345

참세줄나비

네발나비과 줄나비아과 *Neptis philyroides* Staudinger, 1887

섬 지방을 뺀 내륙 산지에 분포하고, 나라 밖으로는 러시아 아무르, 중국 동북부와 동부, 중부에 분포한다. 한국산은 원명 아종으로 다룬다. 암컷은 수컷보다 크고, 날개 가장자리가 둥글며, 날개에 있는 흰 띠가 넓다.

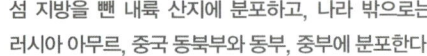

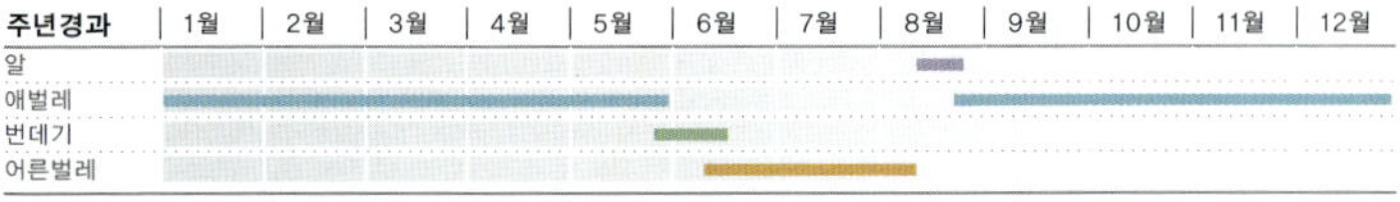

주년경과	1월	2월	3월	4월	5월	6월	7월	8월	9월	10월	11월	12월
알												
애벌레												
번데기												
어른벌레												

주년 경과 한 해에 한 번 나타나는데, 5월 말에서 8월 초까지 볼 수 있다. 애벌레로 겨울을 난다.

먹이식물 자작나무과(Betulaceae) 까치박달, 서어나무, 개암나무, 참개암나무, 물개암나무

어른벌레 세줄나비처럼 숲 환경에 적응해서 살아서 세줄나비와 같은 장소에서 볼 수 있는데, 나타나는 시기는 세줄나비가 조금 이른 편이다. 높은 나무 위를 천천히 날아다니고, 밤나무 등의 꽃에서 꿀을 빨거나 발효한 열매에서 즙을 빨아 먹는다. 수컷은 물가에 날아와 땅바닥에 잘 앉고, 약하게 텃세를 부린다. 암컷은 주로 어린나무나 낮은 나무의 옆으로 뻗은 잎에 앉아 그 끝에 알을 하나씩 낳는다.

잎 위에서 쉬는 수컷

암컷

알 1령애벌레 1령애벌레의 집
2령애벌레 겨울을 나는 애벌레 겨울을 나는 애벌레의 위치
종령애벌레 번데기 날개돋이하려는 번데기
날개돋이 꽃꿀을 빠는 암컷 알 낳기

알 청록색으로, 전체 생김새는 세줄나비와 거의 같다.
애벌레 1령애벌레는 토해 낸 실로 잎 끝에 자리를 만들어 지낸다. 겨울을 날 때의 모습은 세줄나비와 거의 비슷하다. 다 자라도 머리에 뿔 모양 돌기가 두드러지지 않으며 몸에 돋은 돌기도 그다지 커지지 않는다. 전체적으로 황갈색에 드문드문 짙은 갈색 무늬가 보이고, 제7, 8, 9배마디의 숨문 아래에 청록색 무늬는 보이지 않는다.
번데기 전체 생김새는 세줄나비와 닮았다. 머리에 난 귀 모양 돌기는 세줄나비보다 모가 덜 진다.

높은산세줄나비

네발나비과 줄나비아과 *Neptis speyeri* Staudinger, 1887

경상도 일부 지역과 경기도, 강원도 이북의 산지에 분포하고, 나라 밖으로는 러시아 아무르, 중국 동북부에 분포한다. 암컷은 수컷보다 크고, 날개 가장자리가 둥글며, 날개 흰 띠가 넓다.

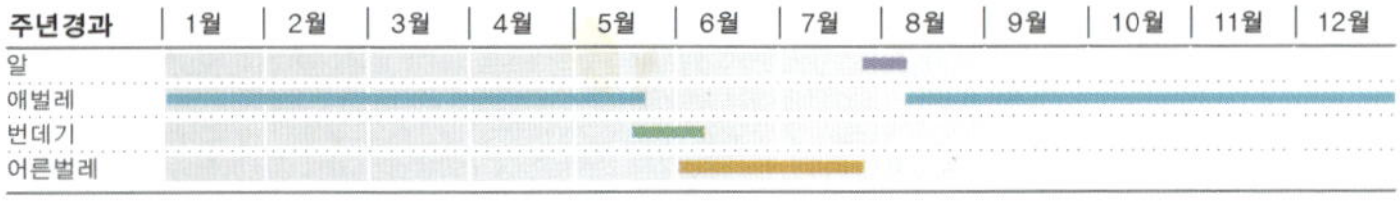

주년경과	1월	2월	3월	4월	5월	6월	7월	8월	9월	10월	11월	12월
알												
애벌레												
번데기												
어른벌레												

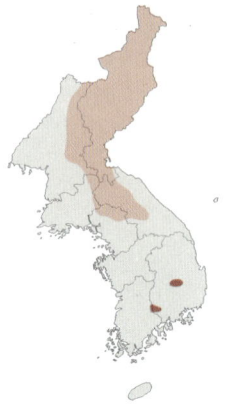

물가에 날아온 수컷

까치박달나무에 지은 애벌레 집

개암나무에 지은 애벌레 겨울 집

겨울을 나는 애벌레

서어나무에 지은 애벌레의 겨울 집

주년 경과 한 해에 한 번 나타나는데, 6월에서 7월에 볼 수 있다. 애벌레로 겨울을 난다.

먹이식물 자작나무과(Betulaceae) 까치박달, 서어나무, 개암나무

어른벌레 숲 환경에 적응하지만 세줄나비, 참세줄나비보다 개체 수가 훨씬 적다. 날 때 애기세줄나비처럼 보이며, 나무 사이를 천천히 날아다니다가 국수나무 등의 꽃에서 꿀을 빤다. 수컷은 물가에 날아와 땅바닥에 잘 앉고, 새똥에 모이며, 약하게 텃세를 부린다. 암컷은 주로 어린나무의 잎에 알을 하나씩 낳는다.

알 청록색으로, 애기세줄나비와 거의 닮았다. 너비와 높이가 각각 0.8mm 정도이다.

애벌레 알에서 깨난 뒤 잎 끝에서 1/3 정도 지점에 보 금자리를 만든다. 가운데맥은 남기고 잎을 세로로 자른 다음 둥글게 말아 그 속에 들어가 산다. 겨울을 날 때에도 실을 토해 내 자기 집을 단단히 매달고 지낸다. 생김새는 세줄나비와 닮았으나 몸에 돋은 돌기는 매우 작다. 제7, 8, 9배마디의 숨문 아래에 옅은 풀색 무늬가 있는데 가늘게 옆으로 이어진 띠처럼 보인다.

번데기 아직 야외에서 발견하지 못했다.

서식지(강원도 인제)

두줄나비

네발나비과 줄나비아과 *Neptis rivularis* (Scopoli, 1763)

광주 무등산 이북의 산지에 분포하고, 나라 밖으로는 유라시아 대륙의 온대에서 타이가 중부 지역에 걸쳐 넓게 분포한다. 한국산 아종은 *magnata* Henye, 1895로 다루어 왔으나 최근 연구에서 유럽 종과 명확한 차이를 둘 수 없어 미해결 상태에 있다. 암컷은 수컷보다 크고, 날개 가장자리가 둥글며, 날개의 흰 띠가 넓다. 김(1991)이 이 나비의 알에 대해 관찰한 기록이 있다.

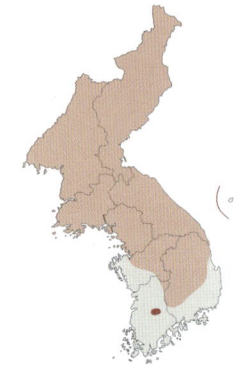

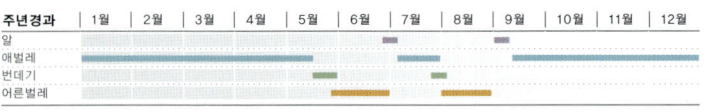

주년 경과 한 해에 한두 번 나타나는데, 5월 말에서 8월에 볼 수 있다. 애벌레로 겨울을 난다.

먹이식물 장미과(Rosaceae) 조팝나무, 둥근잎조팝나무, 가는잎조팝나무

어른벌레 숲과 가까운 관목림의 확 트인 장소를 좋아한다. 조팝나무와 풀싸리 등의 꽃에 잘 날아와 꿀을 빤다. 수컷은 먹이식물이 많은 곳에서 활발하게 암컷을 탐색하거나 축축한 물가에 잘 앉으며, 이따금 새똥의

날개를 접고 쉬는 암컷

알

겨울을 나는 애벌레 집

4령애벌레의 옆모습

4령애벌레의 등 부분

번데기

종령애벌레

날개를 펴고 쉬는 모습

즙도 빨아 먹는다. 암컷은 먹이식물의 잎 위에 알을 하나씩 낳는다.

알 청록색으로, 벌집처럼 생긴 표면은 세줄나비와 거의 차이가 없으나 육각 모양이 조금 작고, 미세한 털 뭉치의 길이도 짧다. 너비 0.8mm, 높이 0.8mm 정도의 공 모양이다.

애벌레 겨울을 날 때, 조팝나무의 잎을 3~4mm 크기로 가늘고 길고 둥글게 말아 그 속에서 지낸다. 종령애벌레의 옆모습은 별박이세줄나비와 다르다.

번데기 황토색으로, 머리에 난 돌기가 양쪽으로 뻗쳐 있다. 옆에서 보면 세줄나비보다 가운데가슴의 등 쪽이 더 굴곡져 보인다.

별박이세줄나비

네발나비과 줄나비아과 *Neptis pryeri* Butler, 1871

    제주도를 뺀 전국의 산지에 분포하며, 나라 밖으로는 중국 동북부와 동부, 일본, 타이완에 분포한다. 한국산은 원명 아종으로 다룬다. 암컷은 수컷보다 크고, 날개 가장자리가 둥글며, 날개의 흰 띠가 넓다. 손·김·박(1992)이 알에 대해 관찰한 적이 있다.

주년경과	1월	2월	3월	4월	5월	6월	7월	8월	9월	10월	11월	12월
알						■		■	■			
애벌레	■	■	■	■	■		■			■	■	■
번데기					■		■		■			
어른벌레					■	■		■	■			

주년 경과 한 해에 두세 번 나타나는데, 5월 말에서 9월 사이에 볼 수 있다. 애벌레로 겨울을 난다.

먹이식물 장미과(Rosaceae) 조팝나무, 꼬리조팝나무

날개돋이

날개를 편 모습

어른벌레 숲과 가까운 관목림의 확 트인 장소에서 사는데, 두줄나비보다 개체 수가 훨씬 많다. 흰 꽃을 좋아하여 조팝나무와 국수나무, 산초나무의 꽃에 잘 날아와 꿀을 빤다. 수컷은 먹이식물이 많은 곳에서 활발하게 암컷을 탐색하거나 축축한 물가에 잘 앉으며, 새똥이나 사람의 땀을 먹으려고 붙기도 한다. 암컷은 잎 위에 알을 하나씩 낳는다.

알 윗부분만 청록색으로, 겉면은 벌집처럼 생겨 세줄나비와 거의 차이가 없으나 육각 모양 구조가 조금 작으며, 미세한 털 뭉치의 길이도 짧다. 너비는 0.8mm, 높이는 0.7mm 정도로 반구 모양이다.

애벌레 애기세줄나비와 닮았지만 몸이 더 갈색이고, 몸에 돋은 돌기가 작으며, 제7, 8, 9배마디의 숨문 아래에 풀색 무늬가 더 뚜렷하고 크다. 겨울을 날 때, 애벌레는 3~4mm 크기의 조팝나무 잎을 포개어 직각삼각형 또는 반원 모양으로 만들어서 그 속에서 지낸다. 길이는 24mm 정도이다.

번데기 먹이식물의 가지에 매달린다. 색과 생김새는 애기세줄나비와 닮았으나 머리의 귀 모양 돌기는 더 굵고, 끝은 덜 뾰족하다. 길이는 17mm 정도이다.

개마별박이세줄나비

네발나비과 줄나비아과 *Neptis andetria* Fruhstorfer, 1912

경상북도 일부 지역과 강원도 이북의 산지에 국지적으로 분포하고, 나라 밖으로는 러시아의 아무르, 중국 동북부에 분포한다. 한국산은 원명 아종으로 다룬다. 이 나비는 별박이세줄나비의 산지형 변이의 하나로 알려져 있다가 최근 Fukuda 등(1999)에 따라 다른 종으로 정리되었다. 경상북도와 강원도 산지에서는 별박이세줄나비와 함께 살기도 한다. 이 두 종은 수컷 생식기와 어른벌레의 날개 색과 무늬, 애벌레에서 차이가 나타난다. 이 나비에게만 앞날개 가운데방 위 앞가장자리에 짧은 흰 선이 있다. 암수 차이는 별박이세줄나비의 경우와 같다.

주년 경과	1월	2월	3월	4월	5월	6월	7월	8월	9월	10월	11월	12월
알												
애벌레												
번데기												
어른벌레												

수컷 윗면

수컷 아랫면

주년 경과 한 해에 두 번 나타나며, 6월에서 8월 사이에 볼 수 있다. 애벌레로 겨울을 난다.

먹이식물 장미과(Rosaceae) 조팝나무

어른벌레 조팝나무가 자라는 산지의 길가 등 숲 가장자리의 밝은 장소에서 볼 수 있으며, 개체 수는 많지 않다. 미끄러지듯 길가를 천천히 날아다니다가 어수리 등 흰 꽃에 날아오는 것을 가끔 볼 수 있다.

알 청록색이며 별박이세줄나비와 거의 같다.

애벌레 Fukuda 등(1999)에 따르면, 몸통 위쪽에 있는 돌기 4쌍이 별박이세줄나비보다 길고, 특히 가운

알

종령애벌레

번데기

데가슴과 뒷가슴 제8배마디에 있는 돌기 끝이 더 예리하다. 3, 4령애벌레의 제6배마디와 제8배마디의 풀색 무늬는 이어지지 않고 끊어진다. 이에 반해 별박이세줄나비의 애벌레는 이 무늬가 이어진다.

번데기 별박이세줄나비와 닮아 구별이 쉽지 않다.

서식지(강원도 인제)

왕세줄나비

네발나비과 줄나비아과 *Neptis alwina* (Bremer et Grey, 1853)

    제주도를 뺀 전국에 분포하며, 나라 밖으로는 러시아의 아무르, 몽골 동부, 중국, 일본에 분포한다. 한국산은 원명 아종으로 다룬다. 수컷은 날개끝에 흰 점무늬가 뚜렷하고, 뒷날개 앞가장자리가 광택이 있는 회색이다. 암컷은 수컷보다 크고, 날개 가장자리가 둥글다.

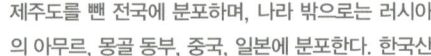

주년 경과 한 해에 한 번 나타나는데, 6월 중순에서 8월에 볼 수 있다. 4령 또는 5령애벌레로 겨울을 난다.

먹이식물 장미과(Rosaceae) 복사나무, 옥매, 자두나무, 매실나무, 산벚나무

어른벌레 산지의 숲 가장자리, 고도가 낮은 마을 근처 복사나무가 있는 곳에서 살면서 산초나무와 쥐똥나무 등의 꽃에서 꿀을 빤다. 수컷은 오전 중 물가에 앉아 물이나 새똥의 즙을 먹고, 오후에는 먹이식물 주위를 활발하게 날면서 암컷을 탐색하는데, 암컷이 날개돋이하면 곧바로 짝짓기를 한다.

암컷은 먹이식물 주위를 크게 벗어나지 않으며, 외따로 떨어진 위치의 먹이식물 아랫부분이나 어린나무의 잎 위에 1~여러 개의 알을 낳는다. 이따금 같은 곳에 여러 번 낳는 경우도 있다.

알 너비 0.85mm, 높이 0.8mm 정도의 반구 모양이다. 청록색 바탕에 겉면이 벌집 모양이고, 조각이 각각 만나는 곳에 무색의 털이 나 있다.

애벌레 같은 속의 다른 애벌레와 달리 겨울을 난 뒤

물가에 날아온 수컷

날개를 펴고 햇빛을 쬐는 암컷

에 몸 빛깔이 풀색으로 변하는 특징이 있다. 애벌레는 잎 끝에 남긴 맥 위에서 지내는데 행동이 매우 느리다. 겨울을 날 때에는 겨울눈이나 가지 사이에 붙고, 이 속의 다른 애벌레처럼 잎에 붙지 않는다. 다 자라면 29mm 정도 된다.

번데기 먹이식물의 잎자루를 잘라 시들게 한 후 그 끝에서 번데기가 된다. 이렇게 시든 나뭇잎처럼 위장을 하는 특이한 습성이 있어 야외에서 어렵지 않게 찾을 수 있다. 풀색이 도는 갈색으로, 날개부가 옆으로 아주 넓어지고 배끝이 급하게 가늘어진다. 길이는 21.4mm 정도이다.

뿔나비의 여러 가지 날개돋이 모습

Libythea lepita

뿔나비는 해마다 6월 초가 되면 낙엽 활엽수림에서 난데없이 나타나 산길 바닥에 내려앉는다. 그 수가 헤아리기 어려울 정도로 많아 이곳을 지나다 보면 갑자기 나비 꽃들이 피어난 듯 보일 때가 많다. 애벌레는 풍게나무 잎 아래에서 번데기가 되는데, 조금만 관심을 가지고 풍게나무를 살피면 날개돋이 과정을 볼 수 있다.

왕세줄나비의 날개돋이 과정

Neptis alwina

왕세줄나비는 마을 어귀의 복사나무에서 날개돋이하여 날아가는데, 이렇게 큰 나비가 좁은 번데기 공간에서 어떻게 지냈을까 싶다. 그 비밀은 축축한 날개를 접고 있었기 때문이다. 날개돋이를 마친 후 분홍색 노폐물을 배설하여 몸을 가볍게 한 후에 비로소 날 수 있다.

07시 21분 30초

07시 23분 43초

07시 25분 36초

07시 28분 54초

07시 31분 22초

08시 01분 17초

황세줄나비

네발나비과 줄나비아과 *Neptis thisbe* Ménétriès, 1859

     섬 지방을 뺀 전국의 산지에 분포하고, 나라 밖으로는 러시아의 아무르, 중국 동북부와 중부, 동부, 남부에 분포한다. 한국산은 원명 아종으로 다룬다. 수컷은 뒷날개 앞가장자리에 광택이 도는 회백색 무늬가 있다. 암컷은 수컷보다 훨씬 크고 날개 가장자리가 둥글다.

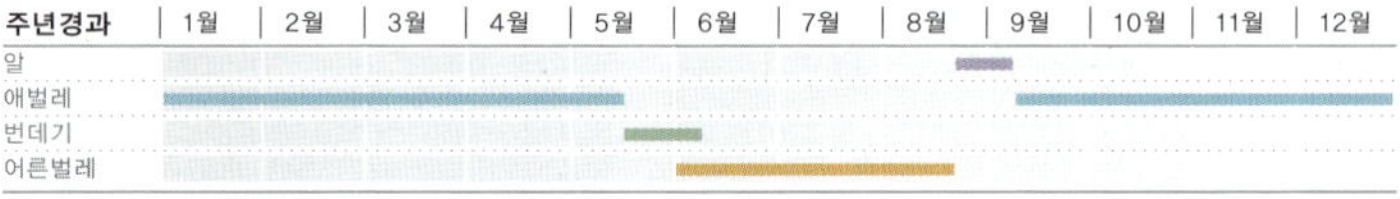

주년경과	1월	2월	3월	4월	5월	6월	7월	8월	9월	10월	11월	12월
알												
애벌레												
번데기												
어른벌레												

물을 먹는 수컷

잎 위에서 쉬는 수컷

| 겨울을 나는 애벌레 | 애벌레와 먹은 흔적 | 4령애벌레 |
| 종령애벌레 | 종령애벌레의 등 부분 | 번데기 |

주년 경과 한 해에 한 번 6월에서 8월에 볼 수 있다. 애벌레로 겨울을 난다.

먹이식물 참나무과(Fagaceae) 신갈나무, 졸참나무

어른벌레 산지의 활엽수림 가장자리에 확 트인 공간에서 산다. 수컷은 참나무 사이를 경쾌하게 날면서 수컷끼리 텃세를 부리기도 하고, 축축한 땅바닥이나 바위, 죽은 개구리에 날아오기도 한다. 암컷은 먹이식물 주위를 천천히 날다가 먹이식물 잎 뒤에서 날개를 편 채로 알을 하나씩 낳는다.

알 아직 야외에서 발견하지 못했다.

애벌레 겨울을 나기 전의 잎 자리에서 그대로 겨울을 난 뒤, 새 잎으로 이동하여 잎 끝을 마름모꼴로 남기고 앉아 그 앞부분 잎을 대칭적으로 먹어 치운다. 생김새는 참세줄나비와 닮았으나 황세줄나비가 몸 바탕의 풀색이 더 강하고, 머리 위의 돌기가 더 작다. 이 나비의 등에 돋은 돌기가 더 크고 두텁고 날카로우며, 제6~8배마디 옆면의 풀색 무늬가 적고 색이 옅다.

번데기 먹이식물 잎 아래에 붙는다. 생김새는 참세줄나비와 닮았으나 머리에 난 돌기가 더 날카롭고, 머리와 가슴, 제1, 2배마디 등 부분에 은색이 나타나 차이가 난다.

중국황세줄나비

네발나비과 줄나비아과 *Neptis tshetvericovi* Kurentzov, 1936

     강원도 계방산과 오대산 이북의 산지에 분포하며, 나라 밖으로는 러시아의 아무르, 중국 동북부에 분포한다. 한국산은 원명 아종으로 다룬다. 수컷은 뒷날개 앞가장자리에 광택이 있는 회백색 무늬가 있고, 암컷은 수컷보다 훨씬 크고 날개 가장자리가 둥글다.

주년경과	1월	2월	3월	4월	5월	6월	7월	8월	9월	10월	11월	12월
알												
애벌레												
번데기												
어른벌레												

주년 경과 한 해에 한 번 나타나는데, 6월 중순에서 8월 초에 볼 수 있다.

먹이식물 참나무과(Fagaceae) 식물인 것으로 추정될 뿐 아직 밝혀지지 않았다.

어른벌레 강원도 한랭한 산지의 활엽수림 가장자리에서 산다. 수컷은 물기 있는 땅바닥에 잘 앉고, 새똥에도 이따금 앉는다. 계방산 운두령과 같은 높은 능선에서 발견되며, 우거진 숲 속 좁은 등산로 바닥에 앉을 때도 있다. 암컷은 신갈나무 사이를 천천히 날고, 대부분의 시간은 높은 나뭇잎에 앉아 쉬므로 잘 발견되지 않는다.

알, 애벌레, 번데기 이와 관련한 자료는 아직 없다.

축축한 곳에서 물을 먹는 수컷

산황세줄나비

네발나비과 줄나비아과 *Neptis ilos* Fruhstorfer, 1909

    지리산 이북의 산지에 국지적으로 분포하고, 나라 밖으로는 러시아의 아무르 남부, 중국 동북부에 분포한다. 한국산은 원명 아종으로 다룬다. 지금까지 이 나비의 종 이름을 *themis* Leech, 1809로 다루었으나 Gorbunov (2001)는 생식기의 차이를 들면서 종을 분리시켰다. 아직 이에 대한 논란은 있다. 수컷은 뒷날개 앞가장자리에 광택이 있는 회백색 무늬가 있고, 암컷은 수컷보다 훨씬 크고 날개 가장자리가 둥글다.

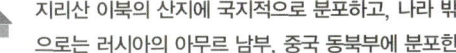

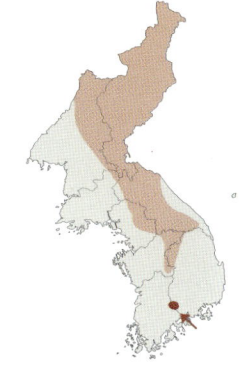

주년 경과 한 해에 한 번 나타나는데, 6월에서 8월 초에 볼 수 있다.

먹이식물 참나무과(Fagaceae) 식물인 것으로 추정될 뿐 아직 밝혀지지 않았다.

어른벌레 한랭한 산지의 활엽수림 근처에서 산다. 수컷은 물기 있는 땅바닥이나 바위에 잘 앉으며, 동물의 배설물이나 새똥에도 잘 앉는다. 암컷은 나무 사이를 천천히 날고, 대부분의 시간을 나뭇잎에 앉아 쉰다.

알 노란색으로, 높이와 너비가 거의 같다. 겉면의 노란 털이 조금 길다.

애벌레, 번데기 이에 대한 자료가 아직 없다.

날개를 접은 수컷

알

물기 빨아먹으러 날아온 수컷

어리세줄나비

네발나비과 줄나비아과 *Aldania raddei* (Bremer, 1861)

이 속*Aldania* Moore, 1896은 동북아시아에 1종만 분포한다. 아마 넓은 뜻의 *Neptis*속으로 보아야 할 것 같다. 이 나비는 경상도 가지산 이북의 산지에 국지적으로 분포하고, 나라 밖으로는 러시아의 아무르, 중국 동북부에 분포한다. 한국산은 원명 아종으로 다룬다. 암컷은 수컷보다 크고, 날개 가장자리가 둥글다.

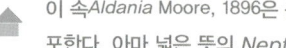

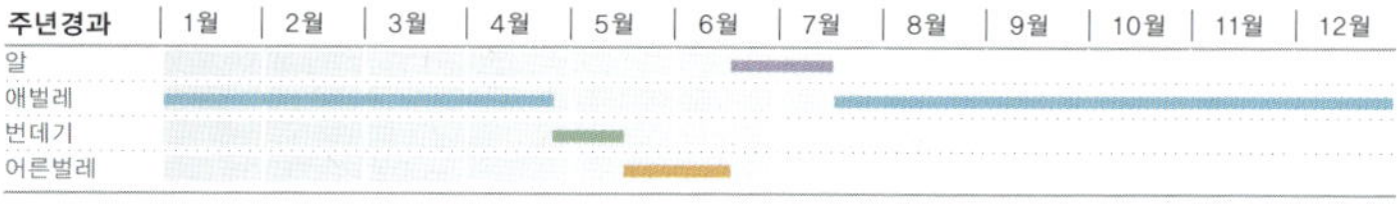

주년 경과 한 해에 한 번 나타나는데, 5월에서 6월에 볼 수 있다. 애벌레로 겨울을 난다.

먹이식물 느릅나무과(Ulmaceae) 느릅나무

어른벌레 산지의 활엽수림 근처 계곡에서 살며, 수컷은 물기 있는 땅바닥이나 바위, 특히 나뭇재나 동물의 배설물에도 잘 앉는다. 인기척에 꽤 민감한 편이나

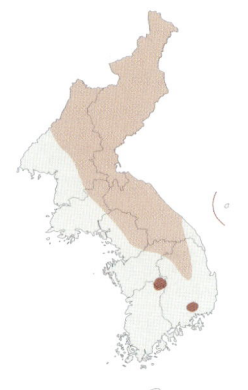

물가에 날아온 수컷

날아갔다가 있던 자리로 다시 내려오는 일이 많다. 암컷은 숲이 더 우거진 계곡의 나무 사이를 나는데, 쉬땅나무에서 꽃꿀을 빠는 것을 관찰한 적이 있을 뿐 암컷의 활동은 잘 알려지지 않았다.

알 옅은 노란색이며, 겉면에 있는 벌집 모양의 구조가 다른 세줄나비들보다 큰 편이다. 너비가 높이보다 반구 모양이다.

애벌레 1령애벌레는 잎 끝에 위치하는데, 머리는 붉은 밤색, 몸은 갈색을 띤다. 겨울을 날 때에는 토해 낸 실로 잎을 고정한 뒤 그 속에 들어간다. 애벌레가 먹은 자리는 매우 독특한데, 다른 세줄나비류와 다르게 잎의 대부분을 남긴 채 어느 한 부분을 어지럽게 파먹듯이 먹는다. 생김새는 황세줄나비와 거의 닮았지만 머리와 등에 돋은 돌기가 짧다는 점이 다르다.

번데기 황세줄나비와 거의 닮았다. 잎보다 줄기에 붙는다.

먹그림나비

네발나비과 줄나비아과 *Dichorragia nesimachus* Boisduval, 1936

이 속*Dichorragia* Butler, 1869은 동남아시아에 2종이 분포한다. 이 나비는 황해의 섬 일부와 해안을 낀 전라북도, 경상북도 이남 지역, 제주도에 분포한다. 나라 밖으로는 동남아시아의 여러 섬과 히말라야 산맥, 중국, 타이완, 일본에 분포한다. 한반도 내륙산은 아종 *koreana* Shimagami, 2000으로, 제주산은 아종 *chejuensis* Shimagami, 2000으로 알려졌으나 이를 적용해야 하는지는 앞으로 더 연구해야 할 것 같다. 암컷은 수컷보다 크고 날개 가장자리가 둥글다.

주년경과	1월	2월	3월	4월	5월	6월	7월	8월	9월	10월	11월	12월
알												
애벌레												
번데기												
어른벌레												

참나무의 진에 날아든 수컷

주년 경과 한 해에 두 번 나타나는데, 5월에서 6월과 7월 말에서 8월 중순에 볼 수 있다. 번데기로 겨울을 난다.

먹이식물 나도밤나무과(Sabiaceae) 나도밤나무, 합다리나무

어른벌레 남부 지방의 상록수 숲과 계곡에서 산다. 수컷은 맑은 날 오후 3시 이후부터 해 질 무렵까지 높지 않은 산에서 강하게 텃세를 부린다. 나무 사이를 직선으로 빠르게 나는 모습을 볼 수 있다. 졸참나무의 진이나 짐승 똥, 썩은 과일에 잘 모이며, 머리를 아래로 향한 채 앉는다. 햇빛이 강한 날에는 약간 그늘지고 습한 장소를 택해 앉는 경향이 있다.

알 너비는 1.1mm, 높이는 0.9mm 정도로, 밑면이 공 모양에 가까운 찐빵 모양이다. 겉면에 도드라진 줄무늬가 18줄 보인다. 유백색이며 강한 광택이 있다.

애벌레 1령에서 3령까지의 애벌레는 먹이식

이따금 여러 마리가 모인다

물의 잎 위에 자리 잡고 가운데맥을 남긴 채 잎을 먹는다. 그리고 잎을 조각내고 실을 토해 내 잎을 묶은 뒤 그곳에 머문다. 4, 5령애벌레는 잎 위에 위치한다. 건드리면 머리와 배끝을 들어 올리는 동작을 한다. 다 자란 애벌레의 머리 위 뿔 모양 돌기는 사슴뿔처럼 바깥쪽으로 휜다.

번데기 색은 마른 잎처럼 갈색이며, 몸은 납작해 보인다. 옆에서 보면 등 부분은 평평한 판 모양으로 돌출해 마치 엄지손가락과 집게손가락을 마주한 듯한 독특한 모습이다. 길이는 30mm 정도이다.

오색나비

네발나비과 오색나비아과 *Apatura ilia* (Denis et Schiffermüller, 1775)

이 속*Apatura* Fabricius, 1807은 구북구에 4종이 분포하고, 우리나라에 3종이 있다. 이 나비는 강원도 태백산 이북의 백두 대간을 중심으로 1400m 이상의 산지에 분포하는데, 황철나무의 분포 범위와 거의 같다. 나라 밖으로는 유럽과 러시아의 아무르, 중국 중부 이북에 나뉘어 분포한다. 한국산은 아종 *praeclara* Bollow, 1930으로 다룬다. 최근 DNA 연구에 따르면, 한반도를 중심으로 한 극동 지역의 오색나비와 황오색나비의 염기 서열이 일치하는데(박 등, 미발표), 이 두 종은 기온이나 먹이식물의 차이에 따른 개체 변이의 범주일 것 같다. 여기에서는 전통적인 분류식으로 2종으로 나누었다. 수컷은 날개 윗면에 보랏빛 광채가 난다.

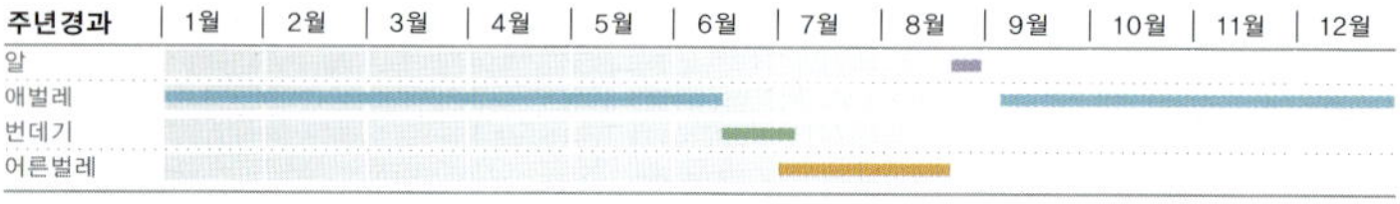

주년경과	1월	2월	3월	4월	5월	6월	7월	8월	9월	10월	11월	12월
알								■				
애벌레	■	■	■	■	■	■			■	■	■	■
번데기						■	■					
어른벌레						■	■	■				

날개를 접은 흑색형 수컷

종령애벌레

물가에 날아온 갈색형 수컷

주년 경과 한 해에 한 번 나타나는데, 7월에서 8월 중순까지 볼 수 있다. 2~4령애벌레로 겨울을 나는 것으로 보이나 아직 야외에서 발견된 적이 없다.

먹이식물 버드나무과(Salicaceae) 황철나무

어른벌레 낙엽 활엽수림 주변의 계곡에 살며, 꽃에 오지 않고 참나무, 느릅나무, 버드나무의 즙을 빨아 먹는다. 수컷은 계곡 주변 3~4m 높이의 나뭇잎 위에서 텃세 행동을 하는데, 한자리를 고수한다. 오전 중에는 바위나 물가의 축축한 곳에 앉아 물을 빨아 먹는다. 암컷은 먹이식물이 많은 계곡 주변의 높은 나무 위에서 쉬는 일이 많고, 그 주위를 배회하다가 먹이식물의 잎 위나 뒤에 알을 하나씩 낳는다.

알 종 모양으로, 밑면은 평평하다. 세로로 된 줄무늬가 도드라진다. 처음에 옅은 풀색이다가 차츰 밤색이 된다. 너비는 1.2mm, 높이는 0.9mm 정도이다.

애벌레 국내에서는 관찰 기록이 매우 적으며, 강원도 계방산에서 황철나무에 붙은 종령애벌레를 관찰한 적이 있다. 황오색나비 애벌레와 비교하면 바탕색인 풀색이 더 짙은데, 이는 황철나무의 잎 색과 닮은 것으로 보여 두 종의 구별 기준은 아닌 것 같다.

번데기 관찰된 국내 자료가 아직 없다.

날개를 편 흑색형 수컷

황오색나비

네발나비과 오색나비아과 *Apatura metis* Freyer, 1829

오색나비가 주로 높은 산을 중심으로 분포하는 것과 달리 이 나비는 제주도를 뺀 전국의 낮은 지대부터 높은 산까지 분포하는 것으로 알려져 있다. 나라 밖으로는 유럽 남동부, 카자흐스탄, 시베리아 남서부와 러시아 극동 지역, 중국 동북부, 쿠릴 열도, 일본에 나뉘어 분포한다. 한국산을 원명 아종으로 보는 의견이 있기도 하지만 보통 아종 *substituta* Butler, 1873으로 다룬다. 이 종과 오색나비의 종간 잡종에 대한 연구가 있으며(손, 2006), 강원도에서 보이는 개체들 중에는 두 종의 유전자가 섞인 경우가 많다. 또한 날개의 무늬와 색에 변이가 많은데, 이는 기온 등에 따른 것으로, 분류학적으로는 의미가 크지 않다. 다만 흑색형과 갈색형은 멘델의 유전 법칙에 따른다. 암수 구별은 오색나비와 같다.

주년경과	1월	2월	3월	4월	5월	6월	7월	8월	9월	10월	11월	12월
알												
애벌레												
번데기												
어른벌레												

주년 경과 한 해에 1~3회 나타나는데, 6월에서 10월 중순까지 볼 수 있다. 중북부 산지에서는 한 해에 한 번, 중부 이남의 낮은 지대에서는 두세 번 볼 수 있다. 3령애벌레로 겨울을 난다.

먹이식물 버드나무과(Salicaceae) 호랑버들, 버드나무, 갯버들, 수양버들

어른벌레 낙엽 활엽수림 주변의 계곡에 사는데, 서식지 범위가 넓어 도시나 강가의 버드나무 군락지에

물가에 날아온 수컷

나뭇진에 날아든 암컷

갈색형 수컷

서도 산다. 꽃에는 오지 않고, 참나무, 느릅나무, 버드나무의 즙을 빨아 먹는다. 수컷은 한자리를 고수하는 텃세 행동을 하고, 바위나 물가의 축축한 곳에 앉아 물을 빨아 먹기도 한다. 암컷은 먹이식물의 잎 위나 뒤에 알을 하나씩 낳지만 때에 따라 여러 개를 낳는 경우도 있다.

알 종 모양으로, 밑면은 평평하다. 13~15개의 세로 줄 무늬가 도드라진다. 처음에는 옅은 풀색이다가 차츰 밤색이 된다. 크기는 1.2mm, 높이는 0.9mm 정도이다.

애벌레 1령애벌레는 머리가 원형이지만 2령부터 머리에 사슴뿔 같은 돌기가 생긴다. 이 돌기는 몸에 비해 긴 편이며, 겨울을 날 때 외에는 끝이 갈라진다. 몸 빛깔은 겨울을 나는 3령애벌레 기간에만 짙은 밤색이고 나머지 기간은 풀색인데, 위에서 보면 옅은 노란색 띠무늬가 가로질러 있다. 제4배마디 위에 두드러진 돌기가 있다. 애벌레는 잎 끝에 자리를 잡고, 머리를 잎자루 쪽으로 향한다. 겨울을 날 때에는 먹이식물의 가지 사이나 줄기의 홈 등으로 이동하는데, 보통 햇빛이 덜 비치는 곳에 자리 잡는다. 다 자란 애벌레의 길이는 33mm 정도이다.

번데기 다 자란 애벌레는 먹이식물에서 내려오지 않고 잎 뒤에 붙어 번데기가 된다. 색은 흰 가루가 묻은 풀색이다. 앞날개 뒷가장자리에서 배 옆까지 옅은 노란색 띠가 있다. 배 쪽은 거의 직선이고 등 쪽은 활 모양이다. 길이는 29mm 정도이다.

번개오색나비

네발나비과 오색나비아과 *Apatura iris* (Linnaeus, 1758)

서남부 해안 지방을 뺀 800m 이상의 산지에 국지적으로 분포한다. 나라 밖으로는 유럽, 우랄 남부와 러시아의 아무르, 중국 중부와 동북부에 따로 떨어져 분포한다. 한국산은 아종 *amurensis* Stichel, 1908로 다루는데, Lee와 Takakura(1981)에 따른 남부 지방의 아종 *peninsularis* Takakura et Lee, 1981은 북부 지방과 남부 지방의 연속적인 변이로 보여 의미가 없다. 암수 구별은 오색나비의 경우와 같다. 우리나라에서는 손·김(1990)이 이 나비의 생활사를 처음 언급했다.

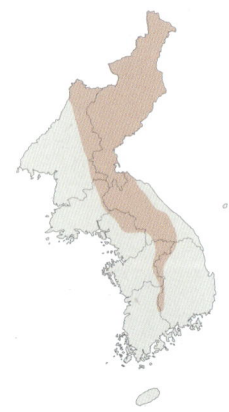

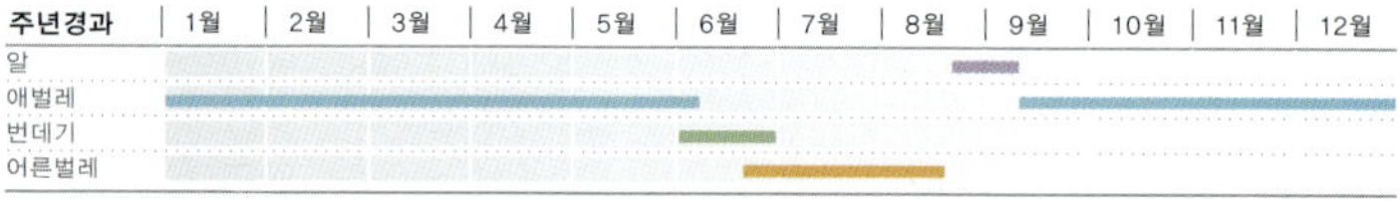

주년경과	1월	2월	3월	4월	5월	6월	7월	8월	9월	10월	11월	12월
알												
애벌레												
번데기												
어른벌레												

물가에 앉아 물을 먹는 수컷

주년 경과 한 해에 한 번 나타나는데, 6월 중순부터 8월까지 볼 수 있다. 3~4령애벌레로 겨울을 난다.

먹이식물 버드나무과(Salicaceae) 버드나무, 호랑버들

어른벌레 낙엽 활엽수림의 계곡 주변이나 800m 이상의 산꼭대기, 그 주변 산길에서 볼 수 있다. 암수 모두 참나무의 진에 모이며, 꽃을 찾는 일은 없다. 수컷은 오전에 산길이나 계곡 주변에 나타나 축축한 곳이나 동물의 배설물에 잘 앉는다. 오후에는 산꼭대기나 능선의 확 트인 장소에서 텃세 행동을 심하게 한다. 암컷은 주로 능선이나 계곡에서 볼 수 있으며, 맑은 날 먹이식물 부근의 그늘진 곳에서 쉬는 것을 볼 수 있다. 짝짓기는 주로 산꼭대기에서 이루어지는 것으로 보인다. 암컷은 오후에 먹이식물의 잎 아래에 알을 하나씩 낳는다.

알 밑이 조금 넓어지는 종 모양으로, 높이와 너비는 1.1mm 정도이다. 겉면에 13개 정도의 세로줄 무늬와 이를 잇는 가로줄 무늬가 빽빽하다. 색은 처음에 약간 청록색을 띠다가 시간이 지나면 위는 청록색, 아래는 흑갈색으로 변한다. 다시 위가 검은색, 아래가 옅은 녹회색으로 변하면 깨어날 때가 된 것이다. 기간은 8일 정도이다.

애벌레 알의 옆면을 뚫고 깨 나와 알껍데기의 일부를 먹고 잎 위 끝 부분으로 이동하여 실을 토해 자리를 만든다. 그리고 잎자루 쪽으로 머리를 두고 쉰다. 머리는 갈색이고 돌기는 나지 않는다. 몸은 옅은 풀색이나 차츰 옅은 갈색으로 변한다. 몸길이는 3.5mm 정도이다. 2령부터 종령(6령)까지 머리에 사슴뿔 같은 돌기가 나타나는데, 머리 양쪽 위로 1쌍이 돋으며, 각 돌기에는 또 작은 돌기가 붙어 있다. 3령애벌레 상태에서 겨울을 나는데, 입에서 실을 토해 가지 사이나 줄기의 홈 등에 자리를 만들어 그곳에 밀착하여 지내고, 그 상태로 이른 봄까지 지낸다. 색이 나무껍질 색과 닮아 야외에서 찾기 어렵다. 종령(5령)애벌레는 45mm 정도까지 크며, 몸이 풀색이고 잎 위에서 지내다가 번데기가 된다.

번데기 잎 아래에서 볼 수 있다. 색은 호랑버들의 잎 색과 닮은 옅은 풀색이다. 머리 앞쪽으로 뾰족한 돌기가 2개 있다. 길이는 31mm 정도, 가장 넓은 너비는 11.5mm 정도이다. 기간은 13일 정도이다.

은판나비

네발나비과 　오색나비아과　*Mimathyma schrenckii* (Ménétriès, 1859)

이 속*Mimathyma* Moore, 1896은 동아시아를 중심으로 4종이 분포하며, 우리나라에는 2종이 있다. 이 나비는 부속 섬을 뺀 전국의 산지에 분포하고, 나라 밖으로는 러시아의 아무르, 중국의 중부와 동북부에 분포한다. 한국산은 원명 아종으로 다룬다. 암컷은 수컷보다 크고, 날개 바깥가장자리가 둥글며, 앞날개 윗면의 주황색 무늬가 뚜렷하다. 우리나라에서는 손·김(1993)이 생활사 전 과정을 밝혔다.

주년경과	1월	2월	3월	4월	5월	6월	7월	8월	9월	10월	11월	12월
알												
애벌레												
번데기												
어른벌레												

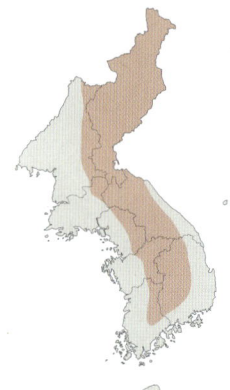

주년 경과　한 해에 한 번 나타나며, 6월 중순에서 9월 초까지 볼 수 있다. 강원도 산간 지역에서는 경기도의 낮은 지역보다 10여 일 정도 늦게 나타난다. 3령애벌레로 겨울을 난다.

먹이식물　느릅나무과(Ulmaceae) 느릅나무, 참느릅나무, 느티나무

어른벌레　느릅나무가 있는 산지에 살며, 중부 이북에 많은 한랭성 나비이다. 수컷은 오전 중에 길바닥의 축축한 곳이나 오물, 야생 동물의 사체 등에 모이며, 오후에 암컷을 찾아 나무 사이를 배회한다. 다른 오색나비아과의 수컷과 달리 한자리를 차지하려는 텃세 행동을 보이지 않는다. 암컷은 오후에 참나무의 진을 찾아오거나 산꼭대기 주변의 나뭇잎 위 또는 땅바닥에 앉는다. 늦은 오후 그늘진 계곡에 내려와 물을 먹

날개를 편 수컷

날개를 접고 물을 먹는 수컷

기도 한다. 짝짓기는 주로 먹이식물 주변에서 이루어지며, 암컷은 먹이식물 잎 위에 알을 하나씩 낳는다.

알 공 모양으로, 너비는 1.5mm, 높이는 1.8mm 정도이다. 겉에 18개 정도의 세로줄 무늬가 있고 현미경으로 보아야 확인할 수 있는 가로줄 무늬가 빽빽하게 나 있다. 처음에는 약간 풀색을 띠다가 시간이 지나면 광택이 있는 풀색이 되고, 나중에 진한 밤색으로 변하면서 깨난다. 기간은 6~9일이다.

애벌레 알에서 깨난 1령애벌레는 머리를 잎자루 쪽으로 향하고 잎 끝에 자리한다. 다 자란 애벌레(6령)는 몸집이 커서 서너 장의 잎을 실로 매어 쉴 자리(대좌)를 만든다. 몸길이는 54mm 정도이고 머리에는 뿔 모양 돌기가 1쌍 있는데, 이 돌기는 둘로 갈라지고 그 끝이 뭉툭하며, 앞은 검고 뒤는 붉다. 머리는 풀색이고, 너비는 5.5mm 정도이다. 풀색 몸은 원통 모양인데, 제4배마디가 가장 굵다. 등 쪽의 제1~2마디, 제3~4마디의 돌기는 'W'자 모양으로 두드러진다. 기간은 280일 정도이다. 4령애벌레로 겨울을 날 때 먹이식물의 가지 사이나 줄기의 홈 등으로 이동한다.

번데기 다 자란 애벌레는 잎자루 가까이에 자리를 틀고 매달린다. 앞번데기 기간을 1.5일 거쳐 번데기가 되는데, 전체적인 모습은 밤오색나비와 닮았다. 다만 은판나비의 머리 위 돌기가 더 벌어졌고 배의 등 쪽 돌기는 덜 두드러져서 차이가 난다. 길이는 34mm 정도이고, 기간은 11일 정도이다.

밤오색나비

네발나비과 오색나비아과 *Mimathyma nycteis* (Ménétriès, 1859)

    강원도 영월과 정선 지역 이북에 분포하고, 나라 밖으로는 중국 동북부와 중부, 동부, 러시아의 아무르 지역에 분포한다. 한국산은 원명 아종으로 다룬다. 암컷은 수컷보다 크고, 날개 바깥가장자리가 둥글며, 날개 아랫면의 색상이 조금 옅다. 우리나라에서는 김·손(1992)이 생활사 과정을 밝혔다.

주년경과	1월	2월	3월	4월	5월	6월	7월	8월	9월	10월	11월	12월
알												
애벌레												
번데기												
어른벌레												

주년 경과 한 해에 한 번 나타나는데, 6월 중순부터 8월 중순에 볼 수 있다. 5령애벌레로 겨울을 난다.

먹이식물 느릅나무과(Ulmaceae) 느릅나무

어른벌레 해발 400m 정도 되는 산지에 키가 2m쯤 되는 느릅나무가 있는 곳에서 사는데, 우리나라에서는 강원도 영월 지역이 이에 해당한다. 수컷은 축축한 개울가나 인가의 벽, 담장, 두엄 더미에 잘 모이며, 낮은 산꼭대기의 확 트인 곳에서 오후에 텃세 행동을 한다. 암컷은 산의 능선에서 배회하긴 하지만 그다지 활동적이지 않고 떡갈나무나 느릅나무, 물푸레나무에

날개를 편 수컷

잎 위에 날개를 접고 앉은 수컷

알 | 1령애벌레 | 3령애벌레 | 겨울을 나는 애벌레 | 겨울을 난 애벌레 | 종령애벌레 | 번데기

붙어 나뭇진을 빨아 먹는다. 수컷도 같은 장소에서 볼 수 있다. 암컷은 2m 이내의 낮은 먹이식물 잎 위에 알을 낳는데, 애벌레끼리의 경쟁을 피하기 위해 한 나무에 1개만 낳는다.

알 공 모양에 가깝고, 높이는 1.1mm, 너비는 1mm 정도이다. 겉면에 17개 정도의 세로줄 무늬가 있다. 색은 처음에는 청록색이고 알이 깨날 무렵이 되면 흑갈색으로 변한다. 기간은 7일 정도이다.

애벌레 알의 윗부분을 뚫고 깨어난 1령애벌레는 알껍데기를 먹고 잎자루에 가까운 가운데맥에서 쉰다. 처음에 몸길이가 3.4mm 정도이다가 종령(6령)애벌레 말기에는 44mm 정도에 이른다. 1령애벌레의 머리는 원형이지만 2령애벌레 이후 머리 위로 사슴뿔 같은 돌기가 생긴다. 제2, 4, 6배마디의 아래등선에 세모꼴 돌기가 1쌍씩 돋는다. 겨울을 나지 않을 때에는 풀색이다가 겨울을 날 때 붉은 갈색이 된다. 애벌레 기간은 약 216일이다. 은판나비와 차이가 거의 나지 않으나 겨울을 나기 전 잎에 앉아 있을 때, 밤오색나비 애벌레는 잎자루에 자리를 잡고 잎 끝 쪽으로 머리를 향하나 은판나비 애벌레는 반대로 잎 끝 쪽에 자리를 잡고 잎자루 쪽으로 머리를 향한다. 겨울을 나는 애벌레의 경우 밤오색나비는 주로 5령이 겨울을 나고, 재갈색이다. 왕오색나비처럼 나무에서 내려와 낙엽 밑에 붙고 고동색을 띤다.

번데기 다 자란 애벌레는 잎 뒤로 옮겨 거꾸로 매달려 앞번데기가 되며, 1.5일이 지나면 번데기가 된다. 바탕색은 흰 가루가 덮인 옅은 풀색으로, 겉면에 흰색의 비스듬한 줄무늬가 나타난다. 머리 위쪽이 둘로 갈라지고 각각의 끝은 뾰족하다. 길이는 32mm 정도, 최대 너비는 13.5mm 정도이다. 기간은 약 11일이다.

수노랑나비

네발나비과 오색나비아과 *Chitoria ulupi* (Doherty, 1889)

이 속*Chitoria* Moore, 1896은 동아시아 일대에 7종이 알려져 있고, 우리나라에는 1종만 분포한다. 이 나비는 제주도와 내륙 해안 지역을 뺀 내륙 산지 곳곳에 분포하나 한랭한 지역에는 분포하지 않는다. 한국산은 아종 *morii* (Seok, 1937)로 다룬다. 수컷은 날개 윗면이 황갈색이지만 암컷은 흑갈색이고, 날개 아랫면이 푸른빛이 도는 은회색을 띤다. 배재고등학교 생물반(1974)이 제20회 전국과학전람회에 출품한 연구 논문에서 이 나비의 생활사를 밝혔다.

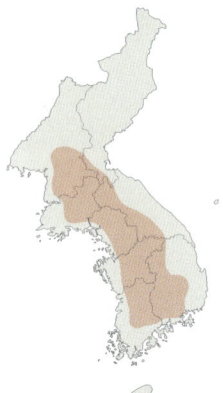

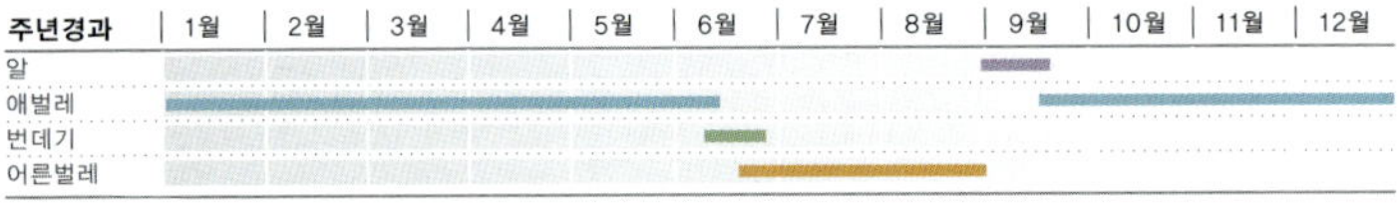

주년경과	1월	2월	3월	4월	5월	6월	7월	8월	9월	10월	11월	12월
알												
애벌레												
번데기												
어른벌레												

수컷

알 | 부화 직전의 알
알 기생벌 | 무리 짓는 2령애벌레
4령애벌레 | 겨울을 나는 애벌레

주년 경과 한 해에 한 번 나타나는데, 6월 중순에서 9월 초까지 볼 수 있다. 3령애벌레로 겨울을 난다.

먹이식물 느릅나무과(Ulmaceae) 풍게나무, 팽나무

어른벌레 참나무가 많은 낙엽 활엽수림 주변에서 산다. 참나무의 진에 날아오고 꽃에서 꿀을 빨지는 않는다. 수컷은 산꼭대기나 빈터에서 텃세 행동을 하나 그다지 심하지 않다. 암컷은 8월 중순부터 9월 초 사이에 먹이식물 잎 뒤에 알을 낳는데, 보통 20~30분 동안 50~200개의 알을 3단 또는 4단으로 층을 이루어 낳는다.

알 생김새는 종 모양으로, 한국산 오색나비아과의 다른 종들과 닮았다. 너비는 0.9mm, 높이는 1mm 정도이다. 세로줄 무늬가 18개 정도 있고, 그 사이에 가로줄 무늬 여러 개가 흐릿하게 보인다. 색은 처음에 젖빛이다가 시간이 흐르면서 겉에 밤색 무늬가 나타나고, 알 속에서 애벌레의 머리가 까맣게 보일 때쯤 깨

날개돋이

나게 된다. 기간은 7일 정도이다.

애벌레 1령애벌레는 알의 옆을 물어 찢고 나와 껍데기를 먹고 조금 쉰다. 그리고 잎 뒤의 가운데맥 중앙에 실을 토해 자리를 만들어 무리 지어 살아간다. 잎 가장자리부터 안쪽으로 먹는데, 가늘고 길게 흔적을 남긴다. 1~2령애벌레를 건드리면 입에서 실을 내어 떨어져 매달리는 습성이 있는데, 이는 뿔나비와 닮았다. 9월쯤 나무에서 내려와 뿌리 부근의 낙엽 아래에 붙어 겨울을 난다. 겨울을 나는 애벌레의 몸은 밤색, 어두운 밤색 등 보호색을 띤다. 종령애벌레는 잎 뒤에서 머리를 잎자루 쪽으로 하고 몸통을 S자로 구부린 채 붙는다. 종령애벌레의 몸길이는 45mm 정도이고, 옅은 풀색 바탕에 등에 노란색 비늘 모양 돌기와 노란색 숨문위줄이 뚜렷하다.

번데기 잎 뒤에서 잎자루 가까운 가운데맥에 매달린다. 머리에는 짧은 돌기가 1쌍 있다. 옆에서 보면 등 능선부가 일직선이고, 제4배마디에서 배끝으로 가늘어진다. 옅은 풀색을 띠고 겉에 흰 가루가 없으며, 가슴 앞가장자리에 옅은 노란색 줄무늬가 있다. 길이는 24mm 정도, 기간은 15일 정도이다.

천적 알에 기생하는 알좀벌류가 있다. 이 알좀벌은 배가 날씬해 보이는데, 이는 수노랑나비의 알이 겹겹이 쌓여 있어 이 알 무더기의 겉뿐만 아니라 알 안쪽까지 침투해야 하기 때문이 아닌가 싶다. 기생벌 사진은 알좀벌이 알들 틈을 오가며 자신의 알을 낳고 있는 장면이다. 이 밖에도 애벌레 때에 노린재류에게는 체액을 빨아 먹히기도 한다.

산란하는 기생벌

유리창나비

네발나비과 오색나비아과 *Dilipa fenestra* (Leech, 1891)

   이 속*Dilipa* Moore, 1857은 동아시아에 2종이 분포하는데, 우리나라에 1종이 있다. 이 나비는 부속 섬을 뺀 내륙 산지에 분포하고, 나라 밖으로는 러시아의 아무르 남부, 중국 동북부와 동부에 분포한다. 한국산은 원명 아종으로 다룬다. 암컷은 짙은 밤색 무늬가 있어서 수컷보다 날개 색이 더 짙다. 우리나라에서는 윤·김(1989)이 생활사의 일부를 처음으로 다루었다.

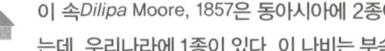

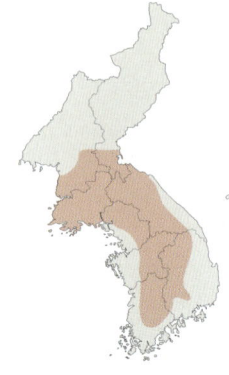

주년 경과 한 해에 한 번 나타나는데, 4월 중순부터 5월에 보이며, 강원도 산지에서는 6월 초에 암컷이 보이기도 한다. 번데기로 겨울을 난다.

먹이식물 느릅나무과(Ulmaceae) 풍게나무, 왕팽나무, 팽나무, 좁은잎팽나무

어른벌레 낙엽 활엽수림의 계곡 주변에 산다. 고도가 높은 곳에서는 볼 수 없다. 이는 먹이식물의 분포 범위와 밀접한 관계가 있다. 수컷은 오전에 계곡의 축축한 곳에 내려오고, 오후에는 1~2m 높이의 튀어나온 자리에 앉아 텃세 행동을 심하게 한다. 수컷이 많을 때에는 암컷을 보기 어려우며, 수컷의 활동이 뜸해질 때 숲이 우거진 계곡에서 볼 수 있다. 다래나무나 사탕단풍 따위의 식물 줄기에서 나오는 단물을 섭취하기도 하지만 흐르는 물을 직접 먹기도 한다. 흐르는 물을 먹는 이유는 아직 밝혀지지 않았다. 암컷은 주로 오후에 잎 뒷면이나 가지 사이에 알을 하나씩 낳아 붙인다.

알 종 모양으로, 높이와 너비는 각각 1.15mm 정도이다. 겉면에 18개 정도의 세로줄 무늬가 있다. 색은 처음에 조금 우윳빛을 띠다가 하루가 지나면 불규칙한 밤색 무늬가 나타난다. 기간은 6일 정도이다.

애벌레 알에서 깨난 애벌레는 알껍데기를 먹고 잎 뒤로 이동해 쉰다. 2령애벌레 이후 잎을 엮어 그 속에서 생활한다. 머리는 검은색이고, 특별한 돌기는 없다. 몸은 우윳빛이고 반투명해 보인다. 몸길이는 2.5mm 정도이다. 2령부터 종령(6령)까지 머리에 뿔 모양 돌기가 나타나는데, 머리 위에 1쌍, 양옆으로 3쌍이 있다. 이 돌기의 색은 개체마다 다양하다. 종령애벌레는 머리의 너비가 6.5mm 정도이며, 몸이 풀빛을 띠고 노란색 털이 빽빽하게 나 있다.

번데기 야외에서는 1m 정도 높이의 나뭇잎 사이에서 발견한 적이 있는데, 실을 토해 2장의 나뭇잎에 4부분을 붙여 포갠 사이에 들어 있었다. 옅은 갈색을 띠는 우윳빛으로, 겉면에 불규칙한 잿빛이 나는 갈색 점무늬가 보인다. 길이는 26mm 정도로 크며, 제2배마디의 너비가 7mm 정도로 굵다. 머리에는 2개의 돌기가 뚜렷하다. 기간은 195일 정도이다.

흑백알락나비

네발나비과 오색나비아과 *Hestina persimilis* (Westwood, 1850)

이 속*Hestina* Westwood, 1850은 동아시아에 10종 이상 분포하며, 우리나라에 2종이 있다. 이 나비는 울릉도와 제주도, 동해안 일대를 뺀 평안남도 이남의 내륙 지역에 분포한다. 나라 밖으로는 일본, 중국 서부와 남부, 히말라야 산맥에 분포한다. 한국산은 아종 *viriclis* Leech, 1890으로 다룬다. 학자에 따라서는 이 나비를 *japonica* C. & R. Felder, 1862로 다루기도 하나 아직 뚜렷한 정설은 없다. 암컷은 수컷보다 크고, 날개 가장자리가 조금 더 둥글다. 계절에 따라 날개 색과 무늬가 달라지는데, 여름형의 무늬가 뚜렷하고 색이 검다.

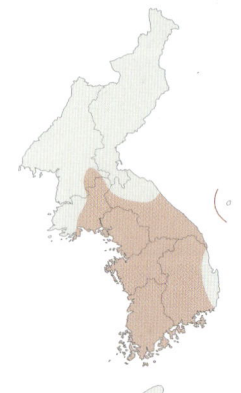

주년경과	1월	2월	3월	4월	5월	6월	7월	8월	9월	10월	11월	12월
알												
애벌레												
번데기												
어른벌레												

주년 경과 한 해에 두 번 나타나는데, 5월에서 6월과 7월 말에서 8월에 볼 수 있다. 4~5령애벌레로 겨울을 난다.

먹이식물 느릅나무과(Ulmaceae) 풍게나무, 팽나무

어른벌레 평지의 활엽수림과 높지 않은 산지의 숲에서 산다. 특히 참나무 숲에서 잘 보이는데, 주로 나뭇진을 찾아다닌다. 수컷은 오전 중에 축축한 곳이나 오물에 잘 모이고 나무 위를 빙빙 돌며, 한자리를 고수하는 텃세 행동은 약하다. 암컷은 먹이식물 주위를 돌다가 잎 사이로 들어가 잎 뒤에 알을 하나씩 낳는다.

알 종 모양으로, 옆에서 보면 가운데가 부풀어 보인다. 너비는 1.4mm, 높이는 1.25mm 정도이다. 현미경으로 보면 18~20개의 세로줄이 보이며, 그 사이에 약하게 가로줄도 보인다. 처음에는 광택이 있는 옅은 잿빛이 도는 파란색이다가 나중에 검게 변한다. 기간은 7~9일이다.

여름형 수컷

봄형 암컷

겨울을 나는 애벌레  | 눈 속에 있어도 안전하다  | 종령애벌레

번데기  | 날개돋이 전 번데기  | 날개돋이

애벌레 알에서 깨어난 1령애벌레는 알껍데기를 먹고 잎 끝에서 머리를 잎자루로 향한 채 자리한다. 이 습성은 종령애벌레까지 이어진다. 겨울을 나기 전 머리의 뿔 모양 돌기가 짧아지고, 몸이 굵고 짧아진다. 4령애벌레는 밤색을 띠며 먹이식물에서 내려와 낙엽 밑에서 겨울을 난다. 겨울을 나지 않을 때에는 몸이 그대로 풀색을 띤다. 종령(5령)애벌레는 머리 너비가 4.8mm 정도이고, 가운데가슴 위와 제3, 7배마디 위에 삼각 모양 돌기가 나 있는 것이 특징이다. 등에 붉은 밤색 무늬가 나타난다.

번데기 먹이식물의 낮은 곳에서 발견된다. 몸은 옅은 풀색이며 흰 가루가 얇게 덮여 있다. 가장자리는 옅은 노란색을 띤다. 배의 등 쪽은 톱날처럼 각이 져 있다. 제3배마디의 날개 가까이에 흰 점이 뚜렷하다.

물가에 날아온 수컷

홍점알락나비

네발나비과 오색나비아과 *Hestina assimilis* (Linnaeus, 1758)

평안남도와 함경남도 이남에서 제주도를 포함한 한반도 전 지역에 분포한다. 나라 밖으로는 중국, 타이완, 일본 남부에 분포한다. 한국산은 원명 아종으로 다룬다. 한편 제주산은 뒷날개 가장자리 부위의 붉은 점무늬가 더 뚜렷하고 큰 지역적 차이가 있다. 암컷은 수컷보다 크고, 날개 가장자리가 더 둥글다. 여름형은 봄형보다 크기가 조금 작고 개체 수가 훨씬 많다.

주년경과	1월	2월	3월	4월	5월	6월	7월	8월	9월	10월	11월	12월
알												
애벌레												
번데기												
어른벌레												

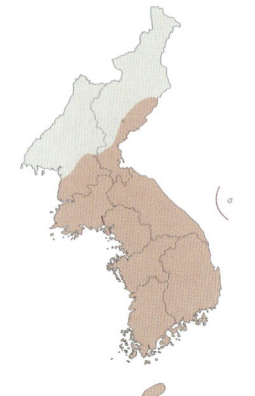

수컷

주년 경과 한 해에 두 번 나타나는데, 5월 중순에서 6월 중순까지와 7월 말에서 8월까지 볼 수 있다. 4~5령애벌레로 겨울을 난다.

먹이식물 느릅나무과(Ulmaceae) 풍게나무, 팽나무

어른벌레 낮은 산지, 마을 주변, 해안의 팽나무가 많은 곳에 산다. 제주도에서는 해안 지대로부터 600m 사이에 산다. 수컷은 맑은 날 산꼭대기에서 오후 3시 이후부터 해 질 녘까지 텃세 행동을 하고, 나머지 시간은 나무 사이를 빠르게 날면서 졸참나무나 팽나무의 진에 잘 모인다. 흑백알락나비처럼 축축한 땅에서 물을 먹지는 않는다. 암컷은 천천히 날면서 먹이식물 잎 위에 알을 하나씩 낳는다.

알 밑이 평평한 공 모양이다. 너비는 1.5mm, 높이는 1.45mm 정도로, 흑백알락나비의 알보다 조금 크다. 현미경으로 보면 20개의 세로줄이 보이며, 그 사이에 약하게 가로줄도 보인다. 처음에 광택이 나는 옅은 잿빛이 도는 파란색이다가 나중에 검게 변한다. 기간은 7~9일이다.

애벌레 알에서 깨어난 1령애벌레의 습성은 흑백알락나비의 애벌레와 같다. 애벌레 전체의 생김새도 흑

알	 1령애벌레	 3령애벌레
 봄에 나무로 오르는 애벌레	 4령애벌레	 종령애벌레
 앞번데기	 번데기가 된 직후	 날개돋이 전 번데기

백알락나비 애벌레와 닮았으나 등에 솟은 돌기의 수가 다르다. 즉 홍점알락나비 애벌레는 가운데가슴과 제2, 4, 7배마디 위에 난 돌기 4쌍이 두드러지고 조금 붉은빛을 띤다. 머리에 난 뿔 모양 돌기도 더 가늘고 길다. 겨울을 나는 애벌레의 몸은 흑백알락나비보다 파란빛이 더 돈다. 겨울을 날 때 중남부 지방에서는 낙엽 밑으로 들어가고 제주도에서는 낙엽 밑은 물론 나무 밑동 줄기의 홈 사이에도 들어가서 겨울을 보낸다.

번데기 번데기가 되는 장소, 바탕색, 생김새가 흑백알락나비의 경우와 거의 같으나 이 나비는 배의 등 쪽이 돌기처럼 튀어나왔다는 차이점이 있다.

날개돋이

왕오색나비

네발나비과 오색나비아과 *Sasakia charonda* (Hewitson, 1863)

   이 속*Sasakia* Moore, 1896은 동아시아에 2종 분포하고, 우리나라에 1종이 있다. 이 나비는 제주도를 포함한 한반도 전 지역에 분포하며, 나라 밖으로는 중국, 일본, 타이완 북부, 베트남에 분포한다. 한국산은 아종 *coreana* (Leech, 1887)로 다룬다. 제주산은 날개 아랫면의 바탕색이 누런 흰색이나 중부 지방의 개체들은 보통 검은색 무늬가 발달한다. 수컷은 날개 윗면에 보라색이 뚜렷하나 암컷은 짙은 밤색을 띤다.

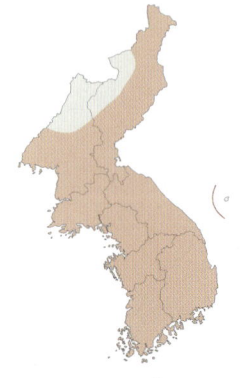

주년경과	1월	2월	3월	4월	5월	6월	7월	8월	9월	10월	11월	12월
알												
애벌레												
번데기												
어른벌레												

주년 경과 한 해에 한 번 나타나는데, 6월 중순에서 8월에 볼 수 있다. 4~5령애벌레로 겨울을 난다.

먹이식물 느릅나무과(Ulmaceae) 풍게나무, 팽나무

어른벌레 낮은 산지나 마을 주변의 잡목림에 산다. 나무 사이를 힘차게 빙글빙글 돌다가 참나무의 진, 동물의 배설물, 죽은 동물에 잘 모인다. 수컷은 축축한 물가에 잘 모이며, 오후에 800m 이하의 산꼭대기에서 텃세 행동을 심하게 하는데 암컷이 나타나면 힘차게 뒤쫓는다. 암컷은 먹이식물의 잎 위나 뒤, 잔가지에 10~30개의 알을 한꺼번에 낳는다. 때로는 1개씩 낳기도 한다.

알 공 모양에 가깝다. 너비는 1.5mm, 높이는 1.45mm 정도로 홍점알락나비 알과 거의 같다. 현미경으로 보면 20개의 세로줄이 보이며, 그 사이에 약하게 가로줄도 보인다. 처음에 광택이 나는 옅은 잿빛이 도는 파란색이다가 나중에 검게 변한다. 기간은 7~9일이다.

애벌레 알에서 깨난 1령애벌레의 습성은 흑백알락

날개를 접은 모습
날개를 편 암컷

수컷

나비, 홍점알락나비와 거의 같다. 애벌레 등에 솟은 돌기의 위치는 홍점알락나비 애벌레와 같으나 훨씬 크고 뚜렷하다. 겨울을 나는 애벌레의 몸 빛깔은 밤색이 짙어 위 두 나비의 애벌레와 다르다. 4령애벌레의 상태로 먹이식물 근처 낙엽 밑으로 들어가 겨울을 난다. 야외에서 겨울에 조사하면 앞의 2종보다 많이 발견된다. 손(1991)은 팽나무알락진딧물과 말채나무공깍지벌레 때문에 생긴 그을음병이 나타난 풍게나무를 먹인 애벌레들은 보랏빛을 덜 띠고 전체가 좀 더 검은 어른벌레가 된다고 소개했다. 하지만 야생에서는 이런 개체가 보이지 않는다. 종령애벌레는 6령이다.

번데기 흑백알락나비, 홍점알락나비 번데기와 같이 잎 뒤에서 보이며 다른 특징도 큰 차이가 없다. 양쪽이 평평해 보여 너비가 좁은 느낌이 더 든다.

대왕나비

네발나비과 오색나비아과 *Sephisa princeps* (Fixsen, 1887)

    이 속 *Sephisa* Moore, 1882은 동아시아 지역에 4종이 분포하고, 우리나라에 1종이 있다. 이 나비는 섬을 뺀 내륙에 국지적으로 분포한다. 나라 밖으로는 러시아의 아무르 남부, 중국의 동북부, 동부, 남부에 분포한다. 한국산은 원명 아종으로 다룬다. 암컷은 수컷과 달리 날개 색이 흑갈색이다. 우리나라에서는 白水(1941)가 서울 남산에 있는 신갈나무의 말린 잎에서 알을 발견했다고 했고, 손(1990, 1999)은 이 나비의 생활사에 대하여 처음 밝혔다.

주년경과	1월	2월	3월	4월	5월	6월	7월	8월	9월	10월	11월	12월
알												
애벌레												
번데기												
어른벌레												

주년 경과 한 해에 한 번 나타나는데, 6월 중순에서 9월 초에 볼 수 있다. 3령애벌레로 겨울을 난다.

먹이식물 참나무과(Fagaceae) 굴참나무, 신갈나무, 졸참나무, 상수리나무

어른벌레 1000m 이하로 고도가 높지 않고 참나무가 많은 낙엽 활엽수림 계곡 주변에서 살며, 주위 참나무의 진에 날아온다. 수컷은 오전 중에 산길과 물가의 축축한 곳, 오물, 죽은 야생 동물, 배설물 따위에 잘 모이고, 오후에는 참나무 꼭대기의 잎 위에 앉아 텃세 행동을 한다. 암컷은 오후에 거미가 말아 놓은 것처럼 둥

날개를 편 수컷

암컷

날개를 접은 수컷

1령애벌레

2령애벌레

그렇게 말린 잎 속에서 한 번에 20~150개의 알을 낳는데, 암컷의 산란관이 길어서 이것이 가능하다. 인위적으로 잎을 말아 암컷에게서 알을 받을 수도 있다. 가끔 알 낳는 시기가 지난 암컷이 물가에서 물을 먹는다.

알 종 모양으로, 너비는 1.2mm, 높이는 1.5mm 정도이다. 현미경으로 보면 18~20개의 세로줄이 보이며, 그 사이에 약하게 가로줄도 보인다. 처음에 우윳빛이다가 차츰 흰색 바탕에 옅은 청록색 세로줄이 나타난다. 다시 6~9일이 지나면 윗부분에서 머리 모양이 검게 나타난다. 기간은 10~15일이다.

애벌레 1령애벌레는 잎 한 부분에 실을 토해 자리 잡거나 말린 잎 속에서 무리 지어 살아간다. 이 습성은 3령애벌레까지 이어진다. 종령(6령)애벌레는 입에서 실을 토해 내 잎을 오므려서 들떠 있는 자세로 쉰다.

일정한 경로를 따라 잎 가장자리부터 먹는다. 몸은 짙은 풀색이고, 머리에 난 뿔 모양 돌기의 끝은 둘로 갈라져 있다. 겨울을 날(3령애벌레) 때까지 무리를 짓다가 봄이 되면 흩어지는 것으로 보인다. 겨울을 나는 애벌레의 몸은 황토색이고, 다른 시기의 애벌레는 짙은 풀색이다. 다 자라면 길이가 56mm 정도 된다.

번데기 앞번데기 상태로 2일을 보내고 번데기가 된다. 생김새는 흑백알락나비와 비슷하나 등 쪽 가장자리가 가운데가슴 쪽에서 나와 뒷가슴에서 들어가는 점이 다르다. 옅은 풀색 몸에는 흰 가루가 얇게 덮여 있다. 가장자리는 옅은 노란색을 띤다. 길이는 39mm 정도, 가슴 너비는 10mm 정도이고, 기간은 14일 정도이다.

돌담무늬나비

네발나비과 돌담무늬나비아과 *Cyrestis thyodamas* (Boisduval, 1936)

이 속*Cyrestis* Boisduval, 1832은 동남아시아 일대에 27종이 분포하고, 우리나라에 미접인 이 나비가 있는데, 제주도 구좌읍 비자림에서 한 차례 발견되었을 뿐이다. 나라 밖으로는 타이완, 중국 남부, 베트남, 타이, 미얀마에서 인도, 히말라야 산맥까지 분포한다. 한국산은 아종 *mabella* Fruhstorfer, 1898로 다룬다. 어른벌레의 습성은 먹그림나비와 많이 닮았으며, 애벌레의 모습도 닮았다. 먹이식물은 일본에서 뽕나무과(Moraceae)의 무화과로 알려져 있다.

주년경과	1월	2월	3월	4월	5월	6월	7월	8월	9월	10월	11월	12월
알												
애벌레												
번데기												
어른벌레								■				

암컷 윗면

암컷 아랫면

오색나비아과 애벌레

나비 애벌레를 처음 대하는 사람은 대부분 이 아과의 애벌레를 먼저 보려고 한다. 주변에서 쉽게 볼 수 있는데다 생김새와 습성이 다양하기 때문이다. 이들 애벌레는 머리에 뿔 같은 돌기가 있고, 유리창나비와 대왕나비를 제외하고는 모두 겨울에 먹이식물 아래의 낙엽에서 쉽게 애벌레를 구할 수 있다.

| 오색나비 종령애벌레 |  황오색나비 종령애벌레 |  은판나비 종령애벌레 |  밤오색나비 종령애벌레 |

| 수노랑나비 종령애벌레 |  유리창나비 종령애벌레 |  흑백알락나비 종령애벌레 |  홍점알락나비 종령애벌레 |

| 왕오색나비 종령애벌레 |  대왕나비 2령애벌레 |

북방거꾸로여덟팔나비

네발나비과 신선나비아과 *Araschnia levana* (Linnaeus, 1758)

이 속*Araschnia* Hübner, 1819은 구북구에 7종이 분포하며, 우리나라에 2종이 있다. 이 나비는 지리산 이북의 산지에 국지적으로 분포하고, 나라 밖으로는 유라시아 대륙의 온대 지역에 걸쳐 넓게 분포한다. 한국산은 원명 아종으로 다룬다. 계절에 따른 변이 차이가 뚜렷한데, 날개 색이 봄형은 적갈색, 여름형은 흑갈색이다. 암컷은 수컷보다 크고, 날개 바깥가장자리가 둥글며, 바탕색이 엷은 편이다.

주년경과	1월	2월	3월	4월	5월	6월	7월	8월	9월	10월	11월	12월
알												
애벌레												
번데기												
어른벌레												

봄형 수컷

여름형 수컷

알

1령애벌레

종령애벌레

번데기

주년 경과 한 해에 두 번 나타나는데, 5월에서 6월과 7월에서 8월에 볼 수 있다. 번데기로 겨울을 난다.

먹이식물 쐐기풀과(Urticaceae) 쐐기풀, 가는잎쐐기풀

어른벌레 고도가 높은 산지의 낙엽 활엽수림 계곡 주변에서 살며, 쥐오줌풀, 쉬땅나무, 큰까치수염, 어수리 등의 꽃에 잘 날아온다. 수컷은 오전 중에 산길과 물가의 축축한 곳에 잘 앉고, 오후에는 산꼭대기의 아늑한 장소에서 텃세 행동을 심하게 한다. 암컷은 잎 뒤에 여러 개의 알을 층층으로 쌓아 낳는다.

알 원기둥 모양으로, 너비와 높이가 각각 0.6mm 정도인데, 높이가 조금 높다. 이런 생김새는 알을 겹겹이 쌓기에 효율성이 높기 때문인 것으로 보인다. 색은 광택이 있는 황록색이다.

애벌레 알에서 깨난 애벌레들은 실을 토해 그 실로 잎을 엮은 뒤 그 속에서 지내고, 주위의 잎을 그물 모양으로 남기면서 먹는다. 무리 짓는 습성은 4령까지 이어지며, 종령(5령)일 때 흩어진다. 몸은 전체적으로 검은 편이며, 몸에 예리한 가시 모양의 돌기가 돋는다. 머리 양쪽 위로 예리한 잔 돌기가 가득한 큰 돌기가 1쌍 있다.

번데기 머리에 돌기가 작게 나 있으며, 전체적으로 굴곡이 적은 원통 모양인데, 등 부위에 황금색 돌기가 두드러진다. 이 부분은 겨울을 날 때에 없어지는 것으로 알려졌는데, 이는 천적을 피하기 위한 것으로 해석된다.

거꾸로여덟팔나비

네발나비과 신선나비아과 *Araschnia burejana* Bremer, 1861

섬 지방과 해안 지역을 제외한 내륙 산지에 분포하며, 나라 밖으로는 러시아의 아무르, 사할린, 쿠릴 열도 남부와 중국, 일본에 분포한다. 한국산은 원명 아종으로 다룬다. 계절에 따른 변이 차이와 암수 차이는 북방거꾸로여덟팔나비의 특징과 같다.

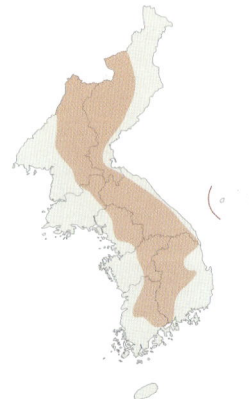

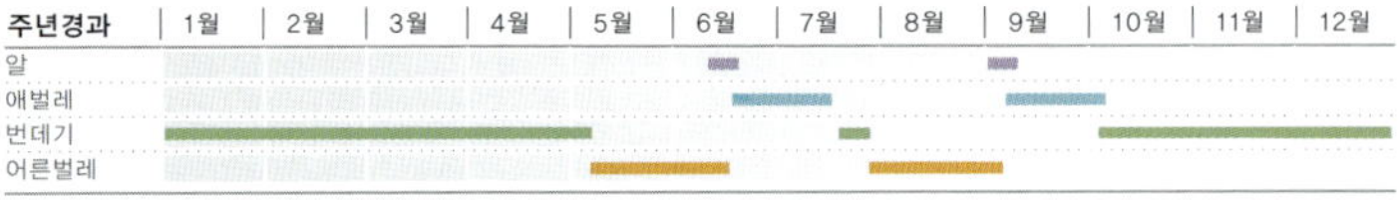

주년경과	1월	2월	3월	4월	5월	6월	7월	8월	9월	10월	11월	12월
알												
애벌레												
번데기												
어른벌레												

날개돋이

물을 먹는 수컷

부화 전 알 | 알 | 1령애벌레
몸과 가시 돌기가 흰 종령애벌레 | 몸이 검은 종령애벌레
2령애벌레와 종령애벌레 | 앞번데기 | 번데기

주년 경과 한 해에 두 번 나타나는데, 5월에서 6월과 7월에서 8월에 볼 수 있다. 번데기로 겨울을 난다.

먹이식물 쐐기풀과(Urticaceae) 거북꼬리

어른벌레 북방거꾸로여덟팔나비보다 개체 수가 훨씬 많고 낮은 산지의 낙엽 활엽수림 계곡 주변에서 살며, 그 주변의 쥐오줌풀, 개망초, 고추나무 등의 꽃에 잘 날아온다. 수컷은 땅바닥이나 바위의 축축한 곳에 잘 앉고, 길가에서 텃세 행동을 약하게 한다. 암컷은 잎에 알을 층층으로 쌓듯 한꺼번에 여러 개 낳는다.

알 위가 조금 좁은 원기둥 모양으로, 너비가 0.6mm, 높이가 0.7mm 정도이다. 광택 있는 풀색이다.

애벌레 습성은 북방거꾸로여덟팔나비와 거의 같다. 종령애벌레의 머리 너비는 2.5mm 정도이다. 머리의 바탕색은 광택을 띤 검은색이며, 옆으로 약간 긴 네모꼴이다. 겉면에는 예리한 원뿔 모양 돌기가 있다. 머리 위의 뿔 모양 돌기는 길이가 3.5mm 정도로, 북방거꾸로여덟팔나비보다 훨씬 길다. 몸통은 원통 모양인데 배끝으로 갈수록 가늘어진다. 검은색 바탕에 옅은 붉은색 살덩어리 돌기가 여러 개 있는데, 색이 하얘지는 등 변이가 나타난다. 유난히 직사광선을 싫어한다.

번데기 몸의 굴곡이 북방거꾸로여덟팔나비보다 조금 심하고 머리에 1.1mm 정도로 튀어나온 돌기가 있다. 가운데가슴의 등 쪽이 부풀고 아래등선 위의 돌기는 제1배마디부터 제8배마디까지 솟아 있는데, 제4배마디의 것이 가장 굵다. 색은 갈색에서 밤색까지 다양하다. 길이는 15~18mm이다.

작은멋쟁이나비

네발나비과 신선나비아과 *Vanessa cardui* (Linnaeus, 1758)

이 속 *Vanessa* Fabricius, 1807은 전 세계에 걸쳐 9종이 분포하고, 우리나라에 2종이 있다. 이 나비는 섬 지방을 포함한 한반도 전 지역에 분포하며, 나라 밖으로는 전 세계에 분포한다. 한국산은 원명 아종으로 다룬다. 암컷은 수컷보다 날개 너비가 조금 넓은 것 외에 차이가 거의 없어 배끝을 보고 확인하는 것이 좋다.

주년경과	1월	2월	3월	4월	5월	6월	7월	8월	9월	10월	11월	12월
알												
애벌레												
번데기												
어른벌레												

꽃에 날아온 수컷

주년 경과 한 해에 여러 번 나타나는데, 4월 초에서 11월까지 볼 수 있다. 어른벌레로 겨울을 나나 제주도에서는 일부가 애벌레 상태로 겨울을 나기도 한다.

먹이식물 국화과(Compositae) 참쑥, 떡쑥, 쑥

어른벌레 양지바른 풀밭이나 길가, 시가지, 해안가 주변에 살며 어디에서든 흔하게 볼 수 있다. 백리향, 지칭개, 토끼풀, 산국, 국화, 맨드라미, 엉겅퀴, 코스모스 등 여러 꽃에서 꿀을 빤다. 이따금 야자나무 열매에서 나오는 진에 모이지만 축축한 바닥에는 잘 모이지 않는다. 봄과 여름보다는 가을에 개체 수가 많아진다. 암컷은 낮게 날아다니다가 먹이식물의 잎에 알을 하나씩 낳는다.

알 원기둥에 가까운 모양이나 위가 조금 좁아진다. 너비가 0.55mm, 높이가 0.8mm 정도로, 세로로 길쭉해 보인다. 겉에는 16개의 세로줄이 있으며, 그 사이의 가로줄은 거의 눈에 띄지 않는다. 윤기 나는 옅은 청록색이다.

애벌레 알에서 깨난 애벌레는 쑥의 가는 잎을 여러 개 엮고 그 속에서 사는데, 자라면서 주변의 잎을 더 묶어 집을 크게 만든다. 머리는 검고, 다 자란 애벌레는

알 | 2령애벌레 | 애벌레
애벌레 집 | 앞번데기 | 번데기
번데기에 기생한 좀벌 | 밤에 잎을 먹는 종령애벌레

갈색 무늬가 섞여 있으며 잔털이 많다. 전체적으로 흑갈색 몸에 황갈색 무늬가 조금 있다. 다 자란 애벌레는 집에서 나와 주변 잎으로 이동하여 번데기가 된다.

번데기 통통하고 길쭉한 통 모양으로, 몸에 모가 진 부분이 있다. 색은 윤기 있는 갈색이나 개체에 따라 흑갈색을 띠는 등 변이가 있다. 각 배마디에 금색 돌기가 나 있다. 애벌레와 번데기에 기생하는 작은 기생벌이 있다. 번데기 길이는 22mm 정도이다.

큰멋쟁이나비

네발나비과 신선나비아과 *Vanessa indica* (Herbst, 1794)

    제주도를 포함한 한반도 전 지역에 분포하며, 나라 밖으로는 에스파냐 남부 카나리아 제도와 인도 북부에서 일본, 캄차카 반도까지 넓게 분포한다. 한국산은 원명 아종으로 다룬다. 암수 차이는 작은멋쟁이나비의 경우와 같다.

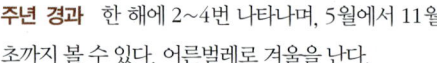

주년 경과 한 해에 2~4번 나타나며, 5월에서 11월 초까지 볼 수 있다. 어른벌레로 겨울을 난다.

먹이식물 느릅나무과(Ulmaceae) 느릅나무, 난티나무, 쐐기풀과(Urticaceae) 가는잎쐐기풀, 거북꼬리, 왕모시풀, 개모시풀

어른벌레 산지와 평지의 풀밭에 살며, 숲 가장자리나 양지바른 풀밭에서 볼 수 있는 흔한 나비이다. 졸참나무의 진이나 야자나무 열매에서 나오는 진, 썩은 과일 등에 잘 모이고, 곰취, 산국, 국화, 엉겅퀴, 가시엉겅퀴, 백일홍, 갈퀴덩굴, 토끼풀, 계요등 등 여러 꽃에도 모여 꿀을 빤다. 여름이 지나면 수컷 두세 마리가 산꼭대기의 확 트인 공간이나 바위 위에서 어우러져 세차게 서로를 뒤쫓는 텃세 행동을 한다. 암컷은 먹이식물의 새

날개를 접고 꽃꿀을 빠는 모습

날개를 편 모습

싹에 알을 하나씩 낳는다.

알 작은멋쟁이나비의 알과 거의 닮았으나 바탕색인 청록색이 조금 짙고, 겉의 세로줄은 훨씬 적은 10개 정도이다.

애벌레 알을 깨고 나와 먹이식물의 잎을 주머니 모양으로 말아 그 속에서 지낸다. 다 자란 애벌레(5령)는 길이가 42mm 정도이고, 머리는 거의 네모꼴로 너비가 30mm 정도이다. 몸은 원통 모양이고 검은 갈색인데 등에 황갈색 무늬가 있다. 앞가슴을 뺀 나머지 부분에 가시 모양 돌기가 있다. 돌기의 색은 옅은 노란색이나 때때로 검은색인 개체도 보인다. 배의 숨문 아래에 있는 노란색 띠가 작은멋쟁이나비보다 더 크고 뚜렷하다.

번데기 앞번데기의 길이는 27mm 정도이고, 2일 뒤 번데기가 된다. 애벌레 집 천장에 붙어 매달린 모습으로 잘 발견된다. 길이는 37mm 정도로, 흰색 가루가 덮인 회흑색이다. 머리의 돌기는 눈에 약간 띄는 정도로 거의 뭉툭하고, 몸의 돌기는 작은멋쟁이나비의 번데기보다 더 두드러진다. 각 배마디에 금색 돌기가 나 있다.

천적 좀벌류와 맵시벌류를 관찰했다. 좀벌류는 번데기에, 맵시벌류는 애벌레에 알을 낳는다. 좀벌이 붙으면 10여m 밖에서도 보일 정도로 번데기가 격렬하게 움직이는 것을 관찰했다. 또한 한곳에서 수십 개의 번데기를 채집한 결과, 80% 이상이 기생당한 것을 관찰하기도 했다. 이 나비의 애벌레가 트인 공간에서 사는 습성 때문에 천적에게 쉽게 노출되어서인 것으로 보인다.

네발나비

네발나비과 신선나비아과 *Polygonia c-aureum* (Linnaeus, 1758)

이 속 *Polygonia* Hübner, 1819은 전북구에 15종 정도가 분포하며, 우리나라에 2종이 있다. 이 나비는 제주도를 포함한 한반도 전 지역에 분포하고, 나라 밖으로는 러시아의 아무르, 중국, 일본, 타이완, 베트남에 분포한다. 한국산은 원명 아종으로 다룬다. 여름형과 가을형의 계절형이 있으며, 나타나는 시기에 따라 날개 색과 모양이 달라진다. 암컷은 수컷보다 크고, 날개 바깥가장자리가 둥글다.

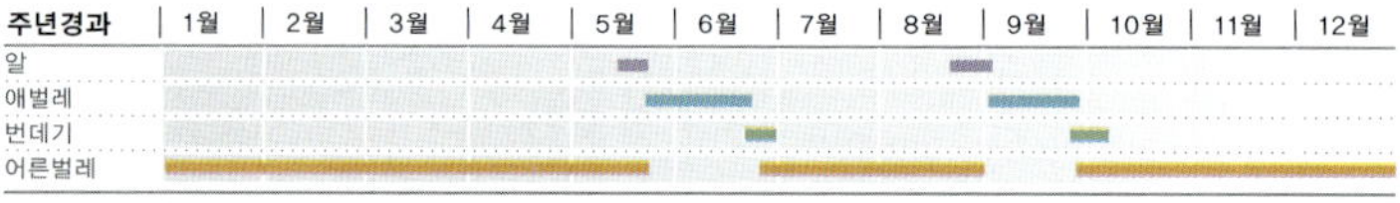

주년경과	1월	2월	3월	4월	5월	6월	7월	8월	9월	10월	11월	12월
알												
애벌레												
번데기												
어른벌레												

주년 경과 한 해에 2~4번 나타나며, 3월에서 10월까지 볼 수 있다. 어른벌레로 겨울을 난다.
먹이식물 뽕나무과(Moraceae) 환삼덩굴, 삼
어른벌레 도시의 개천, 밭 주변, 해안 지대, 개울가, 낮은 산지의 계곡 주변 등에서 사는 아주 흔한 나비이다. 나뭇진에 모이거나 땅에 떨어져 발효된 감을 잘 찾으며, 나무딸기, 감국, 무, 엉겅퀴, 계요등, 산초나무 등 여러 꽃에도 잘 날아든다. 수컷은 활발하게 날아다

여름형 암컷

가을형 수컷

니며 서로 다투기도 하고, 암컷을 탐색하기도 한다. 암컷은 천천히 날면서 먹이식물의 새싹이나 줄기, 그 주변의 마른 풀에 알을 하나씩 낳는다.

알 너비 0.67mm, 높이 0.7mm 정도로 너비보다 높이가 조금 긴 종 모양이다. 겉면에는 11개 정도의 세로줄이 있다. 짙은 풀색이며, 옅은 청록색 무늬가 많이 나타난다.

애벌레 알에서 깨난 애벌레는 알껍데기를 먹어 치운 다음 잎 뒤쪽으로 이동하여 집을 만든다. 작은 잎 가운데맥을 물어뜯고 구부린 후 토한 실로 엮어 마치 손을 오므린 모양 같은 집을 만들고 그 속 천장에 붙어 지낸다. 먹을 때에는 집에서 나와 다른 잎을 먹고 다시 제자리에 돌아가 쉰다. 몸이 커지면서 더 큰 잎으로 이동하기도 하는데, 번데기가 될 때에는 먹이식물의 줄기에 붙는 일이 많다. 다 자란 애벌레는 32mm 정도이고, 몸은 검고, 등에는 황백색 무늬가 있다. 등에 난 복잡한 가시 모양 돌기도 짙은 황백색을 띤다. 개체에 따라 변이가 심하다.

번데기 황토색 또는 갈색에 밤색 무늬가 섞여 있다. 생김새는 큰멋쟁이나비의 번데기와 거의 닮았으나 가슴 부분의 굴곡이 더 심하다. 등 쪽에서 보면 각 배마디에 은백색 무늬가 있다.

산네발나비

네발나비과 신선나비아과 *Polygonia c-album* (Linnaeus, 1758)

   지리산 이북의 산지에 분포하며, 나라 밖으로는 아프리카 북부, 유라시아 대륙의 온대 지역에서 툰드라 숲 지대까지 넓게 분포한다. 한국산은 아종 *hamigera* (Butler, 1877)로 다룬다. 여름형과 가을형의 계절형이 있으며, 나타나는 시기에 따라 날개 색과 모양이 달라진다. 암수 차이는 네발나비의 경우와 같다.

주년경과	1월	2월	3월	4월	5월	6월	7월	8월	9월	10월	11월	12월
알												
애벌레												
번데기												
어른벌레												

주년 경과 한 해에 두 번 나타나며, 5월에서 10월까지 볼 수 있다. 어른벌레로 겨울을 난다.

먹이식물 느릅나무과(Ulmaceae) 느릅나무, 풍게나무, 비술나무, 난티나무, 뽕나무과(Moraceae) 홉, 쐐기풀과(Urticaceae) 좀깨잎나무

어른벌레 한랭한 산지의 계곡이나 능선에서 산다. 참나무와 두릅나무 등의 진에 날아오거나 썩은 과일을 찾기도 하고 쥐손이풀, 옻나무, 구절초 등의 꽃을 찾기도 한다. 수컷은 산지의 풀밭이나 계곡의 넓은 빈터에서 재빨리 날아다니고, 축축한 물가나 바위에 잘 앉는다. 암컷은 천천히 날면서 먹이식물의 새싹에 알을 하나씩 낳는다.

물가에 날아온 수컷

알 너비 0.8mm, 높이 0.9mm 정도로, 네발나비의 알보다 조금 크다. 겉에 10개 정도의 세로줄이 있고, 그 사이에 가로줄이 약하게 있다. 색은 짙은 풀색으로 윤기가 나는데, 네발나비의 알과 달리 겉면에 청록색 무늬가 나타나지 않는다.

애벌레 알을 깨고 나와 네발나비처럼 잎 뒤로 이동하여 간단한 집을 만든다. 자신의 집을 어느 정도 먹으면 주변의 다른 잎으로 이동하므로 야외에서는 빈 집만 관찰될 때도 있다. 잎에서 'J'자 모양을 하고 쉬는데, 건드리면 아래로 잘 떨어진다. 다 자란 애벌레는 33mm 정도로, 머리 양쪽 위에 달린 손가락 모양 돌기는 네발나비 애벌레보다 길다. 몸은 검고, 숨문 부위에 적갈색 무늬가 있다. 등에 난 복잡한 가시 모양 돌기의 모습이 네발나비와 닮았다.

번데기 갈색 바탕에 짙은 밤색 무늬가 섞여 있다. 생김새는 네발나비 번데기와 닮았으나 가슴 부분의 굴곡이 덜하고, 몸이 조금 가늘다. 등 쪽에서 보면 각 배마디의 은백색 무늬가 네발나비 번데기보다 좁다.

갈구리신선나비

네발나비과 신선나비아과 *Nymphalis l-album* (Esper, 1780)

이 속 *Nymphalis* Kluk, 1802은 전북구에 7종이 분포하고, 우리나라에 3종이 있다. 경기도 북부와 강원도 오대산과 계방산 이북에 분포하고, 나라 밖으로는 유라시아 대륙의 온대와 타이가 기후 지대, 북미의 한랭 지역에 분포한다. 한국산은 원명 아종으로 다루는 것이 타당할 것 같다. 암컷은 수컷보다 크고, 날개 아랫면의 색이 어두우며 무늬가 뚜렷하지 않다.

주년경과	1월	2월	3월	4월	5월	6월	7월	8월	9월	10월	11월	12월
알												
애벌레												
번데기												
어른벌레												

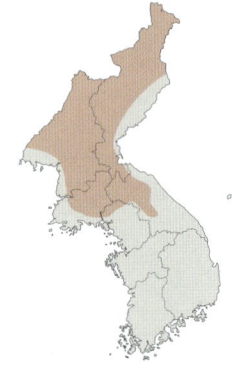

수컷

바위에 앉아 날개를 편 수컷

주년 경과 한 해에 한 번 나타나며, 6월 중순에서 8월까지와 이듬해 3월에서 5월 초에 볼 수 있다. 어른벌레로 겨울을 난다.

먹이식물 남한에서는 아직 밝혀지지 않고 있으나 주·임(1987)에 따르면 느릅나무과(Ulmaceae) 느릅나무와 자작나무과(Betulaceae) 자작나무를 먹는다.

어른벌레 한랭한 산지의 계곡에서 산다. 참나무나 느릅나무, 버드나무의 진에 날아오는데, 이른 봄에 보이는 개체는 꽃을 드물게 찾아오는 것으로 보인다. 수컷은 확 트인 산길의 축축한 땅이나 암벽에 앉는 일이 있으며, 계곡을 가로지르며 재빨리 나는 모습도 볼 수 있다. 남한 지역에서는 개체 수가 많지 않아 관찰 자료가 많지 않다.

알, 애벌레, 번데기 관찰 자료가 없다.

신선나비

네발나비과 신선나비아과 *Nymphalis antiopa* (Linnaeus, 1758)

    강원도 설악산, 광덕산, 해산 이북의 높은 산지에 분포하고, 나라 밖으로는 유라시아 대륙의 온대 지역에 넓게 분포한다. 한국산은 아종 *asopos* (Fruhstofer, 1919)로 다룬다. 암컷은 수컷보다 크고, 날개 바깥가장자리가 둥글다.

주년경과	1월	2월	3월	4월	5월	6월	7월	8월	9월	10월	11월	12월
알					▬							
애벌레						▬▬	▬					
번데기							▬▬					
어른벌레	▬▬	▬▬	▬▬	▬▬	▬▬			▬▬	▬▬	▬▬	▬▬	▬▬

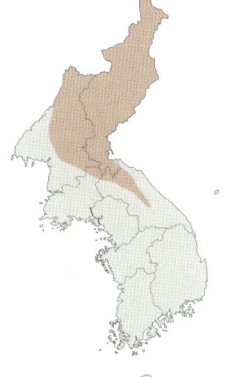

수컷

주년 경과 한 해에 한 번 나타나며, 7월 중순에서 8월에 보이고 그대로 겨울을 난 다음 이듬해 5월에서 6월에 볼 수 있다. 어른벌레로 겨울을 난다.

먹이식물 남한에서는 아직 밝혀지지 않았으나 주·임(1987)에 따르면 버드나무과(Salicaceae) 황철나무 등과 자작나무과(Betulaceae) 자작나무 등이다.

어른벌레 한랭한 산지의 계곡에서 산다. 버드나무의 진이나 발효된 복숭아 열매에 날아오는데, 남한에서는 생태 관찰 기록이 거의 없다. 수컷은 깊은 계곡의 축축한 땅이나 암벽에 앉는 일이 있고, 미끄러지듯 천천히 난다.

알, 애벌레, 번데기 관찰 자료가 없다.

들신선나비

네발나비과 신선나비아과 *Nymphalis xanthomelas* (Esper, 1781)

    지리산 이북 산지에 분포하고, 나라 밖으로는 유라시아 대륙의 온대 지역을 중심으로 넓게 분포한다. 한국산은 원명 아종으로 다룬다. 암컷은 수컷보다 크고, 날개 바깥가장자리가 둥글다.

주년경과	1월	2월	3월	4월	5월	6월	7월	8월	9월	10월	11월	12월
알												
애벌레												
번데기												
어른벌레												

땅바닥에 앉은 어른벌레

주년 경과 한 해에 한 번 나타나며, 6월 중순에서 8월에 보이고 그대로 겨울을 난 다음 이듬해 3월에서 5월 초에 볼 수 있다. 어른벌레로 겨울을 난다.

먹이식물 버드나무과(Salicaceae) 갯버들, 버드나무

어른벌레 과거에는 낮은 산지에서도 흔히 보였으나 요즈음에는 한랭한 산지의 계곡이나 능선에서 볼 수 있다. 버드나무의 진에 날아오나 흔하지 않으며, 봄에 갯버들 꽃에 날아오는 일도 가끔 있다. 이른 봄, 양지바른 길에서 날개를 편 채로 일광욕을 한다. 수컷은 확 트인 계곡의 축축한 땅이나 암벽에 날개를 펴고 앉아 텃세 행동을 한다. 암컷은 먹이식물의 잎에 알을 덩어리로 낳는데, 특별한 모양을 이루지는 않는다.

알 종 모양으로, 너비가 0.76mm, 높이가 0.8mm 정도이다. 겉에는 9개의 세로줄이 있으며, 그 사이에 약

식욕이 왕성한 애벌레  / 종령애벌레

번데기

숲 속 양지바른 곳에 날아온 수컷 / 무리 짓는 애벌레

하게 가로줄이 보인다. 색은 처음에 황록색이다가 깨나기 전 다갈색으로 변한다.

애벌레 알 덩어리에서 함께 깨난 애벌레는 무리 짓는 습성이 있는데, 4, 5령이 되면 흩어진다. 건드리면 몸을 떠는 습성이 있으며, 입에서 풀색 물이 나온다. 다 자란 애벌레는 주변으로 이동하여 집단으로 번데기가 되는 경우도 있다. 머리와 몸은 검은색 바탕이고 등과 숨문 부위는 옅은 노란색, 숨문 아래에는 주황색 무늬가 어지럽게 보인다. 머리에는 별다른 돌기가 없고, 등 위로 마디마다 2쌍씩 가시 모양 돌기가 있다.

다 자란 애벌레의 길이는 45mm 정도이다.

번데기 큰멋쟁이나비 번데기와 닮았으나 머리에 돌기가 뚜렷하고, 날개 부위에서 등 쪽으로 세모 모양으로 튀어나오고, 배에 돋은 돌기가 두드러진다. 큰멋쟁이나비 등 부위에서 보이는 금색 돌기는 없다. 길이는 30mm 정도이고, 흰 가루가 덮인 회흑색이다.

햇볕을 쬐는 어른벌레

쐐기풀나비

네발나비과 신선나비아과 *Aglais urticae* (Linnaeus, 1758)

    이 속*Aglais* Dalman, 1816은 전북구에 5종이 분포하며, 우리나라에 2종이 있다. 이 나비는 강원도 설악산 대청봉 서쪽 서북 주능선과 광덕산, 해산, 이렇게 딱 3번만 발견되었다. 그 정도로 남한에서는 희귀한 나비이고, 북한 지방의 높은 산지에 분포한다. 나라 밖으로는 유라시아 대륙의 온대 지역에 넓게 분포한다. 한국산은 원명 아종으로 다루는 것이 옳겠다. 암컷은 수컷보다 크고, 날개 바깥 가장자리가 둥글다.

주년경과	1월	2월	3월	4월	5월	6월	7월	8월	9월	10월	11월	12월
알					■							
애벌레						■	■					
번데기							■						
어른벌레	■	■	■	■	■	■		■	■	■	■	■

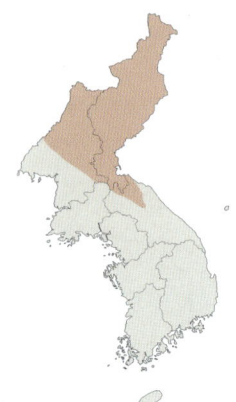

암컷

주년 경과 한 해에 한 번 나타나며, 6월 중순에서 8월에 보이고 그대로 겨울을 난 다음 이듬해 3월에서 5월에 볼 수 있다. 어른벌레로 겨울을 난다.

먹이식물 남한에서 아직 밝혀지지 않았으나 주·임 (1987)에 따르면 쐐기풀과(Urticaceae) 가는잎쐐기풀, 쐐기풀 등을 먹는다.

어른벌레 한랭한 산지의 계곡이나 능선 주위의 숲 가장자리에서 산다. 백리향, 벚나무, 엉겅퀴류, 삼잎국화, 금계국 꽃에 날아오는데, 남한에서 관찰한 기록은 거의 없다. 수컷은 축축한 땅이나 암벽에 앉는 일이 있고, 암컷은 먹이식물 잎 뒤에 무더기로 알을 낳는다 (주·임, 1987).

알 종 모양으로 너비가 0.6mm, 높이가 0.7mm 정도이다. 겉에 9개 정도의 세로줄이 있으며, 광택이 강한 황록색으로 공작나비와 많이 닮았다.

애벌레 알에서 깨난 1령애벌레는 잎 뒤로 이동하여 입에서 실을 토해 잎을 엮는데, 입구가 열린 보자기처럼 생겼다. 이후 4령까지 무리를 지으며 둥지 속에서 지내나 5령(종령)애벌레는 홀로 생활을 한다. 종령애벌레는 검은색 바탕에 옅은 노란색 점이 등선 주위에

여기에 실린 도판은 몽골에서 촬영한 것이다.

나타나 2줄로 보인다. 몸에 돋은 가시돌기는 옅은 노란색이다.

번데기 바위나 잎 뒤에 매달리는 번데기는 황갈색 바탕으로 머리 위에 뾰족한 돌기가 있고, 배에 작은 돌기가 2줄로 나타난다. 전체 생김새는 공작나비와 닮았다.

청띠신선나비

네발나비과　신선나비아과　*Kaniska canace* (Linnaeus, 1763)

    이 속*Kaniska* Moore, 1899은 동북아시아에 1종이 분포하고, 우리나라에 1종이 있다. 이 나비는 전국 각지에 분포하며, 나라 밖으로는 러시아의 아무르, 중국 북서부, 일본, 타이완, 필리핀, 인도네시아 등 동아시아와 동남아시아, 인도 북부에 넓게 분포한다. 한국산은 원명 아종에 속한다. 섬 지방의 개체는 내륙의 개체에 비해 날개에 있는 청색 무늬가 넓은 경향이 있다. 가을형이 여름형보다 날개 아랫면 바탕색이 짙고, 날개 바깥가장자리가 더 모나 있다. 암컷은 수컷보다 크고, 날개 바깥가장자리가 둥글다.

주년경과	1월	2월	3월	4월	5월	6월	7월	8월	9월	10월	11월	12월
알												
애벌레												
번데기												
어른벌레												

수컷의 텃세 행동

주년 경과 한 해에 1~3번 나타나며, 남부와 제주도에서는 6월에서 7월까지와 8월, 9월에 보이고, 강원도 지역에서는 6월 중순에서 7월에 한 번, 8~9월에 한 번, 모두 두 번 보인다. 북한 같은 추운 지역에서는 7~8월에 한 번 볼 수 있다. 그 뒤 이듬해 3월에서 5월에 다시 볼 수 있다. 어른벌레로 겨울을 난다.

먹이식물 백합과(Liliaceae) 청가시덩굴, 청미래덩굴

어른벌레 높은 산지의 낙엽 활엽수림이나 남부의 상록수림 주변, 마을과 가까운 낮은 산지에 사는 흔한 나비이다. 참나무, 버드나무, 느릅나무의 진이나 썩은 과일에 잘 날아오며, 겨울을 나면 꽃꿀을 빨기도 한다. 수컷은 해 질 무렵 길, 바위 등에 앉아 강한 텃세 행동을 보일 때가 있으며, 격하게 다른 나비들을 쫓았다가 제자리로 되돌아오는 습성이 강하다. 습지에 잘 모인다. 암컷은 먹이식물의 어린잎이나 줄기에 알을 하나씩 낳는데, 한자리에 여러 번 낳기도 한다.

알 종 모양으로, 너비가 0.9mm, 높이가 1mm 정도이다. 겉면에는 10개 정도의 세로줄이 있으며, 그 사이에 가로줄이 보인다. 짙은 황록색으로 윤기가 난다.

애벌레 알에서 깨난 애벌레는 잎 뒤로 이동하여 잎

알 | 기생당한 알
1령애벌레 | 3령애벌레 | 종령애벌레
기생당한 종령애벌레 | 기생당한 번데기 | 나뭇진 먹는 모습

에 구멍을 뚫듯이 먹고, 중령애벌레 이후에는 잎 가장자리를 베어 먹듯 먹는다. 애벌레가 쉴 때에는 잎 뒤에서 몸을 'C' 또는 'J'자 모양으로 만든다. 다 자란 애벌레는 잎에서 벗어나 그 주위에서 번데기가 된다. 애벌레의 색은 어릴 때에는 회백색, 중령일 때에는 노란색, 다 자라면 붉은색을 띤다. 네발나비처럼 머리에 돌기가 앞으로 뻗쳐 있고, 가운데가슴 이후부터는 배의 끝마디까지 등 부위와 옆에 3쌍의 돌기가 있다. 길이는 43mm 정도이다.

번데기 전체 생김새는 산네발나비 번데기와 닮았는데, 바탕색이 다갈색으로 옅고, 체형이 가늘어 보인다. 뒷가슴과 제1배마디 등 부위에 은백색 무늬가 보이는데, 산네발나비의 경우보다 작다. 길이는 34mm 정도이다.

공작나비

네발나비과 신선나비아과 *Aaglias io* (Linnaeus, 1758)

    이 나비는 강원도의 높은 산지 이북에 분포하고, 나라 밖으로는 유라시아 대륙의 온대와 한대 지역에 넓게 분포한다. 한국산은 아종 *geisha* (Stichel, 1908)로 다룬다. 암컷은 수컷보다 크고, 날개 바깥가장자리가 둥글다.

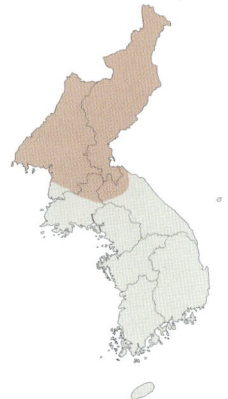

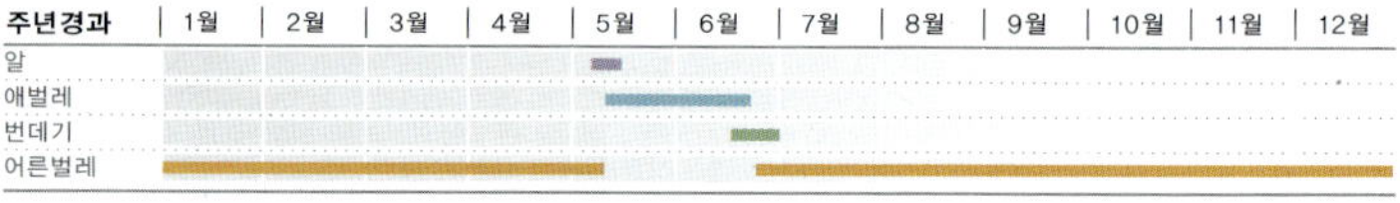

금계국 꽃에 날아온 수컷

주년 경과 한 해에 한 번 나타나며, 6월 중순에서 7월까지 보이고 그대로 겨울을 난 다음 이듬해 3월에서 5월에 볼 수 있다. 주·임(1987)에 따르면 낮은 지대에서는 한 해에 두 번(6월 말에서 7월, 8월에서 9월) 나타나고, 높은 지대에서는 한 번 나타나는 것으로 되어 있다. 어른벌레로 겨울을 난다.

먹이식물 남한에서는 아직 밝혀지지 않았으나 주·임(1987)에 따르면 쐐기풀과(Urticaceae) 가는잎쐐기풀, 쐐기풀, 느릅나무과(Ulmaceae) 느릅나무, 뽕나무과(Moraceae) 홉으로 알려져 있다.

어른벌레 한랭한 산지의 계곡이나 능선 주위의 풀밭에서 산다. 큰까치수염, 붉은토끼풀, 엉겅퀴류, 삼잎국화, 금계국, 체꽃에 날아온다. 수컷은 맑은 날 그늘진 축축한 땅이나 암벽에 앉는 일이 있고, 암컷은 먹이식물 잎 뒤에 무더기로 알을 낳는다(주·임, 1987). 남한 지역에서는 관찰 자료가 많지 않다.

알 쐐기풀나비와 거의 같은 색, 같은 크기이나 너비가 조금 좁다. 세로줄은 8개로 확인되며, 쐐기풀나비보다 덜 두드러진다.

애벌레 들신선나비의 애벌레와 닮았으나 색이 검고 흰 점무늬가 퍼져 있다.

번데기 풀색이며, 가슴과 배에 돌기가 돋아 있는데, 그 주변에 검은색, 붉은색 무늬가 나타난다.

남방공작나비

네발나비과 신선나비아과 *Junonia almana* (Linnaeus, 1758)

     이 속 *Junonia* Hübner, 1819은 아프리카와 인도, 동남아시아, 오스트레일리아에 40여 종이 분포하고, 우리나라에 2종의 미접 기록이 있다. 이 나비는 제주도와 남부 지방에서 늦여름과 가을에 희귀하게 발견되는 미접이다. 나라 밖으로는 동남아시아, 중국 남부, 타이완, 일본에 분포한다. 한국에서 보이는 개체는 원명 아종으로 다루는 것이 좋겠다. 우리나라에서 관찰된 기록은 거의 없는데, 어른벌레가 꽃을 찾는 것으로 알려져 있다. 먹이식물은 마편초과(Verbenaceae) 마편초 등으로 알려져 있다.

여름형 수컷 윗면

여름형 수컷 아랫면

가을형 수컷 윗면

가을형 수컷 아랫면

남방남색공작나비

네발나비과 신선나비아과 *Junonia orithya* (Linnaeus, 1758)

      원(1959)이 제주도 사굴 주위에서 수컷 한 마리를 채집하여 보고한 이후 제주도와 일부 남부 지방에서 관찰되고 채집된 보고가 몇 차례 있을 뿐인 미접이다. 나라 밖으로는 아프리카, 동양구, 오스트레일리아 북부에 넓게 분포한다. 한국에서 보이는 개체는 원명 아종으로 다루는 것이 좋겠다. 우리나라에서는 관찰된 기록이 적다. 풀밭에서 살며, 맨드라미 등의 꽃을 찾는 것으로 알려져 있다. 수컷은 공간을 점유하는 텃세 행동이 강하고, 이따금 물기 있는 땅바닥에 날아온다. 암컷의 날개는 갈색을 띤다. 먹이식물은 쥐꼬리망초과(Acanthaceae) 쥐꼬리망초와 현삼과(Scrophulariaceae) 금어초 등으로 알려져 있다.

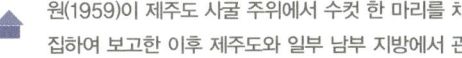

맨드라미 꽃에 날아온 수컷

암컷 윗면

수컷 윗면

수컷 아랫면

암붉은오색나비

네발나비과 신선나비아과 *Hypolimnas misippus* (Linnaeus, 1764)

이 속 *Hypolimnas* Hübner, 1816은 아프리카와 동남아시아, 오스트레일리아에 23종 정도가 분포하고, 우리나라에 미접 2종이 알려져 있다. 이 나비는 아프리카와 동양 열대구, 오스트레일리아, 남미, 서인도 제도, 중국 남부, 타이완, 일본에 분포한다. 한국에서 보이는 개체는 원명아종으로 다룬다. 수컷의 날개는 검보라색으로, 날개 중앙과 끝에 흰 무늬가 있으며, 보는 각도에 따라 날개에서 보랏빛 광채가 난다. 암컷은 끝검은왕나비와 닮았는데, 이것은 끝검은왕나비처럼 몸에 독성분이 들어 있는 것같이 꾸민 의태이다. 우리나라에서는 남부 섬과 제주도에서 여름 이후 이따금 발견된다. 먹이식물은 쇠비름과(Portulacaceae) 쇠비름, 비름과(Amaranthaceae) 비름으로 알려져 있다.

주년경과	1월	2월	3월	4월	5월	6월	7월	8월	9월	10월	11월	12월
알												
애벌레												
번데기												
어른벌레												

암벽에 붙은 수컷

수컷 윗면

암컷 윗면

암컷 아랫면

남방오색나비

네발나비과 신선나비아과 *Hypolimnas bolina* (Linnaeus, 1758)

제주도와 남서해안, 그 일대의 섬으로 가끔 날아오는 미접이고, 나라 밖으로는 동양구와 오스트레일리아에 넓게 분포한다. 우리나라에서 보이는 개체는 타이완에서 날아온 아종 *kezia* Butler, 1878과 같은 것으로 생각되나, 때로는 필리핀에서 유래한 아종 *phillippensis* Butler, 1874인 것으로도 보인다. 암컷은 날개 가장자리에 흰 점무늬가 있고 수컷은 날개 중앙에 검은색에 청보라색 무늬가 있다. 수컷은 숲 가장자리를 유유히 날아다니고, 산꼭대기에서 텃세 행동을 한다. 이동력이 강해 도시로 날아오기도 한다. 먹이식물은 뽕나무과 (Moraceae) 천선과나무이다.

주년경과	1월	2월	3월	4월	5월	6월	7월	8월	9월	10월	11월	12월
알												
애벌레												
번데기												
어른벌레												

수컷

날개를 접은 수컷

금빛어리표범나비

네발나비과 신선나비아과 *Euphydryas davidi* (Oberthür, 1881)

    이 속*Euphydryas* Scudder, 1872은 전북구에 15종이 분포하는데, 우리나라에 2종이 있다. 이 나비는 강원도 영월 지역과 충청북도 일부 북부 고산 풀밭에 분포하며, 나라 밖으로는 러시아의 트랜스바이칼 남부, 아무르 지역, 중국의 동북부와 중부에 분포한다. 한국산은 원명 아종으로 다룬다. 암컷은 수컷보다 훨씬 크고, 날개 바깥가장자리가 둥글다.

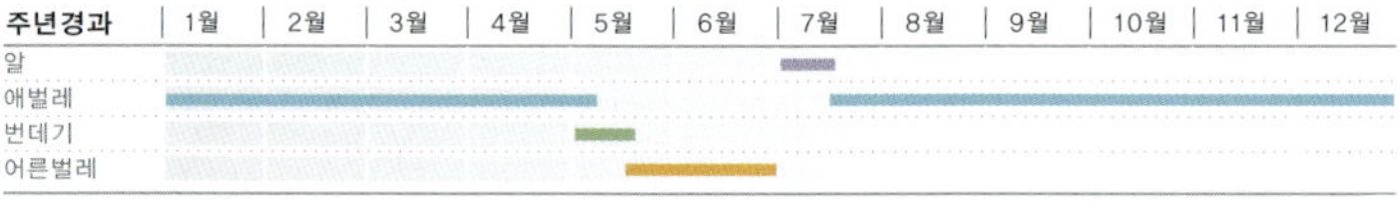

주년경과	1월	2월	3월	4월	5월	6월	7월	8월	9월	10월	11월	12월
알												
애벌레												
번데기												
어른벌레												

날개를 접고 앉은 모습

날개를 펴고 꽃꿀을 빠는 모습

주년 경과 한 해에 한 번 나타나며, 5월 중순에서 6월 중순에 볼 수 있다. 애벌레로 겨울을 난다.

먹이식물 산토끼과(Dipsacaceae) 솔체꽃, 인동과(Caprifoliaceae) 인동

어른벌레 낮은 산지의 구릉지에 사는데, 나무가 적어 먹이식물이 살 수 있는 관목림이 좋은 서식지이다. 남한에서는 현재 강원도 영월의 석회암 지대가 이런 곳이다. 풀밭을 낮게 날면서 엉겅퀴, 조뱅이, 당조팝나무의 꽃에서 꿀을 빤다. 수컷은 빠르게 날면서 암컷을 탐색하는데, 맑은 오후에 200~300m 산꼭대기의 나뭇잎 위에서 텃세 행동을 한다. 암컷은 활발하지 않으며, 풀밭에서 낮게 날다가 먹이식물 잎 뒤에 200~300여 개의 알을 한꺼번에 낳아 붙인다.

알 너비는 0.6mm, 높이는 0.7mm 정도로, 겉에 세로줄이 15개 정도 있다. 처음에는 노란색이나 깨나기 전에 윗부분이 검어진다.

애벌레 알에서 깨난 애벌레는 실을 토해 잎을 엮어 거미줄처럼 만들어 그 속에서 지낸다. 땅으로 내려가 겨울을 난 뒤 다시 무리 짓고, 종령애벌레 이후 흩어진다. 종령애벌레는 이동력이 커져 배회하다가 떡갈나무 잎처럼 넓은 손 모양으로 굽어 있는 가랑잎 안에 매달려 번데기가 된다. 1령애벌레는 몸길이가 1.6mm 정도이다. 머리는 검은색, 몸통은 윤기 있는 옅은 노란색으로, 흰색 짧은 털이 빽빽하다. 종령애벌레의 몸은 검은색이며, 등과 숨문 부위는 노랗다. 몸에 돋은 돌기에 난 털은 시험관 솔처럼 복잡하다.

번데기 통통한 원기둥 모양으로, 청록색 기가 도는 옅은 노란색 바탕에 짧은 줄 모양의 검은색 무늬가 퍼져 있다. 등과 눈, 날개 부위에 있는 검은 무늬가 가는 선처럼 보인다. 머리에는 특별한 돌기가 없고 배의 등 부위에 작은 돌기가 있다. 길이는 12.9mm 정도이다.

여름어리표범나비

네발나비과 신선나비아과 *Melitaea ambigua* Ménétriès, 1859

     이 속*Melitaea* Fabricius, 1807은 전북구에 80여 종이 분포하고, 중앙아시아에 많은 종이 있다. 우리나라에는 8종이 있다. 이 나비는 예전에 내륙에 흔했으나 강원도 산지에 국지적으로 분포할 정도로 희귀해졌다. 나라 밖으로는 러시아의 사얀 산맥 동부와 트랜스바이칼 남부, 아무르, 사할린 동부, 그리고 몽골, 중국 동북부, 일본에 분포한다. 한국산은 아종 *mandzhurica* Fixsen, 1887로 다룬다. 암컷은 수컷보다 훨씬 크고, 날개 바깥가장자리가 둥글다.

주년경과	1월	2월	3월	4월	5월	6월	7월	8월	9월	10월	11월	12월
알												
애벌레												
번데기												
어른벌레												

날개를 펴고 꽃꿀을 빠는 암컷

날개를 접은 암컷

주년 경과 한 해에 한 번 나타나는데, 6월에서 7월 사이에 볼 수 있다. 애벌레로 겨울을 나는 것으로 추정된다.

먹이식물 현삼과(Scrophulariaceae) 냉초

어른벌레 산지의 숲 가장자리 풀밭이나 묵정밭 주위에서 산다. 풀밭을 낮게 날면서 개망초, 엉겅퀴, 냉초, 큰까치수염 등의 꽃에서 꿀을 빤다. 수컷은 물가에 앉으며, 빠르게 날면서 암컷을 탐색한다. 암컷은 활발하지 않아 잘 볼 수 없다.

알, 애벌레, 번데기 국내 자료가 없다.

봄어리표범나비

네발나비과　신선나비아과　*Melitaea britomartis* (Assmann, 1847)

최근(2006년)까지 남한에서는 전라남도 화순 지방에 나타났으나 이후 보이지 않고 있다. 현재 북한 지방에 분포하는 것으로 보인다. 나라 밖으로는 유라시아 대륙의 스텝 기후대와 러시아의 시베리아 남부, 아무르, 카자흐스탄 동부, 몽골, 중국 동북부에 분포한다. 한국산은 원명 아종으로 다룬다. 암수 구별은 여름어리표범나비의 경우와 같다.

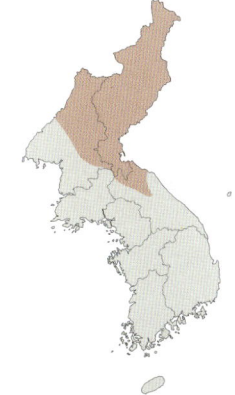

주년경과	1월	2월	3월	4월	5월	6월	7월	8월	9월	10월	11월	12월
알												
애벌레												
번데기												
어른벌레												

날개를 펴고 쉬는 수컷

꽃꿀을 빠는 수컷

주년 경과　한 해에 한 번 나타나며, 5월에서 6월 사이에 볼 수 있다. 애벌레로 겨울을 난다.

먹이식물　질경이과(Plantaginaceae) 질경이로 알려져 있으나 야외에서 직접 관찰한 것은 아니다.

어른벌레　낮은 산이나 들 주위의 숲 가장자리 풀밭이나 묵정밭 주위에서 산다. 풀밭을 낮게 날면서 개망초, 엉겅퀴, 토끼풀, 큰까치수염 등의 여러 꽃에서 꿀을 빤다. 수컷은 물가에 잘 앉으며, 쉴 새 없이 빠르게 날면서 암컷을 탐색하러 다닌다. 맑은 날에는 트인 곳의 잎 위에 앉아 텃세를 부리기도 한다. 암컷은 천천히 날면서 풀잎 위에서 날개를 폈다 접었다 한다.

알, 애벌레, 번데기　국내 자료가 없다.

경원어리표범나비
네발나비과 신선나비아과 *Melitaea plotina* Bremer, 1861

북부의 높은 산지에 분포하고, 나라 밖으로는 러시아의 쿠즈네츠크, 사얀 산맥 동부, 트랜스바이칼 남부, 아무르 지역, 그리고 몽골과 중국 동북부에 분포한다. 한국산은 원명 아종으로 다룬다. 한 해에 한 번 7월 초에서 8월 중순 사이에 볼 수 있다. 높은 산지의 이탄 지대나 소나무 숲이 있는 습한 곳, 좀바늘사초 등이 있는 곳에서 산다(주·임, 1987). 이 밖에 이 나비에 대한 정보는 없다.

산어리표범나비
네발나비과 신선나비아과 *Melitaea didymoides* Eversmann, 1847

북부의 높은 산지에 분포하며, 나라 밖으로는 러시아의 투바, 트랜스바이칼 남부, 아무르 남부와 몽골, 중국 동북부와 중부에 분포한다. 한국산은 원명 아종으로 다룬다. 한 해에 한 번 6월 중순에서 7월 초 사이에 볼 수 있다. 산지의 습한 풀밭에서 산다(주·임, 1987). 이 밖에 이 나비에 대한 정보는 없다.

은점어리표범나비
네발나비과 신선나비아과 *Melitaea diamina* (Lang, 1789)

북한에 분포하고, 나라 밖으로는 서부 지역을 제외한 유럽 산지, 터키, 캅카스, 러시아의 북동부를 제외한 시베리아, 아무르 지역, 몽골, 중국 동북부에 분포한다. 한국산은 원명 아종으로 다룬다. 습한 풀밭에서 살고, 한 해에 한두 번 나타나며, 먹이식물은 마타리과(Valerianaceae)와 현삼과(Scrophulariaceae) 식물로 알려져 있다(주·임, 1987).

짙은산어리표범나비

네발나비과 신선나비아과 *Melitaea sutschana* Staudinger, 1892

 북한에 분포하고, 나라 밖으로는 러시아의 트랜스바이칼 남부, 아무르, 사할린 중부에 분포한다. 한국산은 원명 아종으로 다룬다. 습기 있는 풀밭에서 살고, 한 해에 한 번 나타난다는 것 이외에는 밝혀진 정보가 없다(주·임, 1987).

북방어리표범나비

네발나비과 신선나비아과 *Melitaea arcesia* Bremer, 1861

 북한에 분포하고, 나라 밖으로는 러시아의 시베리아 동부와 남부 산지, 아무르, 몽골, 중국, 히말라야 산맥에 분포한다. 한국산은 원명 아종으로 다룬다. 건조한 풀밭에서 살고, 한 해에 한 번 나타난다는 것 이외에는 밝혀진 정보가 없다(주·임, 1987).

어리표범나비류의 서식지

담색어리표범나비

네발나비과 신선나비아과 *Melitaea protomedia* Ménétriès, 1859

    과거에는 전국 각지에 분포했으나 최근에는 제주도를 포함한 강원도 일부 지역에만 분포한다. 나라 밖으로는 러시아의 아무르 남부 지역, 중국 동부와 중부, 동북부, 일본에 분포한다. 한국산은 원명 아종으로 다룬다. 암수 구별은 여름어리표범나비의 경우와 같다.

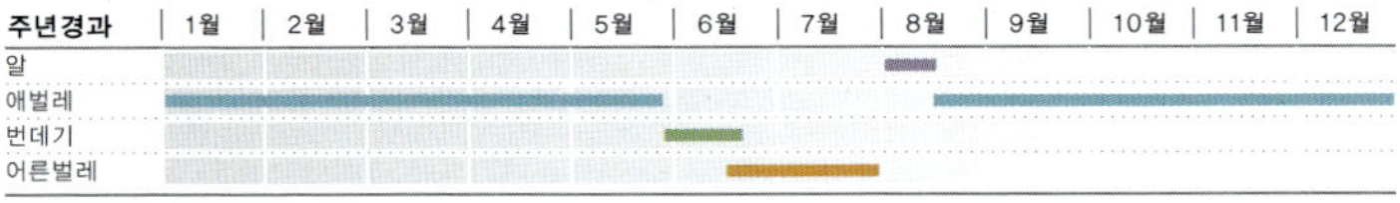

주년경과	1월	2월	3월	4월	5월	6월	7월	8월	9월	10월	11월	12월
알												
애벌레												
번데기												
어른벌레												

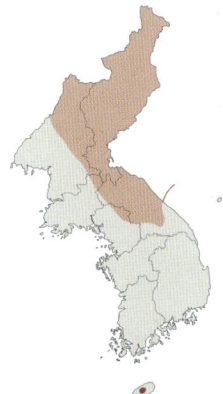

날개를 펴고 쉬는 암컷

풀 위에 내려앉은 수컷

종령애벌레

번데기

주년 경과 한 해에 한 번 나타나는데, 6월에서 7월 사이에 볼 수 있다. 애벌레로 겨울을 나는 것으로 추정된다.

먹이식물 외국에서는 마타리과(Valerianaceae)와 현삼과(Scrophulariaceae)로 알려져 있으나 국내에서 처음으로 마타리과(Valerianaceae)의 쥐오줌풀인 것을 발견했다.

어른벌레 산지의 풀밭에서 사는데, 제주도에서는 제주시 애월에 있는 산지 풀밭에서 발견되었다(김용식, 미발표). 이 밖에 강원도 인제 등지의 높은 산지 풀밭에서 이따금 보인다. 풀밭 위를 재빨리 날아다니면서 큰까치수염, 엉겅퀴, 개망초, 쥐오줌풀 등의 꽃에서 꿀을 빤다. 수컷은 활발하여 쉽게 관찰할 수 있고, 습기 있는 땅바닥에 잘 앉는다. 이에 비해 암컷은 활발하지 않아 발견하기 어렵다.

알 국내에서는 관찰 보고 자료가 없다.

애벌레 종령애벌레가 쥐오줌풀의 꽃을 먹는 모습을 관찰했을 뿐 다른 생태적 자료는 없다. 몸길이는 23mm 정도이다. 다 자란 애벌레 머리는 앞에서 보면 거의 원형이고, 윤기 나는 검은색이다. 곁에는 긴 털이 수북하게 나 있고 검은색 몸에는 예리한 솔 모양 돌기가 가득 나 있다. 길이는 23mm 정도이다.

번데기 통통한 원기둥 모양으로, 머리와 몸에 돌기가 없다. 몸은 흰색 바탕에 검은색 무늬가 있어서 바둑판을 보는 것 같다. 길이는 14mm 정도이다.

함경어리표범나비

네발나비과 신선나비아과 *Euphydryas intermedia* (Ménétriès, 1859)

   한반도 북부 지방에 분포하고, 나라 밖으로는 유럽의 알프스 산맥, 러시아의 우랄 남부, 시베리아, 마가단에서 극동 지역, 사할린 지역, 몽골, 중국 동북부에 분포한다. 한국산은 원명 아종으로 다룬다. 한 해에 한 번 6월 말에서 7월 말에 나타난다. 숲 속의 빈터나 풀밭에 살며, 엉겅퀴 등 여러 꽃에 날아온다. 개체 수가 많지 않아 희귀한 편이다. 애벌레의 먹이식물이나 겨울을 나는 형태에 대해서는 아직 밝혀지지 않았다.

암어리표범나비

네발나비과 신선나비아과 *Melitaea scotosia* Butler, 1878

강원도 영월 지역과 북한에 분포하고, 나라 밖으로는 러시아의 아무르 남부, 중국 동북부, 일본에 분포한다. 한국산은 아종 *butleri* Higgins, 1940으로 다룬다. 암컷은 수컷보다 크고, 날개 윗면이 갈색을 띠어 더 어둡다. 또 뒷날개 아랫면의 아외연부에 검은 점무늬가 열 지어 나타난다.

주년경과	1월	2월	3월	4월	5월	6월	7월	8월	9월	10월	11월	12월
알												
애벌레												
번데기												
어른벌레												

날개를 펴고 쉬는 수컷

날개를 접고 꽃꿀을 빠는 수컷

날개가 검은 암컷

날개를 접고 쉬는 암컷

주년 경과 한 해에 한 번 나타나는데, 6월에서 7월 사이에 볼 수 있다. 애벌레로 겨울을 난다.

먹이식물 국화과(Compositae) 수리취, 산비장이

어른벌레 산지의 관목림이나 풀밭, 강원도 영월 지역처럼 나무가 크게 자라지 못하는 석회암 지대의 풀밭에 산다. 낮게 날면서 엉겅퀴, 큰까치수염, 조뱅이, 하늘나리, 개망초에 잘 날아온다. 수컷은 대형 표범나비처럼 잘 날아다닌다. 암컷은 천천히 날면서 먹이식물의 잎 뒤에 한 번에 100개 이상의 알을 낳는다.

알 너비와 높이가 거의 0.6mm 정도로, 겉에 세로줄이 16~20개가 있다. 옅은 노란색을 띤다.

애벌레 한꺼번에 알에서 깨난 애벌레들은 입에서 토한 실로 먹이식물의 잎을 엮어 거미집처럼 만들어서 그 속에서 산다. 어릴 때에는 잎맥을 남긴 채 먹지만 나중에는 잎 전체를 먹는다. 다 자란 애벌레는 8령이다. 머리 모양은 담색어리표범나비의 애벌레와 닮았고, 몸은 황갈색 무늬가 많아지며 몸에 돋은 돌기의 색도 노란색이 짙어진다. 길이는 28mm 정도이다.

번데기 담색어리표범나비 번데기와 닮았는데, 암어리표범나비 번데기는 몸에 적갈색 무늬가 있고, 등 부분에 짧고 예리한 돌기가 있어 담색어리표범나비 번데기와는 구별된다. 또 더듬이에 적갈색 점무늬가 빽빽하게 있어 알록알록한 느낌이다. 길이는 18mm 정도이다.

Hesperioidae
팔랑나비과

팔랑나비과는 전 세계에 약 3500종이 알려져 있으나 앞으로 연구를 더 하면 상당히 늘어날 가능성이 있다. 오스트레일리아의 어떤 팔랑나비 종은 나방처럼 앞날개와 뒷날개를 연결하는 연결기가 있어 앞으로 나방으로도 분류할 수 있고, 북미산의 일부 팔랑나비를 다른 과로 독립시키자는 의견도 있다. 현재 팔랑나비상과는 팔랑나비과 하나로 구성되며, 그 형태와 생태적 특징이 호랑나비상과처럼 다양하다. 이 책에서는 호랑나비상과 뒤에 설명하였으나 사실 분류학적 위치는 호랑나비상과보다 앞선다.

수리팔랑나비아과 Coeliadinae
9속 75종이 알려져 있으며, 북미와 남미에는 없다. 아랫입술수염 제2마디가 얼굴과 붙어서 위로 향하고, 제3마디가 가늘고 길어진다. 어른벌레는 이른 아침과 저녁나절에 빠르게 활동한다. 애벌레는 쌍떡잎식물을 먹는다.

피로피게팔랑나비아과 Pyrrhopyginae
20속 150종이 알려져 있고, 북미와 남미에만 분포하며, 수리팔랑나비아과와 대치 관계에 있는 것으로 알려져 있다. 애벌레는 쌍떡잎식물을 먹는다.

흰점팔랑나비아과 Pyrginae
160속 1000종이 알려져 있는 큰 무리이다. 앞날개 앞가장자리에 접힌 부분이 있으며, 암컷 제7배마디 배 쪽에 페로몬 샘이 있다. 그러나 이러한 특징이 없는 경우도 있다. 어른벌레는 쉴 때 날개를 펼치는 특징이 있으며, 애벌레는 쌍떡잎식물을 먹는다.

트라페지티스팔랑나비아과 Trapezitinae
16속 60종이 있으며, 우리나라에는 없다. 뒷날개의 가운데방 끝이 날개끝으로 향하는 특징이 있다.

돈무늬팔랑나비아과 Heteropterinae
16속 150종이 알려져 있으며, 대부분 남미 대륙에 분포한다. 아랫입술수염 제2마디에 털이 많고, 앞으로 튀어나와 있으며, 앞다리의 며느리발톱이 퇴화했다. 애벌레는 외떡잎식물을 먹는다.

떠들썩팔랑나비아과 Hesperiinae
325속 2000종이 있다. 이 아과는 머리 너비가 넓고, 앞날개 M_2맥 기부가 M_3맥과 가깝다. 애벌레는 외떡잎식물을 먹는다.

팔랑나비과의 어른벌레는 낮에 활동하나 일부 종들은 이른 아침과 저녁에도 활발하게 활동한다. 암수 모두 꽃에 잘 날아오고 수컷만 습지에 날아오는데, 이때 자신의 배설물을 빨아 먹는 독특한 습성도 있다. 긴 원통 모양의 애벌레는 식물의 잎을 엮어 그 속에서 지내며 주위의 잎을 먹는다. 애벌레는 5령까지이다. 번데기는 긴 원통 모양이고, 머리에 뿔 모양 돌기가 1개 있으며, 먹던 자리에 붙는다.

푸른큰수리팔랑나비

팔랑나비과 수리팔랑나비아과 *Choaspes benjaminii* (Guérin-Méneville, 1843)

이 속 *Choaspes* Moore, 1881은 인도와 동남아시아 일대에 8종이 분포하고, 우리나라에 1종이 있다. 이 나비는 제주도를 포함한 전라남도와 경상남도 지역에 주로 분포한다. 이 밖에 충청도 일부 지역에서 채집한 기록이 있고, 경기도 황해의 일부 섬에 분포하는데, 나도밤나무의 국내 분포 범위와 대체로 일치한다. 나라 밖으로는 히말라야 산맥 서부, 인도차이나, 말레이 반도, 수마트라 섬, 중국 남부와 일본에 분포한다. 한국산은 아종 *japonica* Murray, 1875로 다룬다. 암컷은 몸 가까운 날개 부분이 밝은 청록색을 띠어 수컷과 구분된다. 이 밖에 수컷에만 뒷다리 종아리마디에 긴 털 뭉치가 있다.

주년경과	1월	2월	3월	4월	5월	6월	7월	8월	9월	10월	11월	12월
알												
애벌레												
번데기												
어른벌레												

주년 경과 한 해에 두 번 나타나는데, 5월에서 6월 중순, 7월 말에서 8월에 볼 수 있다. 번데기로 겨울을 나는 것으로 보이나 아직 관찰 기록은 없다.

먹이식물 나도밤나무과(Sabiaceae) 나도밤나무, 합다리나무

어른벌레 난대림이 혼재하는 잡목림의 계곡 주변에서 산다. 개곽향, 꿀풀, 갈퀴덩굴, 곰취, 무 등의 꽃에 잘 날아온다. 수컷은 산꼭대기 나무 사이의 일정 공간에서 원을 그리듯 빠르게 날면서 텃세를 심하게 부린다. 맑은 날 이른 아침과 해 질 무렵에 활발하게 날고,

꽃꿀을 빠는 수컷

알	1령애벌레	번데기
1령애벌레가 집 짓는 모습 1		
1령애벌레가 집 짓는 모습 2	종령애벌레가 집 짓는 모습 1	종령애벌레가 집 짓는 모습 2

흐린 날에는 온종일 활동한다. 이따금 물가에 날아오는데, 땅바닥 말고도 측백나무에 앉아 잎의 물기를 빨아 먹기도 한다. 암컷은 매우 천천히 날면서 먹이식물 잎 뒤에 알을 하나씩 낳으나 관찰하기 매우 어렵다.

알 너비가 1.0mm, 높이가 0.8mm 정도의 찐빵 모양이다. 젖빛으로, 겉에 세로줄이 보인다.

애벌레 알에서 깨난 애벌레는 알껍데기를 먹자마자 잎맥 양쪽에서 잎을 '∧' 모양으로 잘라 오므린 다음 서로 붙여 텐트 모양의 집을 짓고 그 속에서 생활한다. 점점 자라면서 집도 커지는데, 전체적으로 긴 원통 모양의 집에 위쪽에 입구를 내고 창문 같은 구멍을 만든다. 밤에 집에서 나와 잎을 먹고, 충분히 자라면 집 속에서 번데기가 된다. 겨울을 날 때에는 다른 곳으로 이동하는 것으로 알려져 있다. 붉은 머리에 검은 점이 있으며, 몸에는 검은색과 노란색 띠가 도넛 모양으로 둘러 있다. 등 쪽의 검은 띠무늬에 보라색 점이 1쌍씩 있다. 길이는 50mm 정도이다.

번데기 독수리팔랑나비보다 통통하고 짧으며, 머리 중앙에 돌기가 있고, 양쪽으로 조금 볼록하다. 색은 처음에 옅은 분홍색이다가 점차 배에서 분비한 밀랍 같은 흰 가루 물질로 덮인다. 길이는 23mm 정도이다.

독수리팔랑나비

팔랑나비과 수리팔랑나비아과 *Burara aquilina* (Speyer, 1879)

    이 속*Burara* Swinhoe, 1893은 동아시아와 동남아시아, 남아시아에 14종이 분포하고, 우리나라에 2종이 분포한다. 이 나비는 경기도와 강원도 산지 이북에 분포하고, 나라 밖으로는 러시아의 연해주 남부, 중국 중부와 동북부, 일본에 분포한다. 한국산은 원명 아종으로 다룬다. 암컷은 수컷보다 큰 편이고, 앞날개 윗면에 황갈색 무늬가 뚜렷하다.

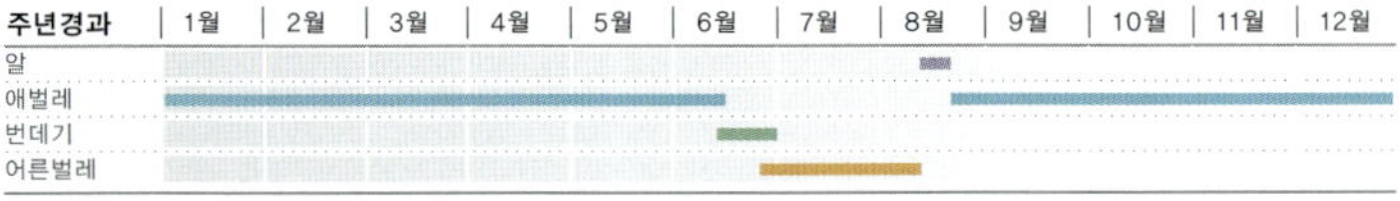

주년경과	1월	2월	3월	4월	5월	6월	7월	8월	9월	10월	11월	12월
알												
애벌레												
번데기												
어른벌레												

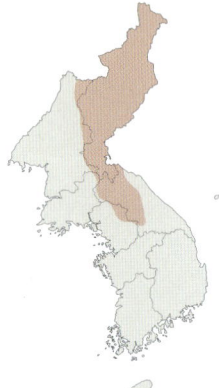

짐승 똥에 잘 날아온다

애벌레 집

4령애벌레

종령애벌레

번데기

주년 경과 한 해에 한 번 나타나는데, 6월 말에서 8월 초 사이에 볼 수 있다. 애벌레로 겨울을 난다.

먹이식물 두릅나무과(Araliaceae) 음나무, 땃두릅나무

어른벌레 한랭한 산지의 계곡 주변에서 산다. 재빨리 날아다니면서 등골나물, 큰까치수염, 엉겅퀴, 개망초, 쉬땅나무 등의 꽃에서 꿀을 빨거나 이따금 참나무진에 날아온다. 수컷은 짐승의 배설물이나 물가에 잘 앉으므로 쉽게 관찰할 수 있긴 하지만 날개 색이 땅 색과 같아 주의하지 않으면 놓치기 쉽다. 암컷은 꽃을 찾을 때 말고는 관찰하기 어렵다. 암컷은 먹이식물의 구겨진 잎에 알을 여러 개 낳는다.

알 국내에서는 아직 알에 대해 관찰한 보고 자료가 없다.

애벌레 잎을 오므려 집을 만들고, 그 안에서 산다. 겨울을 날 때에는 줄기의 코르크층에 집을 만들어 지내는 것으로 알려져 있다. 다 자란 애벌레는 머리가 적갈색이고, 몸 바탕은 보라색을 머금은 회갈색이다. 몸을 가로지르는 흰 줄무늬가 있고, 길이는 42mm 정도이다.

번데기 잎을 오므려 만든 집에서 발견되는데, 먹이식물에서 이동하는 일도 있다. 통통한 원기둥 모양이며, 머리에는 별다른 돌기가 없다. 황토색 바탕의 몸에는 밀랍 같은 흰 가루가 덮여 있다. 길이는 28mm 정도이다.

큰수리팔랑나비

팔랑나비과　수리팔랑나비아과　*Burara striata* (Hewitson, 1867)

   2000년까지 경기도 포천시 내 국립 수목원에서만 보였는데, 최근에는 거의 발견되지 않고 있다. 나라 밖으로는 중국 서부에 분포한다. 한국산은 원명 아종으로 다룬다. 수컷은 앞날개 윗면에 검은 줄무늬가 나타난다.

주년경과	1월	2월	3월	4월	5월	6월	7월	8월	9월	10월	11월	12월
알							— —					
애벌레												
번데기												
어른벌레							▬▬▬					

수컷 윗면

수컷 아랫면

주년 경과　한 해에 한 번 나타나는데, 7월 중순에서 8월 사이에 볼 수 있다. 애벌레로 겨울을 나는 것으로 보이나 정확하지 않다.

어른벌레　낙엽 활엽수림이 많고 잘 보존된 산림 생태계에서 사는 것으로 보인다. 우리나라에서는 이런 환경이 잘 보존된 광릉 국립 수목원에서만 서식한다. 한낮에는 거의 모습을 볼 수 없고 해 뜨기 전과 해 질 무렵부터 어두워질 때까지 재빨리 날아다니면서 참나무의 진을 찾는다. 이때 수컷은 일정 공간을 날아다니는 텃세 행동을 하는 것으로 보인다. 워낙 개체 수가 적어서 이 밖의 생태 자료는 없으나 오후 2시 무렵 수목원 내에 있는 산림 박물관 벽에 날아와 붙은 것을 본 적이 있는데, 이는 독수리팔랑나비처럼 낮에 물기를 찾으러 날아온 것으로 보인다.

먹이식물, 알, 애벌레, 번데기　이와 관련한 국내 관찰 자료는 아직 없다.

팔랑나비과 애벌레 비교

팔랑나비과의 애벌레는 머리가 둥글고 몸이 가늘고 긴 원통 모양인데, 이는 좁은 먹이식물을 길게 말아 그 속에서 살아가기 알맞기 때문이다. 그래서 대부분 몸 빛깔이 별로 화려하지 않다. 좁은 집에서 먹고 배설해야 하므로 집 주변에 먹은 흔적이 있고 배설물이 쌓여 있다.

지리산팔랑나비 종령애벌레 | 파리팔랑나비 종령애벌레 | 줄꼬마팔랑나비 종령애벌레
수풀꼬마팔랑나비 종령애벌레 | 검은테떠들썩팔랑나비 중령애벌레 | 유리창떠들썩팔랑나비 종령애벌레
황알락팔랑나비 종령애벌레 | 산팔랑나비 종령애벌레 | 산줄점팔랑나비 종령애벌레
제주꼬마팔랑나비 종령애벌레 | 흰줄점팔랑나비 종령애벌레 | 줄점팔랑나비 종령애벌레

왕팔랑나비

팔랑나비과 흰점팔랑나비아과 *Lobocla bifasciata* (Bremer et Grey, 1853)

   이 속*Lobocla* Moore, 1884은 동아시아에 8종이 분포하고, 우리나라에는 1종만 있다. 이 나비는 제주도와 울릉도를 뺀 내륙 지역에 분포하고, 나라 밖으로는 러시아의 아무르 남부, 중국 동북부와 중부, 동부에 분포한다. 한국산은 원명 아종으로 다룬다. 수컷은 앞날개 앞가장자리에 접힌 부분이 있으며, 그 속은 황갈색이다.

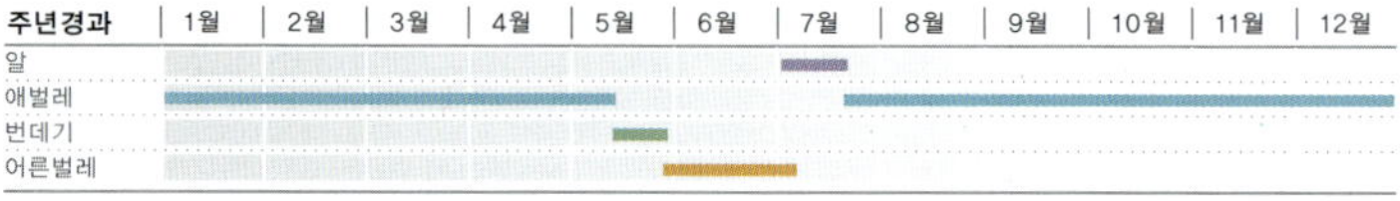

주년경과	1월	2월	3월	4월	5월	6월	7월	8월	9월	10월	11월	12월
알												
애벌레												
번데기												
어른벌레												

주년 경과 한 해에 한 번 나타나는데, 5월 말에서 7월 초 사이에 볼 수 있다. 애벌레로 겨울을 난다.

먹이식물 콩과(Leguminosae) 싸리, 풀싸리, 칡, 아까시나무

어른벌레 낮은 산지나 마을 주변의 숲에 산다. 통통 튀듯이 빠르게 날면서 꿀풀, 나무딸기, 엉겅퀴, 개망

꽃꿀을 빠는 수컷

초 꽃에 날아온다. 수컷은 원을 그리듯이 빈터를 배회하면서 암컷을 탐색하거나 수컷끼리 텃세를 부린다. 산꼭대기에서 해 질 무렵 텃세 행동을 심하게 하는데, 한자리를 고수하지는 않는다. 암컷은 먹이식물 주위를 천천히 맴돌면서 먹이식물 잎 뒤에 알을 하나씩 낳는다.

알 정공 부위가 조금 들어갔고 밑이 평평한 공 모양이다. 색은 처음에 옅은 풀색이다가 나중에 적갈색으로 변한다. 너비는 1.3mm, 높이는 1.2mm 정도이고, 겉에 세로줄이 17개 있다.

애벌레 알에서 깨난 애벌레는 먹이식물의 잎 가장자리를 삼각 모양으로 자른 다음 입으로 토해 낸 실로 다른 잎 부위를 엮어서 덮고 그 안에서 지낸다. 몸이 커지면서 집도 커지는데, 가을에 잎에서 내려와 주변의 낙엽을 엮어 그 속에서 겨울을 난다. 봄이 되면 아무것도 먹지 않은 채 낙엽 속에서 번데기가 된다. 머리는 밤색이고 몸은 어릴 때 황록색이다가 점차 하얘진다.

번데기 전체 모습은 통통해 보이나 푸른큰수리팔랑나비 번데기와 달리 머리에 돌기가 거의 없다. 밤색 바탕의 몸 전체에 흰 가루가 덮인 모습이다.

대왕팔랑나비

팔랑나비과 흰점팔랑나비아과 *Satarupa nymphalis* (Speyer, 1879)

이 속*Satarupa* Moore, 1866은 동아시아와 남아시아에 7종이 분포하고, 우리나라에는 1종만 있다. 이 나비는 지리산 이북의 산지를 중심으로 분포하고, 나라 밖으로는 러시아의 연해주 남부, 중국 동북부와 중부에 분포한다. 한국산은 원명 아종으로 다룬다. 암컷은 수컷보다 크고, 날개의 너비가 넓으며, 뒷날개에 있는 흰 띠가 넓다.

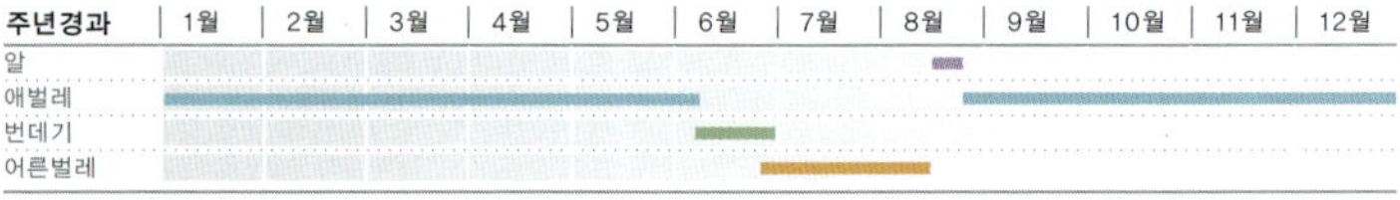

주년경과	1월	2월	3월	4월	5월	6월	7월	8월	9월	10월	11월	12월
알												
애벌레												
번데기												
어른벌레												

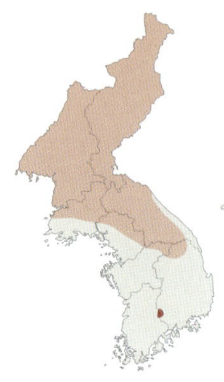

주년 경과 한 해에 한 번 나타나는데, 6월 말에서 8월 사이에 볼 수 있다. 애벌레로 겨울을 난다.
먹이식물 운향과(Rutaceae) 황벽나무
어른벌레 낙엽 활엽수가 많은 산지에 사는데, 비교적 낮은 산지에서도 볼 수 있다. 힘차게 통통 튀듯이 날면서 큰까치수염, 쉬땅나무, 개망초 등의 꽃에 잘 날아온다. 수컷은 계곡의 축축한 바위나 땅바닥에 날개를 펴고 앉는다. 오후에는 800m 정도의 산꼭대기에

잎에 앉아 쉬는 수컷

서 주변이 트인 신갈나무 잎에 앉아 세차게 텃세 행동을 한다. 한자리를 고수하는 성질도 뛰어나서 자기들끼리는 물론 같은 시기에 나타나는 다른 나비, 심지어 제비 같은 새의 뒤를 쫓기도 한다. 암컷은 먹이식물이 있는 계곡 주위를 천천히 날면서 사람 키 높이에 있는 잎 뒤에 한꺼번에 50여 개의 알을 낳는다.

알 전체 생김새는 왕팔랑나비 알과 닮았으나 조금 크고, 색이 적갈색이어서 차이가 난다. 세로줄이 12개인 것도 왕팔랑나비의 알과 다른 점이다.

애벌레 알에서 깨난 애벌레는 잎 가장자리를 잘라 삼각 모양으로 덮고 그 안에서 살아가는데, 잎 하나에 여러 마리가 함께 있을 때도 있다. 겨울이 되면 살던 잎이 마르게 되는데 그 마른 잎 안에 그대로 매달려 지낸다. 다 자란 애벌레는 유리창나비처럼 잎을 포개 그 속에 들어간다. 둥근 머리는 검다. 몸은 앞과 가운데 가슴은 노랗고, 등은 옅은 풀색, 숨문 부위에는 흰 얼룩무늬가 있다.

번데기 대부분 애벌레 때 집 속에서 발견된다. 머리 부분이 삼각 모양으로 조금 도드라진 것 외에는 왕팔랑나비 번데기와 닮았다. 배마디 부분의 흰 가루가 벗겨져 적갈색 무늬가 보이기도 한다.

왕자팔랑나비

팔랑나비과 흰점팔랑나비아과 *Daimio tethys* (Ménétriès, 1857)

   이 속*Daimio* Murray, 1875은 동아시아와 남아시아에 7종이 분포하고, 우리나라에 1종이 있다. 이 나비는 제주도를 포함한 전국 각지에 분포하며, 나라 밖으로는 러시아의 아무르 남부, 중국 북동부와 동부, 남부, 일본, 미얀마 북부에 분포한다. 한반도 내륙산은 원명 아종으로 다루나 제주산은 날개의 흰 띠가 넓어서 아종 *moori* Mabille, 1876으로 다룬다. 암컷은 수컷보다 크고, 날개 바깥가장자리가 둥글며, 날개에 있는 흰 띠가 넓다. 수컷은 뒷다리 종아리마디에 긴 털 뭉치가 있다.

주년경과	1월	2월	3월	4월	5월	6월	7월	8월	9월	10월	11월	12월
알												
애벌레												
번데기												
어른벌레												

주년 경과 한 해에 두세 번 나타나는데, 5월에서 9월 초 사이에 볼 수 있다. 남부와 제주도에서는 세 번 볼 수 있다. 애벌레로 겨울을 난다.

먹이식물 마과(Dioscoreaceae) 마, 단풍마, 참마

어른벌레 산지의 숲 가장자리에서 살며, 마을 주변에서도 보인다. 빈 공간을 빙빙 돌듯이 날다가 재빨리 날개를 펴고 앉으며, 엉겅퀴, 나무딸기, 개망초, 꿀풀 등의 꽃에 날아온다. 수컷은 축축한 물가나 새똥에 잘 앉으며, 빈터에서 텃세 행동을 하는데, 햇빛이 강하면 날개를 접고 앉아 있다가 주변의 다른 나비를 추격한다. 암컷은 오후에 먹이식물 주위를 천천히 날다가 앉다가를 되풀이하다가 대부분 잎 위, 때로는 잎 뒤나 나무줄기에 알을 하나씩 낳는다. 이때 알을 배의 털로 덮기 때문에 알을 낳는 시간이 길다.

날개의 흰 띠가 넓은 제주도 개체

꽃꿀을 빠는 수컷

알 낳는 암컷

알 너비는 1.1mm, 높이는 0.9mm 정도이고, 찐빵 모양이다. 겉면에 세로줄이 20여 개 있으며, 전체는 누런 밤색이다.

애벌레 알에서 깨난 애벌레는 잎 가장자리를 '∧' 모양으로 자르고 포개어 실로 묶어 집을 만든 뒤 그 속에서 산다. 몸이 커지면 잎을 여러 장 덧대어 집을 만든다. 여름에는 애벌레가 그 잎 속에서 번데기가 된다. 그러나 겨울을 날 때에는 잎에서 내려와 주변 낙엽 속으로 들어가서 겨울을 보내고 봄에 먹지 않은 채 번데기가 된다. 생김새는 위아래가 납작한 원통 모양으로, 머리는 검은색이나 밤색이고, 몸은 풀색 기가 있는 잿빛이다. 길이는 25mm 정도이다.

번데기 황토색에 흰 가루가 덮여 있다. 머리 위에는 짧은 돌기가 1개 있다. 가운데가슴 몸 옆과 날개 부위에 삼각형으로 된 은백색 무늬가 보인다. 길이는 19mm 정도이다.

왕자팔랑나비의 집짓기

Daimio tethys

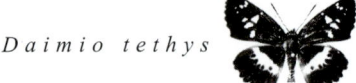

왕자팔랑나비 애벌레는 입으로 먹이식물인 '마' 잎을 삼각형 또는 사각형으로 자른 뒤 이것을 다른 부위에 덧대고 그 사이에 숨는데, 이때 입에서 토한 실로 잎을 고정시킨다.

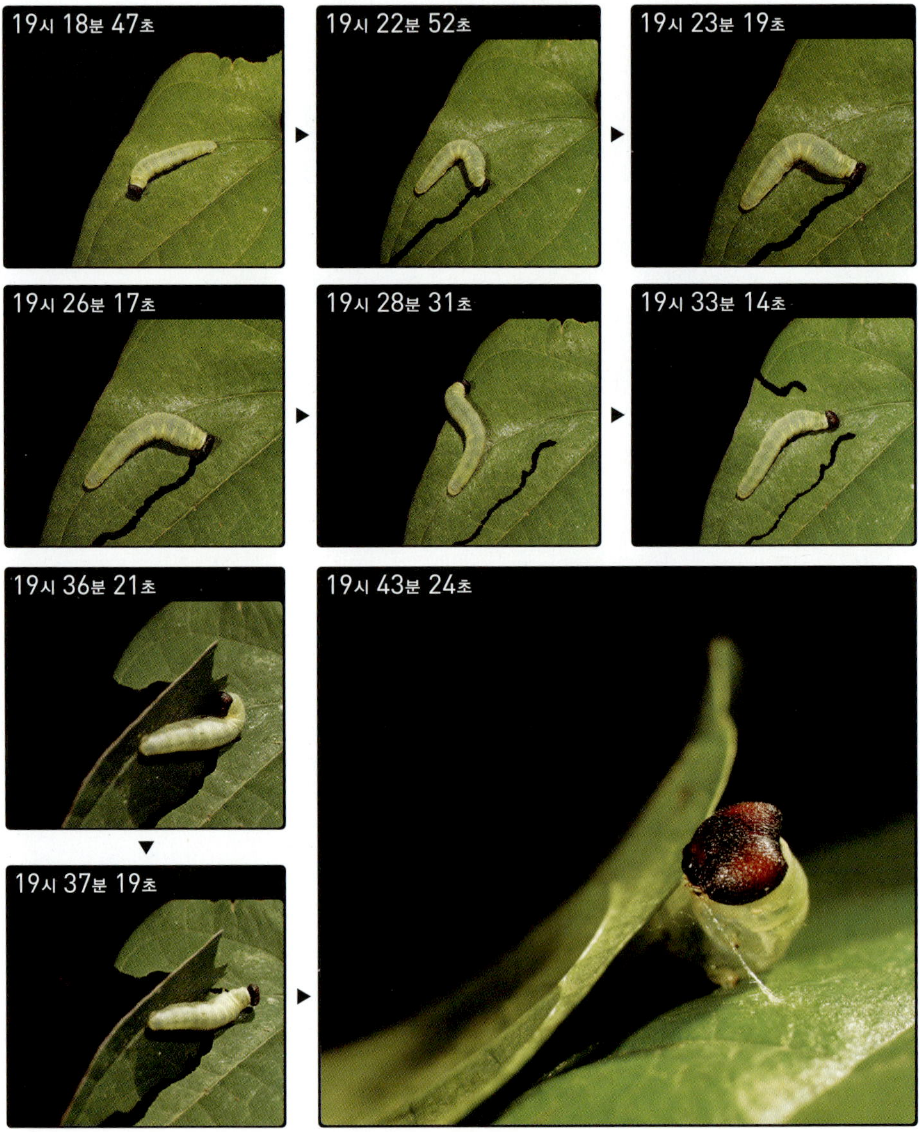

애벌레 집

집 속의 애벌레

실을 토해 점차 잎을 당기듯 집을 완성한다

멧팔랑나비

팔랑나비과 흰점팔랑나비아과 *Erynnis montanus* (Bremer, 1861)

이 속*Erynnis* Schrank, 1801은 전북구와 남미에 20여 종이 분포하는데, 주로 북미에 분포하는 산림성 종으로, 우리나라에는 2종이 분포한다. 이 나비는 제주도를 뺀 전국에 분포하고, 나라 밖으로는 러시아의 아무르, 중국 동북부, 일본에 분포한다. 한국산은 원명 아종으로 다룬다. 암컷은 수컷보다 크고, 앞날개 윗면의 회백색 무늬와 앞날개 아랫면의 노란색이 더 뚜렷하다.

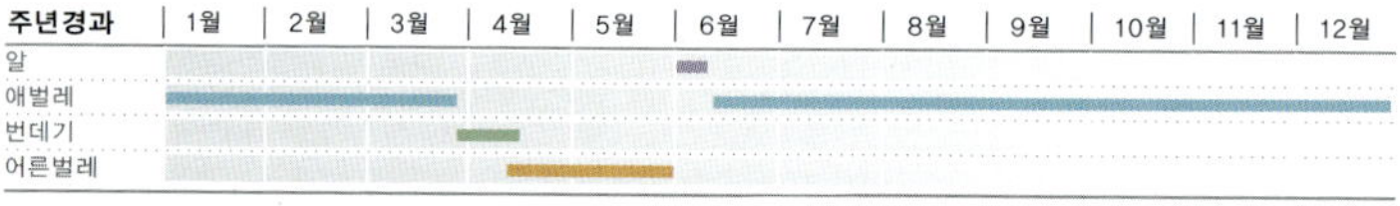

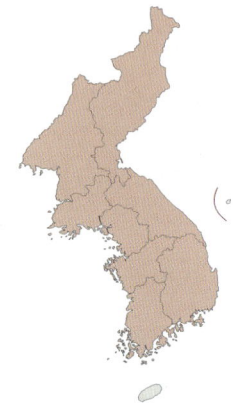

주년경과	1월	2월	3월	4월	5월	6월	7월	8월	9월	10월	11월	12월
알												
애벌레												
번데기												
어른벌레												

꽃꿀을 빠는 암컷

갓 낳은 알 / 며칠 지난 알 / 부화 전 알
1령애벌레 / 애벌레 집
집 속의 3령애벌레

주년 경과 한 해에 한 번 나타나는데, 4월에서 5월 사이에 볼 수 있다. 애벌레로 겨울을 난다.

먹이식물 참나무과(Fagaceae) 떡갈나무, 졸참나무, 신갈나무

어른벌레 낮은 산지의 참나무가 많은 낙엽 활엽수림에 산다. 계곡이나 능선, 산길에서 활발하게 날아다니는 모습을 흔히 볼 수 있고, 흰색이나 옅은 분홍색 계열의 꽃에 잘 날아온다. 기온이 낮으면 날개를 편 채

종령애벌레

애벌레 집

애벌레의 겨울 집

땅바닥에서 일광욕을 한다. 특히 우리나라 산에는 참나무가 많고 이 나비는 이동력이 커서 유전자 교류가 많아져 종이 번창하는 것으로 보인다. 수컷은 마치 제비나비처럼 빈터의 일정한 공간에 나비길을 만들어 날아다니는 것 같다. 수컷은 물가의 축축한 곳이나 새싹의 진에 잘 날아오고, 암컷은 비교적 천천히 날면서 참나무 새싹에 알을 하나씩 낳는다.

알 처음에 젖빛이다가 곧 붉어지고 나중에 검어진다. 너비는 0.8mm, 높이는 0.7mm 정도에, 정공 부분은 들어가 있고, 겉면에 세로줄이 15개 정도 있다.

애벌레 알을 깨고 나온 1령애벌레는 새싹을 엮어 그 속에서 지낸다. 점차 커 가면서 집도 커지고, 다 자라면 키가 1m 정도 되는 떡갈나무의 마른 잎과 잎을 포개어 그 사이에 들어가 위쪽 잎에 붙어 겨울을 나기도 한다. 때로는 땅에 떨어져 낙엽을 엮고 그 속에서 지내기도 한다. 이 집 속에서 번데기가 되어 다음해 봄에 나온다. 1령애벌레는 머리가 검고, 몸 빛깔이 매우 옅은 노란색이다. 다 자란 애벌레는 머리가 갈색이고, 몸이 옅은 풀색이며 표면에 가로줄이 옅게 보인다. 길이는 24mm 정도이다.

번데기 갈색이며, 머리에 돌기가 없다. 길이는 17mm 정도이다.

꼬마멧팔랑나비

팔랑나비과 흰점팔랑나비아과 *Erynnis popoviana* (Nordmann, 1851)

우리나라 북부 산지에 분포하고, 나라 밖으로는 러시아의 바이칼 호 남부, 트랜스바이칼 남부, 아무르 남부, 몽골 동부, 중국 동북부에 분포한다. 한국산은 원명 아종으로 다룬다. 한 해에 한 번 5월 말에서 7월 중순에 나타나서 참나무가 자라는 건조한 풀밭에서 산다. 먹이식물은 참나무과(Fagaceae) 식물로 알려져 있다(주·임, 1987).

왕흰점팔랑나비

팔랑나비과 흰점팔랑나비아과 *Syrichtus gigas* (Bremer, 1864)

이 속*Syrichtus* Boisduval, 1834은 구북구에 10여 종이 분포하고, 우리나라에는 1종만 있다. 이 나비는 우리나라 북부 산지에 분포하고, 나라 밖으로는 러시아의 연해주 남부, 몽골 남부, 중국 동북부에 분포한다. 한국산은 원명 아종으로 다룬다. 한 해에 한 번 7월 중순에서 8월 중순에 나타나서 활엽수가 많은 한랭한 곳에 산다. 희귀종으로, 먹이식물은 꿀풀과(Labiatae) 속단속(*Phlomis* sp.)인 것으로 알려져 있다.

함경흰점팔랑나비

팔랑나비과 흰점팔랑나비아과 *Spialia orbifer* (Hübner, 1823)

이 속*Spialia* Swinhoe, 1912은 구북구에 30여 종이 분포하고, 우리나라에는 1종이 분포한다. 이 나비는 북부 지방에 분포하고, 나라 밖으로는 유럽 동남부, 러시아의 우랄 남부, 시베리아 남부, 아무르 지역, 카자흐스탄, 몽골, 중국에 분포한다. 한국산은 아종 *lugens* (Staudinger, 1886)로 다룬다. 한 해에 한 번 6월 중순에서 8월 초에 나타나고 활엽수가 많은 한랭한 풀밭에서 산다. 먹이식물은 장미과(Rosaceae) 오이풀속(*Sanguisorba* sp.)인 것으로 알려져 있다.

흰점팔랑나비

팔랑나비과 흰점팔랑나비아과 *Pyrgus maculatus* (Bremer et Grey, 1853)

     이 속 *Pyrgus* Hübner, 1819은 전북구에 40여 종이 분포하고, 많은 종이 서로 닮은 모습을 하고 있다. 우리나라에는 4종이 분포한다. 이 나비는 제주도를 포함한 전국의 풀밭 환경에서 사는데, 요즈음 풀밭 환경이 줄어들면서 섬 지방이나 산불이 났던 지역에 가야 많이 볼 수 있다. 나라 밖으로는 러시아의 시베리아 남부 지역 산지, 아무르 지역, 몽골, 중국, 일본에 분포한다. 한국산은 원명 아종으로 다룬다. 계절에 따른 차이가 있다. 암수가 날개 무늬에는 차이는 없으나 수컷은 앞날개 앞가장자리에 접힌 부분이 있고, 이 부분을 젖히면 밤색 선이 보인다. 수컷의 뒷다리 종아리마디에 긴 털 뭉치가 있다.

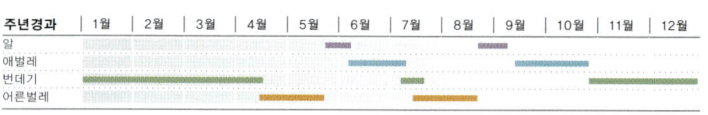

주년 경과 한 해에 두 번 나타나는데, 4월 중순에서 5월과 7월 중순에서 8월 사이에 볼 수 있다. 북부 산지에서는 한 해에 한 번 봄에만 나타난다. 번데기로 겨울을 나는 것으로 보인다.

먹이식물 장미과(Rosaceae) 양지꽃, 세잎양지꽃, 딱지꽃

여름형 수컷

알 | 중령애벌레
종령애벌레 | 번데기

어른벌레 산지나 들판의 확 트인 풀밭에서 산다. 빠르게 날다가 민들레, 솜방망이, 양지꽃, 엉겅퀴 등의 꽃에 잘 날아온다. 수컷은 땅바닥에서 날개를 펴고 일광욕을 하거나 축축한 곳에 앉고, 약하게 텃세를 부린다. 암컷은 먹이식물의 새싹에 알을 하나씩 낳는다.

알 찐빵 모양이며 옅은 풀색이다. 너비는 0.7mm, 높이는 0.6mm 정도이다. 정공 부분이 들어가 있고, 겉면에 세로줄이 20개 정도 있다.

애벌레 어릴 때에는 잎의 일부만 엮지만 몸이 자라면 여러 잎을 엮어 그 속에서 산다. 애벌레는 누런 풀색 바탕에 앞가슴 등 쪽이 밤색의 경피판으로 덮여 있다. 몸에 털이 나 있고, 털 밑이 조금 솟아 오톨도톨해 보인다. 길이는 20mm 정도이다.

번데기 밀랍 같은 털로 덮였으며, 머리에 돌기가 없는 통통한 모양이다. 길이는 15mm 정도이다.

북방흰점팔랑나비

팔랑나비과 흰점팔랑나비아과 *Pyrgus speyeri* (Staudinger, 1887)

우리나라 북부의 높은 산지에 분포하며, 나라 밖으로는 러시아의 사얀 산맥 동부, 바이칼 호, 아무르, 사할린 북부, 그리고 몽골 동부, 중국 동북부에 분포한다. 한 해에 한 번 7월 중순에서 8월 중순 사이에 나타나 산지의 나무가 적은 숲 가장자리 풀밭에서 산다. 과거 이 나비를 혜산진흰점팔랑나비*Pyrgus alveus* Hübner, 1803와 별개의 종 또는 아종으로 다룬 적이 있었으나 최근 연구(Gorbunov, 2001) 자료에 따르면, 우리나라가 혜산진흰점팔랑나비의 분포 범위에 들지 않으므로 이 책에서는 혜산진흰점팔랑나비를 제외했다.

꼬마흰점팔랑나비

팔랑나비과 흰점팔랑나비아과 *Pyrgus malvae* (Linnaeus, 1758)

지리산 이북의 건조한 풀밭 환경에 분포하며, 나라 밖으로는 유럽에서 터키, 아시아 온대 지역에 넓게 분포한다. 한국산은 아종 *kauffmanni* Alberti, 1955로 다룬다. 암수 차이는 흰점팔랑나비의 경우와 같으나 수컷 앞날개 앞가장자리에 접힌 부분이 회백색, 엷은 회갈색이어서 흰점팔랑나비보다 더 뚜렷하다. 이 나비의 생활사 과정은 주(2010)가 밝혔다.

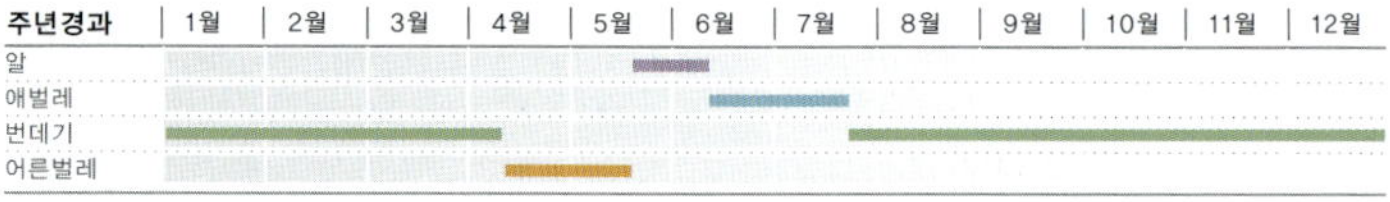

주년경과	1월	2월	3월	4월	5월	6월	7월	8월	9월	10월	11월	12월
알												
애벌레												
번데기												
어른벌레												

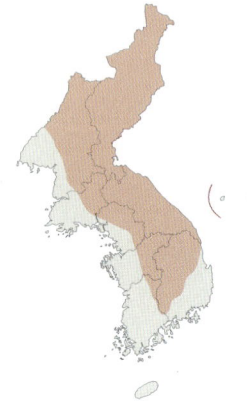

날개를 접은 암컷

꽃꿀을 빠는 수컷

알

중령애벌레

짝짓기

주년 경과 한 해에 한 번 나타나는데, 4월에서 5월 사이에 볼 수 있다. 번데기로 겨울을 나는 것으로 보인다.

먹이식물 장미과(Rosaceae) 양지꽃, 세잎양지꽃, 딱지꽃

어른벌레 산지나 들판의 확 트인 풀밭에서 산다. 강원도 영월, 삼척 등지의 석회암 지대나 산불이 났던 지역에서 많이 발견된다. 낮고 빠르게 날기 때문에 눈에 잘 띄지 않으나 민들레, 솜방망이, 양지꽃 등의 꽃에 잘 날아온다. 앉을 때에는 대부분 나방처럼 날개를 편다. 수컷은 땅바닥에 앉아 일광욕을 하거나 축축한 곳에 앉고, 수컷끼리 약하게 다툰다. 암컷은 먹이식물의 새싹에 알을 하나씩 낳는다.

알 흰점팔랑나비 알과 거의 닮았다. 막 낳아서는 황록색이다가 차츰 흰색으로 변하고, 깨날 무렵 회백색이 된다. 너비는 0.6mm, 높이는 0.54mm 정도이다. 정공 부분이 들어가고, 겉면에 세로줄이 17~21개 있다.

애벌레 알에서 깨난 애벌레는 작은 잎들을 손가락을 오므리듯이 엮어 집을 만들고 그 속에서 살아간다. 머리는 검고, 몸은 황갈색에 좁쌀처럼 흰 무늬가 퍼져 있다. 앞가슴 등 쪽이 어두운 밤색 또는 거의 검은색 경피판으로 덮여 있다. 길이는 23~25mm이다.

번데기 붉은색이 도는 갈색이다. 원통 모양으로 배 끝이 뾰족하다. 다른 부분과 달리 날개 부분은 풀색에 흰 가루를 묻힌 모습이다. 개체에 따라 몸 전체에 흰 가루가 덮여 있기도 하다. 길이는 10mm 정도이다.

참알락팔랑나비

팔랑나비과 **돈무늬팔랑나비아과** *Carterocephalus dieckmanni* Graeser, 1888

이 속 *Carterocephalus* Lederer, 1852은 전북구에 15종이 분포하며, 우리나라에 4종이 있다. 이 나비는 지리산 이북의 산지에 분포하며, 현재는 백두 대간의 높은 산지에 분포한다. 나라 밖으로는 러시아의 아무르 남부, 중국 동북부에 분포한다. 한국산은 원명 아종으로 다룬다. 암컷은 수컷보다 크고, 날개 바깥가장자리가 조금 둥글다.

주년경과	1월	2월	3월	4월	5월	6월	7월	8월	9월	10월	11월	12월
알						■						
애벌레							■	■	■			
번데기												
어른벌레					■	■						

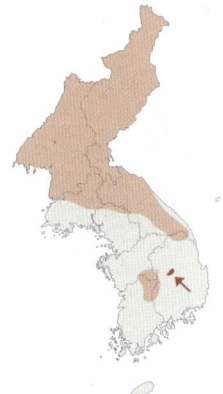

텃세를 부리는 수컷

잎 위에 앉은 수컷

주년 경과 한 해에 한 번 나타나는데, 5월에서 6월 사이에 볼 수 있다. 애벌레로 겨울을 나는 것으로 보이나 확실하지 않다.

먹이식물 벼과(Gramineae) 기름새

어른벌레 주로 경기도와 강원도의 높은 산지 숲 가장자리 풀밭에서 살고, 양지바른 산길에서 발견된다. 쥐오줌풀, 개망초, 꿀풀 등의 꽃에 잘 날아온다. 수컷은 새똥이나 축축한 땅바닥에 잘 앉으며, 산길 주변의 양지바른 길가에서 벼과(Gramineae)의 잎 끝에 앉아 텃세를 부린다. 암컷은 먹이식물의 잎 뒤에 알을 하나씩 낳는다.

알, 애벌레, 번데기 관련 자료가 없다.

은점박이알락팔랑나비

팔랑나비과 돈무늬팔랑나비아과 *Carterocephalus argyrostigma* Eversmann, 1851

함경북도 관모봉 일대 산지에 분포하고, 나라 밖으로는 러시아의 시베리아 남부 산지, 아무르 지역, 몽골, 중국 동북부에 분포한다. 한국산은 원명 아종으로 다룬다. 한 해에 한 번 6월 말에서 8월 중순 사이에 나타나며, 고산 풀밭에 산다.

북방알락팔랑나비

팔랑나비과 돈무늬팔랑나비아과 *Carterocephalus palaemon* (Pallas, 1771)

우리나라 북부에 분포하고, 나라 밖으로는 유라시아 대륙 대부분의 한랭 지역에 넓게 분포한다. 한국산은 아종 *albiguttatus* Christoph, 1893으로 다루기도 하나 원명 아종으로 보는 견해도 있다. 한 해에 한 번 6월 말에서 8월 사이에 나타나 아고산대의 풀밭에서 살아간다. 빠르게 날면서 여러 꽃에 날아온다. 한 세대가 끝나는 데 3년이 걸리는데, 첫해에 3령애벌레까지 자라고, 둘째 해에 종령(5령)애벌레로 겨울을 난 뒤, 그대로 번데기가 되어 어른벌레가 나온다고 한다. 먹이식물은 벼과(Gramineae) 식물이다.

알락팔랑나비류가 사는 풀밭 환경

수풀알락팔랑나비

팔랑나비과 돈무늬팔랑나비아과 *Carterocephalus silvicola* (Meigen, 1828)

지리산 이북의 산지에 분포하고, 나라 밖으로는 유라시아 대륙 대부분의 한랭 지역과 북미 대륙에 넓게 분포한다. 한국산은 원명 아종으로 다룬다. 수컷은 날개 윗면이 밝은 황갈색 바탕이나 암컷은 흑갈색 부분이 많아 어둡다.

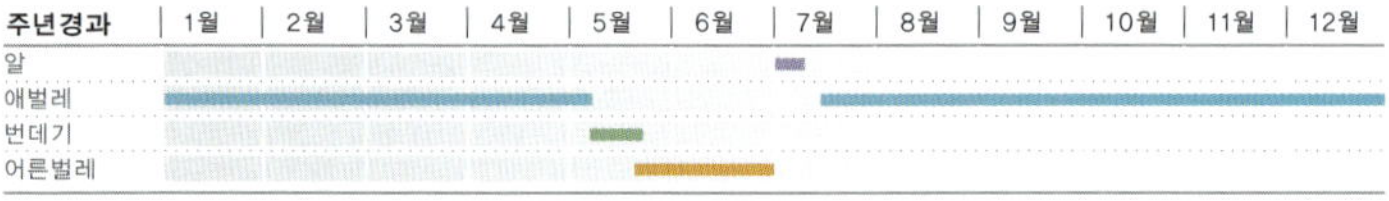

주년경과	1월	2월	3월	4월	5월	6월	7월	8월	9월	10월	11월	12월
알							▬					
애벌레	▬	▬	▬	▬	▬			▬	▬	▬	▬	▬
번데기					▬	▬						
어른벌레					▬	▬	▬					

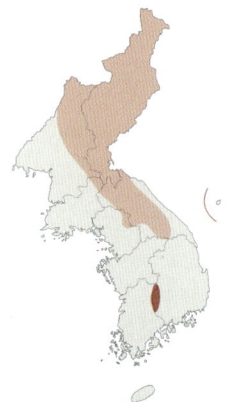

쥐오줌풀 꽃에 날아온 암컷

갓 낳은 알 / 부화 전 알 / 허물을 벗으려는 2령애벌레 / 수컷

주년 경과 한 해에 한 번 나타나며, 5월에서 6월 초 사이에 볼 수 있다. 애벌레로 겨울을 나는 것으로 보인다.

먹이식물 벼과(Gramineae) 기름새

어른벌레 주로 강원도 높은 산지의 숲 가장자리 풀밭에서 산다. 재빠르게 날다가 쥐오줌풀, 민들레, 구릿대, 고추나무, 얇은잎고광나무 등의 꽃에 잘 날아온다. 수컷은 새똥이나 축축한 땅바닥에 잘 앉으며, 참알락팔랑나비처럼 산길 주변의 양지바른 길가에서 잎 끝에 앉아 텃세를 부린다. 암컷은 먹이식물의 잎에 알을 하나씩 낳는다.

알 너비 0.7mm, 높이 0.5mm 정도의 찐빵 모양으로, 정공 부분이 조금 들어가 있다. 처음에 흰색이다가 차츰 황토색으로 변하고 깨나기 전에는 흑갈색으로 변한다.

애벌레 1령애벌레는 길이가 2.5mm 정도이고, 머리는 밤색이고 가슴과 배는 옅은 풀색을 머금은 흰색이다. 2령애벌레는 머리가 밤색으로 변한다. 애벌레는 잎 가장자리를 담배처럼 길게 말아 그 속에서 지낸다. 잎을 엮은 실이 사다리처럼 보인다. 다 자라면 길이가 18mm 정도 된다.

번데기 아직 야외에서 발견되지 않았다.

돈무늬팔랑나비

팔랑나비과 돈무늬팔랑나비아과 *Heteropterus morpheus* (Pallas, 1771)

    이 속 *Heteropterus* Duméil, 1806은 구북구에 1종만 분포하는데, 우리나라에도 분포한다. 이 나비는 섬 지방을 뺀 전국에 분포하긴 하지만 특히 강원도 이북 지역에 많다. 나라 밖으로는 유럽과 러시아의 위도 54~58° 범위인 시베리아, 아무르, 트랜스캅카스, 몽골, 중국 동북부에 분포한다. 한국산은 원명 아종으로 다룬다. 암컷은 수컷보다 크고, 날개 바깥가장자리가 둥글다는 것 외에는 큰 차이가 없다.

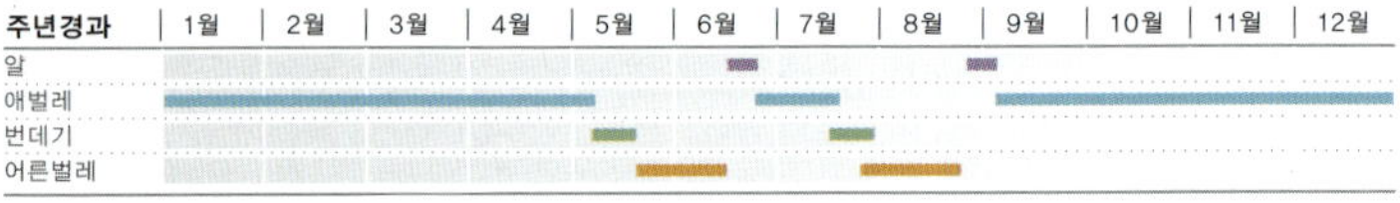

주년경과	1월	2월	3월	4월	5월	6월	7월	8월	9월	10월	11월	12월
알					■		■					
애벌레												
번데기												
어른벌레												

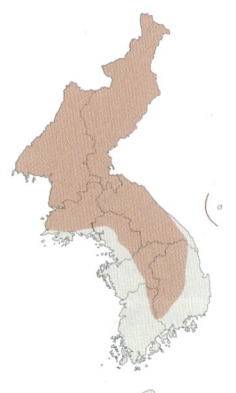

꽃에 앉아 쉬는 수컷

갓 낳은 알  | 1령애벌레

2령애벌레  | 벗은 허물을 먹는 애벌레  | 번데기

주년 경과 한 해에 한두 번 나타나는데, 5월에서 6월과 7월에서 8월 사이에 볼 수 있다. 북부 지방에서는 6월 말에서 8월 중순 사이에 볼 수 있다. 애벌레로 겨울을 나는 것으로 보인다.

먹이식물 벼과(Gramineae) 기름새

어른벌레 산지의 확 트인 풀밭에서 산다. 톡톡 튀듯 천천히 날면서 풀밭 주위의 개망초, 조뱅이, 토끼풀, 기린초 등의 꽃에 날아온다. 수컷은 활발하게 풀밭을 누비고, 이따금 물가에 앉는다. 암컷은 천천히 날면서 잎 뒤에 알을 하나씩 낳아 붙이는데, 약간 접히고 잘 움직이지 않는 잎을 고르는 경향이 있다.

알 너비가 1.0mm, 높이가 0.55mm 정도이다. 색은 옅은 노란색이다. 겉면에 20여 개의 세로줄이 있다.

애벌레 알에서 깨나자마자 껍데기를 먹고, 잎을 오므려 긴 대롱 모양으로 집을 만든다. 머리는 밤색이고, 홑눈 주위에 검은 점무늬가 있다. 몸은 옅은 풀색인데, 앞가슴 등판에 흑갈색 경피판이 뚜렷하다. 몸에 짧은 털이 나 있다.

번데기 말려 있는 잎 속에서 볼 수 있으며, 풀색 바탕에 흰 줄무늬가 길게 이어진다.

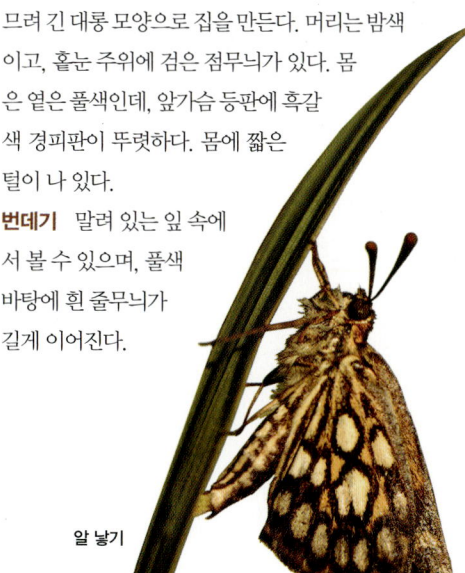

알 낳기

은줄팔랑나비

팔랑나비과 돈무늬팔랑나비아과 *Leptalina unicolor* (Bremer et Grey, 1853)

이 속 *Leptalina* Mabille, 1904은 동아시아에 1종이 분포하고, 우리나라에 1종이 있다. 이 나비는 남부 지방과 강원도 일부 지역에 국지적으로 분포하는데, 매우 희귀하다. 나라 밖으로는 러시아의 아무르 남부, 중국 동북부와 중부, 일본에 분포한다. 한국산은 원명 아종으로 다룬다. 계절에 따른 형태 차이가 있다. 암컷은 수컷보다 크고, 날개 바깥가장자리가 둥글며, 배가 두드러지게 굵다. 이 밖에는 큰 차이가 없다.

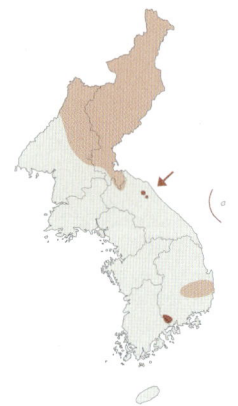

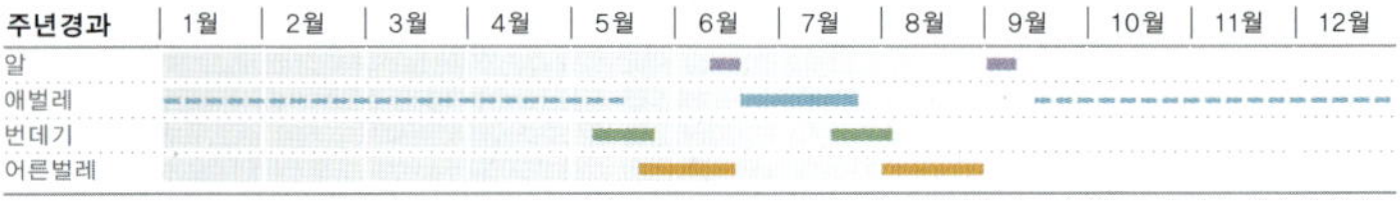

주년경과	1월	2월	3월	4월	5월	6월	7월	8월	9월	10월	11월	12월
알						■		■				
애벌레	─	─	─	─	─		■	─	─	─	─	─
번데기					■	■	■					
어른벌레					■	■	■	■				

주년 경과 한 해에 한두 번 나타나는데, 5월에서 6월과 7월에서 8월 사이에 볼 수 있다. 북부 지방에서는 6월 말에서 8월 중순 사이에 볼 수 있다. 애벌레로 겨울을 나는 것으로 보인다.

먹이식물 벼과(Gramineae) 기름새

어른벌레 강가, 철도 주변, 습지, 산 계곡 주변의 풀

봄형 암컷

갓 낳은 알 | 정공 부분을 뚫고 부화하는 애벌레 | 1령애벌레
2령애벌레
2령애벌레 | 꽃꿀을 빠는 봄형

밭에서 산다. 돈무늬팔랑나비처럼 날면서 토끼풀, 매화말발도리, 개망초 등의 흰 꽃에 잘 앉는다. 수컷은 헤집듯이 풀밭을 누비면서 암컷을 탐색하고, 가끔 물가에 앉기도 한다. 암컷은 잘 날지 않고 풀에 앉아 있으며, 먹이식물에 알을 하나씩 낳는다.

알 너비가 1.1mm, 높이가 0.6mm 정도로, 너비가 높이보다 큰 반구 모양이다. 맨눈으로 보면 겉이 매끈해 보인다. 색은 처음에 우윳빛을 띤다.

애벌레 다른 팔랑나비 애벌레처럼 잎을 길게 말아 그 속에서 생활하는데, 처음에는 잎의 일부를 말지만 몸집이 커지면 잎 전체를 만다. 처음에는 옅은 풀색이다가 차츰 갈색을 띠고, 밤색 줄무늬들이 머리에서 배끝까지 생긴다. 다 자란 애벌레의 길이는 27mm 정도 된다.

번데기 아직 야외에서 발견하지 못했다.

지리산팔랑나비

팔랑나비과 떠들썩팔랑나비아과 *Isoteinon lamprospilus* (C. et R. Felder, 1862)

이 속*Isoteinon* C. et R. Felder, 1862은 동아시아 대륙에 1종이 분포하며, 우리나라에 1종이 있다. 이 나비는 섬 지방과 해안 지역을 뺀 중부와 남부의 내륙 산지에 국지적으로 분포하고, 나라 밖으로는 베트남, 중국의 중부, 남부, 서부, 타이완, 일본에 분포한다. 한국산은 원명 아종으로 다룬다. 암컷은 수컷보다 크고, 날개 가장자리가 둥글며, 배가 통통하다.

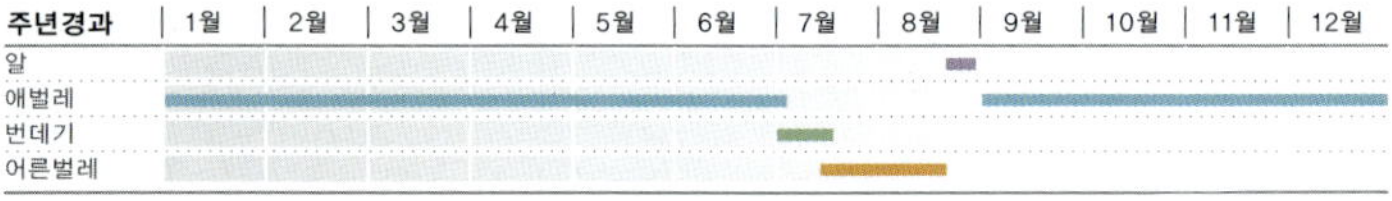

주년경과	1월	2월	3월	4월	5월	6월	7월	8월	9월	10월	11월	12월
알												
애벌레												
번데기												
어른벌레												

주년 경과 한 해에 한 번 나타나는데, 7월에서 8월 사이에 볼 수 있다. 중령애벌레로 겨울을 난다.

먹이식물 벼과(Gramineae) 참억새, 큰기름새, 띠

어른벌레 산림에 적응한 종으로, 숲 속의 빈터, 숲 가장자리의 좁은 풀밭, 계곡이 만나는 넓은 터에서 살며, 이곳에서 멀리 벗어나지 않는다. 꿀풀, 꼬리풀, 큰까치수염 등의 꽃에 잘 날아와 매달리듯 붙는다. 수컷은 축축한 땅바닥에 앉아 물을 빨아 먹으며, 햇볕이 좋은

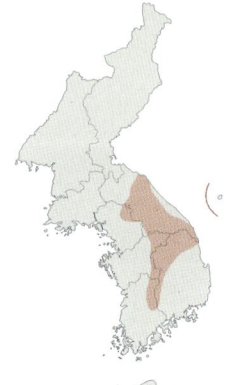

날개를 접고 쉬는 암컷

날에는 앞날개를 반쯤 펴고 뒷날개를 수평으로 편 채 텃세를 부린다. 반면 기온이 높을 때에는 날개를 접는다. 암컷은 조금 어두운 곳에 위치한 먹이식물의 잎에서 날개를 접은 채 알을 하나씩 낳는다.

알 너비 1.1mm, 높이 0.8mm 정도이다. 흰색으로, 반구형이다. 기간은 8~10일이다.

애벌레 알에서 나와 알껍데기를 먹은 뒤 잎 위쪽을 접어 재봉질하듯 가늘고 긴 통 모양의 집을 짓고 그 속에서 지낸다. 먹을 때에만 나와 주변 잎 가장자리를 먹는다. 1령애벌레의 머리는 검은색이지만 3령 이후에는 머리 좌우로 황갈색 띠가 뚜렷해진다. 몸의 바탕색은 옅은 녹색으로, 황알락팔랑나비와 닮았으나 제10배마디의 등 쪽이 황알락팔랑나비의 애벌레와 달리

갈색이 아니다. 또한 머리에 있는 황갈색 띠의 윤곽이 흐릿해 서로 구별된다. 다 자란 애벌레는 길이가 28~33mm이고, 집의 크기는 15cm 정도이다. 머리를 잎 끝 쪽으로 향한 채 집 속에서 번데기가 된다.

번데기 생김새는 황알락팔랑나비처럼 가늘고 긴 원통 모양으로, 머리에서 배끝까지 굵기가 거의 같다. 머리에는 잔털이 없고, 배끝이 갈라지지 않는다. 머리와 가슴은 갈색, 배는 흑갈색으로 어둡다. 날개돋이 무렵 몸 전체의 광택이 없어지면서 흑갈색으로 변한다. 집 속에서 번데기의 껍질을 벗고 나와 날개돋이한다. 길이는 20mm 정도이고 기간은 10일 정도이다.

파리팔랑나비

팔랑나비과 떠들썩팔랑나비아과 *Aeromachus inachus* (Ménétriès, 1859)

이 속 *Aeromachus* de Nicéville, 1890은 동남아시아와 동북아시아에 11종이 분포하고, 우리나라에 1종이 있다. 이 나비는 제주도를 뺀 전국에 분포하며, 나라 밖으로는 러시아의 아무르 남부, 중국, 일본에 분포한다. 한국산은 원명 아종으로 다룬다. 수컷은 앞날개 윗면 제1맥 중앙에 옅은 색 발향인의 성표가 있다. 암컷은 수컷보다 크고, 날개 가장자리가 둥글며, 배가 통통하다.

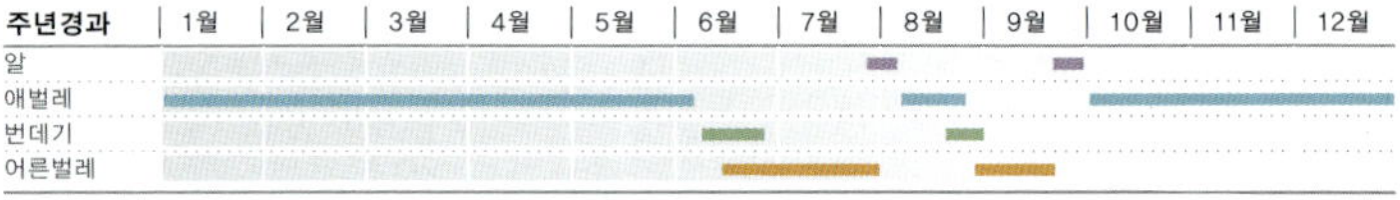

주년경과	1월	2월	3월	4월	5월	6월	7월	8월	9월	10월	11월	12월
알							■		■			
애벌레	■	■	■	■	■			■	■	■	■	■
번데기						■		■				
어른벌레						■	■	■	■			

햇빛을 쬐는 수컷

텃세를 부리는 수컷

알 | 중령애벌레 | 종령애벌레
애벌레 집 | 번데기

주년 경과 한 해에 한두 번 나타나는데, 6월에서 7월, 8월에서 9월 사이에 볼 수 있다. 북부의 추운 지역에서는 7월에서 8월 사이에 나타난다. 애벌레로 겨울을 나는 것으로 보인다.

먹이식물 벼과(Gramineae) 기름새, 큰기름새

어른벌레 낙엽 활엽수림 지역의 숲 가장자리 풀밭에서 산다. 개체가 작은 데다 빠르게 날기 때문에 관찰하기 쉽지 않으나 개망초, 엉겅퀴, 갈퀴나물, 큰까치수염 등의 꽃에 날아올 때는 쉽게 관찰할 수 있다. 수컷은 축축한 땅바닥이나 새똥 주위에 잘 앉고 바위나 낮은 위치의 풀에 앉아 세차게 텃세를 부리기도 한다. 암컷은 천천히 날면서 먹이식물의 잎에 알을 하나씩 낳는다.

알 찐빵 모양으로, 너비는 0.7mm, 높이는 0.5mm 정도이다. 젖빛으로, 윤기가 흐른다.

애벌레 먹이식물을 길게 말아 그 속에서 사는 점은 다른 팔랑나비의 경우와 같다. 낮은 산지와 마을 주변에서 황알락팔랑나비 애벌레와 함께 큰기름새에서 자주 발견할 수 있다. 야외에서 어른벌레는 보기 어렵지만 애벌레는 쉽게 발견할 수 있다. 머리는 옅은 풀색이고 홑눈 주위가 검다. 몸은 머리보다 색이 조금 짙고, 등에 옅은 노란색 줄무늬가 머리에서 배끝으로 나 있어 조금 알록달록해 보인다. 다 자란 애벌레는 22mm 정도이다.

번데기 잎 아래 잎맥에 자리를 잡고 앞뒤를 실로 엮어 조금 오므린 모습이다. 가늘고 긴 원통 모양이며, 머리가 뾰족하다. 몸은 풀색이고 배 부분에 희미하게 흰 줄무늬가 있다. 길이는 17mm 정도이다.

줄꼬마팔랑나비

팔랑나비과 떠들썩팔랑나비아과 *Thymelicus leoninus* (Butler, 1878)

이 속 *Thymelicus* Hübner, 1819은 구북구에 10여 종이 분포하고, 우리나라에 3종이 있다. 이 나비는 지리산 이북의 산지를 중심으로 폭넓게 분포하며, 나라 밖으로는 러시아의 아무르 남부, 중국, 일본에 분포한다. 한국산은 원명 아종으로 다룬다. 수컷은 앞날개 가운데방 부위에 검은 선의 성표가 있고, 암컷은 수컷보다 날개 색이 어둡다.

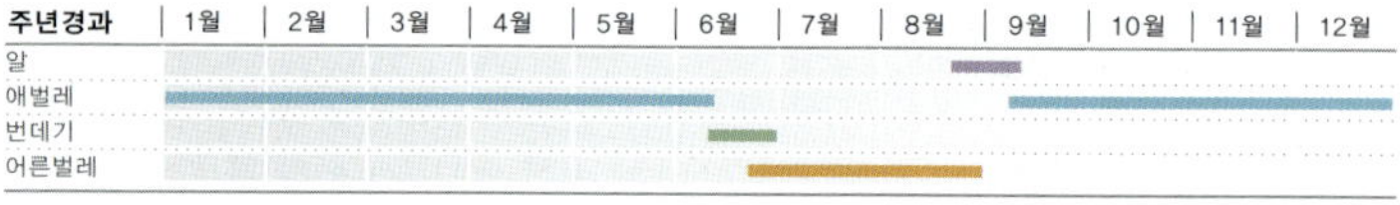

주년경과	1월	2월	3월	4월	5월	6월	7월	8월	9월	10월	11월	12월
알												
애벌레												
번데기												
어른벌레												

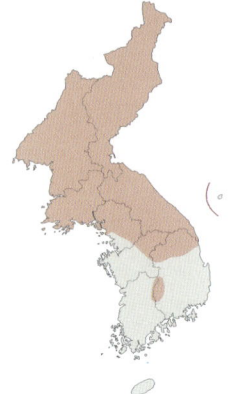

주년 경과 한 해에 한 번 나타나는데, 6월 중순에서 8월 사이에 볼 수 있다. 애벌레로 겨울을 난다. 닮은 종인 수풀꼬마팔랑나비보다 1주일가량 빠르다.

먹이식물 벼과(Gramineae) 갈풀, 강아지풀, 큰조아재비

어른벌레 활엽수림 가장자리에 초본 식물이 많은 개

수컷

알
중령애벌레
종령애벌레
번데기
텃세를 부리는 수컷

울가나 산길 주변에 산다. 오전에 일광욕을 하기 위해 날개를 펴고 앉는 일이 많다. 큰까치수염, 개망초, 갈퀴나물의 꽃에 날아온다. 수컷은 물가에 모이고, 풀 위에 앉아 텃세를 부리는데, 어떤 때는 여러 마리가 한꺼번에 날아다닌다. 수컷은 암컷을 만나면 등 뒤에서 날개를 떨며 다가가는 시각적인 배우 행동을 한다. 암컷은 벼과(Gramineae)의 식물 아래쪽에 접힌 마른 잎 사이에 끼워 넣듯이 알을 낳는다.

알 누에콩 모양으로, 너비는 0.9mm, 높이는 0.5mm 정도이다. 옅은 파란색을 머금은 흰색이다. 기간은 14일에서 1달 정도이다.

애벌레 알에서 나온 애벌레는 잎의 양 끝을 잘라 실로 엮은 다음 몸의 2~3배에 이르는 원통 모양 집을 만들고 그 속에서 자란다. 애벌레는 위쪽으로 나와서 먹으나 나중에 아래쪽으로 나와 먹기도 한다. 이때는 잎이 아래로 꺾인 모습을 한다. 4령애벌레 이후에는 잎을 엮지 않고 잎 가운데맥에 실을 많이 토해 그 자리에서 머리를 아래로 한 채 자리한다. 애벌레는 낮에 먹는데, 그 양은 적다. 다 자란 애벌레는 몸길이가 30mm 정도이며, 몸 양쪽으로 흰 띠무늬가 사라지면 앞번데기가 된다. 앞번데기의 머리 방향은 위쪽이다.

번데기 전체 모습은 가늘고 긴 원통 모양이며, 머리에 뾰족한 돌기가 생긴다. 몸은 옅은 풀색인데, 등 쪽에 2쌍의 흰 줄무늬가 있다. 길이는 20mm 정도이고, 기간은 20~30일이다.

수풀꼬마팔랑나비

팔랑나비과 떠들썩팔랑나비아과 *Thymelicus sylvaticus* (Bremer, 1861)

제주도를 뺀 전국에 분포하고, 나라 밖으로는 러시아 아무르 남부, 중국, 일본에 분포한다. 한국산은 원명아종으로 다룬다. 암컷은 수컷보다 크고, 날개 너비가 넓다. 이 밖에는 큰 차이가 없어 배끝을 살피는 것이 좋다.

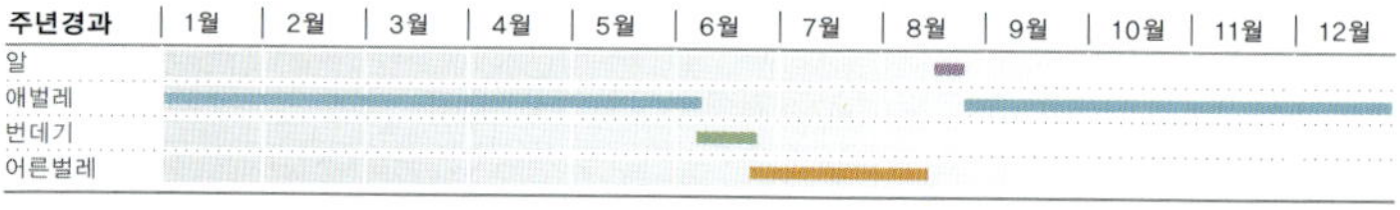

주년경과	1월	2월	3월	4월	5월	6월	7월	8월	9월	10월	11월	12월
알												
애벌레												
번데기												
어른벌레												

꽃꿀을 빠는 수컷

알 | 허물벗기를 하려는 애벌레 | 종령애벌레
번데기 | 텃세를 부리는 수컷 | 암컷

주년 경과 한 해에 한 번 나타나는데, 6월 말에서 8월 사이에 볼 수 있다. 애벌레로 겨울을 난다.

먹이식물 벼과(Gramineae) 기름새

어른벌레 줄꼬마팔랑나비와 같은 서식지에 사는 일이 많다. 낙엽 활엽수림 가장자리의 풀밭이나 산길에서 많이 볼 수 있다. 빠르게 날아다니는데, 날 때에는 줄꼬마팔랑나비와 닮았다. 주로 길가에 핀 큰까치수염, 엉겅퀴, 꿀풀 등의 꽃에서 꿀을 빤다. 수컷은 축축한 땅바닥에 앉으며, 낮은 풀에서 세차게 텃세를 부린다. 암컷은 먹이식물 잎 뒤나 오므러진 마른 풀 사이에 알을 1개 낳거나 짚으로 엮은 달걀 꾸러미 속의 달걀처럼 여러 번에 걸쳐 줄줄이 낳는다.

알 누에콩 모양으로, 정공 부위가 움푹해 보인다. 너비는 0.9mm, 높이는 0.5mm 정도이다. 옅은 파란색을 띠는 흰색이다.

애벌레 줄꼬마팔랑나비 애벌레와 닮았으며, 살아가는 모습이나 행동도 거의 같다. 다 자란 애벌레의 머리는 풀색 기를 띤 흰색이며 홑눈 주위는 검다. 몸도 머리와 거의 같은 색이며, 등선 양쪽의 선이 조금 구불구불하다. 다 자란 애벌레는 23mm 정도이다.

번데기 줄꼬마팔랑나비의 번데기와 흡사하여 이 두 종은 차이가 거의 없다.

산수풀떠들썩팔랑나비

팔랑나비과 떠들썩팔랑나비아과 *Ochlodes similis* (Leech, 1893)

   이 속 *Ochlodes* Scudder, 1872은 전북구에 20여 종이 분포하고, 그중 반 이상이 중국 남부에 집중하여 분포한다. 우리나라에는 4종이 분포한다. 이 나비는 강원도 산지 이북에 분포하며, 나라 밖으로는 러시아의 아무르 지역, 몽골, 중국 북부와 중부, 서부에 분포한다. 한국산은 원명 아종으로 다룬다. 수컷은 앞날개 가운데방 아래 맥에 굵은 검은 선 성표가 있다.

주년경과	1월	2월	3월	4월	5월	6월	7월	8월	9월	10월	11월	12월
알												
애벌레												
번데기												
어른벌레												

암컷

개망초 꽃에 날아온 암컷

꽃꿀을 빠는 암컷

주년 경과 한 해에 한 번 나타나는데, 6월 말에서 8월 사이에 볼 수 있다.

먹이식물 벼과(Gramineae) 왕바랭이

어른벌레 강원도 한랭한 산지의 풀밭에서 산다. 맑은 날 풀밭에서 활발하게 날다가 큰까치수염, 개망초, 꿀풀 등의 꽃에 잘 날아온다. 수컷은 축축한 땅바닥이나 바위, 새똥에 잘 날아오며, 한동안 날아가지 않고 물을 먹는다. 또 오후에는 확 트이고 양지바른 곳에 있는 풀에 앉아 날개를 반쯤 편 채로 세차게 텃세를 부린다. 암컷은 주로 꽃 위에서 발견되는데, 굼뜨게 먹이식물 주위를 날면서 먹이식물 잎 뒤에 알을 하나씩 낳아 붙인다.

알 흰색이며, 너비가 1.2mm, 높이가 0.8mm 정도이다.

애벌레, 번데기 국내 자료가 없다.

수풀떠들썩팔랑나비

팔랑나비과 떠들썩팔랑나비아과 *Ochlodes venatus* (Bremer et Grey, 1853)

    제주도 등 전국 각지에 분포하나 요즈음 풀밭 환경이 사라져 흔하지 않다. 나라 밖으로는 러시아의 아무르, 사할린, 중국 북부와 동북부에 분포한다. 한국산은 원명 아종으로 다룬다. 수컷은 앞날개 가운데방 아래 맥에 굵은 검은 선 성표가 있다.

주년경과	1월	2월	3월	4월	5월	6월	7월	8월	9월	10월	11월	12월
알							■					
애벌레	■	■	■	■	■	■			■	■	■	■
번데기					■	■						
어른벌레						■	■	■				

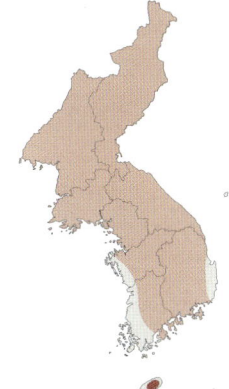

기린초 꽃에 날아온 수컷

텃세를 부리는 수컷

주년 경과 한 해에 한 번 나타나는데, 6월 중순에서 8월 초 사이에 볼 수 있다.

먹이식물 벼과(Gramineae) 왕바랭이

어른벌레 산수풀떠들썩팔랑나비와 같은 환경에서 살아서 같은 장소에서도 이따금 발견된다. 그러나 이 나비는 대체로 고도가 낮은 곳에서 많이 발견되어 이 나비만 발견되는 경우도 많다. 풀밭 위를 빠르게 날다가 기린초, 꿀풀, 갈퀴나물, 큰까치수염 등의 꽃에서 꿀을 빤다. 수컷은 축축한 땅바닥이나 바위, 새똥에 잘 모이고, 풀밭에서 세차게 텃세 행동을 한다. 암컷은 먹이식물 잎 뒤에 알을 하나씩 낳아 붙인다.

알, 애벌레, 번데기 국내 자료가 없다.

검은테떠들썩팔랑나비

팔랑나비과   떠들썩팔랑나비아과   *Ochlodes ochraceus* (Bremer, 1861)

      제주도를 포함한 전국에 분포하는데, 산지를 중심으로 많다. 나라 밖으로는 러시아의 아무르 남부, 중국 동북부와 중부, 일본에 분포한다. 한국산은 원명 아종으로 다룬다. 수컷은 앞날개 가운데방 아래 맥에 굵은 검은 선 성표가 있고, 암컷은 그 부위가 어둡다.

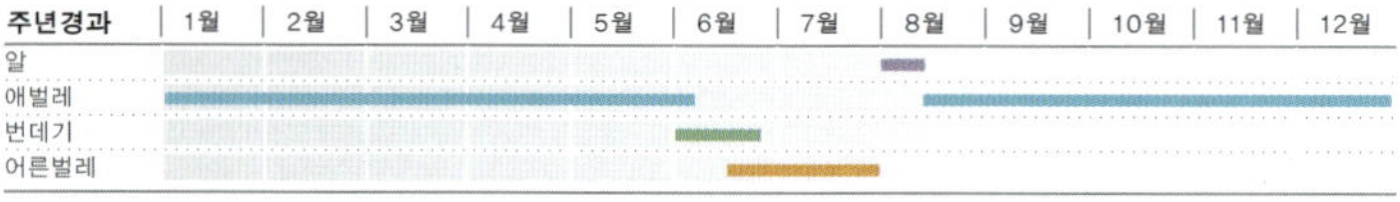

주년경과	1월	2월	3월	4월	5월	6월	7월	8월	9월	10월	11월	12월
알								■				
애벌레	■	■	■	■	■	■			■	■	■	■
번데기						■						
어른벌레						■	■	■				

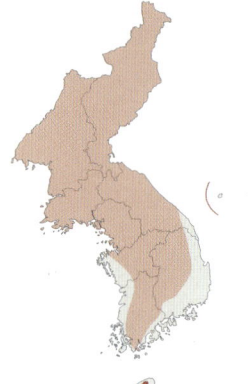

주년 경과   한 해에 한 번 나타나는데, 6월 중순에서 8월 초 사이에 볼 수 있다.

먹이식물   벼과(Gramineae) 큰기름새

어른벌레   산지의 숲 가장자리나 산꼭대기 주위의 풀밭에서 산다. 제주도에서는 고도 1100~1500m의 한라산에 살고, 강원도에서는 고산 풀밭에 많다. 풀밭을

날개를 펴고 쉬는 수컷

꽃꿀을 빠는 수컷

알

종령애벌레의 머리

중령애벌레

1령애벌레의 집

빠르게 날다가 이질풀, 큰까치수염, 꿀풀, 엉겅퀴 등 여러 꽃에서 꿀을 빠는데, 한 꽃에 여러 마리가 붙어 있는 경우도 흔하다. 수컷은 축축한 땅바닥이나 바위, 새똥에 잘 모이고, 풀밭에서 세차게 텃세를 부린다. 암컷은 숲속의 먹이식물 잎 뒤에 알을 하나씩 낳아 붙인다.

알 찐빵 모양으로, 윤기가 나는 노란색이다. 너비는 0.9mm, 높이는 0.7mm 정도이다.

애벌레 잎을 가늘게 말아 그 속에서 사는데, 주변 잎에 먹은 흔적을 남겨 산길 주위에서 쉽게 찾을 수 있다. 어릴 때에는 머리의 색이 고른 흑갈색으로 별 무늬가 없으나 중령애벌레 이후 얼룩덜룩한 무늬가 생긴다. 몸은 옅은 풀색인데, 제1~3배마디 부분에서 풀색이 짙어진다. 앞가슴 등 위에 밤색 경피판이 보인다. 길이는 25mm 정도이다.

번데기 국내 자료가 없다.

두만강꼬마팔랑나비

팔랑나비과 떠들썩팔랑나비아과 *Thymelicus lineola* (Ochsenheimer, 1808)

북부 지방의 높은 산지에 분포하고, 나라 밖으로는 아프리카 북부, 유럽, 중앙아시아, 러시아의 시베리아, 아무르 지역, 몽골, 중국 동북부와 북부, 북미에 넓게 분포한다. 한 해에 한 번 6월 중순에서 7월 사이에 나타나서 산지의 침엽수림이 있는 풀밭에서 산다(주·임, 1987). 먹이식물은 벼과(Gramineae) 식물이다.

유리창떠들썩팔랑나비

팔랑나비과 떠들썩팔랑나비아과 *Ochlodes subhyalinus* (Bremer et Grey, 1853)

제주도를 포함한 전국 각지에 분포한다. 나라 밖으로는 러시아의 아무르 남부, 중국, 일본, 타이완, 미얀마, 인도 북부, 부탄에 분포한다. 한국산은 원명 아종으로 다룬다. 수컷은 앞날개 가운데방 아래 맥에 굵은 검은 선 성표가 있고, 암컷은 그 부위가 검어 전체적으로 어두워 보인다.

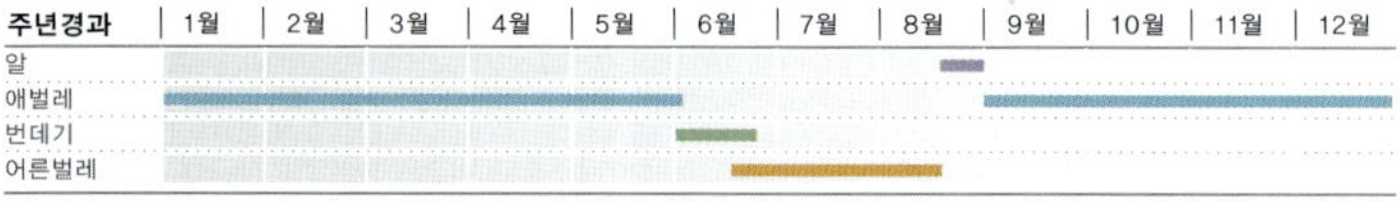

주년경과	1월	2월	3월	4월	5월	6월	7월	8월	9월	10월	11월	12월
알												
애벌레												
번데기												
어른벌레												

고삼 꽃에 날아온 수컷

주년 경과 한 해에 한 번 나타나는데, 6월 중순에서 8월 초 사이에 볼 수 있다. 애벌레로 겨울을 난다.

먹이식물 벼과(Gramineae) 큰기름새

어른벌레 고도가 높고 낮음에 관계없이 산지나 평지의 풀밭에서 사는 흔한 종이다. 풀밭을 빠르게 날다가 개망초, 고삼, 갈퀴나물, 꿀풀, 엉겅퀴 등 여러 꽃에서 꿀을 빠는데, 한 꽃에 여러 마리가 붙어 있는 경우도 흔하다. 수컷은 축축한 땅바닥이나 새똥에 잘 모이고, 오후에 풀밭에서 세차게 텃세를 부린다. 암컷은 먹이식물 잎 뒤에 알을 하나씩 낳아 붙인다.

알 너비가 1.0mm, 높이가 0.7mm 정도 되는 찐빵 모양이다. 겉면이 윤기가 나는 흰색이고 별다른 무늬가 없다.

애벌레 알에서 깨난 애벌레는 잎을 가늘게 말아 그 속에서 지낸다. 머리 색은 고른 적갈색으로 별 무늬가 없으며, 몸은 옅은 풀색에 좁쌀 같은 무늬가 있다. 앞가슴 등 위에 밤색 경피판은 검은테떠들썩팔랑나비보다 훨씬 가늘고 색도 옅다. 애벌레로 겨울을 보내고 먹이식물 밑 가랑잎에서 먹이를 먹고 그 잎을 말아 번데기가 된다. 길이는 25mm 정도이다.

번데기 몸은 황갈색이고, 배 부분이 더 희다. 애벌레 때 분비한 것으로 보이는 흰 가루가 뭉쳐져 붙어 있다. 머리에 특별한 돌기가 없다. 길이는 16mm 정도이다.

꽃팔랑나비

팔랑나비과 떠들썩팔랑나비아과 *Hesperia florinda* (Butler, 1878)

이 속*Hesperia* Fabricius, 1793은 전북구에 20여 종이 분포하고, 우리나라에는 1종이 있다. 이 나비는 경기도와 강원도 일부 지역, 제주도 한라산 고지, 북한에 분포하며, 나라 밖으로는 구북구 한랭지에 넓게 분포한다. 학자에 따라 유럽에서 북미까지 분포하는 *comma* Linnaeus, 1758로 다루기도 하는 등 아직 종 적용에 대한 논란이 많다. 한국산은 아종 *repugnans* Staudinger, 1892로 다룬다. 수컷은 앞날개 가운데방 아래 맥에 있는 굵고 검은 선에 가운데가 은색인 성표가 있고, 암컷은 그 부위가 검어 전체가 어둡다.

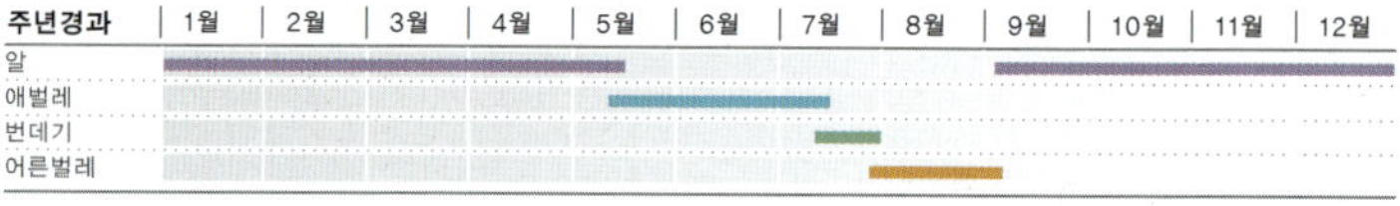

주년경과	1월	2월	3월	4월	5월	6월	7월	8월	9월	10월	11월	12월
알												
애벌레												
번데기												
어른벌레												

수컷은 재빠르게 난다

알

날개를 펴고 쉬는 암컷

짝짓기

주년 경과 한 해에 한 번 나타나며, 7월 중순에서 8월 사이에 볼 수 있다. 알로 겨울을 나는 것으로 보인다.

먹이식물 사초과(Cyperaceae) 그늘사초로 알려져 있으나 국내에서 밝힌 것은 아니다.

어른벌레 고도가 높은 산지 풀밭에서 사는데, 강원도와 제주도 한라산 풀밭에 비교적 수가 많다. 풀밭을 빠르게 날다가 개망초, 솔체꽃, 엉겅퀴, 마타리 등 여러 꽃에서 꿀을 빤다. 수컷은 축축한 땅바닥에 모이고, 오후에 풀밭에서 세차게 텃세를 부린다. 암컷은 먹이식물 뿌리 근처에 있는 잎에 알을 낳는데, 마른 잎에 낳는 습성이 있다.

알 밑면이 평평한 반구 모양이며 정공 부분이 들어가 조금 검게 보인다. 색은 우윳빛을 띠나 부화가 가까워지면서 검어진다. 너비는 1.1mm, 높이는 1.1mm 정도로 너비와 높이가 거의 같다.

애벌레, 번데기 국내 자료가 없다.

황알락팔랑나비

팔랑나비과　떠들썩팔랑나비아과　*Potanthus flavus* (Murray, 1875)

    이 속*Potanthus* Scudder, 1872은 주로 동남아시아 일대에 25종이 분포하고, 우리나라에는 1종만 있다. 이 나비는 제주도에 분포하고, 이 밖에는 중남부 지역에 국지적으로 분포한다. 나라 밖으로는 러시아의 아무르 남부, 중국 남부, 일본, 베트남 북부, 라오스, 타이 북부, 인도 동북부에 분포한다. 한국산은 원명 아종으로 다룬다. 암컷은 수컷보다 크고, 날개 가장자리가 둥글며, 배가 통통하다.

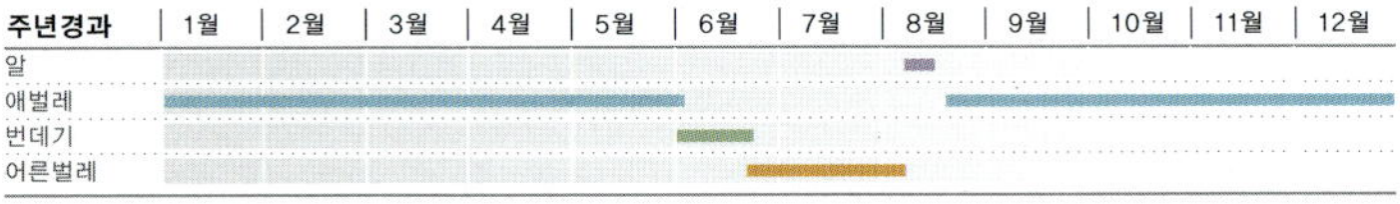

주년경과	1월	2월	3월	4월	5월	6월	7월	8월	9월	10월	11월	12월
알												
애벌레												
번데기												
어른벌레												

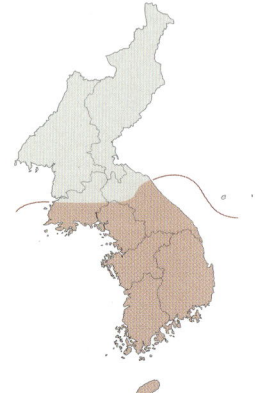

잎에 앉아 텃세를 부리는 수컷

종령애벌레

짝짓기

날개를 접고 앉은 암컷

주년 경과 한 해에 한두 번 나타나는데, 내륙 지역에서는 6월 중순에서 7월까지 한 번, 경기도 섬 지방과 남해안 일대, 제주도에서는 6월에서 7월 초, 8월 중순에서 9월 사이에 두 번 볼 수 있다. 중령애벌레로 겨울을 나는 것으로 보이나 아직 국내에서 발견한 자료는 없다.

먹이식물 벼과(Gramineae) 참억새, 큰기름새, 기름새

어른벌레 숲을 낀 풀밭에서 산다. 빠르게 날아다니다가 풀 위에 앉아 쉬고, 개망초, 꿀풀, 갈퀴나물 등의 꽃에 날아온다. 수컷은 축축한 땅바닥이나 오물에 날아와 앉으며, 이때 자신의 배출액을 빨아 먹기도 한다. 꽃꿀을 빨 때 다른 수컷이 날아오면 쫓아내려고 그 뒤를 추격하다가 제자리로 돌아와 앉는다. 암컷은 햇볕이 잘 들고 바람이 잘 통하는 자리에 있는 먹이식물의 잎 뒤에 알을 하나씩 낳은 뒤에 햇볕이 잘 드는 잎을 골라 앉아 쉰다. 이런 방식으로 여러 번에 걸쳐 알을 낳는다.

알 너비 1mm, 높이 0.5mm 정도이다. 찐빵 모양이며 겉면은 매끈하다. 처음에 흰색이다가 차츰 옅은 풀색으로 변한다. 기간은 7일 정도이다.

애벌레 입에서 실을 토해 잎을 꼬부려 통 모양의 집을 만들고 그 속에서 지낸다. 집 속에서 머리 방향을 위아래로 자유자재로 바꾸며, 똥을 눌 때에는 뒷걸음쳐 배끝을 집 밖으로 내놓는다. 잎의 중간 부분만 먹으므로 그 부분이 약해져 잎이 꺾어진다. 야외에서 이런 잎을 조사하면 쉽게 애벌레를 볼 수 있다. 다 자란 애벌레는 길이가 27~32mm이다. 대부분 집 속에서 번데기가 된다.

번데기 지리산팔랑나비처럼 원통 모양이지만 가운데가슴 부분이 조금 굵고 배끝으로 갈수록 가늘어진다. 머리와 몸에는 잔털이 나 있고 머리에는 돌기가 없다. 몸길이는 18~19mm로, 풀색을 머금은 황토색이다. 기간은 12~13일이다.

산팔랑나비

팔랑나비과 떠들썩팔랑나비아과 *Polytremis zina* (Evans, 1932)

이 속 *Polytremis* Mabille, 1904은 동북아시아에 19종이 분포하고, 우리나라에 2종이 있다. 이 나비는 제주도를 뺀 전국에 분포하며, 나라 밖으로는 러시아의 아무르 남부, 중국에 분포한다. 한국산은 아종 *zinoides* Evans, 1937로 다룬다. 암컷은 수컷보다 뚜렷이 크고, 날개 너비가 넓다.

주년경과	1월	2월	3월	4월	5월	6월	7월	8월	9월	10월	11월	12월
알												
애벌레												
번데기												
어른벌레												

암컷

수컷

주년 경과 한 해에 한 번 나타나는데, 7월에서 8월 사이에 볼 수 있다. 겨울을 나는 상태는 아직 밝혀지지 않았으나 애벌레로 날 것으로 추정한다.

먹이식물 벼과(Gramineae) 큰기름새

어른벌레 산지나 평지의 풀밭에 사는데, 숲 가장자리의 빈터에서도 보인다. 흔하게 볼 수 있는 종은 아닙니다. 빠르게 날아다니다가 풀 위에 앉아 쉬고, 큰까치수염, 엉겅퀴, 개망초 등의 꽃에 날아온다. 수컷은 물가에 날아오는데, 늦은 오후 텃세 행동을 할 때 관찰할 수 있다. 암컷은 먹이식물의 잎에 알을 하나씩 낳는다.

알 찐빵 모양으로 겉면은 매끈하며 젖빛이다.

애벌레 입에서 실을 토해 잎을 통 모양으로 접어 붙이고 그 사이에서 지낸다. 머리 생김새가 독특한데, 황토색 바탕에 가장자리에 적갈색 테를 두르고 있고, 정수리선 양쪽에 열린 '六' 자 모양의 적갈색 띠무늬가 있다. 몸은 옅은 풀색으로, 얼룩덜룩해 보인다.

번데기 긴 원통 모양으로, 배끝에서 가늘어진다. 옅은 풀색 바탕에 머리에 뾰족한 돌기가 있고, 머리에서 배끝까지 흰 줄무늬가 옅게 나타난다.

직작줄점팔랑나비

팔랑나비과 떠들썩팔랑나비아과 *Polytremis pellucida* (Murray, 1875)

북한 원산에서의 기록만 있을 뿐 아직 국내 분포가 정확하게 확인된 것은 아니다. 나라 밖으로는 러시아의 사할린 남부, 쿠릴 열도 남부, 중국 동부, 일본에 분포한다. 한국산은 원명 아종으로 다룬다. 산팔랑나비와 차이는 크지 않으나 날개에 있는 흰 점의 배열과 날개 아랫면의 바탕색이 조금 다르다. 먹이식물은 벼과(Gramineae) 식물이다.

산줄점팔랑나비

팔랑나비과 떠들썩팔랑나비아과 *Pelopidas jansonis* (Butler, 1878)

이 속*Pelopidas* Walker, 1870은 아프리카, 남아시아와 동남아시아, 오스트레일리아에 10종이 분포하고, 우리나라에 3종이 있다. 이 나비는 제주도를 뺀 남한 각지에 분포하나 함경도에는 분포하지 않는다. 나라 밖으로는 러시아의 아무르(?), 중국 동부, 일본에 분포한다. 한국산은 원명 아종으로 다룬다. 수컷은 제주꼬마팔랑나비처럼 앞날개에 사선의 성표가 있으나 바탕색과 비슷해 눈에 잘 띄지 않는다. 암컷이 수컷보다 뚜렷이 크고, 날개가 넓다. 이 특징으로 구별하는 것이 좋다.

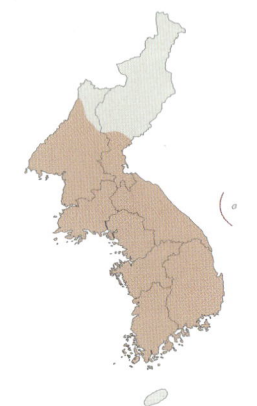

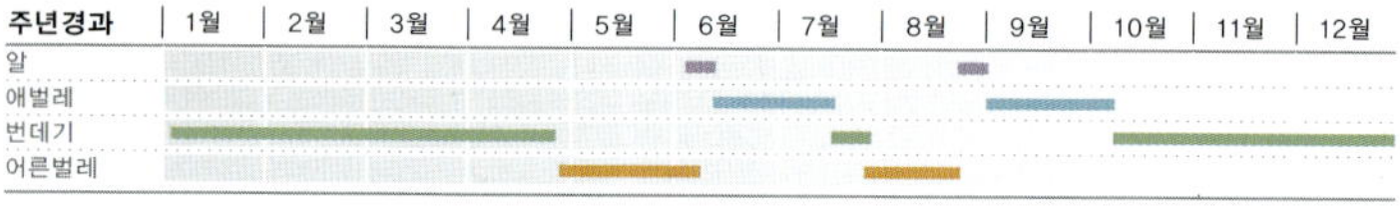

주년경과	1월	2월	3월	4월	5월	6월	7월	8월	9월	10월	11월	12월
알												
애벌레												
번데기												
어른벌레												

주년 경과 한 해에 두 번 나타나는데, 4월 말에서 5월 사이와 7월에서 8월 사이에 볼 수 있다. 번데기로 겨울을 난다.

먹이식물 벼과(Gramineae) 참억새

어른벌레 낮은 산지의 숲 가장자리 풀밭에서 산다. 빠르게 날아다니면서 큰까치수염, 엉겅퀴, 산철쭉, 고

햇빛을 쬐는 수컷

꿀풀 꽃에 날아온 암컷

개체에 따라 머리 색이 다르다

들떼기 등의 꽃에 잘 앉는다. 수컷은 축축한 땅바닥에 잘 앉으며, 날이 맑으면 날개를 반쯤 편다. 오후에는 바위나 억새 등에 앉아 세차게 텃세 행동을 한다. 암컷은 먹이식물의 잎에 알을 하나씩 낳는다.

알 찐빵 모양이며, 너비는 1.1mm, 높이는 0.7mm 정도이다. 윤기 나는 젖빛으로, 겉면에 특별한 무늬가 없다.

애벌레 참억새의 잎을 길게 말아 통 모양이 되도록 실로 엮은 다음 그 속에서 산다. 앞에서 보았을 때 머리가 아주 특색 있다. 마치 판다처럼 보이는데, 이 무늬는 개체에 따라 차이가 난다. 몸은 풀색을 띤 흰색이다. 전체 생김새는 긴 원통 모양으로, 머리와 배끝 쪽이 조금 가늘다. 길이는 30mm 정도이다.

번데기 머리에는 돌기가 있고, 배끝이 가늘어지는 원통 모양이다. 색은 풀색을 띤 흰색으로, 등 쪽에 누런 흰색 선이 2줄 두드러져 보인다. 길이는 29mm 정도이다.

제주꼬마팔랑나비

팔랑나비과 떠들썩팔랑나비아과 *Pelopidas mathias* (Fabricius, 1798)

     제주도와 남해안, 전라남도 일부 지역, 황해 일부 섬에 분포한다. 나라 밖으로는 동양 열대구에 넓게 분포한다. 한국산은 아종 *oberthueri* Evans, 1937로 다룬다. 수컷의 앞날개 윗면에는 회백색 사선의 성표가 나타난다.

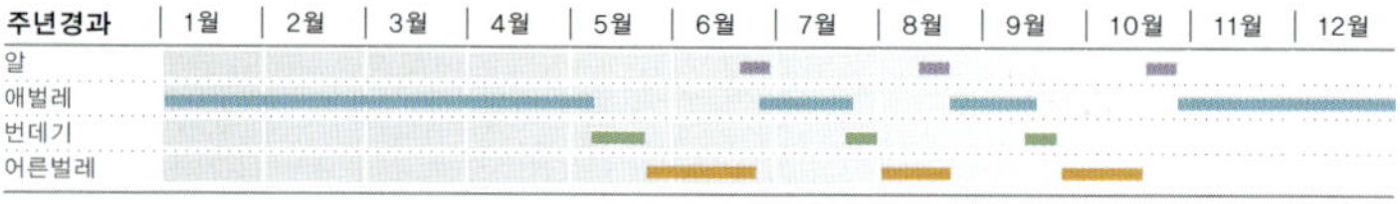

주년경과	1월	2월	3월	4월	5월	6월	7월	8월	9월	10월	11월	12월
알												
애벌레												
번데기												
어른벌레												

암컷

알 | 며칠 지난 알 | 4령애벌레
집에서 나와 잎을 먹는 종령애벌레 | 집 속에 있는 애벌레 | 번데기

주년 경과 한 해에 2~4번 나타나는데, 5월에서 10월 초 사이에 볼 수 있다. 애벌레로 겨울을 나는 것으로 보인다.

먹이식물 벼과(Gramineae) 강아지풀, 바랭이

어른벌레 따뜻한 남부 지방의 숲 가장자리 풀밭에서 살며, 제주도에서는 저지대 숲에 산다. 재빨리 날다가 내려앉는데, 주의하지 않으면 순식간에 날아간다. 엉 겅퀴, 쑥부쟁이, 만수국 꽃에 잘 앉는다. 수컷은 축축 한 바위나 땅바닥, 새똥에 잘 모이나 개체 수가 많지 않아 이런 장면을 자주 관찰하기는 어렵다. 수컷은 늦 은 오후에 확 트인 공간에서 낮게 앉아 날개를 반쯤 편 상태로 텃세 행동을 매우 세차게 한다. 암컷은 맑은 날 오후에 먹이식물이 있는 반음지를 골라 앉아 쉬다가 잎에 알을 하나씩 낳는다. 한 번 낳고 주변 풀 위에서 날개를 편 채로 쉬다가 다시 알을 낳는다.

알 너비 1.1mm, 높이 0.8mm 정도의 찐빵 모양이 다. 윤기 있는 젖빛으로, 깨나기 전에 위의 1/3 정도가 검게 변한다.

애벌레 몸은 푸른색을 머금은 노란색이고, 머리를 앞에서 보면 엷은 청록색을 머금은 노란색 바탕에 양 가장자리로 갈색 띠가 있다. 앞에서 본 전체 머리 모 습은 역삼각형에 가깝다. 길이는 30mm 정도이다. 생 태는 산줄점팔랑나비와 거의 같다.

번데기 산줄점팔랑나비의 번데기와 거의 비슷한데, 길이가 27mm 정도로 조금 작다.

흰줄점팔랑나비

팔랑나비과 떠들썩팔랑나비아과 *Pelopidas sinensis* (Mabille, 1877)

중부 일원에 2007년부터 이입된 것으로 여겨지며, 경기도와 강원도에 정착하여 분포한다. 나라 밖으로는 히말라야 산맥 서부, 인도의 시킴, 네팔, 미얀마, 중국 남부, 타이완에 분포한다. 한국산은 원명 아종으로 다룬다. 수컷의 앞날개 윗면에 회백색 사선 성표가 나타난다. 주(2007)가 처음 이 나비를 발견하여 소개했으며, 이어 주(2009)는 국내에서 처음으로 생활사를 밝혔다. 또한 주(2010)는 이 나비 종령애벌레의 머리와 번데기에 대한 자료도 발표했다.

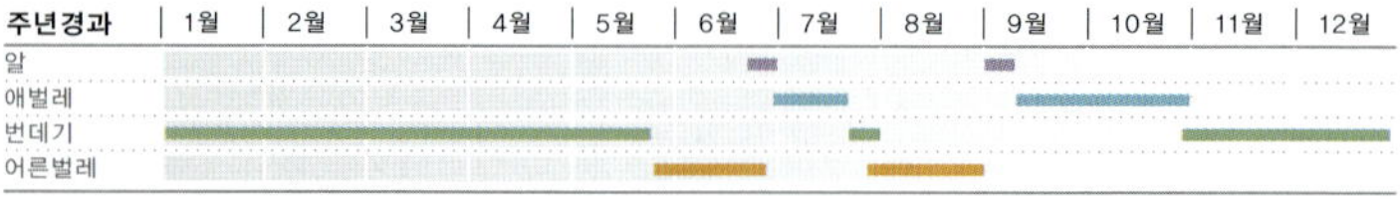

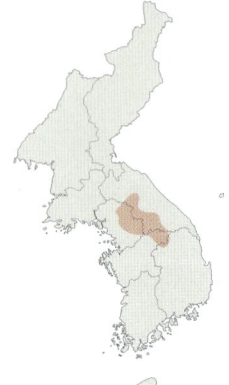

주년경과	1월	2월	3월	4월	5월	6월	7월	8월	9월	10월	11월	12월
알												
애벌레												
번데기												
어른벌레												

꽃에 잘 날아온다

위에서 본 알
종령애벌레
1령애벌레
번데기
탁 트인 공간에서 세차게 텃세를 부리는 수컷

주년 경과 한 해에 두 번 나타나는데, 5월에서 6월과 7월에서 8월 사이에 볼 수 있다. 번데기로 겨울을 난다.

먹이식물 벼과(Gramineae) 참억새, 큰기름새, 돌피, 조릿대, 강아지풀

어른벌레 산지의 숲 가장자리 풀밭이나 계곡의 개천 주위의 풀밭에 산다. 오전부터 활발하게 날다가 참나리, 원추리, 개망초 등의 꽃에 날아온다. 수컷은 오전에 물가에 앉아 물을 먹고 오후에 확 트인 공간의 바위나 사람 키 높이의 나무 위에서 세차게 텃세를 부린다. 암컷은 길가를 천천히 날다가 잎에 알을 하나씩 낳는다.

알 찐빵 모양이고, 너비는 1mm 정도이다. 젖빛이고 윤기가 흐른다. 기간은 5~6일이다.

애벌레 몸은 긴 원통 모양이다. 다른 팔랑나비들과 마찬가지로 실을 토해 잎을 길게 포개어 집을 만들어서 그 속에서 산다. 먹을 때에는 집에서 나와 다른 잎을 먹는다. 기간은 30일 정도이다. 1령애벌레의 머리는 검은색, 몸은 풀색이 감도는 흰색이다. 다 자라면 등에 옅은 노란색 줄무늬가 2개 생긴다. 또 머리가 흰색으로 바뀌고, 눈알 모양의 점무늬와 이를 둘러싼 검은 줄무늬가 생기는데, 개체에 따라 그 크기가 다르다. 다 자란 애벌레의 길이는 45mm 정도이다.

번데기 애벌레가 살던 주위의 풀에서 발견된다. 긴 자루 모양으로, 머리 위로 가늘고 긴 돌기가 있다. 색은 옅은 푸른색을 띠며, 배마디 등 양쪽에 옅은 노란색 줄무늬가 있다. 길이는 30mm 정도이다.

줄점팔랑나비

팔랑나비과 떠들썩팔랑나비아과 *Parnara guttata* (Bremer et Grey, 1853)

    이 속 *Parnara* Moore, 1881은 아프리카, 동양구, 오스트레일리아에 10여 종이 분포하고, 우리나라에는 1종이 있다. 이 나비는 제주도를 포함한 중부 이남에 분포하며, 나라 밖으로는 인도 북부에서 미얀마, 중국, 타이완, 일본에 분포한다. 한국산은 원명 아종으로 다룬다. 더듬이의 길이가 두드러지게 짧아 앞날개 길이의 1/2 정도이다. 암컷은 수컷보다 크고, 날개 너비가 더 넓다.

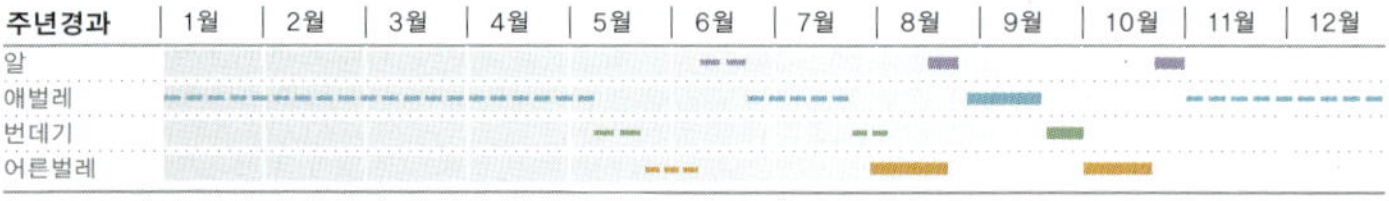

주년경과	1월	2월	3월	4월	5월	6월	7월	8월	9월	10월	11월	12월
알												
애벌레												
번데기												
어른벌레												

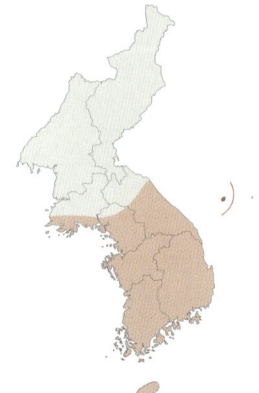

거미에 붙잡힌 어른벌레

알 낳기

갓 낳은 알 | 부화 전 알 | 1령애벌레 집
2령애벌레 | | 중령애벌레 집
종령애벌레 | | 번데기

주년 경과 한 해에 두세 번 나타나는데, 5월 말에서 11월 사이에 볼 수 있다. 애벌레로 겨울을 나는 것으로 보인다.

먹이식물 벼과(Gramineae) 참억새, 큰기름새, 강아지풀, 벼

어른벌레 마을 주변에 있는 풀밭, 논밭, 하천, 낮은 산지의 풀밭에서 산다. 5월에는 주로 제주도와 남부 지방에서 드물게 볼 수 있으며, 세대를 거듭해 북상하는 것으로 보인다. 다만 최저 기온이 높을 때에는 중부 지방 이북에서도 겨울을 난 1세대가 나타날 수 있으리라 본다. 가을에는 전국 어디에서든 매우 흔히 볼 수 있다. 엉겅퀴, 메밀, 산비장이, 산부추, 구절초 등 여러 꽃에서 꿀을 빤다. 수컷은 이따금 물가에 오고, 오후에 텃세 행동을 한다. 암컷은 낮게 날면서 먹이식물의 잎에 알을 하나씩 낳는다.

알 찐빵 모양으로, 윤기 나는 흰색인데, 깨나기 전에는 얼룩무늬가 보인다. 너비는 1mm, 높이는 0.6mm 정도이다.

애벌레 머리는 둥글다. 다 자란 애벌레의 바탕색은 옅은 밤색인데, 앞과 양 가장자리, 홑눈 주위는 검다. 몸은 옅은 풀색이고, 원통 모양이지만 조금 납작하여 바닥에 달라붙은 모양이다. 잎을 엮어 그 안에서 살아가는 모습은 다른 팔랑나비들의 경우와 거의 같다. 길이는 32mm 정도이다.

번데기 길이는 23mm 정도로, 머리에 돌기가 없는 원통 모양이다. 애벌레 집 속에서 볼 수 있다. 옅은 밤색인데 날개돋이가 가까우면 색이 검어진다. 집 속에는 흰 가루 같은 물질이 쌓여 있다.

한국 나비 연구사

우리 나비에 대한 과학적인 연구는 19세기 후반에 들어서 시작되었다. 이전에 우리 민족은 나비를 자연 과학의 대상으로 여기기보다 실생활과 정서적 입장에서 주로 바라보았다. 그중에는 몇 되지 않지만 나비의 생태를 과학적으로 묘사했던 글도 있었다. 『조선왕조실록』〈광해군 일기(광해군 9년, 1617년)〉의 '咸鏡道甲山附蝶成群自東北出來向南而如長蛇之形其多蔽天三日不止 北靑府白蝶成群自北出南向來海邊連二日蔽天而去 南兵使玄揖馳啓以聞'을 보면 흰나비(상제나비 또는 줄흰나비)들이 떼를 지어 나는 것을 나타냈는데, 아마 나비의 최초 생태 관찰 기록이라고 할 수 있다. 또 신작(申綽, 1760~1828년)은 날개를 접은 것은 나비(蝶)이고, 날개를 펼친 것은 나방(蛾)이라고 하여, 나비와 나방을 구별한 적도 있었다. 하지만 단편적인 기록일 뿐 과학적인 방법으로 기록했다고는 할 수 없다.

석주명(1908~1950년)은 1950년까지 우리나라 나비 연구 역사를 다섯 시기로 나눈 적이 있다. 즉 '학명으로 기록되기 이전의 시기(1881년까지)', '서양인이 기록한 시기(1882~1901년)', '주로 일본인이 기록한 시기(1905~1929년)', '국내외인이 기록한 시기(1929~1939년)', '정리의 시기(1940~1950년)'이다. 한편 김용식(2002년)은 연구사를 '종의 기록사'와 '전문 서적의 발간사', 이렇게 둘로 나누었다.

석주명이 한국 나비의 역사를 정리한 지도 어느덧 반세기가 지났고, 그동안 나비 연구자도 적지 않아서 이를 다시 정리하고 통합한 연구사를 새로 쓸 이유가 생겼다. 나비는 크고, 주간에 활동하여 다른 분류군에 비해 주목을 많이 받았다. 그래서 일찍 연구되고 종이 빨리 밝혀져서인지 국내의 대학에서 특별히 연구 대상으로 삼지 않았다. 게다가 나비 전문 학자가 거의 없어서 연구의 맥이 근근이 이어져 왔다. 하지만 최근 나비가 환경 변화를 알아낼 지표 동물로서뿐만 아니라 지방 자치 단체 이벤트 행사의 주제로 각광을 받으면서 다시금 나비를 대상으로 한 생태 연구가 늘어나고 있는 추세이다.

우리나라 나비를 처음 과학적으로 언급한 사람은 서양인들이었다. 1881년 영국의 엘위스(H. I. Elwes)가 런던 동물 학회지에 「아무르, 중국, 일본의 나비」라는 제목으로 우리나라 나비 몇 종을 소개한 것이 처음이었다. 하지만 소개한 종들이 실제로는 한국에서 채집되지 않아, 1882년 영국의 버틀러(A. G. Butler)가 우리 나비에 대해 처음 기록을 남졌다고 할 수 있다. 그는 『On Lepidoptera in Japan and Corea collected by Mr. Perry at Hakkodate, Yokohama, Kobe and Possiete bay (Korea)[Ann. Mag. Nat. Hist. 5(9): 13]』라는 책에서 17종의 나비(수풀꼬마팔랑나비, 수풀떠들썩팔랑나비, 기생나비, 줄흰나비, 범부전나비, 담흑부전나비, 산꼬마부전나비, 가락지나비, 굴뚝나비, 조흰뱀눈나비, 흰뱀눈나비, 뱀눈그늘나비, 알락그늘나비, 흰줄표범나비, 왕은점표범나비, 작은은점선표범나비, 큰표범나비)를 기록하였다.

그런데 이 기록에 있는 채집지인 '포제트 만(Possiete bay)'이라는 지명이 실제 우리나라에 있지 않아서 위의 기록을 우리나라 최초라고 하는 데에는 또 문제가 있다. 이후 1883년 버틀러는 「On Lepidoptera from Manchuria and Corea[Ann. Mag. Nat. Hist. 5(11): 108-117]라는 제목의 글을 발표하였다. 외국인이 기록해서 그런지 채집지의 표기가 모호하지만 내용으로 보아 원산, 인천, 부산 등의 항구일 것으로 추측한다. 이 나비 기록이 우리나라에서 최초라 할 수 있겠다.

다음으로 픽슨(C. Fixcen)과 리치(J. H. Leech)는 우리 나비의 대부분을 기록하였다. 픽슨은 독일 곤충학자 헤르츠(O. Herz)가 1884년 6월에서 8월 사이에 원산, 김화, 인천, 서울, 부산을 돌면서 채집한 채집품으로 93종의 나비를 보고하였다. 그는 우리 나비상이 만주의 부속이며, 중국 북부와 공통 종이 많고, 아시아 대륙 종과 혼합된 상태라고 설명하고 있다.

리치는 직접 중국, 일본, 한국을 돌며 곤충 채집을 했는데, 1986년 6월 초에 부산 영도에서 하룻동안, 원산으로 올라가 1개월간 채집을 하여, 1887년에 91종의 나비를 보고하였다. 이때의 채집품은 지금 영국의 대영 박물관(British Museum)에 보관되어 있다.

1906년 현 농촌 진흥청의 모체라 할 수 있는 권업모범장이 수원에 설립된 뒤, 일본인 학자들이 활동하기 시작하였다. 오카모토(岡本半次朗)는 이곳에서 근무하면서 1924년 제주도 나비 62종을 기록한 「제주도의 곤충상」을 발표했다. 한편 제주도 나비의 첫 기록은 1906년 이치가와(市河三喜)에 의해서였다.

당시 활동했던 일본인으로는 마루다(丸田助繼), 나카야마(中山昌之助, S. Nakayama), 도이(土居寬暢), 마츠무라(松村松年), 니레(仁禮景雄), 모리(森爲三) 등이었다. 석주명이 지적하였듯 이들은 엄밀한 의미에서 나비만을 전공한 연구자가 아니어서 그들의 업적에 오류도 적지 않았다. 이 당시 우리나라 나비의 기록과 직접 관계는 없었지만 학자들에게 영향을 많이 준 도감을 낸 사람은 자이츠(A. Seitz)였다.

한편 처음 나비를 기록한 우리나라 사람은 조복성(1905~1971년)이었다. 그는 1929년 「울릉도산 인시류」라는 짧은 논문에서 울릉도 나비 16종을 기록하였다. 이후 석주명이 1933년 「개성지방의 접류」를 발표하면서 여러 논문이 나오게 된다. 해방 전까지 우리 나비를 전문적으로 다룬 학자는 도이(土居寬暢)와 스기타니(杉谷岩彦) 등이었다. 이때 일본에서는 나비 회지인 『Zephyrus』가 발간되어 석주명은 물론 일본 학자들의 연구의 장이 되었다.

우리 나비 연구에 중요한 두 자료가 이 시기에 나왔다. 그 중 하나는 1934년에 발간된 모리, 도이, 조복성 공저의 『조선나비도감』이다. 우리 역사상 첫 도감으로, 직접 나비를 그린 도판이 매우 인상적이다. 여기에 조복성이 저자로서 한 축을 맡았던 것은 매우 자랑스러운 일이다. 이어 1939년에는 석주명이 『Synonymic list of butterflies of Korea』를 출판하여 당시까지 혼란스러웠던 나비의 동종 이명을 정리하였다. 그의 노력으로 한국산 나비는 모두 255종으로 정리되었다.

해방 후 1950년까지는 석주명의 연구 업적이 주로 많았는데, 가장 특기할 만한 것은 1947년 「조선 나비 이름의 유래」에서 나비에 우리 이름을 처음 붙인 것이었다. 또 한국 나비의 총목록을 다시 정리하여 발표하였다. 이때 1946년 독일 학자인 브릭(F. Bryk)의 기록도 있다.

1950년 석주명이 죽은 이후 국내 연구자의 맥이 끊어져 특별히 나비 연구가 이어지지 못한 채 시간이 흐르게 되었다. 일제 강점기에 연구되었던 자료에 의존한 보고서들이 대부분이었다. 예를 들면 1959년 조복성의 『한국동물도감(1) 나비류』는 1934년에 출간되었던 도감과 같은 것으로, 우리말로 바꾼 것이다. 1956년 김헌규, 미승우의 「한국산 나비 총목록」이 나왔고, 1959년 김헌규, 신유항의 「광릉의 접상」은 나비 연구를 정량화한 첫 자료로서 의의가 크다.

1969년 제주도의 나비를 정리한 박세욱은 한 해 전인 1968년에 일본인 학자와 공저로 제주산 나비의 아종에 새로이 이름을 붙인 분류 업적을 이루었다. 이후에도 여러 학술 조사에서 여러 연구자들이 곤충상 조사의 일부로 나비를 조사하였다. 그러나 이때 나온 대부분의 보고서는 나비를 연구했던 학자가 적어서인지 신뢰도가 떨어진다.

1976년 김창환은 나비가 소장된 대학이나 연구 기관에서 직접 표본을 확인하여 『나비분포도감』을 출간하였다. 이 책은 몇몇 군데를 제외하고는 비교적 오류가 적다. 또 1970년에 나온 석주명의 유고인 『한국접류분포도』와 비교하여 변화된 나비상을 알 수 있다. 이 시기에 신유항(1970~1975년)은 금강산귤빛부전나비, 붉은점모시나비, 애호랑나비, 꼬리명주나비 등의 생활사를 조사한 본격 생태 논문을 내놓았다.

1982년 이승모는 『한국 접지』를 발간하였다. 이 책은 『복각 조선나비도감』(1934년 발행된 『조선나비도감』을 복각한 도서이다)의 부록에서 이노마타(猪又 敏男)가 한국 나비에 대한 해설을 달아 놓은 분류식에 영향을 받은, 현대 분류학적 입장에서 쓴 나비 분류 도감이었다. 이승모는 이 밖에도 몇몇 나비 분류 논문을 냈다.

1984년 한국나비학회가 발족하면서 나비 연구가 생활사 중심의 생태 연구로 변하였다. 학회지를 통해 번개오색나비, 은판나비, 유리창나비 등 외국 자료에 없던 우리 나비의 생태가 점차 밝혀졌고, 나비 연구가가 늘어나면서 국내외 정보가 축적되기 시작하였다. 그 결과, 이후 여러 나비 도감이 나오는 계기가 마련되어 일반인들도 쉽게 나비에 대한 지식을 얻을 수 있게 되었다.

1987년 북한의 임홍안, 주동률의 『조선나비원색도감』, 1989년 신유항의 『한국나비도감』, 1997년 주흥재, 김성수, 손정달의 『한국의 나비』, 1997년 박규택, 김성수의 『한국의 나비』, 2002년 주흥재, 김성수의 『제주의 나비』, 2002년 김용식의 『원색도감 한국의 나비』 등 일반인에게도 친숙한 도감이 나오면서 나비의 대중화 시대가 열리게 되었다. 더불어 인터넷 공간에서의 정보 교류가 과거와는 다른 양상으로 발전하고 더욱 활발해지고 있다.

우리 나비의 연구사를 시대별로 나누는 데에는 어떤 특별성을 찾아내기 어렵지만 연구자들과 그들의 업적을 가지고 비교할 때 크게 다음의 4시기로 나눌 수 있겠다.

1. 서양인이 기록한 시기(1882~1901년)
2. 석주명과 일본 학자가 기록한 시기(1910~1950년)
3. 새로운 준비기(1959~1980년)
4. 정리와 대중화의 시기(1982년~현재)

한국 나비의 생태적 특성

곤충은 지구 위 동물의 3/4을 차지하는데, 그 중에서 20만여 종이 나비와 나방이며, 이중 나비가 2만여 종에 이른다. 나비의 각 종은 지구의 거의 모든 육지 환경에서 살아가며, 위도와 경도는 물론 기후와 온도, 지형, 식생 등에 따라 서로 다른 생태적 특성을 보인다. 우리나라는 지형이 남북으로 길고 산지가 많으며, 사계절이 뚜렷하고, 강수량이 많아 국토가 넓지 않음에도 불구하고, 나비상이 다양하다. 지금까지 남북한을 통틀어 나비 268종이 기록되어 있으며, 동남아시아 일대나 일본 남부, 중국 남부, 타이완 등지에서 날아오는 미접을 포함하여 남한에만 5과, 109속, 216종이 기록되어 있다.

우리나라는 동물 분포학적으로 구북구 만주아구에 속해서 한랭적 기후 요소가 지배하고 있다. 또한 삼면이 바다로 둘러싸여 있어서 바다를 건너야 하기 때문에 나비의 이동이 쉽지 않아 대륙적인 종 분포 요소가 강하다. 다만 제주도는 위도가 낮고 섬이어서 우리나라의 그 어느 지역보다 남방계 나비의 비율이 높은 편이다.

1. 한국산 나비의 서식지와 기후에 따른 분류

나비는 애벌레 시기에 대부분 식물을 먹고 사는데, 종마다 특정 식물만 먹는 경우가 많다. 그래서 어느 나비가 있으면 반드시 특정 식물이 있다고 할 수 있다. 반면 특정 식물이 있다고 해서 반드시 특정 나비가 서식한다고 할 수는 없다. 이것은 먹이식물(food plant)뿐 아니라 생태 환경적 요소가 나비의 서식 환경에 큰 영향을 준다는 것을 입증한다. 나비의 생존에 영향을 주는 생태 환경적 요소를 큰 카테고리로 나누어 보면 초지성과 산림성이 있다. 요즈음 초지성 나비가 급격히 감소하고 있는데, 이는 자연림의 증가와 개발로 풀밭 환경이 줄어들면서 생기는 자연스러운 생태 현상이다. 나비가 서식지 변화에 큰 영향을 받는다는 뜻이다. 현재 남한에 서식하는 나비 중, 미접을 뺀 190여 종을 초지성과 산림성으로 나누면 그 비율이 1 : 2.4 정도로 산림성이 더 많다(표1).

나비는 기후, 온도, 습도, 위도 등의 요인에 따라서도 생존이 결정된다. 우리나라처럼 온대 기후대인 경우 추운 겨울을 견딜 수 있는 종의 비율이 압도적이다. 특별히 남한에서 극한적 기후대인 아한대 기후에서는 구북구 북부에 뿌리를 두는 한랭성 종들이 산다. 이와 같은 곳을 꼽는다면 제주도 한라산 고지대와 강원도 산지이다. 반면 난대와 아열대 기후대에 적응한 나비는 많지 않다. 이는 삼면이 바다라는 지정학적인 면에서 보더라도 나비가 남쪽에서 이입될 여지가 그만큼 적기 때문이다. 물론 왕나비(Parantica sita)처럼 이동 능력이 뛰어난 나비가 우리나라로 들어와 살 여지가 있다. 하지만 아직 이들은 영하의 겨울을 견뎌 내기 어렵다. 과거 문헌들을 조사해 보면, 왕나비가 제주도에 서식하는 것으로 되어 있으나 실제는 그렇지 못할 것으로 추정된다. 아열대계인 왕나비는 연중 생활사를 거쳐야 하는데, 제주도에서도 1월 가장 추운 때에는 기온이 영하로 내려가기도 해서 먹이식물이 자랄 수 없기 때문이다. 왕나비가 여름에 많이 발견되는 이유는 무엇보다도 비상 능력이 커서 쉽게 이동하는 까닭이다. 즉 왕나비는 해마다 일본 오키나와 등 아열대 지역에서 날아와 여름에 한반도에서 서식할 수 있지만 겨울이 오면 사멸하고 만다(宮武·福田·金澤, 2003).

결국 우리나라에는 산림적 요소와 한랭한 기후에 적응한 나비가 주류를 이루고 있다고 할 수 있다(표2).

표1. 기후대와 식생에 따른 나비의 생태적 특성(남한에 서식하는 나비를 대상으로 함)

기후대/식생	초지성		산림성	
	나지	풀밭	숲 가장자리	숲
아한대	산굴뚝나비, 가락지나비 등 8종	산부전나비, 귀신부전나비 등 28종	왕줄나비 등 67종	홍줄나비 등 35종
온대		조흰뱀눈나비 등 12종		먹그늘나비 등 26종
난대		부처나비 등 5종	먹그림나비 등 6종	
아열대		암끝검은표범나비 등 3종		
계	8	48	73	61

표2. 한반도 나비를 한지성과 난지성의 특징으로 분류한 종 수

과명 / 적응한 기후	추운 기후에 적응한 종 수	따뜻한 기후에 적응한 종 수
호랑나비과	애호랑나비, 모시나비 등 10종	청띠제비나비 등 5종
흰나비과	기생나비 등 17종	연노랑흰나비 등 4종
부전나비과	선녀부전나비 등 67종	바둑돌부전나비 등 7종
네발나비과	뿔나비 등 108종	왕나비 등 17종
팔랑나비과	왕팔랑나비 등 29종	푸른큰수리팔랑나비 등 4종
계	231종	37종

2. 연 발생 횟수에 따른 한국산 나비의 생태적 특성

앞에서 살펴보았듯이 한국산 나비는 한랭한 기후와 산림에 적응하는 종류가 많은데데, 이는 우리나라가 동물 분포학적으로 구북구에 속하기 때문이다. 대부분의 나비가 한 해에 한 번만 발생하지만 한랭한 기후에 적응한 나비는 한 해에 한 번, 혹은 두 번 나타나는 일도 많다. 그리고 두 번 이상 발생하는 나비는 계절형이 나타나기 마련이다. 각각 봄과 여름에 나타나는 종들은 봄형과 여름형의 생김새가 다르고, 마찬가지로 여름과 가을에 나타나는 종들은 여름형과 가을형의 생김새가 다르다. 앞의 경우는 호랑나비와 제비나비 등을 들 수 있는데, 이들의 봄형은 크기가 작고 날개 색이 옅은데 비해 여름형은 크고 날개 색이 짙다. 한편 거꾸로여덟팔나비처럼 봄형과 여름형에 따라 날개 색이 두드러지게 달라지는 경우도 있다. 뒤의 경우는 여름형과 가을형에 따라 날개 생김새가 달라지기도 하는데, 네발나비와 산네발나비가 그 예가 된다. 이처럼 계절형이 생기는 이유는 애벌레 시기에 먹는 먹이식물의 양과 성분이 계절에 따라 미세한 차이가 있기 때문으로, 이것은 우리 나비의 중요한 특성 중 하나이다.

나비는 계절형에 따라 변하면서 체온 조절과 방위 전략이라는 두 가지 잇점을 가질 수 있다. 대만흰나비 봄형은 날개 아랫면에 검은 비늘가루가 많은데 이는 봄에 체온을 높이기 위한 수단으로 보인다. 즉 검은색 비늘가루가 햇볕의 열을 받아 날개맥을 통해 몸의 중심부로 열을 이동시켜 에너지로 쓴다. 또한 거꾸로여덟팔나비의 날개 색이 계절에 따라 달라지는 것은 의태를 활용한 방위 전략이라고 해석할 수 있다. 특히 네발나비의 가을형은 여름형과 달리 날개의 모습이 퇴색하여 낙엽처럼 보여서 천적으로부터 몸을 보호할 수 있다. 이처럼 온대 기후에 적응한 우리 나비는 계절에 따라 적응력을 높이기 위해 변화가 심하다.

한편 아열대 기후에 적응하는 무리는 생활사를 1년에도 여러 번 거듭한다. 1년에 발생하는 횟수를 '화성(voltinism)'이라고 하는데, 이 경우 기온 변화가 크지 않아서 생김새의 차이도 그다지 크지는 않다. 다만 온대 기후대에 적응한 나비라도 일시적으로 기온이 올라가면 다화성으로 바뀌기도 하는데, 왕자팔랑나비처럼 중부 이북 지방에 사는 개체군은 대부분 2화성이나 남부 일부와 제주도에 사는 개체군은 다화성을 보인다. 이

것은 적응력에 따른 일시적인 현상으로, 이런 특징이 있다고 해서 왕자팔랑나비를 아열대 나비의 범주에 넣지는 않는다. 왕자팔랑나비는 세계 분포에서 보면 분명 온대 지역 나비이다. 하지만 앞으로 기온 변화에 따라 한반도의 기후가 올라가면 왕자팔랑나비의 생태적 특성이 달라져 얼마든지 새로운 적응 현상이 나타날 수도 있다. 이는 유전적 요인에 따라서도 충분히 결정될 수 있을 것이다.

결국 한 해에 한 번 나타나는 1화성 나비는 한랭 기후에 적응한 무리가 많으며, 우리 나비의 약 63%에 이른다(표3).

표3. 남한산 나비의 연 발생 횟수에 따른 종 수

과명 / 연 발생 횟수	1화성	2, 3화성	다화성
호랑나비과	3종	7종	2종
흰나비과	4종	5종	5종
부전나비과	41종	3종	12종
네발나비과	61종	28종	2종
팔랑나비과	17종	8종	1종
계	126종	51종	22종

3. 한국산 나비의 겨울나기 형태에 따른 분류

우리 나비는 겨울이라는 극한적 시련을 견뎌야 한다. 아열대나 열대 지역에서는 건기와 우기의 차이가 있어서 이 지역에 사는 나비도 나름의 휴면 전략이 있다. 휴면은 발육과 활동에 맞지 않는 시기를 피하려는 생리 상태를 말한다. 즉 우리 나비는 겨울의 낮은 기온을 견뎌야 하는 게 큰 시련이며, 이를 극복하는 과정에서 중요한 특성을 보인다. 나비가 추운 겨울을 넘기기 위해서는 몸에 있는 수분 양을 최대한 줄이고, 몸속에 내한성(cold-hardiness) 단백질과 부동액을 생산하여 극한적 환경을 극복해야 한다 (Troyer et al., 1996). 특히 이 시기에는 온도가 낮고, 낮 길이가 짧기 때문에 휴면이 필요하며 이는 나비의 내분비계를 통해 조절된다.

남한에 사는 나비는 애벌레로 겨울을 나는 비율이 가장 높고, 다음으로 번데기와 알 순으로 겨울나기를 한다. 한편 어른벌레 상태로 겨울을 나는 비율은 가장 낮다. 이런 겨울나기 형태에 대한 각 종의 전략에 대해 아직 밝혀진 것이 없으며, 제대로 된 연구가 이루어지지 않고 있다. 현재 남한 나비 중 16종은 어떻게 겨울을 나는지 그 실태가 전혀 밝혀지지 않았다(표4).

표4. 나비의 과별 겨울나기 형태에 따른 비교

과 / 겨울나기 형태	알	애벌레	번데기	어른벌레	미확인
호랑나비과	2		10		
흰나비과		1	9	4	
부전나비과	30	7	8	3	8
네발나비과		66	7	11	7
팔랑나비과		24	1		1
계	32	98	35	18	16

4. 한국산 나비의 생활사 특성에 따른 분류

나비들이 살아남기 위해서는 자신을 둘러싼 생태 환경에 잘 적응해야 한다. 어른벌레일 때와 애벌레일 때의 차이가 있지만 나름 알맞은 먹이원 탐색, 생활 환경 적응, 원활한 짝짓기 등의 생명 활동을 잘 유지해야 한다. 나비는 완전 탈바꿈을 하는 곤충이므로 움직임이 적은 알과 번데기 상태일 때보다 상대적으로 움직임이 많은 애벌레와 어른벌레일 때의 생활이 매우 중요하다. 다만 애벌레가 주로 성장을 하는 기간이라면 어른벌레는 생식을 주목적으로 하는 기간이다. 따라서 나비가 천적을 속이고 최대한 빨리 자라서 다음 세대로 유전자를 안전하게 이동시키는 것은 종족 보존에 중요한 관건이 된다.

우리 나비의 애벌레가 어떤 먹이식물을 먹는가는 최근까지 연구되고 있다(주·김·손, 1997 등). 하지만 아직 밝혀지지 않은 종들이 있어서 나비의 다양한 식성을 다 파악했다고 할 수는 없다.

현재 세계의 나비가 2만여 종이고, 속씨식물이 20만여 종이라고 알려져 있으나 이들 중 나비가 먹이원으로 삼는 식물은 그리 많지 않다. 바둑돌부전나비의 애벌레처럼 완전 육식성으로 조릿대나 이대에 사는 일본납작진딧물을 잡아먹고 살거나 민무늬귤빛부전나비와 담흑부전나비 애벌레처럼 일부 시기에만 육식을 하는 종류도 있긴 하지만, 대부분은 식물을 먹고 산다. 그리고 보통은 한 과, 속이나 한 종의 식물을 먹이식물로 하고 있다. 표 5는 남한에 사는 나비를 먹이식물에 따라 나눈 것이며, 이를 보면 전체의 2/3가 쌍떡잎식물을 먹는다. 먹이식물의 범위 또한 협식성(oligophagy)이거나 단식성(monophagy)인 경우가 대부분이다.

표5. 한국산 나비의 먹이식물에 따른 종 수 비교

먹이식물 / 과		호랑나비과	흰나비과	부전나비과	네발나비과	팔랑나비과	계
쌍떡잎식물	쥐방울덩굴과	3					3
	현호색과	1					1
	돌나물과	1		2			3
	운향과	5		1		1	7
	산형과	1					1
	녹나무과	1					1
	콩과		5	8	3	1	17
	갈매나무과		2	2			4
	십자화과		6				6
	장미과		1	11	5	2	19
	참나무과			17	2	1	20
	물푸레나무과			3			3
	가래나무과			1			1
	버드나무과			1			1
	자작나무과				1		1
	마디풀과			2			2
	괭이밥과			1			1
	쐐기풀과			1	4		5
	느릅나무과				11		11
	질경이과				1		1
	국화과				3		3
	마타리과				1		1
	산토끼과				1		1

먹이식물 / 과		호랑나비과	흰나비과	부전나비과	네발나비과	팔랑나비과	계
쌍떡잎 식물	제비꽃과				14		14
	인동과				6		6
	소나무과				1		1
	단풍나무과				1		1
	뽕나무과				2		2
	나도밤나무과				1	1	2
	박주가리과				1		1
	오갈피나무과					1	1
	마과					1	1
외떡잎 식물	백합과				1		1
	화본과, 사초과				22	17	39
육식성				3			3
미확인			3	4	1		8

다음은 어른벌레의 생태적 특성을 살펴보자. 어른벌레는 번데기에서 날개돋이하여 약 10일에서 6개월간 산다. 이 가운데 수컷은 먹이원을 찾아다니거나, 자신의 유전자를 남기기 위해 암컷을 찾는 데 대부분의 시간을 쓴다(표6). 어른벌레 기간에는 대부분 꿀을 먹이로 이용하나 나뭇진, 썩은 과일, 동물의 배설물 등을 먹기도 한다. 이 중 꿀을 먹이원으로 삼았던 역사가 가장 긴데, 나비가 꽃을 찾기 시작한 것은 속씨식물이 지구상에 나타나기 시작한 중생대 백악기로 추정된다. 이때는 풍매화가 대부분이었다가 차츰 충매화로 발전하면서 곤충의 분화가 이루어져 나비가 나타나게 되었을 것이다. 나비가 꽃을 찾는 것은 기본적으로 꿀(nectar)을 섭취하기 위해서이지만 동시에 꽃가루를 옮겨 주는 매개자 역할도 하고 있다. 다시 말하면 충매화는 꽃가루를 매개해 주는 나비에게 그 대가로 꿀을 제공하게 되는 것이다. 이것은 오랜 기간 이어진 공진화의 결과이다. 나비의 방화 행동(flower-visiting behavior)과 꽃가루 매개의 관계를 밝히려는 연구가 많다. 한 나비가 꽃을 찾아가는 데에는 꽃의 색과 길이, 꿀의 양과 성분 조성, 입의 길이와 꽃잎에서 꿀샘까지의 길이 관계, 나비의 시각 정보 등 여러 필수 조건들이 작용하게 된다.

이 밖에 나비가 나뭇진이나 과일의 즙을 먹는 것은 꿀을 섭취하는 것과 마찬가지의 행위로 해석된다. 겨울을 난 나비가 꽃이 거의 없는 이른 봄에 꿀대신 나뭇진이나 과일의 즙을 섭취하거나, 네발나비과 나비들이 한여름에서 가을까지 나뭇진이나 과일의 즙에서 영양분을 섭취한다. 발효된 나뭇진이나 과일은 과당, 에탄올, 유산, 글리세린, 아미노산 등의 성분을 포함하고 있으며, 꿀과 비교하면 당 성분이 뚜렷하게 낮다. 이를 미생물에 의해 발효가 진행되면서 생겨난 결과로 보고 있다. 어쨌든 나비가 꽃에서 꿀을 먹다가 차츰 이차적인 먹잇감을 얻어 가면서 진화한 것은 분명해 보인다.

나비가 영양분을 얻는 과정 중에는 수컷들이 물을 마시는 독특한 행동이 있다. 몸속에 물을 채우려는 뜻도 있지만 때로는 많은 수컷들이 한 장소에 모여 장시간 물을 마시기도 한다. 이때 수컷들이 물을 직접 마신다기보다는 물속에 녹아 있는 미네랄을 섭취하는 행동으로 볼 수 있다. 물을 마시면서 미네랄이 없는 물은 계속 내보내는 모습을 관찰할 수 있기 때문이다.

한국산 나비가 먹이를 얻는 습성은 다음과 같다. 호랑나비과와 흰나비과는 모두 꿀을 얻는다. 또한 바둑돌부전나비를 제외하고는 부전나비과 모두 꿀을 얻는다. 바둑돌부전나비는 일본납작진딧물에서 나오는 단물을 빨아 먹는다. 네발나비과는 꿀을 이용하는 비율이 가장 낮고, 팔랑나비과에서는 큰수리팔랑나비를 제외하고는 대부분 꿀을 얻는 특성을 나타낸다(표6).

표6. 한국산 나비의 어른벌레일 때의 먹이원(물 섭취는 제외)

과명 / 먹이원	흡밀성	흡즙성	기타(진딧물의 분비물 등)	미확인
호랑나비과	12종			
흰나비과	14종			
부전나비과	53종		1종	2종
네발나비과	70종	26종		
팔랑나비과	25종	1종		

수컷은 먹이를 충분히 먹고 몸속 정자가 성숙하면 날씨가 맑은 날 한곳을 차지하는 특성을 나타낸다. 이는 암컷을 차지하기 위해 좋은 자리를 선점하려는 수컷 고유의 행동 특성인데, 이를 텃세 행동이라고 한다. 종마다 수컷이 정지하는 위치가 다르고 지형을 고르는 특성이 달라진다(표7). 산호랑나비와 큰멋쟁이나비의 수컷은 반드시 산꼭

대기에서 텃세 행동을 하고, 바위나 나무가 별로 없는 터에 자리한다. 작은주홍부전나비 수컷은 평지의 풀 위에서, 청띠신선나비 수컷은 해 질 무렵 평탄지나 계곡의 바위 위에서 텃세 행동을 세차게 한다. 이에 비하면 녹색부전나비류의 수컷은 한낮에 10여 m 되는 교목 위에서 텃세 행동을 한다. 한편 청띠제비나비와 산제비나비 등의 수컷은 숲 가장자리를 계속 날면서 암컷을 찾으며, 한자리를 차지하려는 습성은 없다. 이렇게 다양한 수컷들의 습성에 각각 어떠한 장점이 있는지는 정확하게 알려지지 않았다. 다만 이런 수컷의 행동이 곧바로 짝짓기로 이어지기 때문에 나비의 생태적 특징 중 하나로 고찰하는 것은 의미가 있다.

표7. 텃세 행동 중 수컷의 정지 위치와 지형에 따른 분류

지형 / 정지 위치	나지	풀 위	관목	교목	거의 정지하지 않는다.
산꼭대기	산호랑나비, 작은멋쟁이나비, 큰멋쟁이나비	산호랑나비, 애호랑나비	먹그림나비	큰녹색부전나비, 왕오색나비, 굵은줄나비	청띠제비나비, 산제비나비, 푸른큰수리팔랑나비
평지	산호랑나비, 공작나비, 청띠신선나비	작은주홍부전나비, 꽃팔랑나비	왕자팔랑나비	흑백알락나비, 오색나비	금강산녹색부전나비, 왕팔랑나비
계곡	청띠신선나비, 뿔나비	먹그늘나비	범부전나비, 쇳빛부전나비	북방녹색부전나비	

이 밖에 짝짓기 과정의 특성도 종마다 독특하다. 일반적으로 수컷과 암컷이 만나 짝짓기가 이루어지면 한동안 풀이나 나뭇잎에 앉으며, 배 끝에 있는 생식기가 결합하여 수컷의 정자가 암컷에게 전달된다. 이때 갑자기 위협을 느끼면 서둘러 날아가는데, 이때 한쪽 성이 다른 쪽 성을 매단 채 날아간다. 이런 짝짓기 중의 비상은 종마다 가장 안전한 방식으로 이루어지기 마련인데, 이에는 일련의 형식이 있다. 대개 암컷이 주도권을 쥐고 수컷을 매단 채 날아가는 비율이 높다. 다만 이런 행동 특성이 어떤 생태적 장점을 갖는지에 대해서는 자세히 연구된 적이 아직 없다.

5. 나비를 활용한 생태(환경) 평가 방법

나비는 낮에 적응한 동물로, 비교적 큰 곤충에 속한다. 이것이 나비가 많이 날아다니면 생태 환경이 균형 잡힌 곳이라고 어느 정도 판단할 수 있는 이유이다. 요즈음 인간 활동 영역이 넓어지면서 생태 환경이 잘 보존되어 있는지가 관심거리가 되고 있다. 환경의 특성을 무시하고 인간 위주로 개발하면서 점차 사람들은 자연환경이 잘 보존되어 있으면서도 쾌적한 인공물 속에서 살고 싶어 한다. 이에 비교적 눈에 잘 띄고, 낮에 활동하면서 쉽게 종을 구분할 수 있는 나비를 활용한 생태(환경) 평가 방법이 주목받게 되었다.

나비는 어른벌레 기간에는 꽃꿀이나 나뭇진, 축축한 길바닥 등에 모이지만 애벌레 기간에는 대부분 식물의 잎에 붙어 있다. 따라서 어른벌레도 애벌레가 살 만한 식물이 많은 곳 가까이에서 활동하기 마련이라, 식물이 다양한 곳에서는 그만큼 많은 나비를 볼 수 있게 된다. 하지만 식물이 있다고 해서 반드시 나비가 있다고 할 수는 없다. 그래서 위도와 서식지의 유형 등 생태적 요소로 나비의 서식 환경을 판별할 필요가 있다. 이를 바탕으로 어느 지역에 어떤 나비가 어느 정도의 빈도로 나타나는지를 따져 그 지역 자연환경의 한 면을 살펴볼 수 있다. 예를 들면 꼬리명주나비가 많으면 습한 풀밭 또는 강변일 경우가 많고, 산제비나비가 많으면 산지의 숲일 경우가 많다. 또한 가락지나비나 산굴뚝나비가 보이면 남한에서는 한라산 1400m 이상의 건조한 풀밭일 것으로 추측할 수 있다.

나비를 활용한 생태 평가는 일반적으로 모니터링한 결과에 따르며, Pollard 등(1986)의 방법으로 30보/분의 속도로 걸어가면서 조사자를 중심으로 좌우 10m 너비 이내에 들어오는 나비 종을 기록하는 단순한 방법이다. 맨눈으로 보아 종 동정이 어려울 경우에는 포충망으로 채집하여 확인한 뒤 풀어 준다. 다만 조사자의 능력, 날씨, 조사 시간, 분석 방법 등 여러 변수가 있어 이에 대해 알맞은 대비를 해야 한다. 다음 표 8, 9, 10은 국립산림과학원의 권태성 박사와 함께 만든 것이다.

표8. 나비를 활용한 생태 평가 항목

항목	세부 항목	내용	참고 문헌
세계 분포형1	O	동양구계	주·김·손, 1997
	P	구북구계	주·김·손, 1997
세계 분포형2	A	구북구 광역계	주·김·손, 1997
	B	한국 우수리계	주·김·손, 1997
	C	서부 중국계	주·김·손, 1997
	D	광역 분포 열대계	주·김·손, 1997
	E	인도차이나계	주·김·손, 1997
분포 한계	N	한반도가 남방 한계에 해당	
	W	세계에 넓게 분포	
	S	한반도가 북방 한계에 해당	
서식지	FI	애벌레의 서식지가 숲 속	
	FE	애벌레의 서식지가 숲 가장자리	
	G	애벌레의 서식지가 초지	
출현 빈도		채집지(관찰지) 수	박·김, 1997의 자료에서 추출
서식지 범위1		애벌레 서식지 수	
서식지 범위2	steno	서식지 수가 1~2	
	wide	서식지 수가 3 이상	
먹이식물	초본	애벌레의 먹이식물이 초본	
	관목	애벌레의 먹이식물이 관목	
	교목	애벌레의 먹이식물이 교목	
먹이 범위	M	애벌레의 먹이식물이 한 속에 속함	
	O	애벌레의 먹이식물이 한 과에 속함	
	P	애벌레의 먹이식물이 두 과 이상	
세대수	m	세대수가 1	
	p	세대수가 2 이상	
겨울나기 형태	알	알로 겨울나기	
	애벌레	애벌레로 겨울나기	
	번데기	번데기로 겨울나기	
	어른벌레	어른벌레로 겨울나기	

표9. 나비를 활용한 생태 평가 항목

종류 / 유형	세계 분포형1	세계 분포형2	분포 한계	서식지	출현 빈도	서식지 범위1	서식지 범위2	먹이 식물	먹이 범위	세대수	겨울나기 형태
가락지나비	P	A	N	GL	1	1	steno	초본	O	m	애벌레?
각시멧노랑나비	P	B	W	FI	26	3	wide	관목	M	m	어른벌레
갈구리나비	P	C	W	FE	34	1	steno	초본	O	m	번데기
갈구리신선나비	P	A	N	FI	6	2	steno	교목	O	m	어른벌레
개마별박이세줄나비	P	C	N	FE		1	steno	관목	M	m	애벌레
거꾸로여덟팔나비	P	B	N	FE	35	2	steno	초본	O	p	번데기
검은테떠들썩팔랑나비	P	B	N	GL	20	3	wide	초본	O	m	애벌레
검정녹색부전나비	P	B	N	FI	6	2	steno	교목	M	m	알
고운점박이푸른부전나비	P	A	N	GL	17	3	wide	초본	M	m	애벌레?
공작나비	P	A	N	FE	2	2	steno	초본	O?		어른벌레
구름표범나비	P	B	N	FE	22	2	steno	초본	M	m	애벌레
굴뚝나비	P	A	W	GL	68	7	wide	초본	O	m	애벌레
굵은줄나비	P	A	N	FE	19	1	steno	관목	M	p	애벌레
귤빛부전나비	P	B	W	FI	26	2	steno	교목	M	m	알
극남노랑나비	O	E	S	GL	40	5	wide	초본	O	p	어른벌레
극남부전나비	O	D	S	GL	11	2	steno	초본	O	p	애벌레
금강산귤빛부전나비	P	B	N	FI	17	2	steno	교목	M	m	알
금강산녹색부전나비	P	B	N	FI	12	2	steno	교목	M	m	알
금빛어리표범나비	P	A	N	GL	8	1	steno	초본	P	m	애벌레
기생나비	P	B	N	GL	27	6	wide	초본	M	m	번데기
긴꼬리부전나비	P	B	N	FI	4	2	steno	교목	M	m	알
긴꼬리제비나비	P	C	S	FE	54	2	steno	관목	O	p	번데기
긴은점표범나비	P	A	W	GL	25	3	wide	초본	M	m	알, 애벌레
깊은산녹색부전나비	P	B	N	FI	9	2	steno	교목	M	m	알
깊은산부전나비	P	B	N	FI	9	2	steno	교목	M	m	알
까마귀부전나비	P	A	N	FE	10	3	wide	관목	P?	m	알
꼬리명주나비	P	B	W	GL	38	6	wide	초본	O	m	번데기
꼬마까마귀부전나비	P	B	N	FE	14	2	steno	관목	M	m	알
꼬마흰점팔랑나비	P	B	N	GL	16	5	wide	초본	M	m	번데기?
꽃팔랑나비	P	B	N	GL	11	2	steno	초본	O	m	알?
남방노랑나비	O	D	S	GL	36	9	wide	초본	O	m	어른벌레
남방녹색부전나비	P	C	S	FI	2	2	steno	관목	M	m	알
남방부전나비	O	E	S	GL	50	8	wide	초본	M	p	애벌레
남방제비나비	P	C	S	FE	15	5	wide	관목	O	p	번데기
남색물결부전나비	O	D	S	GL		9	wide	초본	O?	p?	
넓은띠녹색부전나비	P	B	N	FI	8	2	steno	교목	M	m	알
네발나비	P	C	W	GL	79	8	wide	초본	M	m	어른벌레
노랑나비	P	C	W	GL	57	8	wide	초본	O	p	번데기
높은산세줄나비	P	B	N	FI	12	2	steno	교목	M	m	애벌레

종류 / 유형	세계 분포형1	세계 분포형2	분포 한계	서식지	출현 빈도	서식지 범위1	서식지 범위2	먹이 식물	먹이 범위	세대수	겨울나기 형태
눈많은그늘나비	P	A	W	FE	25	2	steno	초본	O	m	애벌레
담색긴꼬리부전나비	P	B	N	FI	16	2	steno	교목	M	m	알
담색어리표범나비	P	A	N	GL	15	2	steno	초본	O?	m	애벌레
담흑부전나비	P	B	W	FE	31	3	wide	교목	O	m	애벌레
대만흰나비	P	C	W	FE	54	2	steno	초본	O	p	번데기
대왕나비	P	C	W	FI	26	2	steno	교목	O	m	애벌레
대왕팔랑나비	P	B	N	FI	23	2	steno	교목	M	m	애벌레
도시처녀나비	P	A	W	GL	23	2	steno	초본	O	m	애벌레
독수리팔랑나비	P	B	N	FI	5	2	steno	교목	O	m	애벌레
돈무늬팔랑나비	P	A	W	GL	29	7	wide	초본	O	p	애벌레?
두줄나비	P	A	N	FE	19	2	steno	관목	M	p	애벌레
들신선나비	P	C	N	FE	14	2	steno	교목	P	m	어른벌레
먹그늘나비	P	C	W	FI	28	2	steno	초본	O	m	애벌레
먹그늘나비붙이	P	B	W	FI	21	2	steno	초본	O	m	애벌레
먹그림나비	O	E	S	FI	17	2	steno	교목	M	m	번데기
먹부전나비	P	B	W	GL	34	9	wide	초본	O	m	애벌레
멧노랑나비	P	A	W	FE	27	2	steno	관목	M	m	어른벌레
멧팔랑나비	P	B	W	FE	26	4	wide	교목	M	m	애벌레
모시나비	P	B	W	GL	34	5	wide	초본	M	m	알
물결나비	P	B	W	GL	49	3	wide	초본	O	p	애벌레
물결부전나비	O	D	S	GL		8	wide	교목	O	p	애벌레
물빛긴꼬리부전나비	P	B	W	FI	15	2	steno	교목	M	m	알
민꼬리까마귀부전나비	P	B	N	FE	12	2	steno	교목	O	m	애벌레
민무늬귤빛부전나비	P	B	N	FI	4	2	steno	교목	M	m	알
바둑돌부전나비	P	C	S	FI	13	1	steno		M	p	애벌레
밤오색나비	P	B	N	FE	6	2	steno	교목	O	m	애벌레
배추흰나비	P	A	W	GL	99	8	wide	초본	O	p	번데기
뱀눈그늘나비	P	A	W	FE	31	2	steno	초본	O	m	애벌레
번개오색나비	P	A	N	FI	22	2	steno	교목	M	m	애벌레
범부전나비	P	B	W	FE	57	7	wide	관목	P	m	번데기
벚나무까마귀부전나비	P	A	N	FI	12	5	wide	교목	O	m	알
별박이세줄나비	P	C	W	FE	40	3	wide	관목	M	p	애벌레
봄어리표범나비	P	B	N	GL	19	1	steno	초본	M?	m	애벌레
봄처녀나비	P	A	W	GL	12	3	wide	초본	P	m	애벌레
부전나비	P	A	W	GL	29	8	wide	초본	M	p	알?
부처나비	P	C	W	FE	32	5	wide	초본	O	p	애벌레
부처사촌나비	P	C	W	FE	28	3	wide	초본	O	p	애벌레
북방거꾸로여덟팔나비	P	A	N	FE	15	2	steno	초본	O	p	번데기
북방기생나비	P	A	N	GL	22	2	steno	초본	N	p	번데기
북방까마귀부전나비	P	A	N	FE	2	2	steno	관목	M	m	알
북방녹색부전나비	P	B	N	FI	14	2	steno	교목	M	m	알
북방쇳빛부전나비	P	B	N	FE	5	2	steno	관목	M	m	번데기

북방점박이푸른부전나비	P	B	N	GL	3	2	steno	초본	M	m	애벌레?
붉은띠귤빛부전나비	P	B	N	FI	11	2	steno	교목	M	m	알
붉은점모시나비	P	B	N	GL	19	2	steno	초본	M	m	알
뿔나비	P	C	W	FI	34	2	steno	교목	M	m	어른벌레
사향제비나비	P	C	W	FE	42	2	steno	관목	O	p	번데기
산굴뚝나비	P	A	N	GL	1	1	steno	초본	O	m	애벌레?
산꼬마부전나비	P	A	N	GL	2	1	steno	초본	P?		알
산꼬마표범나비	P	B	N	FE	5	2	steno	초본	M	m	번데기?
산네발나비	P	A	N	FI	20	2	steno	교목	P?	p	어른벌레
산녹색부전나비	P	B	W	FI	17	2	steno	교목	M	m	알
산부전나비	P	B	N	GL	4	2	steno	초본	O	m	알?
산수풀떠들썩팔랑나비	P	B	N	GL		5	wide	초본	O		애벌레
산은줄표범나비	P	B	N	FE	18	3	wide	초본	M	m	애벌레
산제비나비	P	B	W	FI	52	2	steno	교목	O	p	번데기
산줄점팔랑나비	P	B	W	GL	31	4	wide	초본	O	p	번데기
산팔랑나비	P	B	N	GL	18	4	wide	초본	O		애벌레?
산푸른부전나비	P	B	N	FI	10	2	steno	교목	P		번데기
산호랑나비	P	A	W	GL	47	8	wide	초본	P		번데기
산황세줄나비	P	B	N	FI	9	2	steno	교목	M	m	애벌레
상제나비	P	A	N	FE	4	2	steno	관목	O	m	애벌레
석물결나비	P	B	W	GL	21	2	steno	초본	O	m	애벌레
선녀부전나비	P	B	N	FE	16	2	steno	관목	M	m	알
세줄나비	P	C	N	FI	22	2	steno	교목	O	m	애벌레
쇳빛부전나비	P	B	S	FE	31	2	steno	관목	P		번데기
수노랑나비	P	C	W	FI	19	2	steno	교목	M	m	애벌레
수풀꼬마팔랑나비	P	B	W	GL	38	2	steno	초본	O	m	애벌레
수풀떠들썩팔랑나비	P	A	W	GL	32	5	wide	초본	O	m	애벌레?
수풀알락팔랑나비	P	A	N	GL	13	1	steno	초본	O	m	애벌레?
시가도귤빛부전나비	P	B	W	FI	7	2	steno	교목	M	m	알
시골처녀나비	P	A	W	GL	12	1	steno	초본	P	p	애벌레?
쌍꼬리부전나비	P	B	N	FE	11	1	steno	교목	M	m	애벌레?
쐐기풀나비	P	A	N	FE		1	wide	초본	O?		어른벌레
얼룩그늘나비	P	B	N	FE	13	2	steno	초본	P		애벌레
암검은표범나비	P	C	W	GL	32	4	wide	초본	M		알, 애벌레
암고운부전나비	P	A	N	FE	14	2	steno	관목	M	m	알
암끝검은표범나비	O	D	S	GL	27	9	wide	초본	M	p	애벌레
암먹부전나비	P	A	W	GL	74	9	wide	초본	O	p	번데기
암붉은점녹색부전나비	P	B	N	FI	14	2	steno	교목	M	m	알
암어리표범나비	P	B	N	GL	16	1	steno	초본	O	m	애벌레
애기세줄나비	P	C	W	FE	71	2	steno	관목	P	p	애벌레
애물결나비	P	B	W	GL	44	6	wide	초본	O	p	애벌레
애호랑나비	P	B	W	FI	38	1	steno	초본	M	m	번데기
어리세줄나비	P	B	N	FI	13	1	steno	교목	M	m	애벌레
여름어리표범나비	P	B	W	GL	17	1	steno	초본	P?	m	애벌레

종류 / 유형	세계 분포형1	세계 분포형2	분포 한계	서식지	출현 빈도	서식지 범위1	서식지 범위2	먹이 식물	먹이 범위	세대수	겨울나기 형태
오색나비	P	A	N	FE	4	2	steno	교목	P	m	애벌레
왕그늘나비	P	B	N	FE	16	2	steno	초본	O	m	애벌레
왕나비	O	E	S	FE	24	3	wide	초본	O	p	애벌레?
왕세줄나비	P	B	W	FE	38	4	wide	교목	O	m	애벌레
왕오색나비	P	C	W	FI	20	2	steno	교목	M	m	애벌레
왕은점표범나비	P	C	W	GL	31	5	wide	초본	M	m	알
왕자팔랑나비	P	C	W	FE	61	2	steno	교목	M	p	애벌레
왕줄나비	P	A	N	FI	6	2	steno	교목	P	m	애벌레
왕팔랑나비	P	B	W	FE	37	3	wide	관목	O	m	애벌레
외눈이지옥나비	P	A	N	FE	5	1	steno	초본	P?	m	애벌레?
외눈이지옥사촌나비	P	B	N	FE	15	1	steno	초본	P?	m	애벌레?
유리창나비	P	C	W	FI	19	2	steno	교목	M	m	번데기
유리창떠들썩팔랑나비	P	C	W	GL	47	8	wide	초본	O	m	애벌레
은날개녹색부전나비	P	B	N	FI	8	2	steno	교목	M	m	알
은점표범나비	P	A	W	GL	28	4	wide	초본	M	m	애벌레
은줄팔랑나비	P	B	W	GL	18	1	steno	초본	O	p	애벌레?
은줄표범나비	P	A	W	FE	29	2	steno	초본	M	m	알, 애벌레
은판나비	P	B	N	FI	23	2	steno	교목	O	m	알
작은녹색부전나비	P	B	N	FI	8	3	wide	교목	O	m	알
작은멋쟁이나비	O	D	W	GL	41	9	wide	초본	O	p	어른벌레
작은은점선표범나비	P	A	N	GL	28	3	wide	초본	M	m	번데기
작은주홍부전나비	P	A	W	GL	54	8	wide	초본	M	m	애벌레
작은표범나비	P	A	N	GL	12	2	steno	초본	M	m	애벌레
작은홍띠점박이푸른부전나비	P	A	W	GL	31	8	wide	초본	O	m	번데기
제비나비	P	C	W	FI	71	2	steno	관목	O	m	번데기
제삼줄나비	P	B	N	FE	5	2	steno	관목	M?	m	애벌레?
제이줄나비	P	B	W	FE	27	5	wide	관목	O	p	애벌레
제일줄나비	P	A	W	FE	48	5	wide	관목	O	p	애벌레
제주꼬마팔랑나비	O	D	S	GL	9	8	wide	초본	O	p	애벌레?
조흰뱀눈나비	P	B	N	GL	34	2	steno	초본	M	m	애벌레
줄꼬마팔랑나비	P	B	W	GL	12	2	steno	초본	O	m	애벌레
줄나비	P	A	W	FE	33	4	wide	관목	O	p	애벌레
줄점팔랑나비	O	E	S	GL	38	8	wide	초본	O	p	애벌레
줄흰나비	P	A	N	FE	22	3	wide	초본	O	p	번데기
중국황세줄나비	P	B	N	FI	5	2	steno	교목?	M?	m	애벌레?
지리산팔랑나비	P	C	S	FE	20	1	steno	초본	O	m	애벌레
참까마귀부전나비	P	B	N	FE	18	2	steno	관목	M	m	알
참나무부전나비	P	B	N	FI	7	2	steno	교목	M	m	알
참산뱀눈나비	P	B	W	GL	19	2	steno	초본	O	m	애벌레?
참세줄나비	P	B	N	FI	11	2	steno	교목	M	m	애벌레
참알락팔랑나비	P	B	N	FE	19	1	steno	초본	O	m	애벌레
참줄나비	P	B	N	FI	13	2	steno	관목	M	m	애벌레

참줄나비사촌	P	B	N	FI	4	2	steno	관목	M	m	애벌레
청띠신선나비	O	E	W	FE	50	4	wide	관목	O	p	어른벌레
청띠제비나비	O	D	S	FI	22	2	steno	교목	O	p	번데기
큰녹색부전나비	P	B	W	FI	24	2	steno	교목	M	m	알
큰멋쟁이나비	O	D	W	GL	55	9	wide	초본	P	p	어른벌레
큰수리팔랑나비	P	C	S	FI	2	2	steno			m	애벌레?
큰은점선표범나비	P	A	N	GL	16	2	steno	초본	M	m	애벌레
큰점박이푸른부전나비	P	B	N	FE	10	2	steno	초본	M	p	애벌레?
큰주홍부전나비	P	A	N	GL	8	8	wide	초본	M	p	애벌레
큰줄흰나비	P	C	W	FE	71	3	wide	초본	O	p	번데기
큰표범나비	P	A	N	GL	13	3	wide	초본	M	m	애벌레
큰홍띠점박이푸른부전나비	P	B	N	GL	7	2	steno	초본	M	p	번데기
큰흰줄표범나비	P	B	W	GL	25	2	steno	초본	M	m	알, 애벌레
파리팔랑나비	P	C	W	GL	26	2	steno	초본	M	p	애벌레
푸른부전나비	P	A	W	FE	79	12	wide	관목	O	p	번데기
푸른큰수리팔랑나비	O	E	S	FE	12	2	steno	교목	O	p	알
풀표범나비	P	A	N	GL	19	2	steno	초본	M	m	애벌레
풀흰나비	P	A	W	GL	28	6	wide	초본	O	p	번데기
한라푸른부전나비	P	C	S	GL	1	1	steno			p?	
함경산뱀눈나비	P	A	N	GL	2	2	steno	초본	O	m	애벌레?
호랑나비	P	B	W	GL	66	8	wide	관목	O	p	번데기
홍점알락나비	P	C	S	FI	30	2	steno	교목	M	p	애벌레
홍줄나비	P	B	N	FI	2	2	steno	교목	M	m	애벌레
황세줄나비	P	B	N	FI	23	2	steno	교목	M	m	애벌레
황알락그늘나비	P	B	N	FE	13	2	steno	초본	P	m	애벌레
황알락팔랑나비	P	C	W	FE	22	2	steno	초본	O	p	애벌레
황오색나비	P	A	W	FI	48	2	steno	교목	O	p	애벌레
회령푸른부전나비	P	B	N	FE	2	2	steno	관목	M	p	알
흑백알락나비	P	C	S	FI	26	2	steno	교목	M	p	애벌레
흰뱀눈나비	P	B	W	GL	23	1	steno	초본	O	m	애벌레
흰점팔랑나비	P	B	W	GL	32	2	steno	초본	O	p	번데기
흰줄표범나비	P	A	W	GL	54	5	wide	초본	M	m	알, 애벌레

표 10. 애벌레가 사는 지역에 따른 한국산 나비의 분류

종류 / 지역	활엽수림 (숲속)	조림지 (10년이상)	관목림 (어린조림지 등)	임연부	초지	강둑	논밭	습지	저수지	농촌마을	도심공원	도심마을	계
갈구리신선나비	1			1									2
개마별박이세줄나비				1	1								2
거꾸로여덟팔나비	1			1									2
공작나비				1	1								2
구름표범나비	1			1									2
굵은줄나비				1									1
금빛어리표범나비					1								1
긴은점표범나비			1	1	1								3
네발나비				1	1	1	1	1	1	1	1	1	8
높은산세줄나비	1			1									2
담색어리표범나비				1	1								2
대왕나비	1			1									2
두줄나비				1				1					2
들신선나비	1			1									2
먹그림나비	1			1									2
밤오색나비			1	1									2
번개오색나비	1			1									2
별박이세줄나비				1	1					1			3
봄어리표범나비				1									1
북방거꾸로여덟팔나비	1			1									2
뿔나비	1			1									2
산꼬마표범나비	1			1									2
산네발나비	1			1									2
산은줄표범나비	1			1	1								3
산황세줄나비	1			1									2
세줄나비	1			1									2
수노랑나비	1			1									2
쐐기풀나비				1									1
암검은표범나비				1	1					1	1		4
암끝검은표범나비				1	1	1	1	1	1	1	1	1	9
암어리표범나비				1									1
애기세줄나비	1			1									2
어리세줄나비				1									1
여름어리표범나비				1									1
오색나비	1			1									2
왕나비	1			1	1								3
왕세줄나비			1	1						1	1		4
왕오색나비	1			1									2
왕은점표범나비				1	1	1	1			1			5
왕줄나비	1			1									2
유리창나비	1			1									2
은점표범나비			1	1	1		1						4
은줄표범나비	1			1									2
은판나비	1			1									2
작은멋쟁이나비				1	1	1	1	1	1	1	1	1	9
작은은점선표범나비				1	1			1					3
작은표범나비				1	1								2
제삼줄나비	1			1									2

종명	1	2	3	4	5	6	7	8	9	10	11	12	계
제이줄나비	1			1			1			1	1		5
제일줄나비	1			1			1			1	1		5
줄나비	1			1			1			1			4
중국황세줄나비	1			1									2
참세줄나비	1			1									2
참줄나비	1			1									2
청띠신선나비	1			1						1	1		4
큰멋쟁이나비				1	1	1	1	1	1	1	1	1	9
큰은점선표범나비	1			1									2
큰표범나비	1			1	1								3
큰흰줄표범나비				1	1								2
풀표범나비	1			1									2
홍점알락나비	1			1									2
홍줄나비	1			1									2
황세줄나비	1			1									2
황오색나비	1			1									2
흑백알락나비	1			1									2
흰줄표범나비				1	1	1	1			1			5
가락지나비					1								1
굴뚝나비				1	1	1	1	1	1	1			7
눈많은그늘나비			1	1									2
도시처녀나비				1	1								2
먹그늘나비	1			1									2
먹그늘붙이나비	1			1									2
물결나비				1	1					1			3
뱀눈그늘나비				1						1			2
봄처녀나비				1	1			1					3
부처나비			1	1						1	1	1	5
부처사촌나비	1			1						1			3
산굴뚝나비					1								1
석물결나비	1			1									2
시골처녀나비					1								1
알락그늘나비	1			1									2
애물결나비				1	1	1	1	1		1			6
왕그늘나비	1			1									2
외눈이지옥나비				1									1
외눈이지옥사촌나비				1									1
조흰뱀눈나비				1	1								2
참산뱀눈나비				1	1								2
참줄나비사촌	1			1									2
함경산뱀눈나비				1	1								2
황알락그늘나비	1			1									2
흰뱀눈나비					1								1
검정녹색부전나비	1			1									2
고운점박이푸른부전나비			1	1	1								3
귤빛부전나비	1			1									2
극남부전나비					1					1			2
금강산귤빛부전나비	1			1									2
금강산녹색부전나비	1			1									2
긴꼬리부전나비	1			1									2
깊은산녹색부전나비	1			1									2
깊은산부전나비	1			1									2
까마귀부전나비	1		1	1									3
꼬마까마귀부전나비			1	1									2

종류 / 지역	활엽수림(숲속)	조림지(10년이상)	관목림(어린조림지 등)	임연부	초지	강둑	논밭	습지	저수지	농촌마을	도심공원	도심마을	계
남방녹색부전나비	1			1									2
남방부전나비					1	1	1	1	1	1	1	1	8
남색물결부전나비				1	1	1	1	1	1	1	1	1	9
넓은띠녹색부전나비	1			1									2
담색긴꼬리부전나비	1			1									2
담흑부전나비			1	1	1								3
먹부전나비				1	1	1	1	1	1	1	1	1	9
물결부전나비					1	1	1	1	1	1	1	1	8
물빛긴꼬리부전나비	1			1									2
민꼬리까마귀부전나비	1			1									2
민무늬귤빛부전나비	1			1									2
바둑돌부전나비				1									1
범부전나비				1	1		1	1		1	1	1	7
벚나무까마귀부전나비			1	1						1	1	1	5
부전나비					1	1	1	1	1	1	1	1	8
북방까마귀부전나비			1	1									2
북방녹색부전나비	1			1									2
북방쇳빛부전나비			1	1									2
북방점박이푸른부전나비					1		1						2
붉은띠귤빛부전나비	1			1									2
산꼬마부전나비					1								1
산녹색부전나비	1			1									2
산부전나비				1	1								2
산푸른부전나비	1			1									2
선녀부전나비	1			1									2
쇳빛부전나비			1	1									2
시가도귤빛부전나비	1			1									2
쌍꼬리부전나비				1									1
암고운부전나비			1	1									2
암먹부전나비				1	1	1	1	1	1	1	1	1	9
암붉은점녹색부전나비	1			1									2
은날개녹색부전나비	1			1									2
작은녹색부전나비	1	1		1									3
작은주홍부전나비					1	1	1	1	1	1	1	1	8
작은홍띠점박이푸른부전나비					1	1	1	1	1	1	1	1	8
참까마귀부전나비			1	1									2
참나무부전나비	1			1									2
큰녹색부전나비	1			1									2
큰점박이푸른부전나비	1			1									2
큰주홍부전나비					1	1	1	1	1	1	1	1	8
큰홍띠점박이푸른부전나비					1		1						2
푸른부전나비	1	1	1	1	1	1	1	1	1	1	1	1	12
한라푸른부전나비					1								1
회령푸른부전나비			1	1									2
검은테떠들썩팔랑나비	1		1	1									3
꼬마흰점팔랑나비					1	1	1	1		1			5
꽃팔랑나비				1	1								2
대왕팔랑나비	1			1									2

종명													계
독수리팔랑나비	1			1									2
돈무늬팔랑나비				1	1	1	1	1	1	1			7
멧팔랑나비	1	1	1	1									4
산수풀떠들썩팔랑나비				1	1	1	1	1					5
산줄점팔랑나비				1	1		1			1			4
산팔랑나비				1	1		1			1			4
수풀꼬마팔랑나비				1	1								2
수풀떠들썩팔랑나비				1	1	1	1	1					5
수풀알락팔랑나비				1									1
왕자팔랑나비	1			1									2
왕팔랑나비		1	1	1									3
유리창떠들썩팔랑나비				1	1	1	1	1	1	1	1		8
은줄팔랑나비					1								1
제주꼬마팔랑나비				1	1	1	1	1	1	1	1		8
줄꼬마팔랑나비			1	1									2
줄점팔랑나비					1	1	1	1	1	1	1	1	8
지리산팔랑나비				1									1
참알락팔랑나비				1									1
큰수리팔랑나비	1			1									2
파리팔랑나비				1	1								2
푸른큰수리팔랑나비	1			1									2
황알락팔랑나비				1	1								2
흰점팔랑나비				1	1								2
긴꼬리제비나비	1			1									2
꼬리명주나비					1	1	1	1	1	1			6
남방제비나비	1			1						1	1	1	5
모시나비	1	1	1	1	1								5
붉은점모시나비				1	1								2
사향제비나비			1	1									2
산제비나비	1			1									2
산호랑나비				1	1	1	1	1	1	1	1		8
애호랑나비	1												1
제비나비	1			1									2
청띠제비나비	1			1									2
호랑나비	1	1	1	1			1			1	1	1	8
각시멧노랑나비	1		1	1									3
갈구리나비				1									1
극남노랑나비				1		1				1	1	1	5
기생나비					1	1	1	1	1	1			6
남방노랑나비				1	1	1	1	1	1	1	1	1	9
노랑나비				1	1	1	1	1	1	1	1		8
대만흰나비	1			1									2
멧노랑나비	1			1									2
배추흰나비				1	1	1	1	1	1	1		1	8
북방기생나비				1	1								2
상제나비			1	1									2
줄흰나비	1			1	1								3
큰줄흰나비				1	1					1			3
풀흰나비					1	1	1	1	1	1			6

한국 나비 목록

이름 뒤에 *표와 **표는 각각 북한에만 분포하는 종과 미접을 나타낸다. 또 아종을 종 아래에 나타냈는데, 뒤에 표시하지 않은 부분은 우리나라 전체 아종을 말하며, 아종 구분이 나뉜 경우 '--아종' 따위로 설명하였다.

Papilionidae 호랑나비과

- **Subfamily Parnassiinae 모시나비아과**
- *Parnassius* Latreille, 1804
  Parnassius eversmanni Ménétriès, 1850 황모시나비*
    sasai O. Bang-Hass, 1931
  Parnassius stubbendorfii Ménétriès, 1849 모시나비
  Parnassius bremeri Bremer, 1864 붉은점모시나비
    원명 아종 (중부 이북)
    pakianus Murayama, 1964 (남부 아종)
  Parnassius nomion Fischer de Waldheim, 1823 왕붉은점모시나비*
    mandschuriae Oberthür, 1891
- *Luehdorfia* Cruger, 1878
  Luehdorfia puziloi (Erschoff, 1872) 애호랑나비
- *Sericinus* Westwood, 1851
  Sericinus montela Gray, 1852 꼬리명주나비
    koreanus Fixsen, 1887

- **Subfamily Papilioninae 호랑나비아과**
- *Byasa* Moore, 1882
  Byasa alcinous (Klug, 1836) 사향제비나비
- *Graphium* Scopoli, 1777
  Graphium sarpedon (Linnaeus, 1758) 청띠제비나비
    nipponum (Fruhstorfer, 1903)
- *Papilio* Linnaeus, 1758
  Papilio xuthus Linnaeus, 1767 호랑나비
  Papilio machaon Linnaeus, 1758 산호랑나비
    hippocrates C. et R. Felder, 1864
  Papilio memnon Linnaeus, 1758 멤논제비나비**
    thunbergii von Siebold, 1824
  Papilio helenus Linnaeus, 1758 무늬박이제비나비
    nicconicolens Butler, 1881
  Papilio protenor Cramer, 1775 남방제비나비
    demetrius Stoll, 1782
  Papilio macilentus Janson, 1877 긴꼬리제비나비
  Papilio bianor Cramer, 1778 제비나비
    dehaanii C. et R. Felder, 1864
  Papilio maackii Ménétriès, 1858 산제비나비

Pieridae 흰나비과

- **Dismorphiinae 기생나비아과**
- *Leptidea* Billberg, 1820
  Leptidea amurensis (Ménétriès, 1859) 기생나비
  Leptidea morsei (Fenton, 1882) 북방기생나비
    micromorsei Verity, 1947

- **Pierinae 흰나비아과**
- *Aporia* Hübner, 1819
  Aporia crataegi (Linnaeus, 1758) 상제나비
  Aporia hippia (Bremer, 1861) 눈나비*
- *Pieris* Schrank, 1801
  Pieris napi (Linnaeus, 1758) 줄흰나비
    dulcinea Butler, 1882 (한반도 내륙 아종)
    hanlaensis Okano et Pak, 1968 (한라산 아종)
  Pieris melete Ménétriès, 1857 큰줄흰나비
  Pieris canidia (Sparrman, 1768) 대만흰나비
    kaolicola Bryk, 1946
  Pieris rapae (Linnaeus, 1758) 배추흰나비
    crucivora Boisduval, 1836
- *Pontia* Fabricius, 1807
  Pontia daplidice (Linnaeus, 1758) 풀흰나비
    orientalis Kardakoff, 1928
  Pontia chloridice (Hübner, 1813) 북방풀흰나비*
- *Anthocharis* Boisduval, Rambur, Duméril et Graslin, 1833
  Anthocharis scolymus Butler, 1866 갈구리나비
    mandschurica (O. Bang-Haas, 1930)

- **Coliadinae 노랑나비아과**
- *Gonepteryx* Leach, 1815
  Gonepteryx maxima Butler, 1885 멧노랑나비
    amurensis (Graeser, 1888)
  Gonepteryx aspasia (Ménétriès, 1858) 각시멧노랑나비
- *Catopsilia* Hübner, 1819
  Catopsilia pomona (Fabricius, 1775) 연노랑흰나비**
- *Eurema* Hübner, 1819
  Eurema madarina (de l'Orza, 1869) 남방노랑나비
  Eurema laeta (Boisduval, 1836) 극남노랑나비

betheseba (Janson, 1878)
　Eurema brigitta (Stoll, 1780) 검은테노랑나비**
　　hainana (Moore, 1878)
- *Colias* Fabricius, 1807
　Colias heos (Herbst et Jablonsky, 1792) 연주노랑나비*
　Colias tyche (Böber, 1812) 북방노랑나비
　Colias palaeno (Linnaeus, 1761) 높은산노랑나비
　　orientalis Staudinger, 1892
　Colias fieldi Ménétriès, 1855 새연주노랑나비**
　　chinensis Verity, 1909
　Colias erate (Esper, 1805) 노랑나비
　　poliographus Motschulsky, 1860

Lycaenidae 부전나비과

● **Curetinae 뾰족부전나비아과**
- *Curetis* Hübner, 1819
　Curetis acuta Moore, 1877 뾰족부전나비**
　　paracuta de Nicéville, 1901

● **Subfamily Miletinae 바둑돌부전나비아과**
- *Taraka* Doherty, 1889
　Taraka hamada (H. Druce, 1875) 바둑돌부전나비

● **Lycaeninae 부전나비아과**
- *Spindasis* Wallengren, 1857
　Spindasis takanonis (Matsumura, 1906) 쌍꼬리부전나비
　　koreanus Fujioka, 1992
- *Arhopala* Boisduval, 1832
　Arhopala japonica (Murray, 1875) 남방남색부전나비
　Arhopala bazalus (Hewitson, 1862) 남방남색꼬리부전나비
　　turbata (Butler, 1882)
　Artopoetes Chapman, 1909
　Artopoetes pryeri (Murray, 1873) 선녀부전나비
- *Coreana* Tutt, 1907
　Coreana raphaelis (Oberthür, 1880) 붉은띠귤빛부전나비
- *Ussuriana* Tutt, 1907
　Ussuriana michaelis (Oberthür, 1880) 금강산귤빛부전나비
- *Shirozua* Sibatani et Ito, 1942

　Shirozua jonasi (Janson, 1877) 민무늬귤빛부전나비
- *Thecla* Fabricius, 1907
　Thecla betulae (Linnaeus, 1758) 암고운부전나비
　Thecla betulina Staudinger, 1887 개마암고운부전나비*
- *Protantigius* Shirôzu et Yamamoto, 1956
　Protantigius superans (Oberthür, 1914) 깊은산부전나비
　　ginzii (Seok, 1936)
- *Japonica* Tutt, 1907
　Japonica saepestriata (Hewitson, 1865) 시가도귤빛부전나비
　Japonica lutea (Hewitson, 1865) 귤빛부전나비
　　dubatolovi Fujioka, 1993
- *Araragi* Sibatani et Ito, 1942
　Araragi enthea (Janson, 1877) 긴꼬리부전나비
　Antigius Sibatani et Ito, 1942
　Antigius attilia (Bremer, 1861) 물빛긴꼬리부전나비
　Antigius butleri (Fenton, 1882) 담색긴꼬리부전나비
　　oberthueri (Staudinger, 1887)
- *Wagimo* Sibatani et Ito, 1942
　Wagimo signatus (Butler, 1881) 참나무부전나비
　　quercivora Staudinger, 1887
- *Neozephyrus* Sibatani et Ito, 1942
　Neozephyrus japonicus (Murray, 1875) 작은녹색부전나비
　　regina (Butler, 1881)
- *Chrysozephyrus* Shirôzu et Yamamoto, 1956
　Chrysozephyrus smaragdinus (Bremer, 1861) 암붉은점녹색부전나비
　Chrysozephyrus brillantinus (Staudinger, 1887) 북방녹색부전나비
　Chrysozephyrus ataxus (Westwood, 1851) 남방녹색부전나비
　　kirishimaensis (Okajima, 1922)
- *Favonius* Sibatani et Ito, 1942
　Favonius orientalis (Murray, 1875) 큰녹색부전나비
　Favonius korshunovi (Dubatolov et Sergeev, 1982) 깊은산녹색부전나비
　Favonius koreanus Kim, 2006 우리녹색부전나비
　Favonius ultramarinus (Fixsen, 1887) 금강산녹색부전나비
　Favonius cognatus (Staudinger, 1892) 넓은띠녹색부전나비
　Favonius taxila (Bremer, 1861) 산녹색부전나비
　Favonius yuasai Shirôzu, 1947 김정녹색부전나비
　Favonius saphirinus (Staudinger, 1887) 은날개녹색부전나비
- *Satyrium* Scudder, 1876

Satyrium herzi (Fixsen, 1887) 민꼬리까마귀부전나비
Satyrium pruni (Linnaeus, 1758) 벚나무까마귀부전나비
Satyrium prunoides (Staudinger, 1887) 꼬마까마귀부전나비
Satyrium eximius (Fixsen, 1887) 참까마귀부전나비
Satyrium latior (Fixsen, 1887) 북방까마귀부전나비
Satyrium w-album (Knoch, 1782) 까마귀부전나비
　fentoni (Butler, 1881)
- *Callophrys* Billberg, 1820
Callophrys ferreus (Butler, 1866) 쇳빛부전나비
　korea (Johnson, 1992)
Callophrys frivaldszkyi (Kindermann, 1853) 북방쇳빛부전나비
　leei (Johnson, 1992)
- *Rapala* Moore, 1881
Rapala caerulea (Bremer et Grey, 1853) 범부전나비
Rapala arata (Bremer, 1861) 울릉범부전나비
- *Lycaena* Fabricius, 1807
Lycaena dispar (Haworth, 1803) 큰주홍부전나비
　aurata Leech, 1887
Lycaena hippothoe (Linnaeus, 1761) 암먹주홍부전나비*
　amurensis Staudinger, 1892
Lycaena virgaureae (Linnaeus, 1758) 검은테주홍부전나비*
Lycaena helle (Denis et Schiffermüller, 1775) 남주홍부전나비*
　phintonis (Frufstorfer, 1910)
Lycaena phlaeas (Linnaeus, 1761) 작은주홍부전나비
　chinensis (Felder, 1862)
- *Niphanda* Moore, 1874
Niphanda fusca (Bremer et Grey, 1853) 담흑부전나비
- *Chilades* Moore, 1881
Chilades pandava (Horsfield, 1829) 소철꼬리부전나비**
- *Jamides* Hübner, 1819
Jamides bochus (Stoll, 1782) 남색물결부전나비**
　formosanus (Fruhstorfer, 1916)
- *Lampides* Hübner, 1819
Lampides boeticus (Linnaeus, 1767) 물결부전나비
- *Zizeeria* Chapman, 1910
Zizeeria maha (Kollar, 1844) 남방부전나비
　argia (Ménétriès, 1857)
Zizina Chapman, 1910
Zizina otis (Fabricius, 1787) 극남부전나비

한국 아종이 정해지지 않음
- *Cupido* Schrank, 1801
Cupido minimus (Fuessly, 1775) 꼬마부전나비*
　happensis Matsumura, 1927
Cupido argiades (Pallas, 1771) 암먹부전나비
　seitzi Wnukowsky, 1928
- *Tongeia* Tutt, 1908
Tongeia fischeri (Eversmann, 1843) 먹부전나비
　caudalis Bryk, 1946
- *Udara* Toxopeus, 1928
Udara dilectus (Moore, 1879) 한라푸른부전나비**
Udara albocaerulea (Moore, 1879) 남방푸른부전나비**
- *Celastrina* Tutt, 1906
Celastrina argiolus (Linnaeus, 1758) 푸른부전나비
　ladonides (de l'Orza, 1869)
Celastrina sugitanii (Matsumura, 1919) 산푸른부전나비
　leei Eliot et Kawazoé, 1983
Celastrina filipjevi (Riley, 1934) 주을푸른부전나비*
Celastrina oreas (Leech, 1893) 회령푸른부전나비
　mirificus (Sugitani, 1936)
- *Scolitantides* Hübner, 1819
Scolitantides orion (Pallas, 1771) 작은홍띠점박이푸른부전나비
　coreana Matsumura, 1926
- *Shijimaeoides* Beuret, 1958
Shijimaeoides divina (Fixsen, 1887) 큰홍띠점박이푸른부전나비
- *Maculinea* van Eecke, 1915
Maculinea arionides (Staudinger, 1887) 큰점박이푸른부전나비
Maculinea teleius (Bergsträsser, 1779) 고운점박이푸른부전나비
　euphemia (Staudinger, 1887)
Maculinea kurentzovi Sibatani, Saigusa et Hirowatari, 1994 북방점박이푸른부전나비
Maculinea arion (Linnaeus, 1758) 중점박이푸른부전나비*
　ussuriensis (Sheljuzhko, 1928)
Maculinea alcon (Denis et Schiffermüller, 1775) 잔점박이푸른부전나비*
　arirang Sibatani, Saigusa et Hirowatari, 1994
- *Glaucopsyche* Scudder, 1872
Glaucopsyche lycormas (Butler, 1866) 귀신부전나비*
　scylla (Staudinger, 1880)

- *Plebejus* Kluk, 1802
  Plebejus eumedon (Esper, 1780) 대덕산부전나비*
    albica Dubatolov, 1997
  Plebejus argus (Linnaeus, 1758) 산꼬마부전나비
    coreanus (Tutt, 1909) (한반도 동북부 지방 아종)
    seoki Shirôzu et Shibatani, 1943 (제주도 아종)
  Plebejus argyrognomon (Bergsträsser, 1779) 부전나비
    mongolica Grum-Grshimailo, 1893
  Plebejus subsolanus (Eversmann, 1851) 산부전나비
  Plebejus optilete (Knoch, 1781) 높은산부전나비*
  Plebejus artaxerxes (Fabricius, 1793) 백두산부전나비*
    mandzhuriana (Obraztsov, 1935)
  Plebejus chinensis (Murray, 1874) 중국부전나비*
  Plebejus amandus (Schneider, 1792) 함경부전나비*
    amurensis (Staudinger, 1892)
  Plebejus icarus (Rottemburg, 1775) 연푸른부전나비*
    tumangensis (Im, 1988)
  Plebejus tsvetajevi (Kurentzov, 1970) 사랑부전나비*
  Plebejus semiargus (Rottemburg, 1775) 후치령부전나비*
    amurensis (Tutt, 1909)

Nymphalidae 네발나비과

- **Subfamily Libytheinae 뿔나비아과**
- *Libythea* Fabricius, 1807
  Libythea lepita Moore, 1858 뿔나비
    celtoides Fruhstorfer, 1909

- **Subfamily Danainae 왕나비아과**
- *Parantica* Moore, 1880
  Parantica sita (Kollar, 1844) 왕나비
    niphonica (Moore, 1883)
  Parantica melneus (Cramer, 1775) 대만왕나비**
- *Danaus* Kluk, 1802
  Danaus genutia (Cramer, 1779) 별선두리왕나비**
  Danaus chrysippus (Linnaeus, 1758) 끝검은왕나비**

- **Subfamily Satyrinae 뱀눈나비아과**
- *Melanitis* Fabricius, 1807

Melanitis leda (Linnaeus, 1758) 먹나비**
Melanitis phedima (Cramer, 1780) 큰먹나비**
  oitensis Matsumura, 1919
- *Triphysa* Zeller, 1850
  Triphysa dohrnii Zeller, 1858 줄그늘나비*
    nervosa Motschulsky, 1866
- *Coenonympha* Hübner, 1819
  Coenonympha glycerion (Borkhausen, 1788) 북방처녀나비*
    iphicles Staudinger, 1892
  Coenonympha amaryllis (Stoll, 1782) 시골처녀나비
    rinda Ménétriès, 1859
  Coenonympha hero (Linnaeus, 1761) 도시처녀나비
    perseis Lederer, 1853
  Coenonympha oedippus (Fabricius, 1787) 봄처녀나비
    amurensis Heyne, 1895
- *Lopinga* Moore, 1893
  Lopinga achine (Scopoli, 1763) 눈많은그늘나비
    achinoides (Butler, 1878) (한반도 내륙 아종)
    chejudoensis Okano et Pak, 1968 (제주도 아종)
  Lopinga deidamia (Eversmann, 1851) 뱀눈그늘나비
- *Kirinia* Moore, 1893
  Kirinia epimenides (Ménétriès, 1859) 알락그늘나비
  Kirinia epaminondas (Staudinger, 1887) 황알락그늘나비
- *Mycalesis* Hübner, 1818
  Mycalesis francisca (Stoll, 1780) 부처사촌나비
    peridicas Hewitson, 1862
  Mycalesis gotama Moore, 1858 부처나비
- *Lethe* Hübner, 1819
  Lethe marginalis (Motschulsky, 1860) 먹그늘나비붙이
    mackii (Bremer, 1861)
  Lethe diana (Butler, 1866) 먹그늘나비
- *Ninguta* Moore, 1892
  Ninguta schrenkii (Ménétriès, 1858) 왕그늘나비
- *Aphantopus* Wallengren, 1853
  Aphantopus hyperantus (Linnaeus, 1758) 가락지나비
    ocellatus (Butler, 1882)
- *Melanargia* Meigen, 1828
  Melanargia halimede (Ménétriès, 1858) 흰뱀눈나비
    원명 아종 (북부 지방)

517

coreana Okamoto, 1926 (남부 지방 아종)
Melanargia epimede (Staudinger, 1887) 조흰뱀눈나비
　　원명 아종 (북부 지방)
　　hanlaensis Okano et Pak, 1968 (한라산 아종)
- *Oeneis* Hübner, 1819
　　Oeneis jutta (Hübner, 1806) 높은산뱀눈나비*
　　Oeneis magna Graeser, 1888 큰산뱀눈나비*
　　　uchangi Im, 1988 또는 원명 아종
　　Oeneis urda (Eversmann, 1847) 함경산뱀눈나비
　　　monteviri Bryk, 1946 또는 원명 아종 (중부 이북)
　　　hallasanensis Murayama, 1991 (한라산 아종)
　　Oeneis mongolica (Oberthür, 1876) 참산뱀눈나비
　　　walkyria Fixsen, 1887
- *Minois* Hübner, 1819
　　Minois dryas (Scopoli, 1763) 굴뚝나비
　　　bipunctata (Motschulsky, 1860)
- *Hipparchia* Fabricius, 1807
　　Hipparchia autonoe (Esper, 1783) 산굴뚝나비
　　　sibirica (Staudinger, 1861) (동북부 지방 아종)
　　　zezutonis (Seok, 1934) (한라산 아종)
- *Ypthima* Hübner, 1818
　　Ypthima argus Butler, 1866 애물결나비
　　　hyampeia Fruhstorfer, 1911
　　Ypthima multistriata Butler, 1883 물결나비
　　　ganus Fruhstorfer, 1911
　　Ypthima motschulskyi (Bremer et Grey, 1853) 석물결나비
　　　amphithea Ménétriés, 1859
- *Erebia* Dalman, 1816
　　Erebia ligea (Linnaeus, 1758) 높은산지옥나비*
　　　eumonia Ménétriés, 1959
　　Erebia ajanensis Ménétriès, 1857 북방산지옥나비(신칭)*
　　Erebia pawloskii Ménétriès, 1859 차일봉지옥나비*
　　Erebia neriene (Böber, 1809) 산지옥나비*
　　Erebia rossii (Curtis, 1835) 관모산지옥나비*
　　Erebia embla (Thunberg, 1791) 노랑지옥나비*
　　　succulenta Alpheraky, 1897
　　Erebia cyclopius (Eversmann, 1844) 외눈이지옥나비*
　　Erebia wanga Bremer, 1864 외눈이지옥사촌나비
　　Erebia edda Ménétriès, 1851 분홍지옥나비*

Erebia radians Staudinger, 1886 민무늬지옥나비*
Erebia kozhantshikovi Sheljuzhko, 1925 재순이지옥나비*

● **Subfamily Heliconiinae 독나비아과 (신칭)**
- *Argynnis* Fabricius, 1807
　　Argynnis paphia (Linnaeus, 1758) 은줄표범나비
　　　neopaphia Fruhstorfer, 1907 (한반도 내륙 아종)
　　　chejudoensis Okano et Pak, 1968 (한라산 아종)
　　Argynnis childreni Gray, 1831 중국은줄표범나비
　　Argynnis zenobia Leech, 1890 산은줄표범나비
　　　penelope (Staudinger, 1892)
　　Argynnis sagana Doubleday, 1847 암검은표범나비
　　　paulina (Nordman, 1851)
　　Argynnis laodice (Pallas, 1771) 흰줄표범나비
　　　fletcheri Watkins, 1924
　　Argynnis ruslana Motschulsky, 1866 큰흰줄표범나비
　　Argynnis anadyomene C. et R. Felder, 1862 구름표범나비
　　　ella (Bremer, 1864)
　　Argynnis niobe (Linnaeus, 1758) 은점표범나비
　　　valesinoides Reuss, 1926 (한반도 내륙 아종)
　　　hallasanensis (Okano et Pak, 1969) (한라산 아종)
　　Argynnis vorax Butler, 1871 긴은점표범나비
　　　coredippe (Leech, 1892)
　　Argynnis adippe (Denis et Schiffermüller, 1775) 황은점표범나비
　　　chrysodippe Staudinger, 1892
　　Argynnis nerippe C. et R. Felder, 1862 왕은점표범나비
　　　coreana (Butler, 1882)
　　Argynnis aglaja (Linnaeus, 1758) 풀표범나비
　　　fortuna (Janson, 1877)
　　Argyreus Scopoli, 1777
　　Argyreus hyperbius (Linnaeus, 1763) 암끝검은표범나비
- *Brenthis* Hübner, 1819
　　Brenthis daphne (Bergsträsser, 1780) 큰표범나비
　　　fumida (Butler, 1882)
　　Brenthis ino (Rottemburg, 1775) 작은표범나비
　　　amurensis (Staudinger, 1887)
- *Boloria* Moore, 1900
　　Boloria selenis (Eversmann, 1837) 꼬마표범나비
　　　sibirica (Erschoff, 1870)

Boloria oscarus (Eversmann, 1844) 큰은점선표범나비
　maxima Fixsen, 1887
Boloria thore (Hübner, 1803~1804) 산꼬마표범나비
　hyperusia (Fruhstorfer, 1907)
Boloria angarensis (Erschoff, 1870) 백두산표범나비*
　hakutosana (Matsumura, 1927)
Boloria titania (Esper, 1793) 높은산표범나비*
　staudingeri (Wnukowsky, 1929)
Boloria iphigenia (Graeser, 1888) 고운은점선표범나비(신칭)*
Boloria euphrosyne (Linnaeus, 1758) 은점선표범나비
Boloria selene (Denis et Schiffermüller, 1775) 산은점선표범나비*
Boloria perryi (Butler, 1882) 작은은점선표범나비

- Subfamily Limenitidinae 줄나비아과
- *Limenitis* Fabricius, 1807
　Limenitis camilla (Linnaeus, 1764) 줄나비
　　japonica Ménétriès, 1857
　Limenitis doerriesi Staudinger, 1892 제이줄나비
　Limenitis helmanni Lederer, 1853 제일줄나비
　　duplicata Staudinger, 1892 (한반도 내륙 아종)
　　marinus Kim et Kim, 2002 (경기도 황해 도서 아종)
　Limenitis homeyeri Tancré, 1881 제삼줄나비
　Limenitis sydyi Lederer, 1853 굵은줄나비
　　latefasciata Ménétriès, 1859
　Limenitis amphyssa Ménétriès, 1859 참줄나비사촌
　Limenitis moltrechti Kardakoff, 1928 참줄나비
　Limenitis populi (Linnaeus, 1758) 왕줄나비
- *Seokia* Sibatani, 1943
　Seokia pratti (Leech, 1890) 홍줄나비
　　eximia (Moltrecht, 1909)
- *Neptis* Fabricius, 1807
　Neptis sappho (Pallas, 1771) 애기세줄나비
　　intermedia W. B. Pryer, 1877
　Neptis philyra Ménétriès, 1858 세줄나비
　Neptis philyroides Staudinger, 1887 참세줄나비
　Neptis speyeri Staudinger, 1887 높은산세줄나비
　Neptis rivularis (Scopoli, 1763) 두줄나비
　　magnata Henye, 1895 (원명 아종으로 보는 견해도 있다)
　Neptis pryeri Butler, 1871 별박이세줄나비

　Neptis andetria Fruhstorfer, 1912 개마별박이세줄나비
　Neptis alwina (Bremer et Grey, 1853) 왕세줄나비
　Neptis thisbe Ménétriès, 1859 황세줄나비
　Neptis tshetvericovi Kurentzov, 1936 중국황세줄나비
　Neptis ilos Fruhstorfer, 1909 산황세줄나비
- *Aldania* Moore, 1896
　Aldania raddei (Bremer, 1861) 어리세줄나비
- *Dichorragia* Butler, 1869
　Dichorragia nesimachus (Doyère, 1840) 먹그림나비
　　koreana Shimagami, 2000 (남부 지방 아종)
　　chejuensis Shimagami, 2000 (제주도 아종)

- Subfamily Apaturinae 오색나비아과
- *Apatura* Fabricius, 1807
　Apatura ilia (Denis et Schiffermüller, 1775) 오색나비
　　praeclara Bollow, 1930
　Apatura metis Freyer, 1829 황오색나비
　　heijona Matsumura, 1928
　Apatura iris (Linnaeus, 1758) 번개오색나비
　　amurensis Stichel, 1908
- *Mimathyma* Moore, 1896
　Mimathyma schrenckii (Ménétriès, 1859) 은판나비
　Mimathyma nycteis (Ménétriès, 1859) 밤오색나비
- *Chitoria* Moore, 1896
　Chitoria ulupi (Doherty, 1889) 수노랑나비
　　fulva Leech, 1891
- *Dilipa* Moore, 1857
　Dilipa fenestra (Leech, 1891) 유리창나비
　　takacukai Seok, 1937
- *Hestina* Westwood, 1850
　Hestina persimilis (Westwood, 1850) 흑백알락나비
　　seoki Shirôzu, 1955
　Hestina assimilis (Linnaeus, 1758) 홍점알락나비
- *Sasakia* Moore, 1896
　Sasakia charonda (Hewitson, 1863) 왕오색나비
　　coreanus (Leech, 1887)
- *Sephisa* Moore, 1882
　Sephisa princeps (Fixsen, 1887) 대왕나비

- Subfamily Cyrestinae 돌담무늬나비아과
- *Cyrestis* Boisduval, 1832
  Cyrestis thyodamas Doyère, 1840 돌담무늬나비**
    mabella Fruhstorfer, 1898

- Subfamily Nymphalinae 신선나비아과 (신칭)
- *Araschnia* Hübner, 1819
  Araschnia levana (Linnaeus, 1758) 북방거꾸로여덟팔나비
  Araschnia burejana (Bremer, 1861) 거꾸로여덟팔나비
- *Vanessa* Fabricius, 1807
  Vanessa cardui (Linnaeus, 1758) 작은멋쟁이나비
  Vanessa indica (Herbst, 1794) 큰멋쟁이나비
- *Polygonia* Hübner, 1819
  Polygonia c-aureum (Linnaeus, 1758) 네발나비
  Polygonia c-album (Linnaeus, 1758) 산네발나비
    hamigera (Butler, 1877)
- *Nymphalis* Kluk, 1802
  Nymphalis l-album (Esper, 1780) 갈구리신선나비
  Nymphalis xanthomelas (Esper, 1781) 들신선나비
  Nymphalis antiopa (Linnaeus, 1758) 신선나비
    asopos (Fruhstofer, 1919)
- *Aglais* Dalman, 1816
  Aglais urticae (Linnaeus, 1758) 쐐기풀나비
  Aglais io (Linnaeus, 1758) 공작나비
    geisha (Stichel, 1908)
- *Kaniska* Moore, 1899
  Kaniska canace (Linnaeus, 1763) 청띠신선나비
- *Junonia* Hübner, 1819
  Junonia almana (Linnaeus, 1758) 남방공작나비**
  Junonia orithya (Linnaeus, 1758) 남방남색공작나비**
- *Hypolimnas* Hübner, 1819
  Hypolimnas misippus (Linnaeus, 1764) 암붉은오색나비**
  Hypolimnas bolina (Linnaeus, 1758) 남방오색나비**
    kezia (Butler, 1878) 또는 *phillippensis* (Butler, 1874)
- *Euphydryas* Scudder, 1872
  Euphydryas davidi (Oberthür, 1881) 금빛어리표범나비
  Euphydryas intermedia (Ménétriès, 1859) 함경어리표범나비*
- *Melitaea* Fabricius, 1807
  Melitaea ambigua Ménétriès, 1859 여름어리표범나비

  mandzhurica Fixsen, 1887
  Melitaea britomartis Assmann, 1847 봄어리표범나비
  Melitaea plotina Bremer, 1861 경원어리표범나비*
  Melitaea didymoides Eversmann, 1847 산어리표범나비*
  Melitaea sutschana Staudinger, 1892 짙은산어리표범나비*
  Melitaea arcesia Bremer, 1861 북방어리표범나비*
  Melitaea diamina (Lang, 1789) 은점어리표범나비*
  Melitaea protomedia Ménétriès, 1858 담색어리표범나비
  Melitaea scotosia Butler, 1878 암어리표범나비
    butleri Higgins, 1940

Hesperiidae 팔랑나비과

- Coeliadinae 수리팔랑나비아과
- *Choaspes* Moore, 1881
  Choaspes benjaminii (Guérin-Méneville, 1843) 푸른큰수리팔랑나비
    japonica (Murray, 1875)
- *Burara* Swinhoe, 1893
  Burara aquilina (Speyer, 1879) 독수리팔랑나비
  Burara striata (Hewitson, 1867) 큰수리팔랑나비

- Pyrginae 흰점팔랑나비아과
- *Lobocla* Moore, 1884
  Lobocla bifasciata (Bremer et Grey, 1853) 왕팔랑나비
- *Satarupa* Moore, 1866
  Satarupa nymphalis (Speyer, 1879) 대왕팔랑나비
- *Daimio* Murray, 1875
  Daimio tethys (Ménétriès, 1857) 왕자팔랑나비
    원명아종 (한반도 내륙)
    moori (Mabille, 1876) (제주도 아종)
- *Erynnis* Schrank, 1801
  Erynnis montanus (Bremer, 1861) 멧팔랑나비
  Erynnis popoviana (Nordmann, 1851) 꼬마멧팔랑나비*
- *Syrichtus* Boisduval, 1834
  Syrichtus gigas (Bremer, 1864) 왕흰점팔랑나비*
- *Spialia* Swinhoe, 1912
  Spialia orbifer (Hübner, 1823) 함경흰점팔랑나비*
    lugens (Staudinger, 1886)
- *Pyrgus* Hübner, 1819

Pyrgus maculatus (Bremer et Grey, 1852) 흰점팔랑나비
Pyrgus malvae (Linnaeus, 1758) 꼬마흰점팔랑나비
　kauffmanni Alberti, 1955
Pyrgus speyeri (Staudinger, 1887) 북방흰점팔랑나비*

● **Heteropterinae 돈무늬팔랑나비아과**
- *Carterocephalus* Lederer, 1852
　Carterocephalus dieckmanni Graeser, 1888 참알락팔랑나비
　Carterocephalus argyrostigma Eversmann, 1851 은점박이알락팔랑나비*
　Carterocephalus palaemon (Pallas, 1771) 북방알락팔랑나비*
　　albiguttatus Christoph, 1893 또는 원명 아종
　Carterocephalus silvicola (Meigen, 1828) 수풀알락팔랑나비
- *Heteropterus* Duméril, 1806
　Heteropterus morpheus (Pallas, 1771) 돈무늬팔랑나비
- *Leptalina* Mabille, 1904
　Leptalina unicolor (Bremer et Grey, 1853) 은줄팔랑나비

● **Hesperiinae 떠들썩팔랑나비아과 (신칭)**
- *Isoteinon* C. et R. Felder, 1862
　Isoteinon lamprospilus C. et R. Felder, 1862 지리산팔랑나비
- *Aeromachus* de Nicéville, 1890
　Aeromachus inachus (Ménétriès, 1859) 파리팔랑나비
- *Thymelicus* Hübner, 1819
　Thymelicus lineola (Ochsenheimer, 1808) 두만강꼬마팔랑나비*
　Thymelicus leoninus (Butler, 1878) 줄꼬마팔랑나비
　Thymelicus sylvaticus (Bremer, 1861) 수풀꼬마팔랑나비
- *Ochlodes* Scudder, 1872
　Ochlodes similis (Leech, 1893) 산수풀떠들썩팔랑나비
　Ochlodes venatus (Bremer et Grey, 1852) 수풀떠들썩팔랑나비
　Ochlodes ochraceus (Bremer, 1861) 검은데떠들썩팔랑나비
　Ochlodes subhyalinus (Bremer et Grey, 1853) 유리창떠들썩팔랑나비
- *Hesperia* Fabricius, 1793
　Hesperia florinda (Butler, 1878) 꽃팔랑나비
　　repugnans Staudinger, 1892
- *Potanthus* Scudder, 1872
　Potanthus flavus (Murray, 1875) 황알락팔랑나비
- *Polytremis* Mabille, 1904
　Polytremis zina (Evans, 1932) 산팔랑나비
　　zinoides Evans, 1937

Polytremis pellucida (Murray, 1875) 직작줄점팔랑나비*
- *Pelopidas* Walker, 1870
　Pelopidas jansonis (Butler, 1878) 산줄점팔랑나비
　Pelopidas mathias (Fabricius, 1798) 제주꼬마팔랑나비
　　oberthueri Evans, 1937
　Pelopidas sinensis (Mabille, 1877) 흰줄점팔랑나비**
- *Parnara* Moore, 1881
　Parnara guttata (Bremer et Grey, 1853) 줄점팔랑나비

용어 해설

개체 변이(個體變異, variation) 같은 종이나 아종 또는 한 지역에 사는 같은 종의 무리가 개체에 따라 색, 무늬, 크기 등이 달라지는 것을 말한다.

경계색(경고색) 공작나비는 날개에 눈 모양 무늬가 감추어져 있는데, 천적이 잡으려고 하면 이 무늬를 보여 천적을 놀라게 해서 자신을 보호한다. 이때의 색이나 무늬를 경계색이라고 한다. 각별히 붉은색을 띠면 독이 있다는 암시로, 큰주홍부전나비가 푸른 잎에 앉아 노출되어도 천적이 달려들지 않는 것은 이 때문이다.

경피판(硬皮板) 팔랑나비과 애벌레 중에는 등 쪽에 딱딱한 껍질이 붙어 있는 경우가 있는데, 이 부분의 색과 크기 등으로 종을 구별할 수 있다.

계절형(seasonal phenotype) 나비가 한 해에 두 번 이상 나타날 경우, 같은 종인데도 계절에 따라 크기, 날개 색, 날개 모양이 달라질 때가 있다. 이에는 봄형(春型), 여름형(夏型), 가을형(秋型)이 있다. 계절형이 뚜렷한 우리 나비는 거꾸로여덟팔나비, 북방거꾸로여덟팔나비, 네발나비 등이다.

나비길(蝶道) 호랑나비과 일부 종의 수컷들이 계곡이나 능선을 따라 일정한 길로 날아다니는 것을 볼 수 있는데, 이는 암컷을 빨리 탐색하기 위한 행동으로 보인다.

날개돋이(羽化, eclosion) 번데기에서 날개가 있는 어른벌레가 되는 것을 말한다.

냄새뿔(臭角, osmeterium) 호랑나비과 애벌레는 적을 만나면 머리와 앞가슴 사이에서 짧고 길쭉한 뿔 모양 돌기가 나오는데, 여기에서 특유의 냄새가 난다. 이를 냄새뿔이라고 한다. 길이는 물론, 색도 노란색, 분홍색, 붉은색, 보라색 등 종류마다 약간씩 다르다.

대용(帶蛹) 애벌레가 번데기가 될 때 실을 토해 배 끝을 고정하고 가슴 또는 배를 둘러쳐 물체에 고정시키는 방식으로, 네발나비과 이외의 나비에게서 볼 수 있다. 이때는 똑바로 서게 된다.

독 나비 호랑나비과의 사향제비나비, 네발나비과의 독나비아과, 왕나비아과에 속하는 나비들은 독이 든 먹이식물을 먹고 몸속에 독을 저장해 둔다. 이들은 날개 색, 무늬를 눈에 더 잘 띄게 독특하게 하여 독이 있음을 경고하는 경계색을 하고 있는 경우가 많다.

동종 이명(同種異名, synonym, 동물이명) 나비의 학명을 정할 때 학자들끼리 정보 교환이 되지 않아 한 종류에 서로 다른 이름을 붙이는 경우가 있다. 이때 최초에 붙여진 이름 외의 다른 학명을 동종 이명(같은 종에 붙인 다른 이름)이라고 한다.

령(齡, instar) 나비를 포함한 곤충의 애벌레가 자라기 위해서는 반드시 딱딱한 껍질을 벗어야 한다. 이를 '허물벗기'라고 한다. 알에서 깨나면 초령(1령)애벌레, 이후 껍질을 벗을 때마다 마치 나이를 먹는 것처럼 2령, 3령, 4령, 5령이라고 부른다. 번데기가 되기 직전의 애벌레를 특별히 종령(4령, 5령, 6령)애벌레라고 부른다.

막상부 막질 모양의 부위

미접(迷蝶, migrant) 외국에서 바람이나 선박 등을 통해 우리나라에 유입된 나비를 말한다. 한여름 태풍 뒤에 일본 남부와 동남아시아 지역에서 날아오거나 봄과 가을에 계절풍을 따라 중국에서 날아온다. 만약 우리나라에서 미접이 일시적으로 한살이 과정을 거쳐서 제1, 2대 자손이 나온다면 이를 '우산접(偶産蝶, accidental)'이라고 할 수 있다.

발향인(發香鱗, androconium) 큰줄흰나비처럼 일부 종류의 수컷은 특별히 향기를 내어 암컷이 수컷에게서 벗어나지 못하도록 한다. 이러한 물질(arrestant) 또는 성적 흥분을 일으키는 물질(aphrodisiac)로, 날개에 생긴 특별한 비늘가루 때문인데, 이 비늘가루를 발향인이라고 한다. 이 가루가 날개 표면에 고루 퍼져 있는 종류가 있는가 하면 일정한 성징에만 나타나는 종류 등 다양하다.

번데기화(蛹化, pupation) 애벌레가 번데기가 되는 과정을 말한다. 이때 애벌레의 앞가슴샘에서 앞가슴샘 호르몬이 나와 번데기가 된다.

뿔 모양 돌기(角狀突起, horn) 애벌레의 머리에 난 돌기이다. 주로 네발나비과 애벌레에게서 볼 수 있으며 사슴뿔 같은 생김새를 두고 붙인 말이다.

산형 산형과 식물

샘털 샘 조직이 있는 부위의 털

성표(性標, sex brand) 나비 수컷에서 볼 수 있는, 암컷이 가지지 않는 뚜렷한 특징을 말한다. 예를 들면 산제비나비는 수컷만 날개에 벨벳 털이 있으며, 까마귀부전나비의 수컷은 앞날개 윗면 가운데방 끝에 원 무늬가 있다. 또한 제주꼬마팔랑나비의 수컷은 앞날개 가운데방 아래에 사선 무늬가 있다.

수용(垂蛹) 대용과 달리 애벌레가 번데기가 될 때 실을 토해 배 끝만 고정시켜 머리를 아래로 늘어뜨려 거꾸로 매달리는 방식을 말한다. 네발나비과에서 볼 수 있다.

숲 나비 숲에서 살며, 숲 위나 숲 속, 숲 가장자리가 삶의 터가 되는 나비를 말한다. 이 나비들은 주로 목본식물을 먹이식물로 삼는다.

아과(亞科, subfamily) 동물 분류학의 한 단위. 과(科) 아래, 속(屬) 위의 단위이다.

아종(亞種, subspecies) 종 이하의 단위이다. 같은 종 개체군 안에서 지리적으로 분포 범위가 고립되거나 동떨어진 경우에 독특한 형태 특징을 갖게 되는데, 이런 집단을 아종이라고 한다. 여기에는 학자 개개인마다 견해가 조금씩 다르다. 이때 지역적 차이가 있는데도 종의 형질이 일정한 방향으로 변화하는 현상은 아종의 개념이 아니라 한 종 안에서의 연속 변이(cline)로 해석한다.

암수 감합체(암수嵌合體, gynandromorph) 한 개체에 수컷과 암컷의 형질이 함께 나타나는 경우이다. 한쪽 날개가 수컷, 다른 한쪽이 암컷으로 나타나는 경우와 어느 부분에 암수의 형질이 교대로 모자이크된 경우도 있다.

앞번데기(前蛹, prepupa) 다 자란 애벌레가 번데기가 되기 직전, 몸이 움직이지 않는 상태를 말한다. 이때는 몸속의 불필요한 물질을 배설한 상태로, 실로 몸을 고정한 후이다.

여름잠(夏眠, aestivation) 나비의 종에 따라 한여름 더위가 기승을 부릴 때 일시적으로 활동하지 않는 상태를 말한다. 이런 나비의 경우 초가을에 다시 활동하게 된다. 예를 들면 대부분의 표범나비류는 6월에 나타나지만 8월의 더운 시기에는 활동하지 않다가 9월에 다시 활발하게 날아다닌다.

원명 아종(原名亞種, nomiotypical subspecies) 분류학자가 새 종을 기재할 경우, 기준을 삼는 표본 종(type species, 기준종)을 정한다. 이때 기준이 되는 표본 종과 같은 지역의 같은 생김새의 개체군들을 원명 아종이라고 한다.

유존종(遺存種, relict species) 넓게 분포하던 나비가 환경 변화에 따라 좁은 범위에만 남아 있는 경우를 말한다. 고산, 습지, 섬 등 격리된 환경에 적응한 종류가 많다. 점차 고유 아종, 고유종으로 분화하는 일이 많다. 우리나라 한라산의 산굴뚝나비가 대표적이다.

의태(擬態, mimicry) 은폐하기 쉬운 사물이나 독이 있는 다른 종류와 닮아 보이는 현상으로, 나비가 자신을 보호하려는 방법이다. 천적을 피하는 데 적절하다.

일광욕(sunbasking) 체온을 올리기 위한 수단으로, 대체로 아침에 태양을 향해 날개를 펴고 앉아 태양 복사열을 쬔다. 첫빛부전나비와 같은 종류는 날개를 접은 채 태양에 수직하여 비스듬히 숙이는 모습으로 일광욕을 한다.

자매종(姉妹種, sibling species) 공통의 조상에서 최근 또는 한 번 분화한 종군으로, 어른벌레의 겉모습으로 구별할 수 없으나 유생기(알, 애벌레, 번데기)에서 차이가 나는 경우가 있다. 이 경우 각각 생활사나 세포 속의 염색체 따위로 종을 구별하게 된다. 이런 종들을 자매종이라고 한다.

정공(精孔, micropyle) 알 꼭대기에 수정하기 위해 정자가 들어올 수 있도록 열린 곳이 있는데, 이곳을 정공이라고 한다. 안쪽으로 조금 오목하게 생겼다.

종(種, species) 생식 능력이 있는 자손을 낳을 수 있는 개체군을 말한다. 일정한 형태적 특징을 가져서 다른 종과 완전히 분리된 집단이거나 환경 변화가 일정한 경우 자손에게 형질이 유전되고, 생태적인 특성이 같은 집단이다. 한편 형태적 특징이나 생활 장소가 모두 같더라도 생식기의 구조가 서로 다르면 그들 간에는 교배가 이루어질 수 없다. 따라서 자손끼리도 섞일 수 없어서 서로 다른 계통에 속하게 된다. 이러한 경우 대개 염색체와 유전자의 구조가 다르고 살아가는 방법 중 무엇인가 차이가 있어서 결국은 서로 다른 종으로 분리된다.

종간 잡종(hybrid) 다른 종끼리 우연히 교배하여 생겨난 제1대 자손을 말한다. 대부분 불임이며, 당대에 도태한다.

지리적 변이(geographical variation) 같은 종인데도 섬과 같이 격리된 지역에 사는 개체군이 크기, 모양, 무늬가 달라지는 현상을 말한다. 이때 독특한 생김새를 가진 개체군을 아종(亞種)으로 따로 구별할 수 있다.

짝짓기 거부 행동 이미 짝짓기를 끝냈거나 미성숙한 암컷이 짝짓기를 하려고 달라붙는 수컷에 대해 거부를 표현하는 행동으로, 흰나비과 암컷의 경우 날개를 펴고 배를 추켜올리는 행동을 한다. 이것은 필요 없는 에너지를 낭비하지 않으려는 고도의 전략으로 풀이된다.

짝짓기 주머니(受胎囊, sphragis) 모시나비아과의 종들이 짝짓기를 할 때, 수컷이 분비물을 내어 암컷 배 끝에 붙여 굳게 한 것을 말한다. 이것 때문에 한 번 짝짓기한 암컷은 더 이상 짝짓기를 할 수 없게 되는데, 이는 수컷이 자신의 유전자를 지키려는 행동으로 풀이된다. 짝짓기 주머니의 생김새는 종마다 다르다.

탈바꿈(變態, metamorphosis) 알에서 어른벌레까지 생김새가 변하는 것을 일컫는다. 나비에서는 알, 애벌레, 번데기, 어른벌레의 순으로 탈바꿈을 한다. 이런 4단계를 거칠 경우 '완전 탈바꿈'이라고 한다. 앞가슴샘의 알라타체가 관여한다.

텃세 행동(占有行動, territorial behavior) 네발나비과와 부전나비과, 팔랑나비과 중에는 수컷이 한 장소를 차지하고 있다가 다른 수컷을 쫓아내는 행동을 하는 종이 있다. 보통은 빛이 잘 들고 확 트인 장소의 나뭇잎이나 돌출된 바위 위를 좋아하는데, 종마다 위치, 높이, 점유 집착도 등이 다르다.

토착나비(토착종) 본디부터 우리나라에 살던 나비를 말한다. 이에 반해 외국에서 들어온 경우 '미접'이라고 한다.

페로몬(pheromone) 나비의 몸에서 방출되는 화학 물질을 말하는데, 다른 성에게 정보 전달을 하려는 목적의 성 페로몬이 많이 알려져 있다.

풀밭 나비 풀밭에서 많이 보이며, 풀밭에 핀 꽃이나 먹이식물을 찾아다니는 나비를 말한다.

현수기 몸체에 고정되어 움직이지 않도록 하는 부분

휴면기(diapause) 나비의 발육 상태에 따라 물질대사가 크게 떨어진 경우를 말한다. 주로 호르몬 작용이 영향을 미치는데, 나쁜 환경 조건(저온, 고온, 건조)에 적응하기 위하여 나타난다.

흡밀(吸蜜) **식물** 어른벌레는 애벌레 때 축적해 둔 양분으로 활동할 때 필요한 에너지를 사용하기도 하지만 대부분의 나비는 꽃꿀에서 에너지를 얻는다. 이때 대상이 되는 식물을 말하며, 기본적으로 나비의 출현 시기와 꽃 피는 시기가 서로 같아 특정 나비가 특정 꽃에 오는 일이 많다.

흡수(吸水)**성** 수컷이 물가나 샘터 주위의 축축한 곳이나 비 온 뒤 땅바닥에 날아와 물을 먹는 행동을 말한다. 먹은 물을 그대로 항문으로 배출하는 것으로 보아 아마 물보다는 물 속의 무기 염류를 섭취하는 것으로 보인다. 이 행동의 원인은 아직 규명되지 않았다.

흡즙(吸汁)**성** 나비는 종류에 따라 꽃말고도 과일이나 나뭇진에서 즙을 빨아 먹는다. 이 밖에 동물의 배설물이나 사람의 땀을 빨아 먹기도 하는데, 이런 행동 특성을 흡즙성이라고 한다.

참고 문헌

도감류와 단행본

- Bozano, G. C., 1999. Guide to the butterflies of the Palearctic Region, Satyridae, part 1. Subfamily Elymniinae, Tribe Lethini. 58pp. Omnes Artes, Milano.
- Bozano, G. C., 2002. Guide to the butterflies of the Palearctic Region, Satyrinae, part 3. Tribe Satyrini, Subtribes Melanargiina and Coenonymphina. 71pp. Omnes Artes, Milano.
- Bryk, F., 1946. Zur Kenntnis der grosschmetterlinge von Korea. 1. Ropalocera Hesperiodea et Macrolepidoptera 1 (Sphingidae). Ark. Zool. 38A(3): 1-75, 4pls.
- Chou, I. (ed.), 1994. Monographia Rhopalocerorum Sinensium, 1-2. 854pp. (In Chinese).
- D'Abrera, B., 1990. Butterflies of Holarctic region, part 1. Hill House, Victoria, Austria.
- Eliot, J. N. and A. Kawazoe, 1983. Blue butterflies of the Lycaenopsis group. Bull. Brs. Nat. Hist. 309pp.
- Eliot, J. N., 1973. The higher classification of the Lycaenidae (Lepidoptera): trantative arrangement. Bull. Br. Mus. Nat. Hist. (Ent.) 28: 371-505, 9pls.
- Frohawk, F. W., 1934. The complete book of british butterflies. 'The purple emperor', p. 180-187, pl. XV. Ward, Lock & Co., London and Melbourne.
- Gorbunov, P. Y. and O. Kosterin, 2007. The butterflies (Hesperoidea and papilionoidea) of North Asia (Asian part of Russia). Rodina and Fodio, Moscow. Vol. 1, 2, 408pp, 392pp.
- Gorbunov, P. Y., 2001. The butterflies of Russia: classification, genitalia, keys for identification (Lepidoptera: Hesperioidea and Papilionoidea). 320pp. Thesis, Ekaterinburg.
- Hirai, N. and C. M. Lee, 2004. Marking Parantica in South Korea. Yadoriga 203: 9-10. (In Japanese)
- Joo, H. Z., S. S. Kim and J. D. Sohn, 1997. Butterflies of Korea in Color. 437pp. Kyo-Hak Publishing Co., Ltd., Seoul. (In Korean)
- Kim, C. W., 1976. Distribution atlas insects of Korea. (Series 1, Rhopalocera, Lepidoptera). Korea Univ., Press, Seoul.
- Korshunov, Y. [Ю. П. Коршунов], 2002. Булавоусые Чешуекрылые Северной Азии. Издательство КМК. Москва. pp. 424. (In Russian)
- Korshunov, Y. and P. Gorbunov, 1995. [Butterflies of the Asian part of Russia. A handbook] (Dnevnye babochki aziatskoi chasti Rossii, Spravochnik). 202pp. Ural University Press, Ekaterinburg. (In Russian)
- Kristensen, N. P.[Ed.], 1999. Lepidoptera, Butterflies and moths. Vol. 1: Evolution, Systematics and Biogeography. In Fisher, M. [Ed.], Handbuch der Zoologie/ Handbook of Zoology (IV. Arthropoda: Insecta) 35: 1-487. Water de Gruyter, Berlin/ New York.
- Kurentzov, A. I., 1970. The butterflies of the far east U.S.S.R. Leningrad. (in Russian)
- Leech, J. H., 1892. Butterflies from China, Japan and Corea, 1-3. London.
- Leech, J. H., 1894. Butteflies from China, Japan and Corea. 4Parts, 681pp. 43pls. London.
- Scoble, M. J., 1992. The Lepidoptera. Form, Function and Diversity. +404pp. Oxford University Press, Oxford.
- Scott, J. A., 1986. The butterflies of North America. A natural history and field guide. Stanford, Califonia. 583pp., 64pls.
- Seitz, A., 1909-1912. Die gross-schmetterlinge der erde. Die gross-schmetterlinge des paläarktischen Faunengebietes. Taghalter, Stuttgart, Lehmann, 8+379 S., 89 Taf.

- Seitz, A., 1929-1932. Die gross-schmetterlinge der erde. Supplementum zu band 1. Die paläarktischen Taghalter. Stuttgart, Kernen. 8+3+399 S., 16 Taf.
- Seok, D. M., 1939. A synonymic list of butterflies of Korea (Tyosen). ⅹⅹⅹ1 +391pp, 2pls Korea Branch of the Royal Asiaatic Society, Seoul.
- Seok, D. M., 1970. The distribution maps of butterflies in Korea. Bojinje. Seoul.
- Tuzov, V. K. et al., 1997. Guide to the butterflies of Russia and adjacent territories, 1: Hesperiidae, Papilionidae, Pieridae, Satyridae. 480pp. Pensoft, Sofia-Moscow.
- Tuzov, V. K. et al., 2000. Guide to the butterflies of Russia and adjacent territories, 2: Libytheidae, Danaidae, Nymphalidae, Riodinidae, Lycaenidae. 580pp. Pensoft, Sofia-Moscow.
- Tuzov, V. K., 2003. Guide to the butterflies of the Palearctic Region, Nymphalidae, part 1. Tribe Argynnini. 64pp. Omnes Artes s.a.s., Milano.
- Wahlberg, N., E. Weingartner and S. Nylin, 2003. Towards a better understanding of the higher systematics of Nymphalidae (Lepidoptera: Papilionoidea). Mol. Phylogenet. Evol., 28: 473-484.
- 김용식, 2002. 원색한국나비도감. 교학사. 서울.
- 藤岡 知夫·築山 洋·千葉秀幸, 1997. 日本産蝶類及び世界近縁種大圖鑑 1. 301+196pp., 162pls. 出版藝術社. 東京.
- 牧林 功, 1980. チョウの幼蟲の形態. ニューサイエンス社. 東京.
- 박규택·김성수, 1997. 한국의 나비. 381pp. 생명공학연구소 한국곤충분류연구회.
- 白水 隆, 2006. 日本産蝶類標準圖鑑. 學研. 336pp.
- 白水 隆·原章, 1960. 日本蝶類幼蟲圖鑑 I, II. 保育社. 東京.
- 幅田晴夫 외, 1982-1984. 原色日本蝶類生態圖鑑 1-4. 保育社. 大阪.
- 北隆館, 1959. 日本幼蟲圖鑑. 東京.
- 森爲三·土居寬暢·조복성, 1934. 原色朝鮮의 蝶類. 朝鮮印刷株式會社. 서울.
- 석주명, 1947. 조선나비이름의 유래기. 백양당. 서울. 61pp.
- 석주명, 1972. 한국산 접류의 연구. 보진재. 서울. 259pp.
- 手代木 求, 1997. 日本産蝶類幼蟲 成蟲圖鑑 II. (シジミチョウ科). 東海出版會. 東京.
- 신유항, 1989. 한국나비도감. 아카데미서적. 서울.
- 이승모, 1982. 韓國蝶誌. Insecta Koreana 편집위원회. 서울.
- 이영노, 1997. 원색한국식물도감. 교학사. 서울. 1237pp.
- 猪又 敏男, 1990. 原色蝶類檢索圖鑑. 北隆館. 東京.
- 조복성, 1959. 韓國動物圖鑑. 제1편 나비篇. 文教部. 서울.
- 주동률, 1964. 곤충분류명집. 과학원출판사. 평양. 347pp.
- 주동률·임홍안, 1987. 조선나비원색도감. 248pp. 과학백과사전출판사. 평양.
- 주흥재·김성수, 2002. 제주의 나비. 정행사. 서울. 185pp.
- 한국곤충학회 한국응용곤충학회, 1994. 한국곤충명집. 744pp. 서울.

생태와 생활사 논문

- Harada, M. and S. Igarashi, 1993. On hibernating aspects of nymphalid larvae in Asia. Butterflies 6: 11-18. (In Japanese)

- Hirukawa, N. and M. Kobayashi, 1995. Life history of *Shirozua jonashi* (Janson) (Lepidoptera, Lycaenidae) in Kiso-dani, Nagano prefecture, 1, 2. Tyô to Ga 44(4): 224-238, 269-286. (In Japanese)
- Jang, Y. J., 2007. Butterfly-Ant mutualism: New records of three Myrmecophilous Lycaenidae (Lepidoptera) and the associated ants (Hymenoptera: Formicidae) from Korea. J. Lepid. Soc. Korea 17: 5-18.
- Omelko, M. M. and M. A. Omelko, 1975. The biology of some butterflies (Rhopalocera) of Primorye. Proceedings of Biology and Pedology Institute, Vladivostok, 28(131): 149-159. (In Russian)
- Omelko, M. M. and M. A. Omelko, 1978. Life history of the Penelope fritillary- *Argynnis zenobia penelope* Stg. and Exceptional Admiral- Seokia eximia Mot. (Lepidoptera, Nymphalidae) in Primorye. Life History of some harmful and beneficial insects of the Far East, Vladivostok pp. 115-123. (In Russian)
- Omelko, M. M. and M. A. Omelko, 1984. Fauna and ecology of insects in the south of the Far East. Biology and Pedology Institute of FEB AS SSSR, Vladivostok, pp. 23-27. (In Russian)
- Omelko, M. M. and M. A. Omelko, N. V. Omelko, 2001. Life history of the Radde's glider- *Aldania raddei* Bremer (Lepidoptera, Nymphalidae) in Primorye. Biological research on Gornotaezhnaya station, Vladivostok 7: 326-340. (In Russian)
- Takáhashi M. and Shinkawa, T., 2007. Egg morphology of *Plebejus argyrognomon* (Lepidoptera, Lycaenidae)- Comparison between populations of Japan and the Korean Peninsula. Trans. lepid. Soc. Japan 58(4): 442-443. (In Japanese)
- Wakabayashi M. and Y. Fukuda, 1985. A new *Favonius* species from the Korean Peninsula (Lepidoptera: Lycaenidae). Nature & Life (Kyungpook J. Biol. Scis.) 15(2): 33-46.
- 溝部 忠志, 1998. 對馬産アカシジミの幼蟲の色彩 斑紋に關する硏究(シジチョウ科), 蝶と蛾, 49(1): 48-52.
- 김명희, 1993. 바둑돌부전나비의 월동 유충의 발견. 한국인시류동호인회지, 6: 39.
- 김성수, 1991. 한국산 나비목 곤충 수 종의 식초 및 유생기에 관하여. 한국인시류동호인회지, 4: 32-37.
- 김성수·박해철, 2001. 법적보호종 붉은점모시나비의 분포 및 현황. 한국나비학회지, 14: 43-48.
- 김성수·손정달, 1992. 한국산 밤오색나비의 생활사에 관하여. 한국인시류동호인회지, 5: 24-28.
- 김소직, 1993. 전남 무등산産 나비목 곤충의 식초 기록. 한국인시류동호인회지, 6: 41.
- 배재고 생물반, 1974. 한국특산 수노랑나비 유생기의 연구. 제20회 전국과학전람회 출품 연구보고서, 38pp.
- 白水 隆, 1941. カバイロゴマダラの産卵植物. Zephyrus 9: 15.
- 손상규, 1999. 한국산 검정녹색부전나비의 생활사. 한국나비학회지, 11: 1-5.
- 손상규, 2000. 북방녹색부전나비의 생활사에 관하여. Lucanus 1: 6-8.
- 손상규, 2000. 한국산 제이줄나비의 생활사에 관하여. 한국나비학회지, 13: 13-23.
- 손상규, 2007. 한국산 큰홍띠점박이푸른부전나비의 생활사. 한국나비학회지, 17: 1-4.
- 손상규·최수철, 2008. 작은표범나비의 집단수면 관찰. 한국나비학회지, 18: 31-32.
- 손상규, 2009. 한국 고유종 우리녹색부전나비의 생활사. 한국나비학회지, 19: 1-8.
- 손상규, 2010. 희귀종 민무늬귤빛부전나비의 생태관찰. 한국나비학회지, 20: 9-13.
- 손상규, 2009. 한국산 고운점박이푸른부전나비의 초식 단계의 생활사. 한국나비학회지, 19: 21-25.
- 손정달, 1990. 한국산 대왕나비의 유충, 용 및 식수에 관하여. 한국인시류동호인회지, 3: 50-52.
- 손정달, 1991. 한국산 긴은점표범나비의 종령유충, 蛹(번데기) 및 식초에 관하여. 한국인시류동호인회지, 4: 38-39.
- 손정달, 1995. 한국산 대왕나비의 생활사에 관하여. 한국인시류동호인회지, 8: 1-6.
- 손정달, 1999. 한국산 깊은산부전나비의 생활사에 관한 연구. 한국나비학회지, 12: 1-6.

- 손정달, 2006. 한국산 홍줄나비의 생활사. 한국나비학회지, 16: 1-6.
- 손정달, 2008. 한국산 금강산귤빛부전나비의 생태적 지견. 한국나비학회지, 18: 33-35.
- 손정달·김성수, 1990. 한국산 번개오색나비의 생활사에 관하여. 한국인시류동호인회지, 3: 40-44.
- 손정달·김성수, 1993. 한국산 은판나비의 생활사에 대하여. 한국인시류동호인회지, 6: 4-8.
- 손정달·김성수·박경태, 1992. 한국산 나비 20종의 식초 및 유생기에 관하여. 한국인시류동호인회지, 5: 29-33.
- 손정달·박경태, 1993. 한국산 나비의 식초 및 유생기에 관하여(II). 한국인시류동호인회지, 6: 13-16.
- 손정달·박경태, 1994. 한국산 나비의 식초 및 유생기에 관하여(III). 한국인시류동호인회지, 7: 62-65.
- 손정달·박경태, 2001. 물결부전나비의 생활사에 관한 연구. -추계 개체군을 중심으로-. 한국나비학회지, 14: 7-10.
- 손정달·박경태·이영준, 1995. 한국산 나비의 식초 및 유생기에 관하여(IV). 한국나비학회지, 8: 27-30.
- 신유항, 1970. コンゴウシジミの生活史. 蝶と蛾, 21(1&2): 15-16.
- 신유항, 1972. 韓國産 각시멧노랑나비의 생활사에 관하여. 한국곤충학회지, 2(1): 27-29.
- 신유항·홍재웅, 1973. 韓國産 붉은점모시나비의 생활사에 관하여. 경희대학교 산업과학기술연구소 논문집, 1: 23-25.
- 신유항, 1974a. 이른봄애호랑나비의 生活史에 관하여. 경희대학교 산업과학기술연구소 논문집, 2: 25-28.
- 신유항, 1974b. 꼬리명주나비의 生活史에 관하여. 경희대학교 논문집, 8: 319-325.
- 신유항, 1975. 작은홍띠점박이푸른부전나비의 生活史에 관하여. 한국곤충학회지, 5(1): 9-12.
- 神垣健司·橫倉 明, 1993. 廣島縣のキタアカシジミミ (II). 蝶硏 フィ一ルド, 8(8): 6-13.
- 原田基弘·建石敏光, 2006. オオヤマミドリヒョウモンとヤマミドリヒョウモンの幼生期. Gekkan Mushi 421: 16-18. (Early stages of *Childrena childreni* in China and *C. zenobia* in Korea)
- 윤인호·김성수, 1989. 유리창나비의 생활사에 관한 약간의 知見. 한국인시류동호인회지, 2(1): 60-63.
- 윤인호·주홍재, 1993. 한국산 풀흰나비에 대하여. 한국인시류동호인회지, 6: 17-18.
- 윤춘식·김정인·차진열·이승길·정선우, 2000. 한국산 큰줄흰나비의 사육 및 생활사에 관한 연구. 한국나비학회지, 13: 31-36.
- 임옥희·차진열·전주아·정선우, 2000. 한국산 노랑나비의 생활사. 한국나비학회지, 13: 25-29.
- 장용준, 2006. 한반도산 호개미성 부전나비와 내 사회적 기생종의 산란 행동과 행동생태학적 특징. 한국나비학회지, 16: 21-31.
- 정헌천·김소직·김명희, 1995. 한국산 바둑돌부전나비의 생활사에 관하여. 한국나비학회지, 8: 7-10.
- 정헌천·최수철, 1996. 한국산 남방녹색부전나비의 생활사에 관하여. 한국나비학회지, 9: 1-5.
- 조달준, 2001. 한국산 청띠제비나비의 생활사 연구. 한국나비학회지, 14: 1-6.
- 주재성, 2009. 흰줄점팔랑나비의 국내 서식 확인 및 생활사. 한국나비학회지, 19: 9-12.
- 주재성, 2010. 흰줄점팔랑나비 종령유충의 머리와 蛹에 관하여. 한국나비학회지, 20: 1-4.
- 주재성, 2010. 한국산 꼬마흰점팔랑나비의 생활사. 한국나비학회지, 20: 5-8.
- 주홍재·김성수·권태성, 2008. 소철꼬리부전나비의 대발생과 유생기에 관하여. 한국나비학회지, 18: 7-10.
- 淺野 隆, 2006. クロキマダラモドキの幼生期ついて -キマダラモドキの比較-. Gekkan Mushi 428: 35-38.
- 최요한·남상효, 1976. 암고운부전나비의 幼生期에 關하여. 한국곤충학회지, 6(2): 63-66.
- 平井規央·이철민, 2004. 韓國でアサギマダラにマ-ク. やどりが, 203: 9-10.
- 홍상기, 2003. 동절기 안산 및 대부도 지역의 배추흰나비 유충에 관한 보고. Lucanus 4: 2-4.

분류와 분포, 기타 논문

- Fukúda, H., Minotani, N. and M. Takáhashi, 1999. Studies on *Neptis pryeri* Butler (Lepidoptera, Nymphalidae) (2) The continental populations mingled with two species. Trans. lepid. Soc. Japan 50(3): 129-144. (In Japanese)
- Harvey, D. J. 1991. Higher classification of the Nymphalidae, Appendix B. - In: Nijhout, H. F. (ed) The Development and Evolution of Butterfly Wing Patterns. Smithsonian Institution Press, pp. 255-273.
- Ichikawa, S., 1906. Insects from the Is. Saishu-to. Hakubutsu no Tomo 6(33): 183-186. (In Japanese)
- Jung, S. H. and W. T. Kim, 1998. Discovery of *Narathura japonica* (Murray) (Lepidoptera, Lycaenidae) in Korea. Cheju. J. Life Sci., Inst. Life Sci. Cheju Natl. Univ., 1: 73-75.
- Kwon, T. S., S. S. Kim, J. W. Chun, B. K. Byun, J. H. Lim and J. H. Shin, 2010. Changes in butterflies abundance in response to global warning and reforestation. Environmental Entomology 39(2): 337-345.
- Kato, Y. and O. Yata, 2005. Geographical distribution and taxonomic status of two types of *Eurema hecabe* (L.) (Lepidoptera, Pieridae) in south-western Japan and Taiwan. Trans. lepid. Soc. Japan 56(3): 171-183.
- Kim, S. S., 2006. A new species of the genus *Favonius* from Korea (Lepidoptera, Lycaenidae). J. Lepid. Soc. Korea 16: 33-35.
- Lee, S. M. and T. Takakura, 1981. On a new subspecies of the Purple Emperor, *Apatura iris* (Lepidoptera: Nymphalidae) from the Republic of Korea. Tyô to Ga 31(3&4): 133-141.
- Lee, Y. J., 2009. Apaturinae (Lepidoptera: Nymphalidae) from the Korean Peninsula: Synonymic lists and keys to tribes, genera and species. Zootaxa 2169: 1-20.
- Lukhtanov, V. A. and U. J. Eitschberger, 2000. Illustrated catalogue of the genera *Oeneis* and *Davidiana* (Nymphalidae, Satyrinae, Oeneini). Butterflies of the World, part II, pp. 1-12, pl. 26.
- Okamoto, H., 1924. The insect fauna of Quelpart Island (Saishiu-to). Bull. Agric. Exp. Atat. Gov.-Gen. Chosen 1(2): 47-233, pls. 7-10.
- Okano, M., 1998. The butterflies of Chejudo (Quelpart Island). Fuji Daigaku Kiyo 31(2): 1-10.
- Okano, M., 1998. The subfamily Argynninae (Lepidoptera: Nymphalidae) of Chejudo (Quelpart Island). Fuji Daikaku Kiyo, 31(1): 1-5.
- Okano, M., and S. W. Pak, 1968. New or little known butterflies from Quelpart Island (Cheju-do). Artes Liberales 4: 65-70, pls. 3.
- Sasaki, M., 1995. Observation on hibernating larvae of *Neptis sappho intermedia* W. B. Pryer II. Yadoriga 160: 17-20.
- Shimagami, K., 2000. Geographical variations of *Dichorragia nesimachus* (Doyéere) in the regions around Korean Peninsula. Gekkan Mushi 352: 12-27.
- Sibatani A., T. Saigusa and T. Hirowatari, 1994. The genus *Maculinea* van Eecke, 1915 (Lepidoptera: Lycaenidae) from the East palaearctic region. Tyô to Ga 44(4): 157-220.
- Takeuchi, T., 2006. A new record of *Chilades pandava* (Horefield) (Lepidoptera, Lycaenidae) from Korea. Trans. lepid. Soc. Japan 57(4): 325-326.
- Troyer, H. L., C. S. Burks and R. E. Lee Jr., 1996. Phenology of cold hardiness in reproductive and migrant Monarch butterflies (Danaus plexippus) in southwest Ohio. J. Insect Physiol. 42: 633-642.

- 宮武賴夫・福田晴夫・金澤 至, 2003. 旅をする蝶アサギマダラ. 月刊 むし・ブックス 6. 241pp. 東京.
- Wahlberg, N., Brower, A. V. Z. & Nylin, S. 2005: Phylogenetic relationships and historical biogeography of tribes and genera in the subfamily Nymphalinae (Lepidoptera: Nymphalidae). Biological Journal of the Linnean Society 86: 227-251.
- Wahlberg, N., E. Weingartner and S. Nylin, 2003. Towards a better understanding of the higher systematics of Nymphalidae (Lepidoptera: Papilionoidea). Molecular Phylogenetics and Evolution 28: 473-484.
- Zdeněk F., W. Nikalas, P. Pavel and J. Zrazavý, 2007. Phylogeny and classification of the *Phengaris-Maculinea* clade (Lepidoptera: Lycaenidae): total evidence and phylogenetic species concepts. Systematic. Entomology 32: 558-567.
- 工藤吉朗, 1968. 韓國産蝶4種の生態について. やどりが, 56: 30.
- 권태성・변봉규・이봉우・이치영・손정달・강승호・김성수・김영걸, 2009. 광릉숲 나비군집의 종 풍부도 산정. 한응곤지, 48(4): 439-445.
- 김헌규・미승우, 1956. 韓國産 나비 目錄의 訂補 - 韓國産 나비 總目錄-. 梨花女子大學校 創立 七十週年 記念論文集, pp. 377-405.
- 김헌규・신유항, 1959. 光陵의 蝶相. 梨大 韓國文化硏究院論叢, 1: 299-323.
- 김성수, 2006. 최근 한국산 나비의 학명 변경에 대하여. 한국나비학회지, 16: 45-54.
- 김성수・권태성, 2008. 경기도 고령산의 나비상 변화 분석. 한국나비학회지, 18: 15-23.
- 김성수・김용식, 1993. 부전나비과 한국미기록 2종과 1 기지종. 한국인시류동호인회지, 6: 1-3.
- 김성수・김용식, 1994. 남한미기록 북방점박이푸른부전나비(신칭)의 기록. 한국인시류동호인회지, 7: 1-3.
- 김성수・손상규・손정달・이영준, 2008. 한국 고유종 우리녹색부전나비에 대하여. 한국나비학회지, 18: 1-6.
- 김성수・주흥재, 1999. 한국산 석물결나비와 물결나비의 분포 및 생태적 특성. 한국나비학회지, 11: 37-43.
- 김성수・김태우・남은정・박선재・염진화・최원형・변혜우, 2010. 일본 큐슈대학교에 보관된 한반도산 나비목 목록과 *Catocala*속(밤나방과) 한국 미기록 1종의 기록. 한국나비학회지, 20: 23-36.
- 김용식, 2007. 미접 남색물결부전나비(신칭), *Jamides bochus* (Stoll, 1782)의 첫 기록. 한국나비학회지, 17: 39-40.
- 藤岡 知夫, 1994. 世界のゼフィルス(7), チョウセンメスアカシジミ屬, ムモンアカシジミ屬, ダイセンシジミ屬. Butterflies 9: 3-18.
- 藤岡 知夫, 2002. 北海道で發見されたエゾウラギンヒョウモン(新稱) *Argynnis (Fabriciana) niobe*の地理變異. Gekkan-mushi, 372: 3-10.
- 박경태, 1996. 한국 미기록 한라푸른부전나비(신칭)에 대하여. 한국나비학회지, 9: 42-43.
- 박동하, 2006. 미접 멤논제비나비(신칭)의 채집. 한국나비학회지, 16: 43-44.
- 박상규・김선봉, 1997. 충청남도 금산군 진락산 일대의 나비상에 관하여. 한국나비학회지, 10: 45-50.
- 박용길, 1992. 한국 미기록 중국은줄표범나비(신칭)에 대하여. 한국인시류동호인회지, 5: 36-37.
- 백문기・김종렬, 1996. 청띠제비나비의 새로운 채집지. 한국나비학회지, 9: 47.
- 백문기・오기석・이정석, 1997. 전남 오동도에서 채집한 무늬박이제비나비에 대하여. 한국나비학회지, 10: 56.
- 森下 和彦, 1994. イチモンジチョウと近緣種 -中國, 東シベリア, 朝鮮, 日本の種群について-. Butterflies 9: 25-34.
- 석주명, 1939. 蓋馬高臺産蝶類採集記 (續き). 昆蟲界 7(61): 168-183.
- 小岩屋 敏, 1994. ウラナミジャノメ'*Ypthima motschulskyi*'とチョウセンウラナミジャノメ'*Y. amphithea*'について. Butterflies 9: 42-46.
- 小田切顯一・長谷川大, 1993. 朝鮮半島のゼフィルス. 西風通信 4: 5-25.

- 손상규, 1995. 강원도 희소종 나비 3종. 한국나비학회지, 8: 34-35.
- 손상규, 2006. 황오색나비 사육을 통해 본 자손 변이. 한국나비학회지, 16: 7-19.
- 손정달, 1991. 한국산 왕오색나비 이상형 발생에 관하여. 한국인시류동호인회지, 4: 1-6.
- 松田 眞平·裵良燮, 1998. 極東のニセコツバメとコツバメ(鱗翅目, シジミチョウ科)の分類學的研究. 蝶と蛾 49(1): 51-64.
- 神垣健司, 1994. 東アジア産キマダラモドキ屬の分類と分布. Butterflies 9: 35-41.
- 神垣健司·長谷川大·小田切 一, 1994. 朝鮮半島のキリシマミドリツツジミ. Gekkan-Mushi 284:4-6.
- 신유항, 1975. 광릉의 蝶相 (補訂). 경희대학교 산업과학기술연구소 논문집, 3: 41-47.
- 신유항, 1994. 북한의 나비 연구. 한국나비학회지, 7: 68-74.
- 신유항, 1996. 끝검은왕나비를 충남 서산에서 채집. 한국나비학회지, 9: 48.
- 오성환, 1996. 한국 미기록 큰먹나비(신칭)에 대하여. 한국나비학회지, 9: 44.
- 원병휘, 1959. 韓國未記錄種 남방푸른공작나비(신칭)에 대하여. 한국동물학회지, 2(1): 34.
- 윤인호·김성수, 1992. 한국 미기록 흰나비 1종과 나방 2종에 대하여. 한국인시류동호인회지, 5: 34-35.
- 이승모, 1992. 한국산 오색나비속에 관한 해설. 한국인시류동호인회지, 5: 1-5.
- 이영준, 2005. 한국산 나비 목록. Lucanus 5: 18-28.
- 임홍안, 1987. 조선 낮나비 목록. Biology 3: 38-50.
- 임홍안, 1988. 조선 낮나비류의 신아종에 대하여. 과학원통보, 3: 47-49.
- 長谷川 大, 1994. 朝鮮半島のゼフィルス, 最近の話題. 昆蟲と自然 29(12): 15-22.
- 長谷川 大·松田眞平, 2001. ロシア沿海地方と朝鮮半島より記載されたFavonius屬の3タクサ(korshunovi, macrocercus, aquamarinus)について. やどりが 189: 47-57.
- 猪又 敏男, 1982. 復刻原色朝鮮の蝶類解說. pp: 1-24. サイエンテイスト社. 東京.
- 猪又 敏男, 1994. 日本とその周邊地域のコツバメ. Butterflies 9: 20-24.
- 정헌천, 1999. 한국산 부전나비과 Narathura속 2종에 관하여. 한국나비학회지, 11: 33-35.
- 주재성, 2002. 한국 미기록 검은테노랑나비(신칭)에 대하여. Lucanus 3: 13.
- 주재성, 2007. 한국 미기록 흰줄점팔랑나비(신칭)에 대하여. 한국나비학회지, 17: 45-46.
- 주흥재, 1999. 제주도산 나비의 미기록종과 추가종. 한국나비학회지, 12: 39-40.
- 주흥재, 2004. 제주도 남방남색꼬리부전나비(Narathura bazalus turbata (Butler))의 채집. 한국나비학회지, 15: 1-2.
- 주흥재, 2006. 미접 소철꼬리부전나비(신칭), Chilades pandava (Horsfield)의 기록. 한국나비학회지, 16: 41-42.
- 增井 堯夫·猪又 敏男, 1991. 世界のコムラサキ(2). やどりが, 146: 2-14.
- 增井 堯夫·猪又 敏男, 1993. 世界のコムラサキ(5). やどりが, 155: 2-11.
- 增井 堯夫·猪又 敏男, 1994. 世界のコムラサキ(6). やどりが, 157: 2-12.
- 增井 堯夫·猪又 敏男, 1997. 世界のコムラサキ(8). やどりが, 170: 7-23.
- 최수철·김소직, 2002. 전남 광주에서 채집한 쌍꼬리부전나비에 대하여. Lucanus 3: 15.
- 村山修一, 1963. 日本及び朝鮮産蝶類賞書. 蝶と蛾, 16: 43-50
- 村山修一, 1965. 朝鮮産蝶類若干種ならびにこれと 關連する隣接地域の蝶類について. New Entomologist 14(8): 1-6.
- 村山修一, 1969. 日本及び朝鮮のヒカゲチョウニ三について. 東北昆虫研究, 4(2): 1-21, pl.2.
- 村山修一, 1969. 北朝鮮及び日本の蝶種について. 蝶と蛾, 20(3, 4): 67-70.
- 土居 寬暢, 1932. 昆蟲雜記. 朝鮮博物學會誌, 13: 49.
- 한국인시류동호인회편, 1986. 경기도 접류 목록. 한국인시류동호인회지, 1: 1-20.
- 한국인시류동호인회편, 1989. 강원도 나비에 관하여. 한국인시류동호인회지, 2(1): 5-44.

국명 찾아보기

가락지나비 234
각시멧노랑나비 86
갈구리나비 82
갈구리신선나비 406
개마별박이세줄나비 354
개마암고운부전나비 117
거꾸로여덟팔나비 396
검은테노랑나비 94
검은테떠들썩팔랑나비 472
검은테주홍부전나비 177
검정녹색부전나비 154
경원어리표범나비 424
고운은점선표범나비 316
고운점박이푸른부전나비 212
공작나비 414
관모산지옥나비 279
구름표범나비 292
굴뚝나비 268
굵은줄나비 328
귀신부전나비 199
귤빛부전나비 144
극남노랑나비 92
극남부전나비 196
금강산귤빛부전나비 114
금강산녹색부전나비 148
금빛어리표범나비 420
기생나비 62
긴꼬리부전나비 126
긴꼬리제비나비 54
긴은점표범나비 296
깊은산녹색부전나비 144
깊은산부전나비 120
까마귀부전나비 168
꼬리명주나비 36
꼬마까마귀부전나비 162
꼬마멧팔랑나비 449

꼬마부전나비 189
꼬마표범나비 313
꼬마흰점팔랑나비 452
꽃팔랑나비 476
끝검은왕나비 230
남방공작나비 416
남방남색공작나비 417
남방남색꼬리부전나비 108
남방남색부전나비 106
남방노랑나비 90
남방녹색부전나비 140
남방부전나비 194
남방오색나비 419
남방제비나비 52
남방푸른부전나비 198
남색물결부전나비 189
남주홍부전나비 177
넓은띠녹색부전나비 150
네발나비 402
노랑나비 96
노랑지옥나비 279
높은산뱀눈나비 265
높은산부전나비 221
높은산세줄나비 348
높은산지옥나비 278
높은산표범나비 315
눈나비 68
눈많은그늘나비 242
담색긴꼬리부전나비 130
담색어리표범나비 426
담흑부전나비 182
대덕산부전나비 222
대만왕나비 231
대만흰나비 74
대왕나비 390
대왕팔랑나비 440

도시처녀나비 249
독수리팔랑나비 434
돈무늬팔랑나비 458
돌담무늬나비 392
두만강꼬마팔랑나비 473
두줄나비 350
들신나비 408
먹그늘나비 256
먹그늘나비붙이 254
먹그림나비 366
먹나비 232
먹부전나비 192
멤논제비나비 50
멧노랑나비 84
멧팔랑나비 446
모시나비 30
무늬박이제비나비 50
물결나비 274
물결부전나비 186
물빛긴꼬리부전나비 128
민꼬리까마귀부전나비 158
민무늬귤빛부전나비 116
바둑돌부전나비 102
밤오색나비 376
배추흰나비 76
백두산부전나비 222
백두산표범나비 315
뱀눈그늘나비 244
번개오색나비 372
범부전나비 174
벚나무까마귀부전나비 160
별박이세줄나비 352
별선두리왕나비 231
봄어리표범나비 423
봄처녀나비 238
부전나비 218

부처나비 252
부처사촌나비 250
북방거꾸로여덟팔나비 394
북방기생나비 64
북방까마귀부전나비 166
북방녹색부전나비 138
북방산지옥나비(신칭) 278
북방쇳빛부전나비 172
북방알락팔랑나비 455
북방어리표범나비 425
북방점박이푸른부전나비 214
북방처녀나비 241
북방풀흰나비 68
북방흰점팔랑나비 451
분홍지옥나비 281
붉은띠귤빛부전나비 112
붉은점모시나비 32
뾰족부전나비 100
뿔나비 226
사랑부전나비 223
사향제비나비 38
산굴뚝나비 270
산꼬마부전나비 216
산꼬마표범나비 314
산네발나비 404
산녹색부전나비 152
산부전나비 220
산수풀떠들썩팔랑나비 470
산어리표범나비 424
산은점선표범나비 316
산은줄표범나비 284
산제비나비 58
산줄점팔랑나비 482
산지옥나비 279
산팔랑나비 480
산푸른부전나비 202

산호랑나비 48
산황세줄나비 363
상제나비 66
석물결나비 276
선녀부전나비 110
세줄나비 343
소철꼬리부전나비 184
쇳빛부전나비 170
수노랑나비 378
수풀꼬마팔랑나비 468
수풀떠들썩팔랑나비 471
수풀알락팔랑나비 456
시가도귤빛부전나비 122
시골처녀나비 236
신선나비 407
쌍꼬리부전나비 104
쐐기풀나비 410
알락그늘나비 246
암검은표범나비 286
암고운부전나비 118
암끝검은표범나비 304
암먹부전나비 190
암먹주홍부전나비 177
암붉은오색나비 418
암붉은점녹색부전나비 136
암어리표범나비 428
애기세줄나비 340
애물결나비 272
애호랑나비 34
어리세줄나비 364
여름어리표범나비 422
연노랑흰나비 88
세연주노랑나비 95
연푸른부전나비 222
오색나비 368
왕그늘나비 258

왕나비 228
왕붉은점모시나비 29
왕세줄나비 356
왕오색나비 388
왕은점표범나비 300
왕자팔랑나비 442
왕줄나비 336
왕팔랑나비 438
왕흰점팔랑나비 449
외눈이지옥나비 280
외눈이지옥사촌나비 280
우리녹색부전나비 146
울릉범부전나비 176
유리창나비 382
유리창떠들썩팔랑나비 474
은날개녹색부전나비 156
은점박이알락팔랑나비 455
은점선표범나비 316
은점어리표범나비 424
은점표범나비 294
은줄팔랑나비 460
은줄표범나비 282
은판나비 374
작은녹색부전나비 134
작은멋쟁이나비 398
작은은점선표범나비 310
작은주홍부전나비 180
작은표범나비 308
작은홍띠점박이푸른부전나비 206
잔점박이푸른부전나비 215
재순이지옥나비 281
제비나비 56
제삼나비 327
제이나비 320
제일나비 324
제주꼬마팔랑나비 484

534

조흰뱀눈나비 262
주을푸른부전나비 199
줄그늘나비 235
줄꼬마팔랑나비 466
줄나비 318
줄점팔랑나비 488
줄흰나비 70
중국부전나비 222
중국은줄표범나비 285
중국황세줄나비 362
중점박이푸른부전나비 215
지리산팔랑나비 462
직작줄점팔랑나비 481
짙은산어리표범나비 425
차일봉지옥나비 278
참까마귀부전나비 164
참나무부전나비 132
참산뱀눈나비 266
참세줄나비 346
참알락팔랑나비 454
참줄나비 334
참줄나비사촌 332
청띠신선나비 412
청띠제비나비 42
큰녹색부전나비 142
큰먹나비 235
큰멋쟁이나비 400
큰산뱀눈나비 265
큰수리팔랑나비 436
큰은점선표범나비 312
큰점박이푸른부전나비 210
큰주홍부전나비 178
큰줄흰나비 72
큰표범나비 306
큰홍띠점박이푸른부전나비 208
큰흰줄표범나비 290

파리팔랑나비 464
푸른부전나비 200
푸른큰수리팔랑나비 432
풀표범나비 303
풀흰나비 80
한라푸른부전나비 198
함경부전나비 221
함경산뱀눈나비 264
함경어리표범나비 427
함경흰점팔랑나비 449
호랑나비 44
홍점알락나비 386
홍줄나비 338
황모시나비 28
황세줄나비 360
황알락그늘나비 248
황알락팔랑나비 478
황오색나비 370
황은점표범나비 298
회령푸른부전나비 204
후치령부전나비 223
흑백알락나비 384
흰뱀눈나비 260
흰점팔랑나비 450
흰점줄팔랑나비 486
흰줄표범나비 288

학명 찾아보기

Aaglias io 414
Aeromachus inachus 464
Aglais urticae 410
Aldania raddei 364
Anthocharis scolymus 82
Antigius attilia 128
Antigius butleri 130
Apatura ilia 368
Apatura iris 372
Apatura metis 370
Aphantopus hyperantus 234
Aporia crataegi 66
Aporia hippia 68
Araragi enthea 126
Araschnia burejana 396
Araschnia levana 394
Argynnis adippe 298
Argynnis aglaja 303
Argynnis anadyomene 292
Argynnis childreni 285
Argynnis hyperbius 304
Argynnis laodice 288
Argynnis nerippe 300
Argynnis niobe 294
Argynnis paphia 282
Argynnis ruslana 290
Argynnis sagana 286
Argynnis vorax 296
Argynnis zenobia 284
Arhopala bazalus 108
Arhopala japonica 106
Artopoetes pryeri 110
Boloria angarensis 315
Boloria euphrosyne 316
Boloria iphigenia 316
Boloria oscarus 312

Boloria perryi 310
Boloria selene 316
Boloria selenis 313
Boloria thore 314
Boloria titania 315
Brenthis daphne 306
Brenthis ino 308
Burara aquilina 434
Burara striata 436
Byasa alcinous 38
Callophrys ferreus 170
Callophrys frivaldszkyi 172
Carterocephalus argyrostigma 455
Carterocephalus dieckmanni 454
Carterocephalus palaemon 455
Carterocephalus silvicola 456
Catopsilia pomona 88
Celastrina argiolus 200
Celastrina filipjevi 199
Celastrina oreas 204
Celastrina sugitanii 202
Chilades pandava 184
Chitoria ulupi 378
Choaspes benjaminii 432
Chrysozephyrus ataxus 140
Chrysozephyrus brillantinus 138
Chrysozephyrus smaragdinus 136
Coenonympha amaryllis 236
Coenonympha glycerion 241
Coenonympha hero 240
Coenonympha oedippus 238
Colias erate 96
Coreana raphaelis 112
Cupido argiades 190
Cupido minimus 189
Curetis acuta 100

Cyrestis thyodamas 392
Daimio tethys 442
Danaus chrysippus 230
Danaus genutia 231
Dichorragia nesimachus 366
Dilipa fenestra 382
Erebia ajanensis 278
Erebia cyclopius 280
Erebia edda 281
Erebia embla 279
Erebia kozhantshikovi 281
Erebia ligea 278
Erebia neriene 279
Erebia radians 1886
Erebia rossii 279
Erebia theano 278
Erebia wanga 280
Erynnis montanus 446
Erynnis popoviana 449
Euphydryas davidi 420
Euphydryas intermedia 427
Eurema brigitta 94
Eurema laeta 92
Eurema madarina 90
Favonius cognatus 150
Favonius koreanus 146
Favonius korshunovi 144
Favonius orientalis 142
Favonius saphirinus 156
Favonius taxilus 152
Favonius ultramarinus 148
Favonius yuasai 154
Glaucopsyche lycormas 199
Gonepteryx aspasia 86
Gonepteryx maxima 84
Graphium sarpedon 42

Hesperia florinda 476
Hestina assimilis 386
Hestina persimilis 384
Heteropterus morpheus 458
Hipparchia autonoe 270
Hypolimnas bolina 419
Hypolimnas misippus 418
Isoteinon lamprospilus 462
Jamides bochus 189
Japonica lutea 124
Japonica saepestriata 122
Junonia almana 416
Junonia orithya 417
Kaniska canace 412
Kirinia epaminondas 248
Kirinia epimenides 246
Lampides boeticus 186
Leptalina unicolor 460
Leptidea amurensis 62
Leptidea morsei 64
Lethe diana 256
Lethe marginalis 254
Libythea lepita 1858 226
Limenitis amphyssa 332
Limenitis camilla 318
Limenitis doerriesi 320
Limenitis helmanni 324
Limenitis homeyeri 327
Limenitis moltrechti 334
Limenitis populi 336
Limenitis sydyi 328
Lobocla bifasciata 438
Lopinga achine 242
Lopinga deidamia 244
Luehdorfia puziloi 34
Lycaena dispar 178

Lycaena helle 177
Lycaena hippothoe 177
Lycaena phlaeas 180
Lycaena virgaureae 177
Maculinea alcon 215
Maculinea arion 215
Maculinea arionides 210
Maculinea kurentzovi 214
Maculinea teleius 212
Melanargia epimede 262
Melanargia halimede 260
Melanitis leda 232
Melanitis phedima 235
Melitaea ambigua 422
Melitaea arcesia 425
Melitaea britomartis 423
Melitaea diamina 424
Melitaea didymoides 424
Melitaea plotina 424
Melitaea protomedia 426
Melitaea scotosia 428
Melitaea sutschana 425
Mimathyma nycteis 376
Mimathyma schrenckii 374
Minois dryas 268
Mycalesis francisca 250
Mycalesis gotama 252
Neozephyrus japonicus 134
Neptis alwina 356
Neptis andetria 354
Neptis ilos 363
Neptis philyra 343
Neptis philyroides 346
Neptis pryeri 352
Neptis rivularis 350
Neptis sappho 340

Neptis speyeri 348
Neptis thisbe 360
Neptis tshetvericovi 362
Ninguta schrenkii 258
Niphanda fusca 182
Nymphalis antiopa 407
Nymphalis l-album 406
Nymphalis xanthomelas 408
Ochlodes ochraceus 472
Ochlodes similis 470
Ochlodes subhyalinus 471
Ochlodes venatus 474
Oeneis jutta 265
Oeneis magna 265
Oeneis mongolica 266
Oeneis urda 264
Papilio bianor 56
Papilio helenus 50
Papilio maackii 58
Papilio machaon 48
Papilio macilentus 54
Papilio memnon 50
Papilio protenor 52
Papilio xuthus 44
Parantica melaneus 231
Parantica sita 228
Parnara guttata 488
Parnassius bremeri 32
Parnassius eversmanni 28
Parnassius nomion 29
Parnassius stubbendorfii 30
Pelopidas jansonis 482
Pelopidas mathias 484
Pelopidas sinensis 486
Pieris canidia 74
Pieris melete 72

Pieris napi 70
Pieris rapae 76
Plebejus amandus 221
Plebejus argus 216
Plebejus argyrognomon 218
Plebejus artaxerxes 222
Plebejus chinensis 222
Plebejus eumedon 222
Plebejus icarus 221
Plebejus optilete 221
Plebejus semiargus 223
Plebejus subsolanus 220
Plebejus tsvetajevi 223
Polygonia c-album 404
Polygonia c-aureum 402
Polytremis pellucida 481
Polytremis zina 480
Pontia chloridice 68
Pontia daplidice 80
Potanthus flavus 478
Protantigius superans 120
Pyrgus maculatus 450
Pyrgus malvae 452
Pyrgus speyeri 451
Rapala arata 176
Rapala caerulea 174
Sasakia charonda 388
Satarupa nymphalis 440
Satyrium eximius 164
Satyrium herzi 158
Satyrium latior 166
Satyrium pruni 160
Satyrium prunoides 162
Satyrium w-album 168
Scolitantides orion 206
Seokia pratti 338

Sephisa princeps 390
Sericinus montela 36
Shijimaeoides divina 208
Shirozua jonasi 116
Spialia orbifer 449
Spindasis takanonis 104
Syrichtus gigas 449
Taraka hamada 102
Thecla betulae 118
Thecla betulina 117
Thymelicus leoninus 466
Thymelicus lineola 473
Thymelicus sylvaticus 468
Tongeia fischeri 192
Triphysa dohrnii 235
Udara albocaerulea 198
Udara dilectus 198
Ussuriana michaelis 114
Vanessa cardui 398
Vanessa indica 400
Wagimo signatus 132
Ypthima argus 272
Ypthima motschulskyi 276
Ypthima multistriata 274
Zizina otis 196
Zizeeria maha 194

저자 소개

김 성 수

1957년 서울에서 태어났고, 경희대학교 생물학과를 졸업하였다. 경희여자고등학교에서 생물 교사로 23년간 근무했고, 현재 한국나비학회 회장을 맡고 있다. 곤충 중에서 특히 나비와 나방 연구에 집중하여 국내외 학술지에 낸 논문이 100여 편에 이르며,『한국의 나비』(교학사, 1997년),『한국의 자나방』(정행사, 2001),『제주의 나비』(정행사, 2001),『맑고 고운 우리 나비』(당대, 2003),『세계곤충도감』(교학사, 2007),『석주명』(웅진씽크하우스, 2008)등 23권의 책을 집필했다.

서 영 호

1966년 충청남도 부여에서 태어났고, 사진을 전공하였다. 1995년 교육방송 공채로 ENG 영상팀에 입사하여 환경 프로그램인 「하나뿐인 지구」와 자연 다큐멘터리 「매」, 「담비의 숲」, 「바람의 혼 참매」 등 다양한 자연 관련 콘텐츠를 촬영하였다. 현재 교육방송에서 자연 다큐멘터리를 제작 중이다. 1997년부터 나비의 생활사에 심취하게 되었으며, 200여 종에 이르는 나비의 일생을 사진에 담았다.

한국 나비 생태도감

2012년 2월 15일 1판 1쇄

글 김성수 | 사진 서영호

기획·편집 최일주, 이혜정, 이현주 | **디자인** 임진성 | **교정** 한지연
제작 박홍기 | **마케팅** 이병규, 최영미, 양현범 | **출력** 한국커뮤니케이션 | **인쇄** 코리아 피앤피 | **제책** 책다움

펴낸이 강맑실 | **펴낸곳** (주)사계절출판사 | **등록** 제 406-2003-034호 | **주소** (우)413-756 경기도 파주시 교하읍 문발리 파주출판도시 513-3 | **전화** 031)955-8588, 8558 | **전송** 마케팅부 031)955-8595, 편집부 031)955-8596
홈페이지 www.sakyejul.co.kr | **전자우편** skj@sakyejul.co.kr
독자 카페 사계절 책 향기가 나는 집 http://cafe.naver.com/sakyejul
트위터 www.twitter.com/sakyejul | **페이스북** www.facebook.com/sakyejul

사진
권민철 p229 알, 1령애벌레, 중령애벌레, 종령애벌레, 앞번데기, 번데기 / p230~231 무 꽃에 온 암컷, 알, 중령애벌레, 종령애벌레, 번데기, 날개돋이 직전, 날개돋이 / p237 알, 1령애벌레, 종령애벌레, 앞번데기, 번데기, 날개돋이가 가까운 번데기 / p365 알, 1령애벌레, 2령애벌레, 3령애벌레, 겨울을 나는 3령애벌레 / p394~395 여름형 수컷, 알, 1령애벌레, 종령애벌레, 번데기
김남송 p32 쥐오줌풀 꽃에 날아온 수컷 / p51 성충, 종령애벌레, 갈색형 번데기 / p63 새싹에 붙은 알, 2령애벌레, p103 번데기 / p232~233 수컷, 잎에서 쉬고 있는 수컷, 알, 1령애벌레, 무리 지어 먹고 있는 1령애벌레, 2령애벌레, 3령애벌레, 종령애벌레, 번데기 / p251 앞번데기, 번데기, 날개돋이 직전의 번데기 / p319 종령애벌레, 번데기 / p371 번데기
박흥식 p100 수컷, 수컷 아랫면 / p199 알 낳기
손상규 p117 알낳기, 서식지 / p129 나무껍질에 낳은 알 / p143 종령애벌레 / p145 2령애벌레, 3령애벌레, 앞번데기 / p161 2령애벌레, 3령애벌레, 번데기 / p163 종령애벌레, 번데기 / p167 앞번데기 / p208~209 짝짓기, 수컷, 알, 종령애벌레, 번데기 / p313 알과 1령애벌레, 2령애벌레, 1령애벌레 / p470 개망초 꽃에 날아온 암컷, 꽃꿀을 빠는 암컷
손정달 p115 잎을 잘라 떨어진 애벌레 / p129 잎을 먹는 종령애벌레 / p339 알, 2령애벌레의 뒷모습, 종령애벌레 / p375 겨울을 나는 3령애벌레
오정은 p128 제주도의 물빛긴꼬리부전나비 / p418 암벽에 붙은 수컷
이상현 p169 알, 종령애벌레, 번데기 / p183 종령애벌레, 번데기 / p201 번데기 / p241 종령애벌레 / p344 알 / p355 알, 종령애벌레, 번데기 / p415 종령애벌레, 번데기 / p451 알 / p459 번데기
이영준 p117 알과 개미 / p159 종령애벌레 / p213 알 낳기 / p338 어수리 꽃에 날아온 암컷 / p407 수컷
주흥재 p108 종가시나무에 앉은 수컷 / p417 맨드라미 꽃에 날아온 수컷
최원교 p461 갓 낳은 알, 정공 부분을 뚫고 부화하는 애벌레, 1령애벌레, 2령애벌레, 꽃꿀을 빠는 봄형

ⓒ 글 김성수 | 사진 서영호, 2012

값은 뒤표지에 적혀 있습니다.
잘못 만든 책은 구입하신 서점에서 바꾸어 드립니다.

사계절출판사는 성장의 의미를 생각합니다.
사계절출판사는 독자 여러분의 의견에 늘 귀 기울이고 있습니다.

ISBN 978-89-5828-568-7 03480